皮秒光纤激光技术

李平雪 著

科 学 出 版 社
北 京

内 容 简 介

皮秒光纤激光技术一直以来就是国内外激光技术领域研究的热点之一，近年来得到了快速发展与广泛应用。本书内容丰富、深入浅出，从皮秒光纤激光的关键器件、理论分析、拓展研究与技术应用等不同层次进行了介绍与论述，专业性与可读性兼备。主要内容包括：皮秒光纤激光关键器件，皮秒光纤激光产生、放大、展宽与压缩理论及实例，基于皮秒光纤激光的超连续谱产生和超短脉冲光纤激光相干合成，以及皮秒光纤激光技术的应用等。

本书主要面向超快激光、光纤激光的研究人员及工程技术人员，可为激光领域的研究人员提供较为完整的皮秒光纤激光技术参考，也可作为相关专业高年级本科生、硕士和博士研究生的参考书籍。

图书在版编目(CIP)数据

皮秒光纤激光技术 / 李平雪著. —北京：科学出版社，2025.6
ISBN 978-7-03-074830-0

Ⅰ. ①皮⋯ Ⅱ. ①李⋯ Ⅲ. ①激光技术 Ⅳ. ①TN24

中国国家版本馆CIP数据核字(2023)第027819号

责任编辑：张海娜 纪四稳 / 责任校对：任苗苗
责任印制：肖 兴 / 封面设计：蓝正设计

科 学 出 版 社 出版
北京东黄城根北街 16 号
邮政编码：100717
http://www.sciencep.com

三河市骏杰印刷有限公司印刷
科学出版社发行 各地新华书店经销

*

2025 年 6 月第 一 版　开本：720 × 1000 1/16
2025 年 6 月第一次印刷　印张：20
字数：397 000
定价：168.00 元
(如有印装质量问题，我社负责调换)

序

  激光的发明是 20 世纪最重要的科学技术成就之一。经过 60 多年的发展，目前激光已广泛应用于科研、工业、农业、国防、医疗、环境监测等多个领域，为社会经济的发展和科学技术的进步发挥了巨大的作用。光纤激光由于兼具集成度与效率高、光束质量与稳定性好等优点，作为激光产业的前沿技术，在近二十年的时间里得到了广泛的发展，特别是以皮秒光纤激光为代表的超短脉冲光纤激光，由于其超快的时间特性及超强的功率特性，为前沿科学研究的开展、加工质量及加工效率的提高、疾病的精准化治疗等应用注入了强大的活力。毫无疑问，随着激光材料与器件质量的不断改进、光纤激光技术的不断发展，皮秒光纤激光的功率将会得到不断突破，并作为人们开展科学研究和改造世界的利器，开拓越来越广泛的应用领域。

  该书作者李平雪老师现任北京工业大学激光工程研究院教授、博士生导师，超短脉冲激光及应用研究所所长，多年来一直致力于先进激光技术及应用的研究，在光纤激光的锁模、放大研究方面深耕多年，成果颇丰。此外，也在近红外、中红外和紫外波段的超短脉冲激光研究以及激光与材料相互作用的机理和效能研究等方面取得了一系列重要成果。在带领研究团队长期从事皮秒光纤激光技术教学和科研工作的基础上，李平雪教授撰写《皮秒光纤激光技术》一书，围绕皮秒光纤激光技术，从基本概念、原理、实例和应用多个层面介绍了皮秒光纤激光的关键器件、皮秒光纤激光的产生与放大、脉冲的展宽与压缩、超连续谱的产生、相干合成技术，以及皮秒光纤激光的现状、面临的挑战、应用和展望等内容，给读者构建了一个完整的理论体系。该书条理清晰，结合了作者研究团队多年来积累的诸多实例，从实例中渗透着理论的解读和现象的剖析，内容深入浅出，特别适合于初入该领域的读者学习和理解，这也是该书的一大特色。希望通过该书的出版，能为皮秒光纤激光技术等相关领域的研究人员提供一个学习和讨论的平台，激发读者的学习兴趣，促进该研究领域的发展与进步。

中国科学院物理研究所

前　言

皮秒脉冲激光自问世以来就备受关注，其具有纳秒脉冲无法比拟的优越性能，也是超快激光向飞秒激光更窄脉冲宽度发展的桥梁；光纤激光器与之前的激光器相比，具有体积小、重量轻、稳定性好、效率高、光束质量好等优点，已经普遍应用于科学研究。随着光纤设计及拉制、合束器、特种光纤光栅等关键器件制作技术的快速发展和日益成熟，皮秒光纤激光技术已日趋成熟。目前，皮秒光纤激光器已经在工业、医疗、基础科研、国防等各个领域都有重要应用且优势明显。

目前国内外已出版的同类书籍大多专注于连续及纳秒脉冲光纤激光的介绍，尤其是国内，系统介绍皮秒光纤激光技术的书籍比较少见，行业和领域内缺少详细介绍皮秒光纤激光技术的著作，这也是本书撰写的初衷和价值所在。本书凝聚了作者研究团队在皮秒光纤激光领域从业二十余载积累的研究基础和研究经验，并结合国内外前沿的皮秒光纤激光研究进展，聚焦皮秒光纤激光技术的深层次理论和前沿应用，目的是帮助读者建立起完整的皮秒光纤激光知识体系，了解本领域所面临的难题与挑战，并希冀可以抛砖引玉，启发读者。本书在撰写中力求研究内容的完整性和知识体系的系统性，尚未提及的内容请参见相关文献。

本书主要介绍皮秒光纤激光技术，按照理论分析→科学研究→技术应用进行系统介绍。第 1 章介绍皮秒光纤激光的概念及发展现状，讨论目前皮秒光纤激光研究所面临的理论难题与技术挑战；第 2 章根据皮秒光纤激光系统的基本结构，依次介绍光纤、光纤光栅、光纤合束器等一些关键器件；第 3 章围绕皮秒脉冲的产生，介绍几种锁模原理；第 4 章围绕皮秒光纤激光放大器，介绍两种放大技术，即主振荡功率放大技术和光纤-固体混合皮秒脉冲放大技术；第 5 章介绍皮秒光纤激光脉冲的展宽与压缩技术，基于脉冲展宽器与脉冲压缩器实现脉冲宽度的拓展；第 6 章介绍皮秒光纤激光器超连续谱的产生，包括近红外和中红外超连续谱的产生；第 7 章介绍超短脉冲光纤激光的相干合成技术，重点讨论相干合成中几种常用的锁相技术——多抖动算法锁相、随机并行梯度下降算法锁相及 Q-learning 算法锁相；第 8 章结合现代科学研究和实际应用，讨论皮秒光纤激光技术在工业领域、国防领域和超快科学前沿领域的主要应用情况。

本书的出版得到了北京工业大学研究生教材建设立项支持，是北京工业大学研究生创新教育系列教材，在此表示感谢。本书主要内容依托于作者带领研究团队多年来的研究积累与科研成果。姚传飞、孟祥昊和王云朋三位老师和团队中十几位在读博士、硕士研究生参与了稿件的撰写、整理与审校工作。全书共 8 章，第 1 章主要由李平雪撰写与审校，第 2、3、6 章主要由姚传飞撰写与审校，第 4、5、8 章主要由孟祥昊撰写与审校，第 7 章主要由王云朋撰写与审校。全书由李平雪统稿。参与本书撰写与整理的研究生有王萱、杨光道、任国川、张东明、赵向龙、熊晨、雷若楠、毛顿、李凯航。此外，本书内容也参考了作者指导的历届博士和硕士研究生在校期间的部分研究工作和论文成果，他们是池俊杰、董雪岩、李舜、梁博兴、邵月、苏宁、王鸣晓、王婷婷、王萱、张孟孟、张天松、张月、章曦、赵自强、周宇、朱云晨。在此，对所有参与本书撰写工作的老师和研究生表示感谢，也对研究团队所有科研人员表示敬意，大家的辛勤付出和研究积累才是形成本书的基础与关键。

感谢中国科学院物理研究所魏志义研究员为本书作序。

由于作者水平有限，书中难免存在不足或疏漏之处，恳请各位专家和读者批评指正。

李平雪

2025 年 1 月于北京工业大学

目 录

序
前言
第1章　绪论 ··· 1
　1.1　皮秒光纤激光概念及特点 ··· 1
　1.2　皮秒光纤激光发展现状 ··· 3
　1.3　皮秒光纤激光面临的挑战 ··· 14
　参考文献 ··· 17
第2章　皮秒光纤激光关键器件 ·· 21
　2.1　光纤 ··· 21
　　2.1.1　光纤的特性 ··· 21
　　2.1.2　光纤的分类 ··· 29
　　2.1.3　光纤的制备 ··· 36
　2.2　光纤光栅 ··· 41
　　2.2.1　光纤光栅及其刻写技术简介 ······································· 41
　　2.2.2　啁啾光纤布拉格光栅及其刻写 ····································· 45
　2.3　光纤合束器 ·· 52
　　2.3.1　光纤合束器基本原理及分类 ······································· 52
　　2.3.2　光纤合束器设计及制备 ·· 60
　2.4　其他器件 ··· 75
　　2.4.1　光纤激光器泵浦源 ·· 75
　　2.4.2　光纤隔离器 ··· 75
　　2.4.3　光纤环形器 ··· 76
　　2.4.4　光纤滤波器 ··· 77
　　2.4.5　光纤衰减器 ··· 78
　参考文献 ··· 79
第3章　光纤激光锁模振荡器 ·· 83
　3.1　非线性偏振旋转锁模 ·· 83
　　3.1.1　非线性偏振旋转锁模基本理论 ····································· 83
　　3.1.2　非线性偏振旋转锁模振荡器 ······································· 84
　3.2　可饱和吸收体锁模 ··· 93
　　3.2.1　几种常见的可饱和吸收体 ·· 93

3.2.2　几种典型的可饱和吸收体锁模振荡器······99
　3.3　混合锁模······117
　　　3.3.1　混合锁模概述······117
　　　3.3.2　混合锁模的特点和优势······120
　　　3.3.3　几种典型的混合锁模激光振荡器······122
　参考文献······134

第4章　皮秒光纤激光放大器······137
　4.1　光纤激光放大器基本理论······137
　　　4.1.1　脉冲在光纤中的传输理论······137
　　　4.1.2　脉冲在光纤中的增益放大特性······139
　　　4.1.3　脉冲在光纤中的非线性效应及色散特性······148
　4.2　皮秒脉冲主振荡功率放大技术······152
　　　4.2.1　百瓦级全光纤皮秒脉冲放大器······152
　　　4.2.2　重复频率可调皮秒脉冲放大器······162
　　　4.2.3　光子晶体光纤激光放大器······166
　4.3　光纤-固体混合皮秒脉冲放大技术······175
　　　4.3.1　光纤-固体混合皮秒再生放大器······176
　　　4.3.2　光纤-固体混合皮秒行波放大器······180
　　　4.3.3　光纤-固体混合皮秒Innoslab板条放大器······189
　参考文献······194

第5章　皮秒光纤激光脉冲的展宽与压缩······196
　5.1　脉冲展宽器与压缩器······196
　　　5.1.1　CFBG展宽器的设计与制作······196
　　　5.1.2　CVBG压缩器原理······199
　5.2　CFBG展宽器与CVBG压缩器在放大系统中的应用······200
　　　5.2.1　级联CFBG展宽与CVBG压缩的啁啾脉冲放大系统······200
　　　5.2.2　全光纤CFBG展宽与压缩系统······205
　　　5.2.3　基于SMF和CVBG的啁啾脉冲放大器······210
　参考文献······216

第6章　皮秒光纤激光泵浦的超连续谱产生······217
　6.1　超连续谱产生理论······217
　6.2　近红外超连续谱的产生······222
　　　6.2.1　单芯光子晶体光纤产生超连续谱······222
　　　6.2.2　七芯光子晶体光纤产生超连续谱······227
　　　6.2.3　皮秒光纤放大器中直接产生超连续谱······229

6.3 中红外超连续谱的产生 231
    6.3.1 基于锗酸盐光纤的超连续谱产生 231
    6.3.2 碲酸盐光纤中的超连续光源产生 239
    6.3.3 ZBLAN光纤中的超连续光源产生 241
参考文献 242

第7章 超短脉冲光纤激光相干合成 244
7.1 超短脉冲光纤激光相干合成概述 244
    7.1.1 相干合成的研究背景及意义 244
    7.1.2 相干合成技术的分类及特点 246
7.2 多抖动算法锁相 249
    7.2.1 多抖动算法的基本原理 249
    7.2.2 多抖动算法中重要参数的选取 251
    7.2.3 自适应选参多抖动算法 257
    7.2.4 多抖动算法应用实例 262
7.3 SPGD算法锁相 267
    7.3.1 基本型SPGD算法 267
    7.3.2 自适应选参SPGD算法 269
    7.3.3 SPGD算法应用实例 275
7.4 Q-learning算法锁相 277
    7.4.1 Q-learning算法基本原理 278
    7.4.2 Q-learning算法模拟分析 283
    7.4.3 Q-learning算法应用实例 287
参考文献 291

第8章 皮秒光纤激光技术的应用 294
8.1 皮秒光纤激光技术在工业领域的应用 294
    8.1.1 皮秒光纤激光器的工业应用 294
    8.1.2 光纤-固体混合皮秒脉冲激光器的工业应用 297
8.2 皮秒光纤激光技术在国防领域的应用 299
    8.2.1 皮秒脉冲产生宽光谱及其应用领域 299
    8.2.2 光电对抗——硅基光电探测器的信号干扰及损伤 301
    8.2.3 皮秒光纤激光测距 303
8.3 皮秒光纤激光脉冲压缩技术在超快科学前沿领域的应用 304
    8.3.1 泵浦-探测技术 304
    8.3.2 双光子显微成像 304
    8.3.3 飞秒激光频率梳 305
参考文献 306

第1章 绪　　论

1.1 皮秒光纤激光概念及特点

超短脉冲激光($10^{-15}\sim10^{-12}$s)技术作为激光技术的一个重要分支,自20世纪70年代诞生起便迅速成为光学领域最前沿的研究方向之一。超短脉冲激光为人类探索和研究超快现象以及创造极端物理条件提供了有力的工具,为光学特别是非线性光学开辟了新的研究领域,并促成了许多交叉领域的发展。与传统的固体激光器、气体激光器相比,超短脉冲光纤激光器具有电光转换效率高、光束质量好、系统简单小巧、可实现全纤化、抗干扰能力强等优点。同时,皮秒脉冲光纤激光器(10^{-12}s)与长脉冲激光器($10^{-9}\sim10^{-6}$s)相比,具有更窄的脉冲宽度(PW)和更高的峰值功率,与飞秒脉冲激光器(10^{-15}s)相比,具有结构简单、技术复杂度低等优势,被广泛应用于工业加工[1]、生物医学[2]、军事国防[3]和基础科研[4]等领域。

超短脉冲激光的产生方式主要为锁模技术,其中,被动锁模技术不需要外加信号来控制,只需要在谐振腔内插入一个可饱和吸收体作为开关器件,利用它随着光强变化的漂白作用达到锁模目的,是在光纤激光锁模技术中普遍采用的方法。在该锁模技术中应用最为广泛的开关器件为半导体可饱和吸收镜(semiconductor saturable absorber mirror,SESAM),其具有结构简单、锁模相对稳定、锁模阈值低、自启动及已经实现商品化的优势。近年来,一些新型可饱和吸收材料因其制备简单、成本低廉、反射光谱宽度、漂白时间短等优异的性能,受到研究人员的青睐。使用石墨烯[5]、碳纳米管[6]、过渡金属硫化物[7]、拓扑绝缘体[8]、黑磷[9]等可饱和吸收材料制作的开关器件,均能实现稳定的锁模激光输出,且覆盖宽的光谱范围。等效可饱和吸收体锁模技术(包括非线性偏振演化(nonlinear polarization evolution,NPE)和非线性光学环形镜(nonlinear optical loop mirror,NOLM)[10]等)是另外一种较为常用的被动锁模技术,其调制速度快、深度大,产生脉冲激光的光谱谱线平滑且较宽,十分有利于脉冲激光的展宽与压缩。以上锁模方式均可以实现全光纤结构的超短脉冲激光输出,具有体积小、柔性好、光路封闭、自启动以及稳定性好等优点,近几年已经能够取代固体锁模激光振荡器作为前端种子源,并在高功率、大能量激光系统中发挥出了独特优势,缩小了系统的体积,同时提高了系统的抗干扰能力,为后续的放大提供稳定的锁模脉冲激光。

获得高功率、大能量皮秒脉冲激光的方法是对种子源输出的锁模脉冲进行放大，常用方法一般分为以下三种：主振荡功率放大（master oscillator power amplification，MOPA）技术、自相似脉冲放大（self-similar pulse amplification，SPA）技术和啁啾脉冲放大（chirped pulse amplification，CPA）技术。其中，MOPA 技术和 SPA 技术都属于直接放大技术，主要区别在于 MOPA 技术是通过多级光纤级联方式实现高重复频率、较宽脉冲的直接功率放大；SPA 技术是激光脉冲在光纤放大过程中，在色散、非线性和增益的共同作用下形成理想的抛物线型脉冲，有利于实现极窄脉冲的放大和压缩；而 CPA 技术则是通过色散管理将脉冲在时域上进行展宽，降低脉冲激光的峰值功率，在获得高增益的同时降低非线性效应，且能够避免或者减少相关的脉冲畸变和光学损伤，放大后的激光脉冲通过色散补偿的方法实现脉冲压缩，是一种获得高峰值功率超短脉冲输出十分有效的方法。在以上光纤激光放大技术中，获得高增益的同时能有效降低非线性效应，是实现高功率、高质量脉冲放大的关键。通常采用增大光纤放大器中增益光纤纤芯模场面积的方法抑制非线性效应，即大模场高掺杂双包层增益光纤，其纤芯面积可以达到百微米量级，有效地降低了非线性效应，获得高功率千瓦级甚至万瓦级激光脉冲放大输出，但其大的模场面积会使得光束质量下降。最新发展起来的光子晶体光纤（photonic crystal fiber，PCF）是一种可实现大模场面积、高光束质量的特种光纤，为提高光纤激光器的输出功率带来了新的曙光。现在商用 PCF 的模场面积已达到 1000μm^2，PCF 还可利用较高的稀土掺杂浓度实现对泵浦光较高的吸收系数，这样可以利用较短的光纤研制高功率 PCF 激光器，减小高功率状态下光纤的非线性效应，PCF 为抑制非线性效应提供了解决方法，但 PCF 与其他光纤之间的熔接工艺仍是要解决的难点问题。此外，光纤与固体相结合的功率放大技术是进一步提高超短脉冲激光能量和峰值功率的有效方法。将光纤激光器产生的脉冲激光利用固体介质进行功率放大，不仅可以在激光峰值功率和单脉冲能量方面实现突破，还能够保留光纤激光器紧凑稳定、光光转换效率高、光束质量好的优势。因此，光纤与固体相结合的方法在实现激光器能量突破方面具有很大潜力，同时也是超短脉冲光纤激光器未来的一种发展趋势。

　　色散的存在会使脉冲具有一定的啁啾特性，从而使其脉冲宽度大于傅里叶变换极限脉冲宽度，因此脉冲压缩技术在超短脉冲技术中起着至关重要的作用。对于锁模光纤激光器，脉冲压缩通常是指采用色散元件补偿脉冲的啁啾来使脉冲宽度缩短的技术。根据啁啾补偿元件出现的位置，脉冲压缩可以分为腔内脉冲压缩和腔外脉冲压缩两种方式。腔内脉冲压缩主要是指在超短脉冲锁模振荡器中，通常都含有相反的色散元件，因此存在不同程度的腔内脉冲压缩，这些压缩都是在脉冲成型的过程中实时进行的，对最终输出的脉冲宽度、光谱宽度等参数均会产生影响。而腔外脉冲压缩则是对已经输出的锁模脉冲进行集中的色散补偿，一般不会对脉冲的光谱产生影响。传统的脉冲压缩方式包含光栅对、棱镜对、啁啾镜等,它们属于分立的块状元件,衍射光栅对依赖于空间的色散效应,因此存在空间传输距离长、光路对准复杂且敏感度高、长期可靠性和稳定性难以保证等缺陷,不利于实现超短脉冲系统的全光纤化。为了克服这些限制,研究人员尝试了各种替代的压缩技术,例如,采用啁啾光纤光栅[11]、基于铌酸锂晶体的准相位匹配光栅[12]以及空心光子晶体光纤[13]等器件进行脉冲压缩,但这些压缩器仅能承受单脉冲能量在 1μJ 以下的脉冲压缩,而对于更高单脉冲能量的 CPA 系统则不适用。啁啾体布拉格光栅(chirped volume Bragg grating,CVBG)压缩器的出现打破了 CPA 系统对大尺寸衍射光栅对的依赖,小孔径 CVBG 就足够支持平均功率超过 1kW、亚皮秒量级的脉冲激光输出[14],且随着 CVBG 制作工艺的不断提高,CVBG 的通光孔径也在不断增大。此外,CVBG 还具有体积小巧、结构稳定、衍射效率高等优势,为实现高功率、高稳定性的超短脉冲激光输出提供了新的思路。

科技水平和工业水平的不断发展对激光器的性能提出了更高的要求,如更高的输出功率、更高的光光转换效率、更好的光束质量、更便捷的使用、更强的抗干扰性、更小巧的体积等,国内外研究人员对此进行了大量研究并取得了突飞猛进的进展。

1.2 皮秒光纤激光发展现状

皮秒光纤激光器因其具有结构紧凑、体积小巧、输出脉冲稳定、散热性优良等优势[15],已经深入到工业加工、精密制造、生物医疗等各个领域。伴随着半导体激光泵浦技术、光纤激光技术以及光纤器件的快速更新迭代,皮秒光纤激光器向着更高功率、更大能量、更宽波段等方向发展。

目前,在高功率放大系统中普遍采用的是 MOPA 技术或 CPA 技术。其中,MOPA 技术是直接对激光振荡器输出的信号光进行放大,原理简单、结构明了,它的主要特点是高功率脉冲激光的光谱、脉冲宽度、重复频率等特性可以由注入的信号光直接决定,通过前端多级级联放大及大模场增益光纤的功率放大,最终获得高功率全纤化激光输出。目前,在高重复频率(兆赫兹(MHz)至吉赫兹(GHz))、较低的单脉冲能量皮秒光纤放大系统中,MOPA 技术应用十分广泛,用于产生高平均功率高效放大输出,但是在低重复频率、较高的单脉冲能量皮秒光纤放大系统中,进一步提升脉冲峰值功率仍然受到较强非线性效应的限制,这是由于此类激光的高峰值功率会在激光放大光纤的纤芯中产生极强的非线性作用,造成激光输出光谱加宽、频移,输出脉冲不稳、分裂,甚至会破坏整个光纤放大系统。

在皮秒光纤激光放大器中,采用 MOPA 级联放大技术进行了大量研究工作,并获得了百瓦级甚至更高功率脉冲激光输出。其中代表性的研究工作有:2006 年,南安普顿大学 Dupriez 等[16]采用 MOPA 技术,在中心波长为 1060nm 处获得了平均输出功率为 320W、脉冲宽度为 20ps 的 GHz 量级高重复频率脉冲激光输出。2012 年，国防科技大学 Chen 等[17]同样采用 MOPA 技术，在 15μm 芯径的掺镱光纤中实现了平均功率为 125W 的 GHz 量级高重复频率脉冲激光输出，其光光转换效率高达 86.12%，如图 1.1 所示。2018 年，坦佩雷理工大学 Filippov 等[18]利用脉冲宽度为 100ps 的增益开关半导体激光器作为种子源，采用 MOPA 技术，经过两级放大器，在波长 1030nm 处实现了单脉冲能量 1.7μJ 的脉冲输出以及在 1064nm 处实现了更高的单脉冲能量 11.7μJ 的脉冲输出，对应输出功率分别为 8.5W 和 11.7W。

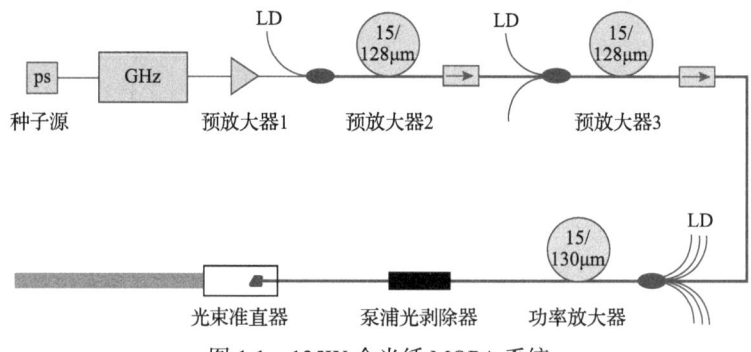

图 1.1 125W 全光纤 MOPA 系统
LD 指半导体激光器

同时，由于相干合成、光频转换等一些特殊领域的要求，除了随机偏振激光输出的超短脉冲激光器，还研制了高功率线偏振激光的保偏光纤 MOPA 激光器。在保偏的 MOPA 系统研究工作中，2010 年，南安普顿大学光电子研究中心 Chen 等[19]报道了以增益开关激光器为种子源的三级掺镱保偏光纤级联放大系统，最终得到了平均功率高达百瓦量级的激光输出，重复频率为 56MHz，脉冲宽度为 21ps，对应的峰值功率为 85kW，单脉冲能量为 1.7μJ。2015 年，国防科技大学 Tao 等[20]通过 MOPA 技术，在保偏的 21/400μm 大模场掺镱光纤放大器中实现了平均输出功率为 1.3kW 的高功率线偏振脉冲激光输出，如图 1.2 所示。同年，国防科技大学 Huang 等[21]同样采用 MOPA 技术，在保偏的 20/400μm 大模场掺镱光纤放大器中实现了平均输出功率为千瓦级(1.5kW)的高功率线偏振脉冲激光输出。

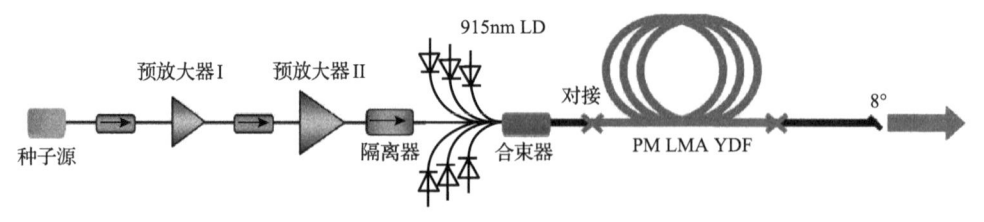

图 1.2 1.3kW 保偏光纤 MOPA 系统
PM LMA YDF 指保偏大模场掺镱双包层光纤

从以上研究工作中可以看出，光纤 MOPA 技术一般用于高重复频率皮秒脉冲激光的直接功率放大(兆赫兹至吉赫兹量级)，通过多级光纤级联放大的方式获得高平均功率的激光放大输出，通常单脉冲能量较低(微焦量级)，光光转换效率高，最高可以达到 90%左右，并且整个系统可以实现全纤化，因此在高功率超短脉冲光纤激光器中有着广泛的应用。

CPA 技术是目前超短脉冲光纤激光器中比较成熟的一种放大技术。CPA 的关键是保证系统中的正色散与压缩部分补偿的负色散保持平衡，保障单个脉冲在放大器的增益介质中进行高效放大后，可以使用压缩器将脉冲压缩至原状态，从而获得高峰值功率的超短光脉冲。其中，脉冲展宽部分主要是为了降低脉冲在光纤放大过程中由于极高峰值功率产生的各种强的非线性效应，如自相位调制(self-phase modulation，SPM)、受激拉曼散射(stimulated Raman scattering，SRS)等。在光纤展宽器及压缩器中，新的全光纤器件的研制(啁啾光纤布拉格光栅(chirped fiber Bragg grating，CFBG)、色散光纤等)，大模场、超大模场增益光纤和光子晶体光纤的研制成功，极大地促进了全光纤 CPA 系统的快速发展[22-25]。目前，利用 CPA 技术在单根光纤中能够获得最高单脉冲能量为毫焦(mJ)量级[26]、最大平均功率为千瓦(kW)量级[27]的超短脉冲激光输出。

1998 年，美国 IMRA 公司[28]已经利用 CPA 技术搭建了光纤激光器，并获得了 320fs 的亚皮秒脉冲激光输出，虽然输出的平均功率不高，只有 0.3W，但是为 CPA 技术在光纤激光器中的发展奠定了良好的基础。此后，包括德国耶拿大学和其他国家在内的研究小组不断地向高功率超短脉冲光纤 CPA 系统发起挑战。2010 年，俄罗斯一科研小组[29]采用透射式光栅对作为展宽压缩器，掺镱布拉格光纤作为增益光纤，通过光纤 CPA 技术获得了脉冲宽度为 260fs、平均输出功率为 1.35W 的脉冲激光输出。同年，德国耶拿大学 Eidam 等[30]采用被动锁模的激光振荡器作为种子源，三级光子晶体光纤作为放大增益介质，介质光栅伸缩器(dielectric grating stretcher/compressor，DGC)作为展宽器和压缩器，其装置如图 1.3 所示，最终输出

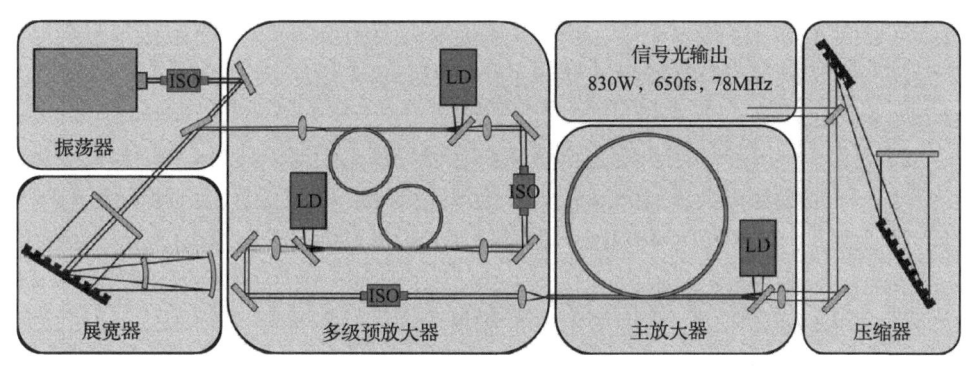

图 1.3　830W 光纤 CPA 系统

ISO 指光隔离器

的超短脉冲激光平均输出功率达到了 830W，脉冲宽度为 650fs，这也是当时亚皮秒光纤 CPA 系统中获得的最高平均输出功率。2018 年，德国耶拿大学 Gaida 等[31]研制了一个高功率掺铥光纤 CPA 系统，在中心波长 1960nm 处实现了一个平均输出功率 1060W、脉冲宽度 265fs、重复频率 80MHz、峰值功率 50MW、单脉冲能量 13.2μJ、光束质量因子（$M^2<1.1$）近衍射极限的超短脉冲激光输出，实验装置如图 1.4 所示。

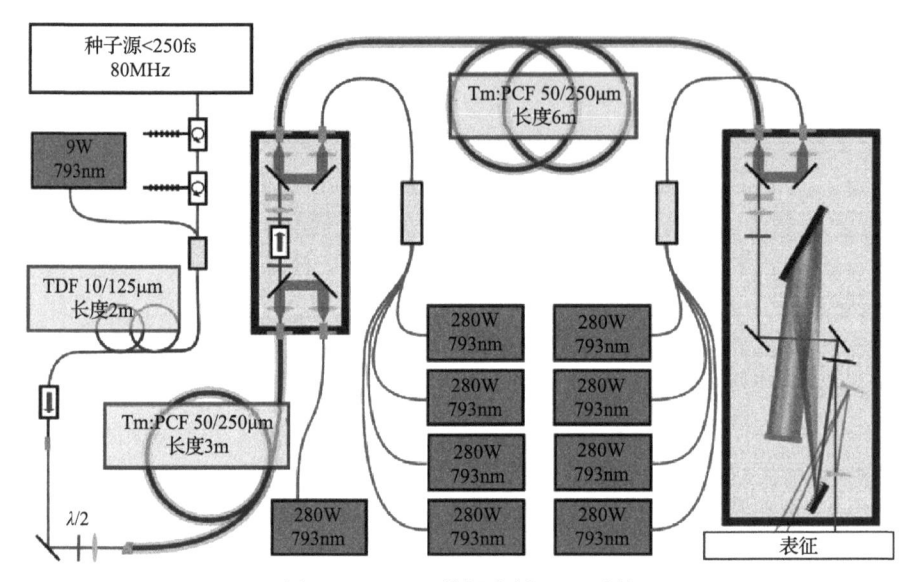

图 1.4　1060W 掺铥光纤 CPA 系统

TDF 指掺铥增益光纤，Tm:PCF 指掺铥光子晶体光纤

在光纤 CPA 系统中，在获得更高输出功率的同时，也力求实现全纤化和结构简单化。2013 年，立陶宛一科研小组[32]搭建了准全光纤的 CPA 系统，如图 1.5 所示。他们采用被动锁模光纤激光振荡器作为信号源，千米级单模光纤作为展宽器，透射式空间光栅对作为压缩器，最终实现了平均功率为 5W、脉冲宽度为 400fs 的超短脉冲激光输出，虽然输出功率并不高，但是该系统实现了展宽器的全纤化，为之后实现全纤化 CPA 系统又前进了一步。

2018 年，中国科学院西安光学精密机械研究所 Lv 等[33]采用 CPA 技术，利用大模场光子晶体增益光纤（40/200μm）作为增益介质，实现了近全纤化的激光放大器。种子源的重复频率为 40MHz，脉冲宽度 291fs，中心波长 1030.8nm，经单模光纤展宽后，通过声光调制器（acousto-optic modulator, AOM）降频至 275kHz，最后通过空间光栅对压缩，获得了单脉冲能量为 36μJ、脉冲宽度为 495fs 的超短脉冲激光输出。2019 年，清华大学 Deng 等[34]实现了一种近全光纤结构的掺镱光纤 CPA 激光器，实验装置如图 1.6 所示。在低重复频率 1kHz 运行，采用可调色散的啁啾光纤布拉格光栅(CFBG)作为脉冲展宽器,采用空间光栅对对高阶色散进行补偿,最后获得了持续时间为180fs、能量为112μJ的激光脉冲输出。

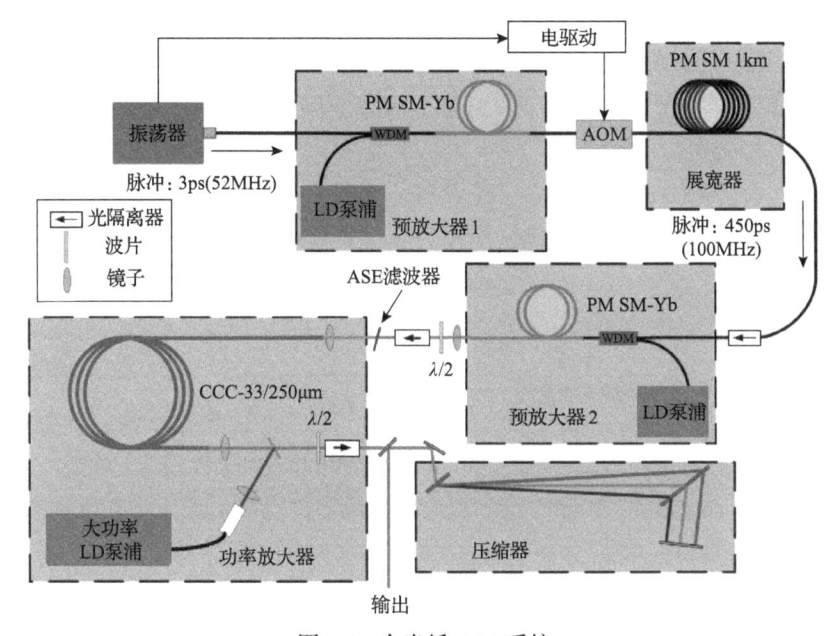

图1.5 全光纤CPA系统

PM SM-Yb 指保偏单模掺镱光纤,PM SM 指保偏单模光纤,WDM 指波分复用器,ASE 指放大自发辐射

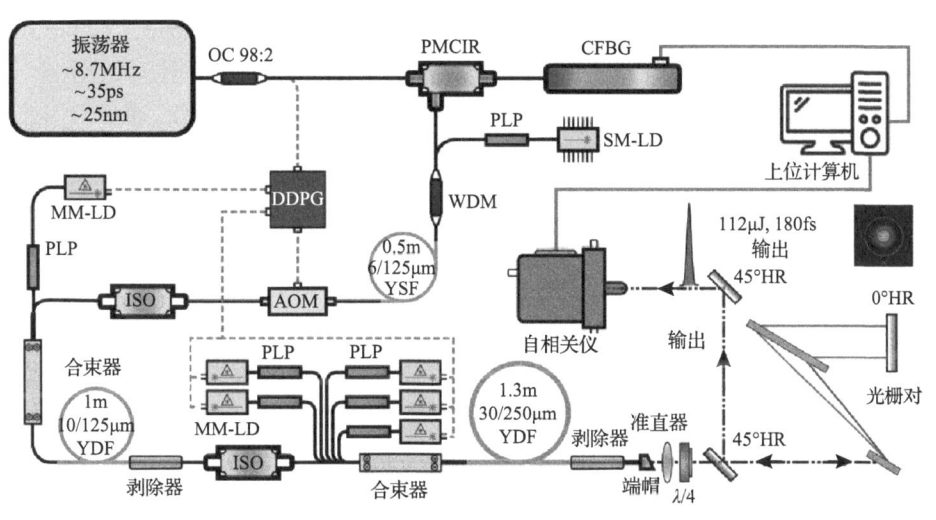

图1.6 近全光纤化的CPA系统示意图

HR 指高反镜,PMCIR 指保偏环形器,PLP 指泵浦激光模块,SM-LD 指单模激光二极管,
DDPG 指时序控制器,MM-LD 指多模激光二极管

在保偏光纤啁啾脉冲放大器中,也开展了大量研究工作。2013年,美国

PolarOnyx 公司 Wan 等[27]搭建了高脉冲能量和高平均功率亚皮秒保偏光纤 CPA 两种系统，如图 1.7 所示。高脉冲能量亚皮秒光纤 CPA 系统使用了超大纤芯的保偏掺镱单模棒状光子晶体光纤作为增益介质，获得输出激光的平均功率为 105W，脉冲能量为 1.05mJ，压缩后的脉冲宽度为 705fs，脉冲能量为 0.85mJ。除了信号光和泵浦光耦合到掺杂光纤的部分是空间结构，其他整个系统已经实现了非光纤器件的最少化。另外，高平均功率亚皮秒光纤 CPA 系统则完全实现了全光纤化，放大器部分采用了双端抽运结构，最终在大模场保偏双包层掺镱光纤中获得了压缩前平均功率为 1052W、压缩后脉冲宽度为 800fs 的超短脉冲激光输出。

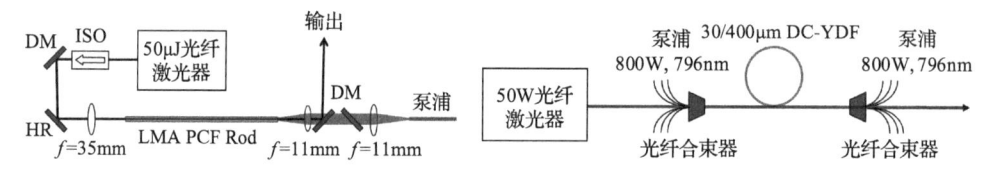

图 1.7 高脉冲能量亚皮秒光纤 CPA 系统和千瓦级光纤激光 CPA 系统
DM 指二色镜，LMA PCF Rod 指大模场光子晶体光纤棒

2015 年，美国 Raydiance 公司 Kim 等[35]搭建了 1030nm 波段的全保偏 CPA 系统，采用保偏大模场掺镱光纤(30/250μm)作为增益介质，最终实现了平均功率为 25W、脉冲宽度为 400fs、脉冲能量为 62μJ 的超短脉冲线偏振激光输出。2016 年，国防科技大学 Yu 等[36]采用保偏光纤 CPA 结构，通过单模光纤展宽器、多级保偏放大器和透射光栅脉冲压缩器后，最终输出功率 119W、脉冲宽度 352fs、单脉冲能量 4.2MW 的线偏振激光输出，压缩效率为 61.5%。同年，国防科技大学 Yu 等[37]又研发了一种高平均功率的线偏振 CPA 系统，如图 1.8 所示，通过采用非线性效应更小的啁啾布拉格光栅展宽器替代了单模光纤展宽器，改进后的放大器输出平均功率提升至 425W，经过脉冲压缩后，获得了平均功率为 300W、脉冲宽度为 315fs、峰值功率为 12MW 的激光脉冲。

从以上研究结果可以看出，随着光纤激光器的发展，CPA 系统已经可以实现千瓦量级的平均功率和毫焦量级的脉冲能量输出，但是由于在高功率的情况下，光纤中较强的非线性效应、激光模式不稳定以及光纤热损伤等问题，限制了光纤激光放大系统获得更高平均功率和更高脉冲能量激光输出。而相干合成技术的出现则为解决上述难题提供了一种新思路，它通过将多路放大系统有机整合到一起，突破了单路 CPA 系统的性能极限，实现了平均功率和脉冲能量等各项系统指标的成倍提升，同时还保持了很好的光束质量。2018 年，德国耶拿大学 Klenke 等[38]给出一种基于多芯光纤的 16 通道相干合成的激光放大器，在一个紧凑的装置中实现了平均功率为 70W、脉冲宽度为 40ps 的超短脉冲输出，实验装置如图 1.9 所示。

第 1 章 绪　　论

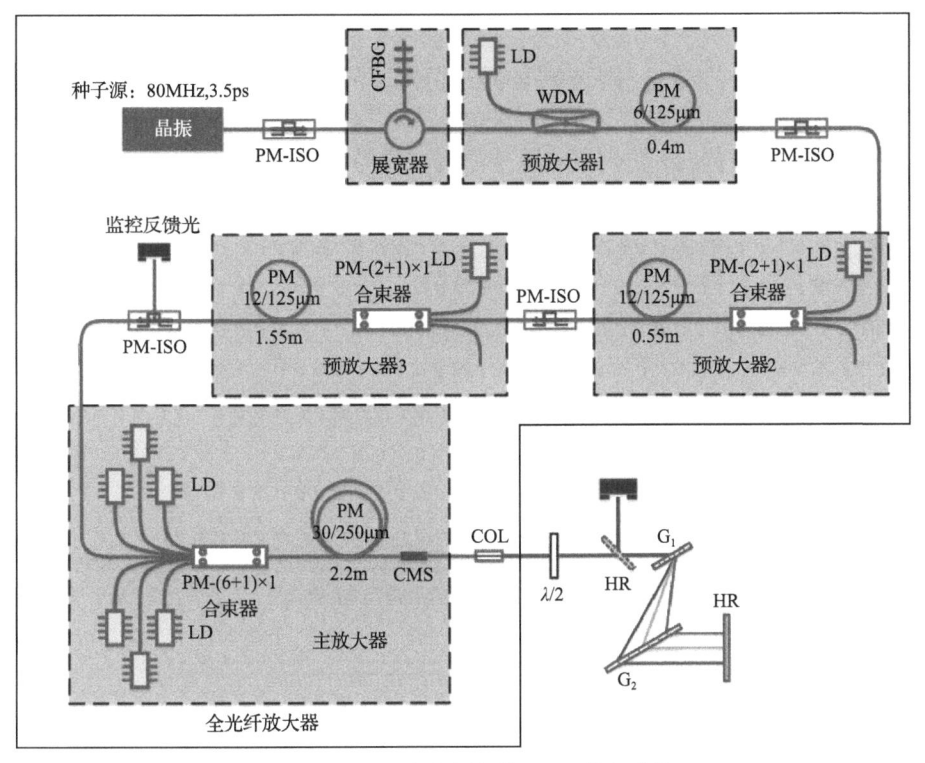

图 1.8　300W 全光纤保偏 CPA 激光系统

PM-ISO 指保偏隔离器，G 指光栅，COL 指准直器，CMS 指包层模式剥除器

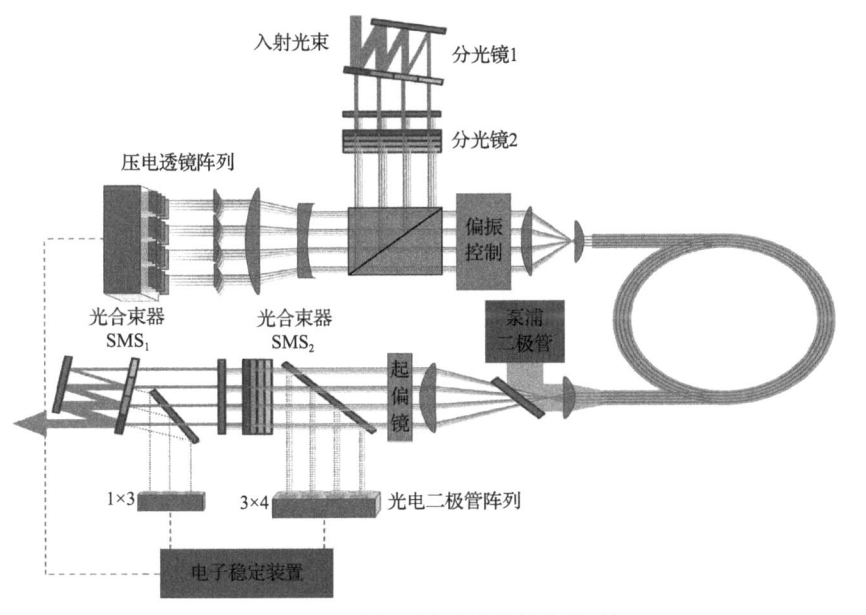

图 1.9　16 通道相干合成激光放大器系统

放大器中掺杂光纤的增益带宽有限,且放大过程中会产生增益窄化效应,限制了亚皮秒光纤脉冲激光系统输出的频谱范围,导致放大脉冲很难被压缩至亚皮秒以内。为了实现亚皮秒以内的超短脉冲输出,对压缩后的脉冲进行第二次压缩以实现更短脉冲宽度和更高的峰值功率输出成为有效的途径。超短脉冲的第二次压缩一般为非线性压缩,也就是通过优化控制非线性效应来实现频谱的展宽,从而保证更短脉冲的输出,再进行色散补偿,将脉冲压缩至更窄的脉冲宽度。非线性压缩所使用的色散补偿元件一般为啁啾镜,因为非线性压缩需要补偿的色散很小,而啁啾镜可以较为精确地补偿少量的色散。

近年来国内外对非线性压缩做了很多的工作,2011 年,德国耶拿大学 Hädrich 等[39]通过两级啁啾镜对单脉冲能量为 1mJ、脉冲宽度为 480fs、重复频率为 50kHz 的信号脉冲光进行非线性压缩,实现了脉冲宽度为 35fs、单脉冲能量为 380μJ、峰值功率高达 5.7GW 的超短脉冲激光输出,如图 1.10 所示。

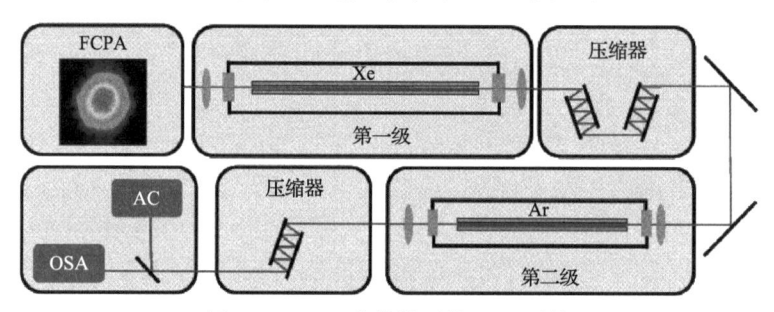

图 1.10 35fs 非线性压缩 CPA 系统
AC 指自相关仪,OSA 指光谱仪

2012 年,俄罗斯科学院 Konyashchenko 等[40]用啁啾镜和棱镜对作为压缩器对脉冲宽度为 300fs、单脉冲能量为 150μJ 的信号光进行两级非线性压缩,最终得到了脉冲宽度为 15fs、单脉冲能量为 15μJ 的绿光输出。2013 年,德国耶拿大学 Hädrich 等[41]搭建了一个平均功率为 135W、重复频率为 150kHz、脉冲宽度小于 30fs、脉冲能量为 540J、峰值功率为 11GW 的高平均功率、高脉冲能量的超短脉冲光纤激光系统,实验装置如图 1.11 所示。之后,Hädrich 等[42]采用了两级的惰性气体搭配啁啾镜的非线性压缩装置对 660W、400fs 的信号光进行压缩,最终系统实现了输出功率为 216W、脉冲宽度为 6.3fs、脉冲能量为 170μJ 的压缩脉冲激光输出。

2014 年,法国国家科学研究中心 Böhle 等[43]通过采用充氦气的空心光纤和啁啾镜对一个钛宝石的 CPA 系统输出的脉冲宽度 23fs、单脉冲能量 8mJ 的信号光进行第二次压缩,最终得到了脉冲宽度为 4fs、单脉冲能量为 3mJ 的超短脉冲输出。同年,耶拿大学 Rothhardt 等[44]采用两级惰性气体作为频谱展宽装置,啁啾镜作为压缩装置对 210fs 的信号光进行非线性压缩,最终得到了输出功率为 53W、脉冲宽度为 7.8fs、脉冲能量为 350μJ 的激光输出,峰值功率达到了 25GW,

如图 1.12 所示。

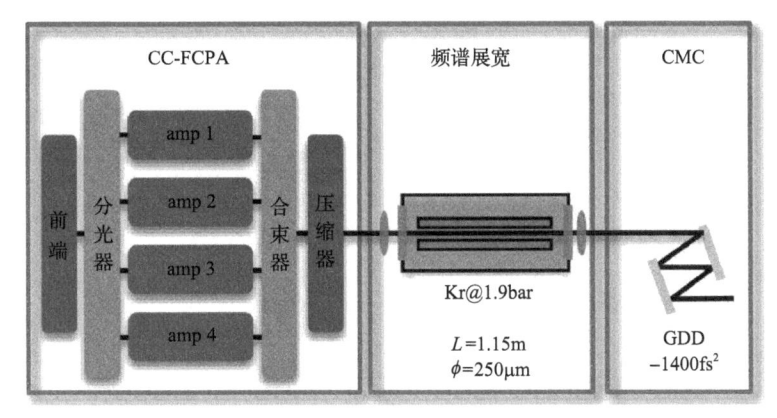

图 1.11　超短脉冲光纤激光系统（1bar=10⁵Pa）

CC-FCPA 指相干组合的光纤啁啾脉冲放大系统，amp 指放大器，CMC 指啁啾镜压缩机，GDD 指组延迟色散

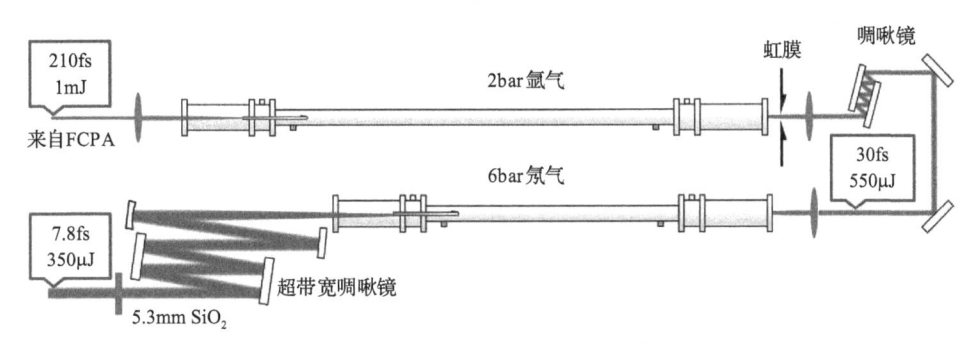

图 1.12　非线性压缩 CPA 系统

从以上研究可以看出，为了获得大的单脉冲能量，可以通过空间非线性压缩的方式，即在空心光纤中充入惰性气体，对光谱进行有效展宽，最后利用啁啾镜进行脉冲压缩。尽管上述方式可以获得较窄的脉冲宽度，但是受到光纤器件损伤阈值的限制，如部分压缩器件难以承受高的峰值功率，目前在光纤激光器中很难获得高峰值功率、较高单脉冲能量的激光输出。为了获得高单脉冲能量、高峰值功率的激光放大系统，可以采用光纤固体结合或相干合成的方式。

国内外近几年对光纤与固体相结合的皮秒光纤激光放大器进行了大量研究，多家科研单位纷纷向高能量光纤与固体相结合皮秒光纤激光放大器发起了挑战。2019年，中国科学院上海光学精密机械研究所 Lv 等[45]以光纤激光器作为种子源，种子源的脉冲宽度调谐范围为 0.1～10ns。种子光脉冲首先通过 Nd:YAG 再生放大器进行预放大，放大后的脉冲能量为 5mJ，重复频率为 100Hz。主放采用两级 Nd:YAG 双程放大器，最终获得单脉冲能量为 200mJ、脉冲宽度为 500ps 的激光输出，如图 1.13 所示。

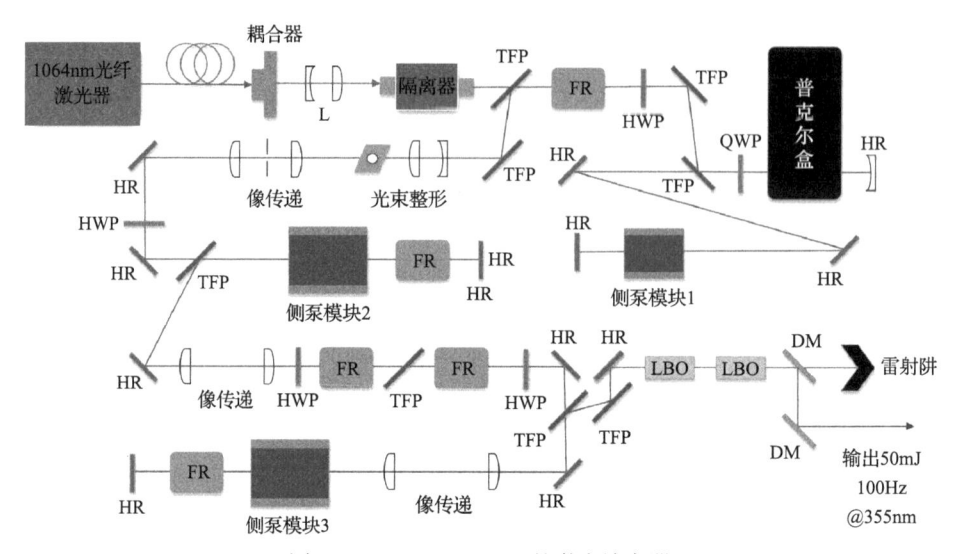

图 1.13　200mJ、500ps 的激光放大器

L 指透镜，TFP 指偏振分光镜，HWP 指二分之一波片，QWP 指四分之一波片，
FR 指法拉第旋光镜，LBO 指三硼酸锂

目前，高能量皮秒光纤激光器的全球产业化已经形成，多家公司包括美国的 Coherent 公司和 Photonics Industries 公司、加拿大的 Passat 公司以及立陶宛的 EKSPLA 公司等都已经有成熟的产品销售。其中，立陶宛 EKSPLA 公司的创新型产品在近几年均有相关报道，他们通过尝试不同的方法更新升级光纤与固体相结合的激光系统，目的是获得重复频率 1kHz 的高光束质量、高能量的皮秒光纤激光输出。2014 年，他们将光纤锁模激光振荡器输出的激光脉冲展宽至约 600ps，随后注入 Nd:YVO₄ 再生放大器和三级 Nd:YAG 双程放大器，最终实现脉冲能量约 106mJ、脉冲宽度约 270ps 的激光输出，如图 1.14 所示[46]。

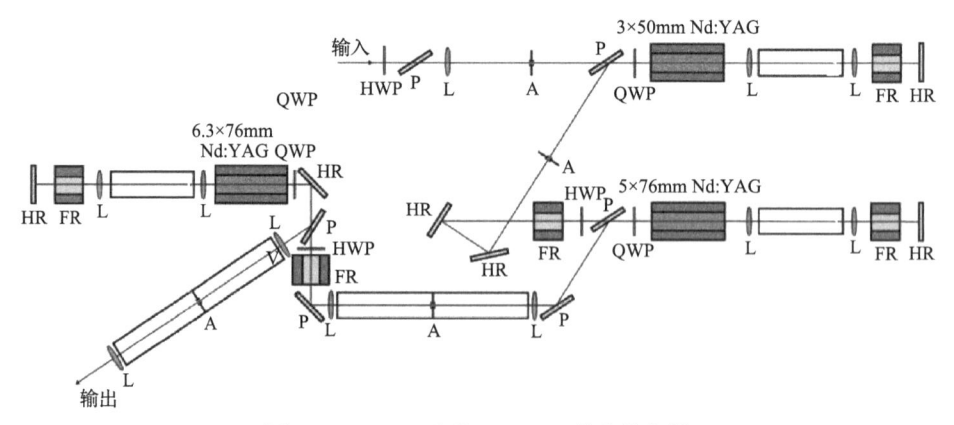

图 1.14　106mJ 皮秒 Nd:YAG 激光放大器
P 指薄膜偏振片，A 指小孔

2016 年，立陶宛 EKSPLA 公司 Michailovas 等[47]改变了功率放大器的结构，通过一级 Nd:YVO₄ 单程放大器和一级 Nd:YAG 双程放大器，将前级脉冲能量约 3mJ、脉冲宽度约 300ps 的激光脉冲放大到 62mJ，实验装置如图 1.15 所示。2018 年，在前期工作的基础上[48]，他们对再生放大器输出的光束进行整形，随后注入一级 Nd:YVO₄ 单程放大器和两级 Nd:YAG 双程放大器，最终获得了单脉冲能量 130mJ 的皮秒脉冲激光放大输出，实验装置如图 1.16 所示。

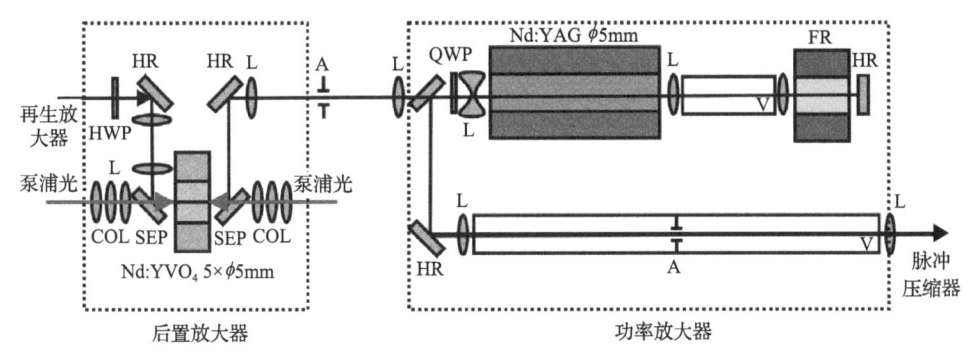

图 1.15　62mJ 皮秒光纤激光放大器
SEP 指分离器，V 指真空

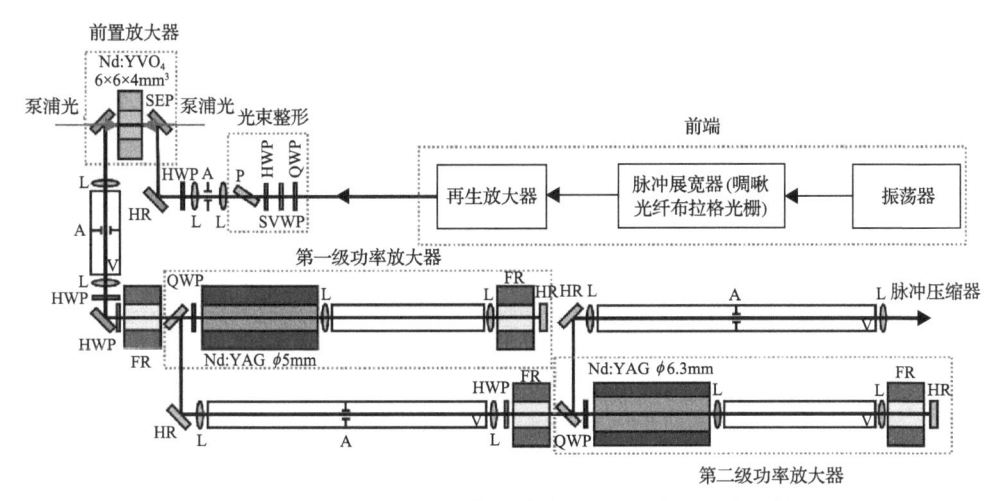

图 1.16　130mJ 的光纤固体相结合皮秒光纤激光放大系统

综上所述，为了得到高功率、大能量的超短脉冲激光输出，皮秒光纤激光器需要稳定的激光种子源，通常可以采用被动锁模方式获得稳定的锁模激光输出，接下来将振荡器输出的锁模脉冲进行功率放大。在目前的高功率光纤激光器中，MOPA 技术和 CPA 技术是放大器中采用最广泛的放大方法。其中，MOPA 技术可以对皮秒、纳秒以及连续光进行直接放大，获得稳定的高功率和高光光转换效率的激光输出。CPA 技术既可以获得很高的平均功率，又可以支持窄脉冲的激光产生，实现系统的全纤化，结构紧凑，工作运转时稳定可靠，环境适应性强。为了进一步降低非线性效应，还可以在光纤放大器中引入大模场双包层光纤，以及新型光子晶体光纤使光纤放大器输出平均功率及单脉冲能量大幅度提升。为了获得更高功率和更窄脉冲宽度的脉冲输出，可以采用超短脉冲相干合成技术，将单路放大系统转变为多路放大后进行相干合成，解决高功率光纤激光器系统中的非线性效应和光纤承受能力的问题，通过进一步的非线性脉冲压缩技术，可以获得更窄脉冲宽度和更高峰值功率的超短脉冲，实现高功率、窄脉冲宽度激光输出。

目前，超短脉冲光纤激光器在提升自身功率、能量及脉冲宽度输出指标的同时，也广泛地应用在其他技术领域中。其中，在超连续谱光源的产生过程中，超短脉冲光纤激光器发挥着重要的应用价值。尤其是近年来，越来越多的研究人员采用超短脉冲光纤激光器作为泵浦源泵浦非线性光子晶体光纤以产生超连续谱。随着新型结构的非线性光子晶体光纤的制备以及光子晶体光纤后处理技术和熔接技术的改善与提高，能够获得更高功率(百瓦量级)、更宽光谱范围(紫外到红外)的超连续谱输出[49-52]。

总之，随着新型光纤器件及新的激光技术出现，超短脉冲激光向着更高功率、更大单脉冲能量及更宽波段范围等方向发展，同时整个光纤激光器系统具备全纤化、小型化、实用化和智能化的特点，显著提高了光纤激光器的泵浦效率、输出功率、输出稳定性和使用寿命等，能够很好地满足使用要求。

1.3　皮秒光纤激光面临的挑战

皮秒光纤激光器具有体积小巧、结构紧凑、长期工作稳定性好、光光转换效率高以及光束质量好等优点，因此皮秒光纤激光器在多个领域的需求量越来越大，但是在快速发展的同时，多个领域对皮秒光纤激光器的需求指标也越来越高，如具有高峰值功率、大能量、窄脉冲宽度、高光束质量等，目前皮秒光纤激光器仍有很多问题亟待解决。

为了获得更高输出功率，通常需要对锁模激光脉冲的输出功率进行放大，而在皮秒光纤激光放大的过程中，脉冲会产生严重的非线性效应，使脉冲畸变、劈裂，影响输出功率的进一步提升。在高峰值功率条件下，SRS、SPM 等非线性效应成为限制皮秒光纤放大器平均输出功率和峰值功率提升的主要因素。特别是自相位调制效应，始终伴随着激光脉冲在光纤内传输的整个演化过程，它所产生的频率啁啾会随着光纤传输距离的增加而变大，新的频率不断产生导致频谱被展宽，并且光纤内积累的非线性相移的线性增加会造成光谱的多峰结构，因此 SPM 会引起光谱的展宽、脉冲的畸变,从而抑制激光功率的进一步提升。SRS 效应是限制光纤激光放大器输出功率/能量提升的另一重要因素,SRS 效应所激发的拉曼散射光是沿光纤长度方向双向传输的,一方面信号光的功率会因部分功率转移给拉曼散射光而下降,另一方面后向拉曼散射光会损坏光纤器件。同时,光纤放大过程中热效应管理、光纤端面热损伤、泵浦光有效耦合等问题也会影响高功率、高质量的脉冲稳定输出。这些都是限制皮秒光纤激光器向更高输出功率方向发展亟待解决的技术难题。

为了降低放大器中的非线性效应,通常利用 CPA 技术对超短脉冲激光先进行脉冲展宽,降低脉冲的峰值功率,在脉冲放大之后再利用压缩器来进行脉冲宽度压缩,而不同波段的具有超大色散量的展宽器和可利用的具有高损伤阈值的脉冲压缩器十分匮乏,目前还无法满足高功率超短脉冲激光的展宽和压缩。高能量和高功率 CPA 系统仍然依赖于大尺寸的空间光栅对压缩器,具有光路对准复杂,长期稳定性差,且体积相对较大[53,54]的缺点。随着激光器功率的不断提升,光栅对的功率承载能力与衍射效率成为限制高峰值功率、窄脉冲压缩输出的主要因素。目前新研制的 CVBG 作为一种紧凑型、高抗损伤阈值的压缩器件,具有结构稳定、色散参数灵活可控、压缩效率高以及易于校准等优势,为获得大的脉冲能量、高峰值功率的极窄脉冲压缩输出提供可能[55]。

中红外波段(3~5μm)还未实现全光纤结构的高功率激光输出,主要受限于中红外非线性光纤、中红外增益光纤、全纤化器件的缺乏,以及熔接技术不成熟等问题。在中红外光纤方面,所使用的光纤需要满足优良的中红外区域光学透过性能、较高的损伤阈值、高的非线性折射率、高的增益和成熟的制备工艺等几个条件。不同于目前制备工艺成熟、传输损耗低、机械强度高的石英光纤(透过窗口≤2.2μm),中红外光纤存在损耗大、熔点低、黏度曲线陡等问题,在材料制备、光纤设计及拉制等方面还需要系统地深入研究。目前,适合中红外波段激光的光纤主要包括氟化物(ZBLAN、InF_3 基等)光纤、重金属氧化物(碲酸盐、锗酸盐等)光纤和硫系(硫化物、硒化物、碲化物等)玻璃光纤,此类光纤在研制中红外激光光源方面均有其独特的优点,但是同时也存在各自的不足,如 ZBLAN 光纤的损耗在接近 5μm 处高达 10dB/m,这也是目前高功率中红外光源波长被限制在 4μm 附近的主要原因。因此,探索并开发透过范围更宽、激光损伤阈值更高、损耗更低的中红外玻璃光纤是实现高功率中红外激光输出所要解决的首要问题。另外,为了满足应用领域中对激光系统稳定可靠性的需求,实现高功率中红外激光光源系统的全光纤化是未来激光技术发展的趋势,目前,全光纤的中红外光纤合束器、隔离器等关键器件的匮乏,以及不同种类光纤的低损耗熔接等关键问题都亟待解决。尤其是不同类光纤(如石英光纤和中红外玻璃光纤、不同种类的中红外光纤)之间存在着物化特性及结构参数的巨大差异,很难将两者进行高质量的熔接,存在漏光严重,损耗太大的问题,造成熔点处无法承受太高的激光传输。石英玻璃的软化温度在上千摄氏度(1200℃),而中红外非线性光纤大都在几百摄氏度(300~400℃),不同材料光纤温度之间的巨大差距很难实现高强度、低损耗的熔接。因此,不同种类的中红外玻璃光纤之间的低损耗熔接是实现高功率中红外激光全纤化的主要技术问题。

光纤激光器受限于非线性脉冲畸变、光损伤、热积累和模式不稳定等因素,单束光纤的平均功率和峰值功率难以进一步提升。为了突破非线性、模式不稳定等因素对峰值功率提升的限制,超短脉冲时域相干合成在时序上通过将多路较低功率的光束相干合束,成为实现高峰值功率、高光束质量脉冲输出的一种有效手段。然而,对于超短脉冲光纤激光相干合成系统,在扩展合成路数、提高输出功率、光纤化集成等方向的发展过程中,也面临一系列关于相干控制方面的新挑战。首先,相干合成系统的复杂度攀升,受复杂的动态热学、声学、电学等噪声(特别是在多路数、高功率、高热载荷系统中)及有限的光学机械调整精度等因素的影响,子光束间的光场失配将从单因素为主逐步转为多因素共存、从各因素独立作用逐步转为多因素耦合作用、从静态失配特征逐步转为动态失配特征,使得合成系统的控制复杂度上升;其次,主动控制技术难点显现,高合成效率相干合成的实现需要解决动态噪声影响、多因素综合控制等问题,这就迫切需要主动相干控制算法向着智能化、综合化的方向继续发展,从而实现相干控制在算法参数自适应调节、多参数同时控制等方面的性能优化,但这种智能化的自适应算法与综合化的集成型算法分别在自适应逻辑设计与多参数控制解耦等方面存在一定的技术难点;此外,随着相干合成系统的输出功率不断升高,系统中的子光束间光学非线性调控匹配问题尤为突出。具体而言,在理论方面,需要在继续完善各个维度独立失配因素的建模、量化及诊断优化等工作的基础上,进一步将相干控制模型从单因素适用型发展为多因素适用型,为多因素耦合失配分析、多因素综合控制实现等提供指导;在技术方面,需要着重研究主动相干控制技术的架构设计、硬件构建、软件优化等问题,使得主动相干控制向着可靠、智能、高效的方向发展。

超短脉冲激光技术的快速发展使其在工业、国防、前沿科学等领域发挥着越来越重要的作用,如何获得更高功率(千瓦甚至万瓦)、更大能量(毫焦甚至焦耳量级)、更宽波段覆盖(近红外到中红外)的超短脉冲光纤激光器是当下人们关注的重点。目前该技术领域所面临的挑战主要在于超大模场光纤的拉制、高损伤阈值的全光纤展宽和压缩器件的研制、光纤固体混合放大等不同技术途径的尝试、中红外波段光纤材料和器件的开发、新的相干合成控制算法的探索等,上述问题的解决对实现高功率、大能量、新波段、高稳定性的皮秒光纤激光器具有重要意义。

参 考 文 献

[1] Jing J, Meng C, Bai Z, et al. Influence of polarization on the hole formation with picosecond laser[J]. Optical Review, 2013, 20(6): 496-499.

[2] Hilinski E F, Rentzepis P M. Biological applications of picosecond spectroscopy[J]. Nature, 1983, 302(7): 481-487.

[3] Islam M N, Freeman M J, Peterson L M, et al. Field tests for round-trip imaging at a 14km distance with change detection and ranging using a short-wave infrared super-continuum laser[J]. Applied Optics, 2016, 55(7): 1584-1602.

[4] Moses J, Huang S W, Hong K H, et al. Highly stable ultrabroadband mid-IR optical parametric chirped-pulse amplifier optimized for superfluorescence suppression[J]. Optics Letters, 2009, 34(11): 1639-1641.

[5] Martinez A, Fuse K, Yamashita S. Mechanical exfoliation of graphene for the passive mode-locking of fiber lasers[J]. Applied Physics Letters, 2011, 99(12): 1107.

[6] Schmidt A, Rivier S, Cho W B, et al. Sub-100fs single-walled carbon nanotube saturable absorber mode-locked Yb-laser operation near 1μm[J]. Optics Express, 2009, 17(22): 20109-20116.

[7] Tian Z, Wu K, Kong L C, et al. Mode-locked thulium fiber laser with MoS_2[J]. Laser Physics Letters, 2015, 12(6): 5104.

[8] Zhao C J, Zou Y H, Chen Y, et al. Wavelength-tunable picosecond soliton fiber laser with topological insulator: Bi_2Se_3 as a mode locker[J]. Optics Express, 2012, 20(25): 27888-27895.

[9] Sotor J, Sobon G, Kowalczyk M, et al. Ultrafast thulium-doped fiber laser mode locked with black phosphorus[J]. Optics Letters, 2015, 40(16): 3885-3888.

[10] Aguergaray C, Broderick N G R, Erkintalo M, et al. Mode-locked femtosecond all-normal all-PM Yb-doped fiber laser using a nonlinear amplifying loop mirror[J]. Optics Express, 2012, 20(10): 10545-10551.

[11] Galvanauskas A, Femann M E, Harter D, et al. All-fiber femtosecond pulse amplification circuit using chirped Bragg gratings[J]. Applied Physics Letters, 1995, 66(9): 1053-1055.

[12] Galvanauskas A. Chirped-pulse-amplification circuits for fiber amplifiers, based on chirped-period quasi-phase-matching gratings[J]. Optics Letters, 1998, 23(21): 1695-1697.

[13] Limpert J, Schreiber T, Nolte S, et al. All fiber chirped-pulse amplification system based on compression in air-guiding photonic bandgap fiber[J]. Optics Express, 2003, 11(24): 3332-3337.

[14] Guoqing C, Matthew R, Vadim S, et al. Femtosecond Yb-fiber chirped-pulse-amplification system based on chirped-volume Bragg gratings[J]. Optics Letters, 2009, 34(19): 2952-2954.

[15] 任国光, 伊炜伟, 屈长虹. 高功率光纤激光器及其在战术激光武器中的应用[J]. 激光与

红外, 2015, 45(10): 1145-1151.

[16] Dupriez P, Piper A, Malinowski A, et al. High average power, high repetition rate, picosecond pulsed fiber master oscillator power amplifier source seeded by a gain-switched laser diode at 1060nm[J]. IEEE Photonics Technology Letters, 2006, 18(9): 1013-1015.

[17] Chen H W, Lei Y, Chen S P, et al. High efficiency, high repetition rate, all-fiber picoseconds pulse MOPA source with 125W output in 15μm fiber core[J]. Applied Physics B, 2012, 109(2): 233-238.

[18] Filippov V, Fedotov A, Noronen T, et al. High power picosecond MOPA with anisotropic ytterbium-doped tapered double-clad fiber[C]. Fiber Lasers and Glass Photonics: Materials through Applications, Strasbourg, 2018: 1-8.

[19] Chen K K, Price J H V, Alam S, et al. Polarisation maintaining 100W Yb-fiber MOPA producing μJ pulses tunable in duration from 1 to 21ps[J]. Optics Express, 2010, 18(14): 14385-14394.

[20] Tao R, Ma P, Wang X, et al. 1.3kW monolithic linearly polarized single-mode master oscillator power amplifier and strategies for mitigating mode instabilities[J]. Photonics Research, 2015, 3(3): 86-93.

[21] Huang L, Ma P F, Tao R M, et al. 1.5kW ytterbium-doped single-transverse-mode, linearly polarized monolithic fiber master oscillator power amplifier[J]. Applied Optics, 2015, 54(10): 2880-2884.

[22] Yu T J, Lee S K, Sung J H, et al. Generation of high-contrast, 30fs, 1.5PW laser pulses from chirped-pulse amplification Ti: Sapphire laser[J]. Optics Express, 2012, 20(10): 10807-10815.

[23] Liem A, Limpert J, Zellmer H, et al. High energy ultrafast fiber CPA system[C]. Advanced Solid-State Lasers Conference, Washington, 2001: 111-113.

[24] Liem A, Limpert J, Schreiber T, et al. Femtosecond fiber CPA system with high average power[C]. Summaries of Papers Presented at the Lasers and Electro-Optics, San Jose, 2002: 593-594.

[25] Limpert J, Clausnitzer T, Liem A, et al. High-average-power femtosecond fiber chirped-pulse amplification system[J]. Optics Letters, 2003, 28(20): 1984-1986.

[26] Eidam T, Rothhardt J, Stutzki F, et al. Fiber chirped-pulse amplification system emitting 3.8GW peak power[J]. Optics Express, 2011, 19(1): 255-260.

[27] Wan P, Yang L M, Liu J. All fiber-based Yb-doped high energy, high power femtosecond fiber lasers[J]. Optics Express, 2013, 21(24): 29854-29859.

[28] Galvanauskas B, Fermann M E, Arbore M A, et al. High-energy high-average-power femtosecond fiber system using a QPM-grating pulse compressor[C]. Summaries of Papers Presented at the Conference on Lasers and Electro-Optics, San Francisco, 1998: 364.

[29] Gaponov D A, Février S, Roy P, et al. Amplification of femtosecond pulses in large mode area

Bragg fibers[C]. SPIE Conference on Photonics Crystal Fibers, Brussels, 2010: 771405.

[30] Eidam T, Hanf S, Seise E, et al. Femtosecond fiber CPA system emitting 830W average output power[J]. Optics Letters, 2010, 35(2): 94-96.

[31] Gaida C, Gebhardt M, Heuermann T, et al. Ultrafast thulium fiber laser system emitting more than 1kW of average power[J]. Optics Letters, 2018, 43(23): 5853-5856.

[32] Želudevičius J, Danilevičius R, Viskontas K, et al. Femtosecond fiber CPA system based on picosecond master oscillator and power amplifier with CCC fiber[J]. Optics Express, 2013, 21(5): 5338-5345.

[33] Lv Z G, Yang Z, Li F, et al. High power all-polarization-maintaining photonic crystal fiber monolithic femtosecond nonlinear chirped-pulse amplifier[J]. Optics & Laser Technology, 2018, 100: 282-285.

[34] Deng D C, Zhang H T, Gong Q H, et al. 112-µJ 180-fs pulses at 1-kHz repetition rate from Yb-doped laser based on strictly all-fiber CPA structure[J]. IEEE Photonics Journal, 2019, 11(6): 1505507.

[35] Kim K, Peng X, Lee W, et al. Monolithic polarization maintaining fiber chirped pulse amplification (CPA) system for high energy femtosecond pulse generation at 1.03µm[J]. Optics Express, 2015, 23(4): 4766-4770.

[36] Yu H L, Zhang P F, Wang X L, et al. High-average-power polarization maintaining all-fiber-integrated nonlinear chirped pulse amplification system delivering sub-400fs pulses[J]. IEEE Photonics Journal, 2016, 8(2): 1-7.

[37] Yu H L, Wang X L, Zhang H W, et al. Linearly-polarized fiber-integrated nonlinear CPA system for high-average-power femtosecond pulses generation at 1.06µm[J]. Journal of Lightwave Technology, 2016, 34(18): 4271-4277.

[38] Klenke A, Müller M, Stark H, et al. Coherently combined 16-channel multicore fiber laser system[J]. Optics Letters, 2018, 43(7): 1519.

[39] Hädrich S, Carstens H, Rothhardt J, et al. Multi-gigawatt ultrashort pulses at high repetition rate and average power from two-stage nonlinear compression[J]. Optics Express, 2011, 19(8): 7546-7552.

[40] Konyashchenko A V, Kostryukov P V, Losev L L, et al. Note: 15-fs, 15-µJ green pulses from two-stage temporal compressor of ytterbium laser pulses[J]. Review of Scientific Instruments, 2012, 83(10): 106106.

[41] Hädrich S, Klenke A, Hoffmann A, et al. Nonlinear compression to sub-30-fs, 0.5mJ pulses at 135W of average power[J]. Optics Letters, 2013, 38(19): 3866-3869.

[42] Hädrich S, Kienel M, Müller M, et al. Energetic sub-2-cycle laser with 216W average power[J]. Optics Letters, 2016, 41(18): 4332-4335.

[43] Böhle F, Kretschmar M, Jullien A, et al. Compression of CEP-stable multi-mJ laser pulses down to 4fs in long hollow fibers[J]. Laser Physics Letters, 2014, 11(9): 095401.

[44] Rothhardt J, Hädrich S, Klenke A, et al. 53W average power few-cycle fiber laser system generating soft X rays up to the water window[J]. Optics Letters, 2014, 39(17): 5224-5227.

[45] Lv X L, Su H P, Peng Y J, et al. High-energy, quasi-CW 355nm UV pulses generation from a diode-pumped sub-nanosecond Nd:YAG system[C]. Solid State Lasers XXVIII: Technology and Devices, San Franciso, 2019: 1-7.

[46] Michailovas K, Smilgevicius V, Michailovas A, et al. Neodymium doped active medium based high power high energy 10—20ps pulse amplification system using chirped pulse amplification technique[C]. Advanced Solid State Lasers, Shanghai, 2014: 1-3.

[47] Michailovas K, Baltuska A, Pugzlys A, et al. Combined Yb/Nd driver for optical parametric chirped pulse amplifiers[J]. Optics Express, 2016, 24(19): 22261-22271.

[48] Michailovas K, Zaukevičius A, Petrauskienė V, et al. Sub-20ps high energy pulses from 1kHz neodymium-based CPA[J]. Lithuanian Journal of Physics, 2018, 58(2): 159-169.

[49] 湛鸿伟, 会峰, 刘通, 等. 七芯光子晶体光纤中百瓦量级超连续谱的产生[J]. 物理学报, 2014, 63(4): 5-9.

[50] 王雄飞, 李尧, 朱辰, 等. 基于锁模脉冲泵浦的全光纤化超连续谱光源[J]. 激光与红外, 2016, 46(9): 1076-1079.

[51] 熊梦杰, 李进延, 罗兴, 等. 新型高双折射微结构纤芯光子晶体光纤的可调谐超连续谱的特性研究[J]. 物理学报, 2017, 66(9): 187-193.

[52] Sharafali A, Nithyanandan K. A theoretical study on the supercontinuum generation in a novel suspended liquid core photonic crystal fiber[J]. Applied Physics B, 2020, 126(4): 55.

[53] Eidam T, Hadrich S, Roser F, et al. A 325W-average-power fiber CPA system delivering sub-400fs pulses[J]. IEEE Journal of Selected Topics in Quantum Electronics, 2009, 15(1): 187-190.

[54] RöSer F, Eidam T, Rothhard J, et al. Millijoule pulse energy high repetition rate femtosecond fiber chirped-pulse amplification system[J]. Optics Letters, 2007, 32(24): 3495-3497.

[55] Feng J S, Zhang X, Wu S, et al. Configuration with four chirped volume Bragg gratings in parallel combination for large dispersion applications[J]. Optical Engineering, 2015, 54(5): 056105.

第 2 章　皮秒光纤激光关键器件

2.1　光　纤

2.1.1　光纤的特性

1. 光纤的结构

在皮秒光纤激光器系统中，光纤是激光产生或传输的核心器件，典型的光纤主要由纤芯、包层和涂覆层构成，包层的折射率(n_2)略小于纤芯的折射率(n_1)，通过全内反射效应使大部分光场束缚在纤芯中传输，光纤结构如图 2.1 所示。对于阶跃型光纤，光纤的数值孔径(numerical aperture，NA)表示光纤集光能力，数值孔径越大即孔径角越大，光纤的集光能力越强。光纤的数值孔径由纤芯折射率 n_1 和包层折射率 n_2 给出，定义为[1]

$$\mathrm{NA} = \sqrt{n_1^2 - n_2^2} = n_1\sqrt{2\varDelta} \tag{2.1}$$

式中，相对折射率差 $\varDelta$ 表示为

$$\varDelta = \frac{n_1^2 - n_2^2}{2n_1^2} \approx \frac{n_1 - n_2}{n_1} \tag{2.2}$$

以及由式(2.3)定义归一化频率：

$$\nu = \frac{2\pi a}{\lambda}\mathrm{NA} \tag{2.3}$$

式中，a 为纤芯半径；λ 为光波波长。归一化频率 ν 决定了光纤中可容纳的模式数量，在阶跃型光纤中，当 $\nu < 2.405$ 时，只能容纳单模。

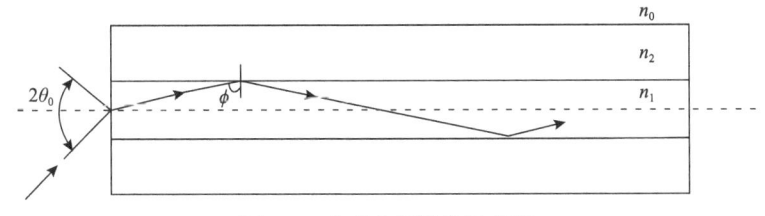

图 2.1　典型光纤结构示意图

n_0 为空气折射率

对于石英光纤,通过少量粒子掺杂可以实现对折射率的调控,例如,Ge^{4+}、P^{5+}粒子的掺杂可以提高折射率,B^{3+}、F^-粒子的掺杂可以降低折射率;对于磷酸盐、碲酸盐、氟化物光纤,通过调节玻璃组分可以控制折射率,例如,碲酸盐光纤中相对原子质量较大的碲元素组分占比越高折射率越大。

此外,人们还发明出一种新型光子晶体光纤,按导光机理分为全内反射型与光子带隙型。光子带隙型光子晶体光纤包层由空气孔按类似于蜂窝的结构周期性排列形成,纤芯为空气孔,从结构上讲,纤芯的折射率比包层的等效折射率要低,与全内反射型光子晶体光纤的导光机制不同,这类光纤的包层由周期性排列的空气孔形成二维光子晶体,当其尺寸达到光波长量级,且满足一定的条件时,会产生光子带隙,频率落在光子带隙中的光波不能在光子晶体包层中传输,因此被束缚在纤芯区沿轴向传输。全内反射型光子晶体光纤纤芯为实心结构,二维光子晶体结构包层一般与纤芯是同种材料,特性类似于传统光纤,纤芯折射率比包层的有效折射率高,导波方式与全反射原理类似而不依赖于光子的禁带效应,所以称为全内反射型光子晶体光纤。两种光纤结构如图 2.2 所示[2]。

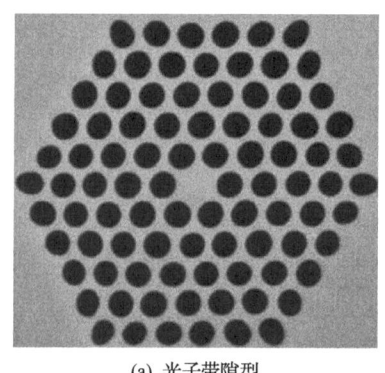

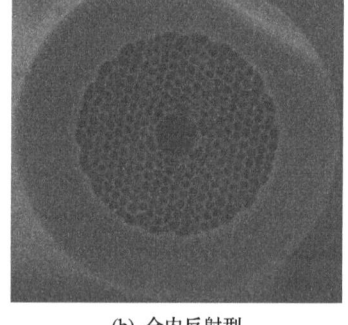

(a) 光子带隙型　　　　　　　　(b) 全内反射型

图 2.2　光子晶体光纤结构示意图[2]

2. 光纤的传输特性

同所有的电磁现象一样,光纤中光的传输也服从麦克斯韦方程组,通过求解麦克斯韦方程组可以得到光纤中光传输的波动方程为[3]

$$\nabla \times \nabla \times E = -\frac{1}{c^2}\frac{\partial^2 E}{\partial t^2} - \mu_0 \frac{\partial^2 P}{\partial t^2} \tag{2.4}$$

式中,E 为电场强度;c 为光在真空中的传输速度;μ_0 为真空中的磁导率;P 为感应电极化强度。为了完整地描述光纤中光波的传输,还需要考虑感应电极化强

度 P 和电场强度 E 的关系，P 和 E 的关系可以唯象地写为[1]

$$P = \varepsilon_0(\chi^{(1)} \cdot E + \chi^{(2)} \cdot EE + \chi^{(3)} \cdot EEE + \cdots) \tag{2.5}$$

式中，ε_0 为真空中的介电常数；$\chi^{(j)}(j=1,2,\cdots)$ 为第 j 阶极化率。一阶极化率 $\chi^{(1)}$ 对 P 起主要作用；二阶极化率 $\chi^{(2)}$ 在对称分子介质中通常为零，石英光纤的主要成分为 SiO_2，其二阶极化率 $\chi^{(2)}$ 等于零。因此，光纤中产生的最低阶非线性效应是由三阶极化率 $\chi^{(3)}$ 引发的，主要表现为非线性折射现象。若只对光纤中的三阶非线性效应进行研究，则感应电极化强度可以写为如下形式：

$$P(r,t) = P_L(r,t) + P_{NL}(r,t) \tag{2.6}$$

式中，P_L 和 P_{NL} 分别为感应电极化强度的线性部分和非线性部分。由于石英光纤中的非线性效应相对较弱，所以把非线性极化项 P_{NL} 处理成总极化强度的微扰是合理的[4]，即 $P_{NL}=0$ 时方程变为

$$\nabla \times \nabla \times \tilde{E}(r,\omega) = \varepsilon(\omega)\frac{\omega^2}{c^2}\tilde{E}(r,\omega) \tag{2.7}$$

式中，$\tilde{E}(r,\omega)$ 为 $E(r,\omega)$ 的傅里叶变换。对式(2.7)进行求解时需要做两项简化：①由于光纤的损耗很小，$\varepsilon(\omega)$ 中的虚部相对于实部可以忽略，因此可以把 $\varepsilon(\omega)$ 替换为 $n(\omega)$；②阶跃光纤折射率 $n(\omega)$ 与空间坐标无关，这种处理方法也是合理的[4]。利用这两个简化关系可由式(2.7)推导出下面的亥姆霍兹光波传输方程：

$$\nabla^2 \tilde{E} + n^2(\omega)\frac{\omega^2}{c^2}\tilde{E} = 0 \tag{2.8}$$

3. 光纤的损耗特性

光在光纤中传输时的能量损耗是光纤特征中的重要参数之一。长度为 L 的光纤中，光能量为 P_{in} 的光入射后，通过光纤后的输出功率 P_{out} 由式(2.9)给出：

$$P_{out} = P_{in}\exp(-\alpha L) \tag{2.9}$$

式中，α 为光纤损耗的衰减常数。通常光纤的损耗 α_{dB} (dB/km) 由式(2.10)来表示：

$$\alpha_{dB} = -\frac{10}{L}\lg\left(\frac{P_{out}}{P_{in}}\right) = 4.343\alpha \tag{2.10}$$

光纤的损耗来源有很多，主要包括材料的固有损耗、杂质吸收损耗及附加损耗。

1) 材料的固有损耗

光纤材料的固有损耗包括紫外区的电子吸收、散射以及红外区的多声子吸收。玻璃紫外吸收属于电子光谱范围，相应的吸收光波频率处于紫外区域。在透光区与吸收区之间是一条坡度很陡的分界线，通常称为吸收极限。这是因为凡是光谱能量足以将阴离子上的价电子激发到激发态的光波全部被吸收，产生一个连续的吸收区，而能量小于（即波长大于）吸收极限波长的光，由于不足以激发价电子，故而全部透过。

材料的红外多声子吸收带边位置与化合物的折合质量 μ 及力常数 κ 有关，声子振动频率与折合质量的开方成反比，与力常数的开方成正比，即

$$\nu = \frac{1}{2\pi}\sqrt{\frac{\kappa}{\mu}} \tag{2.11}$$

式中，ν 为振动频率；κ 为力常数；μ 为振动离子的折合质量。玻璃的红外截止频率受限于玻璃网络的最大振动频率，对玻璃红外截止波长影响最关键的是网络形成体，设计能够透过较长波长的红外玻璃的基本原则是选择阳离子与阴离子键合较弱、折合质量大的化合物，使声子能量降低。

引起光的传输损耗的散射包括瑞利散射（Rayleigh scattering）、SRS 与受激布里渊散射（stimulated Brillouin scattering，SBS）。瑞利散射是由比波长小的小尺度粒子引起的弹性散射。在玻璃熔融制备过程中生成的随机密度起伏被固化，以及组分的不稳定性，造成折射率存在局部起伏，光向各个方向散射，瑞利散射引起的损耗与光波长的四次方成反比。SRS 与 SBS 均属于非线性光学效应，是一种非弹性散射。SRS 是由强激光的光电场与原子中的电子激发、分子中的振动或与晶体中的晶格相耦合产生的，具有方向性强、散射强度高的受激辐射特性。SBS 主要是由于入射光功率很高，由光波产生的电磁伸缩效应在物质内激起超声波，入射光受超声波散射，也可以把这种受激散射过程看成光子场与声子场之间的相干散射过程，散射光具有发散角小、线宽窄等特性[4]。

2) 杂质吸收损耗

光纤中的杂质主要为羟基（OH^-）和过渡金属杂质离子。游离 OH^- 基本振动产生的吸收位于 2.87μm 处，1.38μm 附近的大吸收峰和 0.95μm 处的小吸收峰分别是 OH^- 的吸收二倍振动和三次谐波振动所引起的损耗[5]。在可见光及近红外区，Co、Cu、Fe、Ni、Mn、Cr、Ti 等过渡元素离子存在较强的吸收，它们是光信号衰减的重要因素[6]，见表 2.1。

表 2.1 过渡金属离子的吸收

金属离子	吸收峰/nm	光信号的衰减率/(dB/km)
Cr^{3+}	625	1.6
Cr^{2+}	685	0.1
Cu^{2+}	850	1.1
Fe^{2+}	1100	0.68
Fe^{3+}	400	0.15
Ni^{2+}	650	0.1
V^{4+}	725	2.7

3) 附加损耗

除光纤固有损耗以及由原材料或光纤制备过程引入的杂质引起的损耗，光纤的损耗还存在由光纤界面缺陷、弯曲和熔接等造成的附加损耗。如果光纤的纤芯和包层界面上存在凹凸缺陷，那么这些凹凸缺陷部分会造成回光或漏光，这就是界面损耗。弯曲损耗是光纤产生较大曲率时，纤芯和包层的界面处入射的角度小于临界角，光不能实现全反射，一部分光泄漏引起的损耗。熔接损耗是连接部位光的漏出，主要原因有光纤芯径失配、轴向错位、轴心倾斜和端面分离等，造成连接光纤之间的模场失配。

4. 光纤的色散特性

光在光纤中传输时，一个最显著的特征就是光纤具有色散特性。光纤的折射率 $n(\omega)$ 对光波频率具有依赖性，光脉冲中不同的光谱成分在光纤中以不同的速度 $c/n(\omega)$ 传输，会导致脉冲宽度发生变化，这在光谱较宽的超短脉冲激光中尤为明显。这种色散效应引发的脉冲宽度变化可能会给实际应用带来不利影响，例如，在光纤通信应用领域，激光在光纤中长距离的传输会导致信号失真，影响通信质量。然而，如果能将光纤色散特性合理地应用在光纤激光器的设计上，可以对激光器输出参数产生极大的优化[7]。

在中心频率 ω_0 附近把传输常数 $\beta(\omega)$ 展开成泰勒级数，那么光纤中色散效应的表达式就可以写为

$$\beta(\omega) = \beta_0 + \beta_1(\omega-\omega_0) + \beta_2(\omega-\omega_0)^2 + \beta_3(\omega-\omega_0)^3 + \cdots \tag{2.12}$$

式中，$\beta_m = \left(\dfrac{d^m \beta}{d\omega^m}\right)_{\omega=\omega_0}$ （$m=0,1,2,\cdots$），β_1 与脉冲包络的群速度有关，表示光脉冲包络以群速度移动；β_2 为群速度色散(group velocity dispersion，GVD)系数，正值表示正色散，负值表示负色散，要想获得超短脉冲就必须对此参数进行优化；β_3 表

示三阶色散(third-order dispersion，TOD)系数，属于高阶色散。色散参数 D 是实际应用中常见的参数，它和折射率 n 及 GVD 参数 β_2 之间的关系可以表示为

$$D = \frac{d\beta_1}{d\lambda} = -\frac{2\pi c}{\lambda^2}\beta_2 = -\frac{\lambda}{c}\frac{d^2 n}{d\lambda^2} \tag{2.13}$$

对于常用的熔融石英光纤，其零色散点在 1.31μm 附近。此光纤对中心波长 1064nm 的激光表现出正色散，其二阶色散系数 $\beta_2 = 0.02\text{ps}^2/\text{m}$，三阶色散系数 $\beta_3 = 6\times10^{-5}\text{ps}^3/\text{m}^{[4]}$。而纤芯中掺有稀土离子的增益光纤，其色散量与无源光纤略有不同，通过对色散的准确计算有助于合理设计激光系统。

脉冲在光纤中传输服从非线性薛定谔方程(nonlinear Schrodinger equation，NLSE)，此方程描述了脉冲慢变包络 $A(z,t)$ 在光纤中的传输过程。对其进行简化推导后，其表达式为

$$i\frac{\partial A}{\partial z} + \frac{i\alpha}{2}A - \frac{\beta_2}{2}\frac{\partial^2 A}{\partial T^2} + \gamma|A|^2 A = 0 \tag{2.14}$$

式中，A 为脉冲振幅；$|A|^2$ 为场的强度；γ 为光纤的非线性系数；α 为损耗。在不考虑光纤中非线性效应和光纤损耗的情况下，只对光纤中的二阶色散和三阶色散进行分析，式(2.14)可简化为

$$\frac{\partial A}{\partial z} = -i\frac{\beta_2}{2}\frac{\partial^2 A}{\partial T^2} + \frac{\beta_3}{6}\frac{\partial^3 A}{\partial T^3} = 0 \tag{2.15}$$

对其进行傅里叶变换，由式(2.15)推导的脉冲慢变包络振幅 $\tilde{A}(z,\omega)$ 为

$$\tilde{A}(z,\omega) = \tilde{A}(0,\omega)\exp\left(\frac{i}{2}\beta_2\omega^2 z\right) + \frac{i}{6}\beta_3\omega^3 z \tag{2.16}$$

由式(2.16)可知，色散能够引起光谱成分的相位发生改变，使得不同的光谱成分传输至不同位置，尽管不会产生新的光谱成分，但能够改变脉冲的形状。二阶 GVD 会导致脉冲展宽，TOD 则会导致脉冲发生畸变，对于 1ps 以下的超短脉冲激光或零色散波长附近处的激光脉冲作用效果尤其明显。

利用波导色散与纤芯半径、纤芯和包层的折射率差 Δ 等参数的依存性，可以控制零色散波长 λ_D 和色散斜率，目前使用较多的色散抑制光纤包括以下几种：色散位移光纤、非零色散位移光纤、色散平坦光纤、逆色散光纤等。

5. 光纤的非线性特性

在高强度电磁场中，几乎所有介质对光的响应都会变成非线性的。与固体

增益介质相比，光纤纤芯有着很高的能量密度，极易达到非线性效应的阈值，产生多种非线性效应，包括 SPM 效应、SRS 效应、交叉相位调制(cross-phase modulation，XPM)效应、四波混频(four-wave mixing，FWM)效应等[1]。这里重点介绍在皮秒光纤激光传输与放大中，引起的两种主要的非线性效应，即 SPM 效应和 SRS 效应。在非线性光学介质中，介质对光的折射率与入射光强度相关，这一现象会引发 SPM 现象，它能够产生新的频谱成分。通常 SPM 效应与 GVD 效应会同时发生作用，导致传输脉冲激光的光谱和脉冲宽度发生改变。本部分主要对 SPM 效应进行研究，忽略非线性脉冲传输方程(2.14)中的色散和损耗项，得到简化后的方程为

$$\frac{\partial A}{\partial z} = \mathrm{i}\gamma(\omega_0)|A|^2 A \tag{2.17}$$

可得到其通解为

$$A(z,T) = A(0,T)\exp\left(\mathrm{i}\phi_{\mathrm{NL}}(z,T)\right) = A(0,T)\exp\left(\mathrm{i}\gamma|A(z,T)|^2 z\right) \tag{2.18}$$

式中，$A(0,T)$ 为 $z=0$ 处的场振幅，且相位项为

$$\phi_{\mathrm{NL}}(z,T) = |A(0,T)|^2 \frac{L_{\mathrm{eff}}}{L_{\mathrm{NL}}} + |A(0,T)|^2 L_{\mathrm{eff}} \gamma P_0 \tag{2.19}$$

式中，P_0 为脉冲的峰值功率。式(2.19)表明 SPM 效应产生的非线性相移与脉冲光强有关，非线性相移的强度与光纤的长度成正比。此外，通过对 ϕ_{NL} 求导可知 SPM 效应的频谱变化与时间相关，可以理解为瞬时变化的相位沿光脉冲有不同的瞬时光频率，频移 $\delta\omega$ 可以表示为

$$\delta\omega(T) = -\frac{\partial \phi_{\mathrm{NL}}}{\partial T} = -\left(\frac{L_{\mathrm{eff}}}{L_{\mathrm{NL}}}\right)\frac{\partial}{\partial T}|U(0,T)|^2 \tag{2.20}$$

通常随着光脉冲在光纤中传输距离的增加，会不断有新的频率成分出现。新产生的频率分量展宽了初始无啁啾脉冲频谱，而且只要光纤中的非线性强度能够超过 SPM 效应阈值，这种展宽效应就会继续。SPM 效应不仅能使频谱展宽，也能使频谱变窄，这主要取决于脉冲带有的初始啁啾。SPM 效应会产生正的啁啾，若入射脉冲初始不带啁啾，或者带有正啁啾，则 SPM 效应会使频谱展宽；若入射脉冲本身带有负啁啾，则 SPM 效应会使频谱变窄[4]。

SRS 效应是超短脉冲光纤激光系统中另一种常见的非线性效应，这是泵浦光在光纤中传输时把能量转移给斯托克斯波的一种非线性现象，具有明显的阈值特

性[8]。在连续或准连续条件下，SRS 光的初始增长情况可描述为

$$\frac{\mathrm{d}I_\mathrm{s}}{\mathrm{d}z} = g_\mathrm{R}(\Omega)I_\mathrm{p}I_\mathrm{s} + g_\mathrm{s}I_\mathrm{s} \tag{2.21}$$

式中，I_p 为泵浦光强；$g_\mathrm{R}(\Omega)$ 为拉曼增益系数，其大小受光纤的组成成分以及光的偏振特性影响很大；g_s 为斯托克斯波的放大增益；I_s 为斯托克斯光强；$\Omega = \omega_\mathrm{p} - \omega_\mathrm{s}$ 为泵浦光与拉曼散射光的频率差。

尽管 SRS 的完整过程必须要考虑泵浦光消耗，但在估计拉曼阈值时可以将其忽略[9]，那么泵浦光满足：

$$\frac{\mathrm{d}I_\mathrm{p}}{\mathrm{d}z} = g_\mathrm{p}I_\mathrm{p} \tag{2.22}$$

式中，g_p 为泵浦光的增益。在位置 $z = L$ 处泵浦光脉冲强度为 $I_\mathrm{p}(L)$，则很容易通过如下公式求出 $I_\mathrm{p}(z)$ 的解：

$$I_\mathrm{s}(L) = I_\mathrm{s}(0)\exp\left(g_\mathrm{R}I_\mathrm{p}(L)L_\mathrm{eff} + gL\right) \tag{2.23}$$

式中，L 为光纤长度，考虑到光纤的损耗，其有效长度由 L 缩减至 L_eff，表达式为

$$L_\mathrm{eff} = \frac{1 - \exp(-g_\mathrm{p}L)}{g_\mathrm{p}} \tag{2.24}$$

因此拉曼阈值功率 P^cr 可以近似表示为

$$P^\mathrm{cr} = 16\frac{A_\mathrm{eff}}{g_\mathrm{R}L_\mathrm{eff}} \tag{2.25}$$

式中，A_eff 为 SRS 泵浦的有效模场面积。一旦达到 SRS 效应的阈值，激光的能量就会迅速由泵浦波转移到斯托克斯波中。光纤内脉冲激光的峰值功率一旦超过 SRS 效应的阈值，斯托克斯波的频率分量就会迅速增加。许多研究人员利用这个特点设计了光谱宽度覆盖较宽的拉曼激光器，该激光器在分子性质的研究中优势明显。然而，高功率 CPA 系统中需要防止 SRS 效应的产生，因此在高功率光纤放大器中采用长度短、高掺杂的光纤作为增益介质，防止产生不可压缩的 SRS 光谱成分降低压缩效率。同样，在光纤展宽器中也不希望看到 SRS 效应出现，因此会将光纤中脉冲激光的功率密度严格控制在 SRS 效应的阈值以下[10]。

2.1.2 光纤的分类

光纤的分类方法有很多，从不同的角度可对光纤进行不同的分类。本节按照其在超短脉冲光纤激光系统中的用途将光纤分为色散补偿光纤、增益光纤、非线性光纤等。

1. 色散补偿光纤

色散补偿光纤是指具有特定色散值的光纤，主要用于超短脉冲光纤激光啁啾脉冲放大系统中，起到脉冲展宽和压缩的作用。在对超短脉冲激光进行功率放大时，若直接对其进行放大，随着超短脉冲峰值功率增加，将在放大器中产生各种非线性效应，如自相位调制、光波分裂、受激拉曼散射、四波混频等[1]。这些效应会直接导致超短脉冲激光时域和频域劣化畸变，影响最终输出脉冲的质量和激光功率的进一步放大，更严重者将直接造成放大器系统的损坏。因此，通常先使用正色散器件将稀土掺杂锁模激光振荡器输出的超短脉冲进行时域展宽，降低其峰值功率，此时的脉冲激光为一束带啁啾特性的脉冲，再将其输入光纤放大器中进行有效的功率放大，在放大器后面使用负色散的器件对放大的啁啾脉冲进行时域压缩，最终获得一束高峰值功率、皮秒量级的超短脉冲激光输出，如图 2.3 所示。在全光纤结构的 CPA 系统中，大多采用色散补偿光纤作为脉冲展宽器和压缩器。

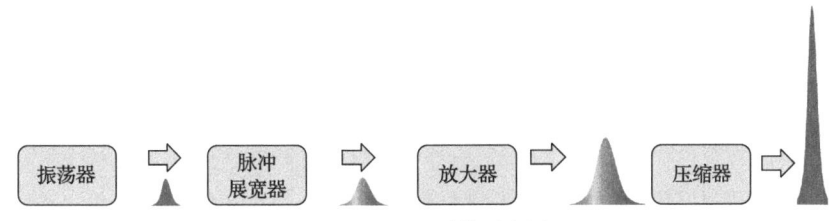

图 2.3 CPA 系统示意图

在 1μm 波段，普通单模光纤具有较大的正色散值，可以实现超短脉冲激光的脉冲时域展宽，是常用的脉冲展宽器件。而在 1.5μm 和 2μm 波段，普通单模光纤的色散值为负，无法实现脉冲的高质量展宽，因此人们设计开发了一种高数值孔径石英光纤 UHNA4，该展宽光纤在 2000nm 处的群速度色散系数 β_2 为 90ps^2/km，可提供较大的正色散，将种子振荡器脉冲由数十皮秒展宽至百皮秒，这对高功率放大过程很有必要，可以提高非线性效应阈值，避免脉冲的峰值功率过高损坏器件。对于 2μm 脉冲压缩，常采用的光纤为单模高非线性光纤，利用高非线性光纤在 2μm 处大的负色散和高非线性系数，使得皮秒脉冲劈裂成很多的飞秒脉冲，产生调制不稳定性和孤子自频移(soliton self frequency shift, SSFS)效应，进而提升脉冲的峰值功率且使光谱展宽，再进入下一放大级中进行放大，进而提升脉冲的峰值功率，提高非线性效应[11]。对于不同波段的光脉冲，选用不同的光纤类型来提供合适的正色散或负色散。

啁啾光纤布拉格光栅(CFBG)也是一种常用的色散补偿光纤器件，通过合理设计 CFBG 参数可以使其具有超大色散，一般情况下，厘米量级 CFBG 所提供的色散积累可与千米量级单模光纤相当。图 2.4 为 CFBG 结构示意图。若光从 CFBG 短周期方向耦合进光栅，则波长较短的光在其近端发生反射，而波长较长的光在其远端发生反射，长短波长的反射光之间产生时间延迟，导致色散出现，因此 CFBG 具有线性色散。若光从 CFBG 长周期方向耦合进入光栅，则波长较长的光先反射，而波长较短的光后反射，因此 CFBG 所提供的色散积累既可以为正，也可以为负，即不仅能展宽也能压缩光脉冲，并且展宽量与压缩量理论上是相同的。此外，光谱宽度也是影响色散积累的一个重要参数[12,13]。

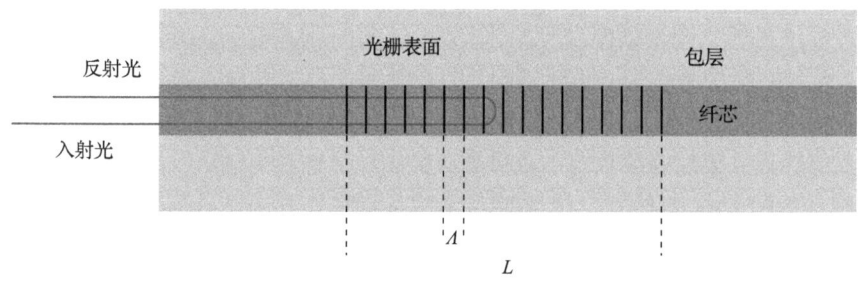

图 2.4　CFBG 结构示意图

2. 增益光纤

增益光纤按几何形状可分为普通单模增益光纤、双包层增益光纤、光子晶体光纤等。传统的普通单模增益光纤将泵浦信号光均束缚在光纤纤芯中，较强的非线性效应限制了功率的进一步提升。双包层增益光纤激光器采用包层泵浦技术，利用高功率二极管阵列对双包层增益光纤进行有效的泵浦，多模泵浦光在双包层增益光纤的内包层中传输，纤芯的掺杂稀土离子吸收多模泵浦光并辐射出激光。双包层增益光纤的独特结构使得泵浦光不必耦合到单模纤芯内，而是耦合到内包层中，极大地提高了耦合效率和光纤泵浦功率。再加上光纤所具有的大表面积体积比，从而能有效消除光纤激光器的散热问题。

光子晶体光纤又称微结构光纤，纤芯是实心的石英或空心的空气孔，包层为具有波长量级的空气孔微结构[14]。光子晶体光纤的结构多种多样，光纤横截面的微观结构可以通过扫描电子显微镜进行观测，图 2.5 为 2003 年 Russell[15]发表

在 *Science* 的文章中各种结构的光子晶体光纤插图。光子晶体光纤是利用光子晶体中光子带隙这一特性,在光子晶体中引入了线状缺陷而形成的新型结构光纤。光子晶体光纤可以有效解决以往传统单模光纤激光器的输出功率低、非线性效应严重的问题,在提高光纤纤芯直径的同时保证单模输出,有效降低纤芯中的光功率密度,从而降低非线性的积累以支持更大的功率和脉冲能量[16]。

图 2.5 不同种类的光子晶体光纤截面[15]

3. 非线性光纤

非线性光纤是指利用光纤中强的非线性效应,诸如 SRS、SBS、SPM、XPM、FWM 等,实现激光光谱拓展、光谱频移等的一类特殊光纤[17]。在光纤中提高非线性效应从三方面入手:一是在材料方面,选用本身具有较高的非线性系数的玻璃材料作为光纤基质(如高掺锗石英玻璃、硫系玻璃、碲酸盐玻璃);二是在光纤结构方面,通过设计光纤的波导结构(如小芯径光纤、微结构光纤),实现对非线性系数的有效提升;三是在光纤长度方面,通过增加光纤的有效作用长度实现非线性效应的累积,但较长的光纤长度无疑会增加光纤的损耗。下面具体介绍几种常用的非线性光纤:光子晶体光纤、碲酸盐光纤、氟化物光纤以及硫系玻璃光纤。

光子晶体光纤具有非常显著的色散和非线性等特性，如无截止单模传输、色散可控、较强的非线性特性。可以通过合理设计光子晶体光纤的参数和结构，改变包层空气孔的大小、形状、排列方式、间距及填充材料等方法来改变光子晶体光纤的这些特性，获得具有更高性能的光学器件[18]。光子晶体光纤的一个重要应用就是用于产生超连续谱激光，通过选择合适的芯径和零色散波长等参数，就可以在不同频谱范围内产生想要的超连续谱激光[19]。图2.6为具有较高非线性系数的悬吊芯结构光子晶体光纤。

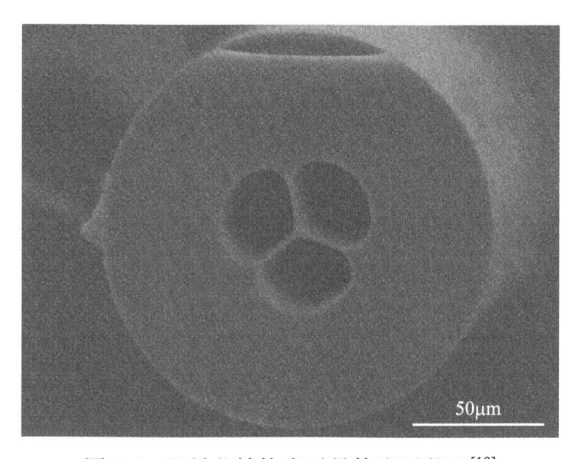

图2.6 悬吊芯结构光子晶体光纤截面[19]

碲酸盐光纤是一种适用于中红外波段的高非线性光纤，其主要由高非线性折射率的碲酸盐玻璃作为基质材料拉制而成，该类碲酸盐玻璃具有低的声子能量(约750cm^{-1})、较宽的红外透过窗口(0.4~5μm)、较高的非线性折射率(其非线性折射率比石英玻璃大2个数量级)，同时具有抗腐蚀性好、机械强度高、热损伤阈值高等优点，是一种较为理想的可以实现中红外全覆盖的高非线性光纤基质材料[20,21]。国内外多个科研机构与公司，包括美国康宁公司、英国南安普顿大学、澳大利亚阿德莱德大学，以及中国的上海光学精密机械研究所、西安光学精密机械研究所、宁波大学、吉林大学、华南理工大学、中国计量大学等也陆续在碲酸盐玻璃制备、光纤拉制和中红外激光产生等方面取得多项进展。2003年，Kumar等[22]利用挤出法和棒管法首次制备出低损耗碲酸盐微结构光纤，如图2.7所示，光纤在1055nm处的传输损耗为2.3dB/m，并在实验上验证了其在受激拉曼激光产生中的应用。2021年，北京工业大学利用2μm皮秒光纤激光器级联泵浦碲酸盐光纤，获得了输出功率为7.2W、光谱范围覆盖1.1~3.97μm的宽带超连续谱激光输出，如图2.8所示。

(a) 碲酸盐光纤预制棒模具照片

(b) 预制棒照片端面扫描电子显微镜照片

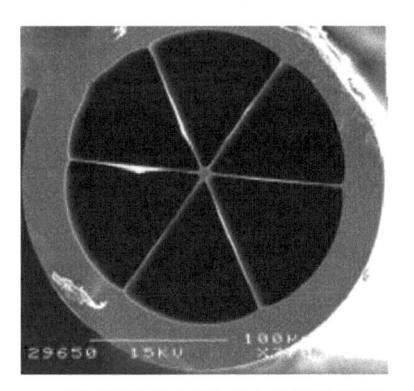

(c) 碲酸盐微结构光纤扫描电子显微镜照片

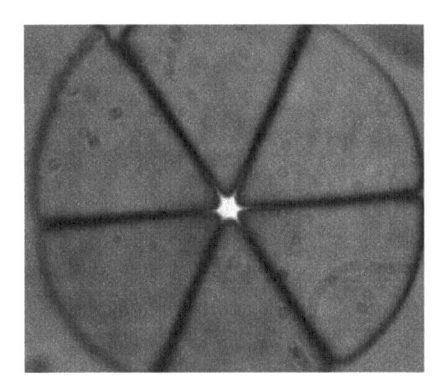

(d) 碲酸盐微结构光纤的光学显微镜照片

图 2.7 碲酸盐光纤预制棒以及光纤电镜照片[22]

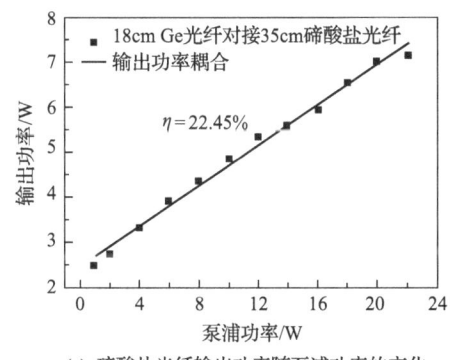

(a) 碲酸盐光纤输出功率随泵浦功率的变化

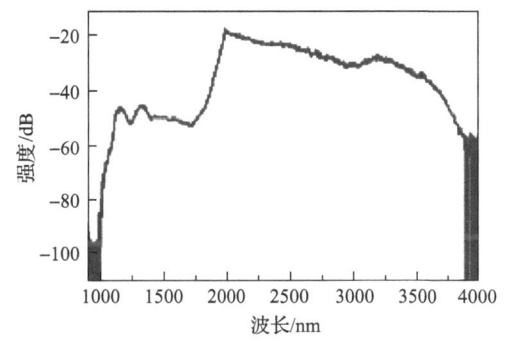

(b) 碲酸盐光纤输出7.2W对应的光谱强度

图 2.8 碲酸盐光纤输出功率及光谱图

氟化物玻璃是目前产生3～5μm中红外激光的一种常用非线性光纤基质材料，其非线性折射率与石英玻璃相当，得益于氟化物光纤较为成熟的制备工艺，其最低光纤损耗目前可以降低至 0.01dB/m 以下，实验中通常采用较长的光纤长度增强其非线性效应，实现中红外波段的有效拓展。目前氟化物光纤主要分为三类：氟化锆基光纤、氟化铝基光纤、氟化铟基光纤，目前商用的热学及化学稳定性最好的氟化物光纤为氟化锆基的 ZBLAN 光纤[23]。近年来，在 3~5μm 中红外超连续光源产生方面，ZBLAN 光纤更是被广泛用于获得高功率、高相干、宽带宽的中红外超连续谱激光光源。2021 年，北京工业大学采用大模场光纤放大器对 10m 长的 ZBLAN 阶跃折射率光纤进行泵浦，最终获得平均功率为 4.17W、光谱长波边缘覆盖至约 3.5μm 的宽光谱激光输出，如图 2.9 所示。2015 年，Jiang 等[24]为了进一步提升 ZBLAN 光纤的非线性系数，设计并首次制备出 ZBLAN 光子晶体光纤，并以此光纤作为非线性介质，实现了光谱覆盖范围 200~2500nm 的超连续谱，图 2.10(a)为光子晶体光纤端面的扫描电子显微镜照片，该光纤中棱与棱相交形成的子结构也可以作为纤芯，且具有不同的色散曲线；图 2.10(b)和(c)为泵浦光纤的不同子结构产生的超连续谱。

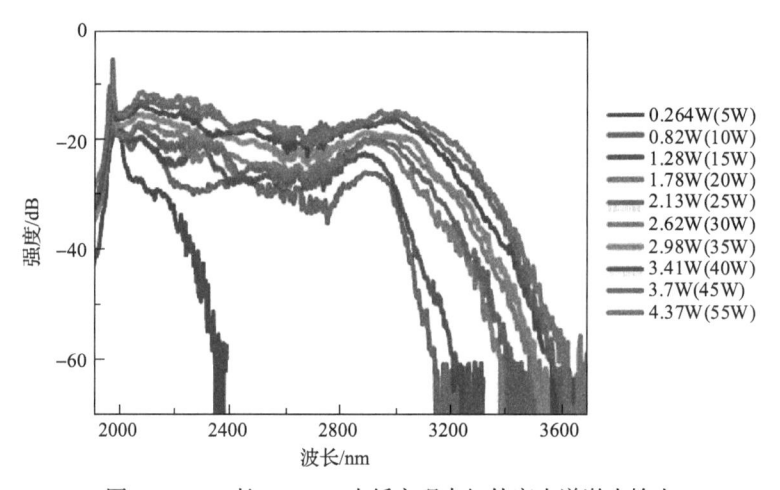

图 2.9　10m 长 ZBLAN 光纤实现中红外宽光谱激光输出

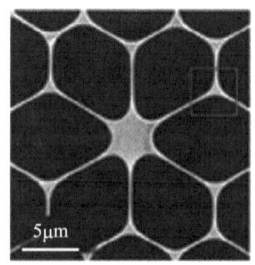

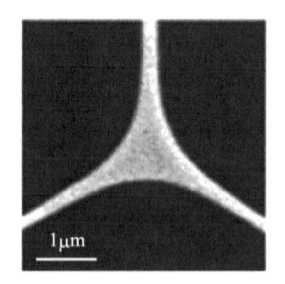

(a) ZBLAN 微结构光纤的端面扫描电子显微镜照片

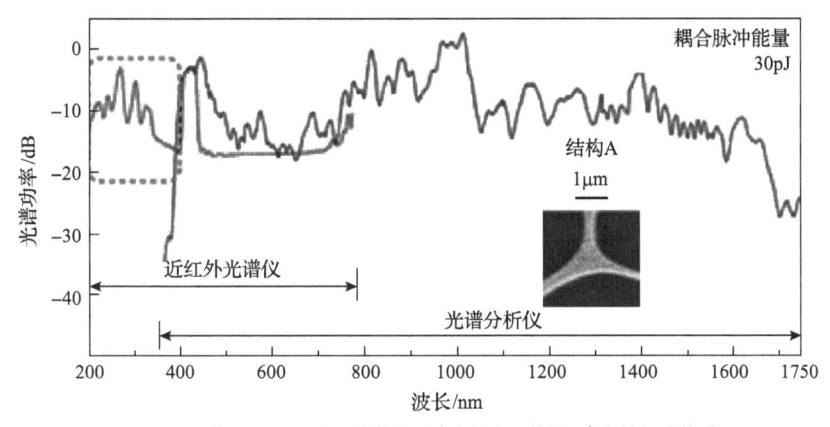

(b) 使用1042nm的飞秒激光泵浦光纤中子结构A产生的超连续谱

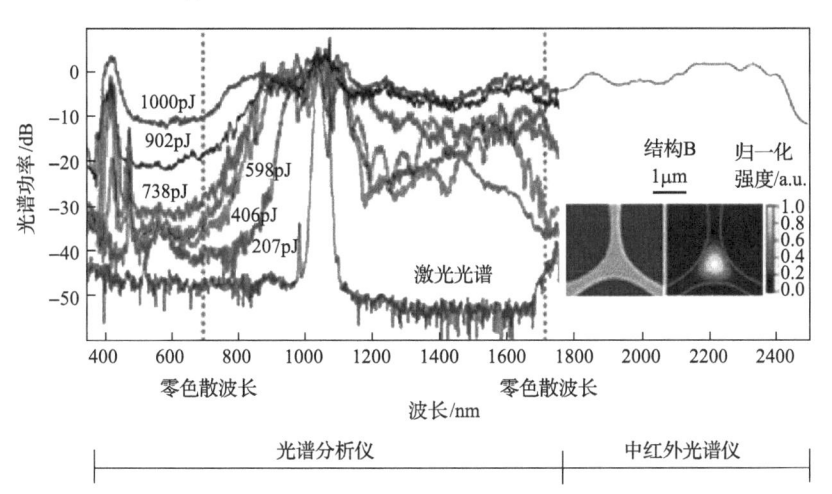

(c) 使用1042nm的飞秒激光泵浦光纤中子结构B产生的超连续谱

图 2.10　ZBLAN 光子晶体光纤产生的超连续谱[24]

硫系玻璃光纤指的是基于硫卤玻璃拉制而成的一类可覆盖中长波的高非线性光纤。该硫系玻璃通常含有 S、Se、Te 等 VIA 族元素，加上 As、Ga 之类的电负性较弱的元素而形成非晶态玻璃材料，与氧化物和氟化物玻璃相比，硫系玻璃具有较大的折合质量和较弱的键强，这意味着其具有极低的声子能量，是长波红外（>10μm）高透的唯一候选玻璃光纤材料。硫系玻璃在红外区有很高的透过率，对于长波边带的截止波长，硫化物玻璃约为 12μm，硒化物玻璃约为 15μm，碲化物玻璃甚至可以达到 20μm。由于硫系玻璃具有较高的折射率（一般为 2～4）和非线性折射率（比石英玻璃高 3 个数量级），基于高非线性的硫系玻璃光纤可以获得波长覆盖中远红外的超宽带光谱的有效拓展。2019 年，宁波大学 Yuan 等[25]采用钻孔法制备了 $Ge_{15}Sb_{15}Se_{70}$ 四孔悬吊芯光纤，光纤的零色散波长约为 3.3μm，采用 3.5μm

光参数放大器(optical parametric amplifier, OPA)激光泵浦该光纤(长度14cm)获得了覆盖1.5~12μm的超连续谱，如图2.11所示。

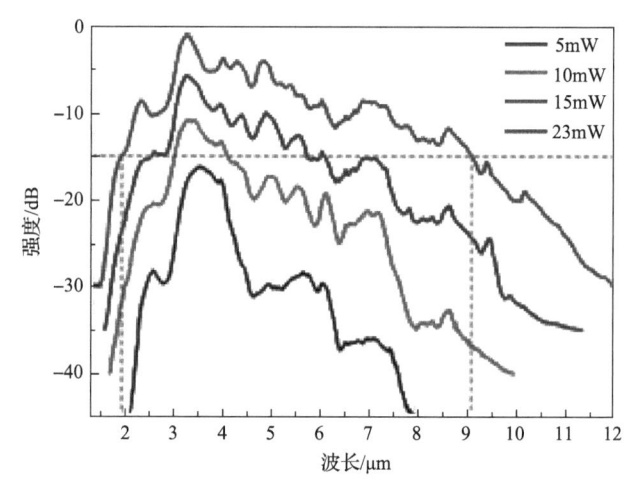

图2.11 14cm长的$Ge_{15}Sb_{15}Se_{70}$悬吊芯光纤中产生的超连续谱

2.1.3 光纤的制备

目前由于近红外光纤激光技术的迅速发展，其所使用的石英光纤的制备工艺已相当成熟，且制备方法多种多样，主要有改良化学气相沉积(modified chemical vapor deposition, MCVD)法、气相轴向沉积(vapour phase axial deposition, VAD)法、外部气相沉积(outside chemical vapour deposition, OVD)法、等离子体化学气相沉积(plamsa enhanced chemical vapor deposition, PCVD)法以及溶胶-凝胶法等[23]。MCVD工艺可以生产折射率结构复杂的光纤结构，具有极大的灵活性，利用MCVD制作的多模光纤和单模光纤在衰减、带宽、数值孔径、弯曲灵敏度、连接损耗、机械性能等方面都有较大的改进[26,27]。MCVD制备工艺如图2.12所示。

OVD法具有生产效率高、成本低的优势，工艺步骤的实现形式是在精密延伸的芯棒外表面沉积疏松多孔松散体，再将其烧结成透明玻璃体，保温去应力。该方法沉积光纤预制棒松散体的基本原理为将$SiCl_4$(或者$C_8H_{24}O_4Si_4$)原料进行火焰水解反应，生成SiO_2颗粒，再通过热泳作用沉积在芯棒上。在$SiCl_4$火焰水解反应过程中，气态的$SiCl_4$分子在化学反应中先形成SiO_2晶核，晶核在热力作用下，碰撞和结合成比分子更大的原始颗粒，原始颗粒再形成不完全的凝聚颗粒，称为团聚体，团聚体长大到一定程度后将不再长大[28]。同时，形成的SiO_2团聚体在热泳作用下，不断聚集在自动旋转的芯棒上，形成光纤预制棒的松散体。为提高保温炉的

第 2 章　皮秒光纤激光关键器件

使用效率,每次进行多根预制棒的保温作业。OVD 制备光纤的过程如图 2.13 所示。

图 2.12　MCVD 制备工艺[26]

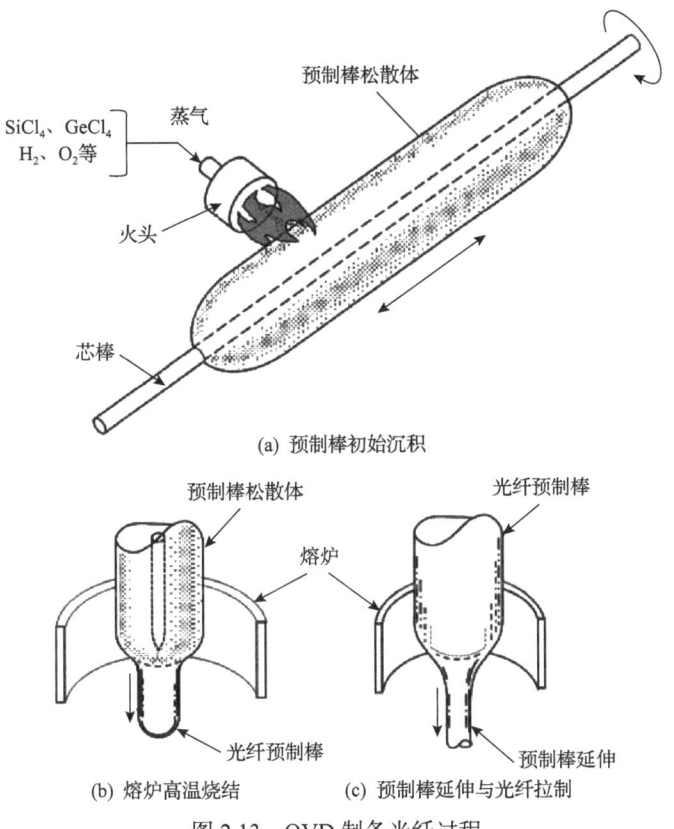

(a) 预制棒初始沉积

(b) 熔炉高温烧结　　(c) 预制棒延伸与光纤拉制

图 2.13　OVD 制备光纤过程

VAD法属于管外沉积法,其原理与OVD法相同,也是以火焰水解生成氧化物玻璃,但工艺控制要比OVD法更严格,与OVD法有两个主要区别:一是种棒垂直提升,氧化物玻璃沉积在种棒的下端;二是纤芯与包层材料同时沉积在种棒上,折射率剖面的形成是一次性实现的。在沉积时,从氢氧喷灯喷出的卤化物原料$SiCl_4$和$GeCl_4$,通过火焰水解反应生成SiO_2和GeO_2的细玻璃松散颗粒,在精确的反应流量、反应气氛和反应温度等控制条件下,纤芯和包层玻璃松散颗粒同时沿轴向堆积到旋转的石英棒前端[29],如图2.14所示。

图 2.14 VAD制备工艺[29]

与石英光纤不同,中红外光纤预制棒很难使用化学气相沉积等方法制备,制备过程一般需要先制备基质玻璃,然后采用各种方法制备光纤预制棒,目前使用较多的方法有管棒法、吸注法、挤压法等。管棒法制备的具体做法为将熔融淬火法制备出的柱形纤芯和包层玻璃进行切割、研磨、抛光,加工成合适的尺寸,将纤芯棒插入玻璃管中即得到预制棒。该方法制备光纤预制棒的优点为纤芯包层尺寸比例容易控制,原理和操作较为简单,可以对预制棒加工任意尺寸和形状[30]。吸注法使用的圆筒模具底部有特殊设计的蓄液槽,其具体制备过程为:将包层玻璃熔体倒入模具中,并在其完全固化前将纤芯玻璃熔体倒入。由于玻璃熔体冷却过程中会发生体积收缩,因此当蓄液槽中的包层玻璃冷却发生体积收缩时,在包层玻璃中心沿长度方向形成圆柱状小孔,并产生对纤芯玻璃熔体的吸力从而形成纤芯-包层结构,如图2.15所示。采用这种方法可制备包层纤芯直径比相当大的预制棒,并可通过选择模具底部蓄液空间的体积以及模具直径精确控制包层纤芯直径比和预制棒长度[31]。

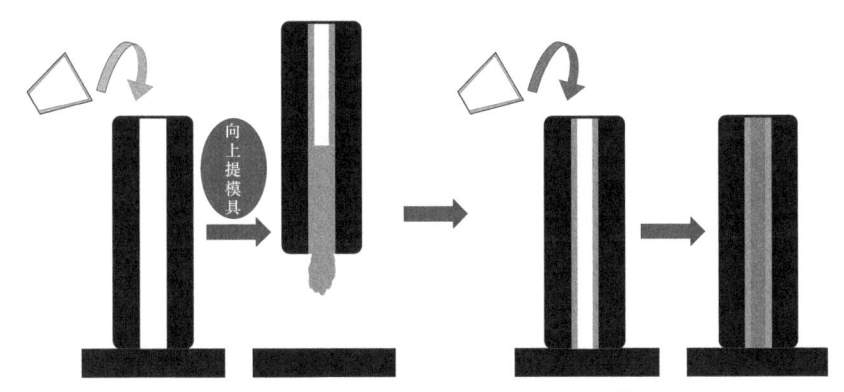

图 2.15 吸注法制备预制棒流程示意图[31]

采用挤压法制备预制棒在高黏度下操作，部分玻璃黏度曲线如图 2.16 所示，并且相对于前几种制备方法来说其操作温度要低很多，因此这种工艺对易析晶和高挥发的玻璃系统具有相当大的优势，如图 2.17 所示。其制备过程为：首先制备高质量的纤芯和包层玻璃块，然后将清洗后的玻璃放入压机圆筒并在干燥气氛中加热到变形温度，再在 50bar（1bar =10^5Pa）的压力下挤出成形即可。由于这种成形技术得到的纤芯直径较大，所以不能直接应用于制备单模光纤预制棒。在需制备直径较小并且均匀的纤芯结构时可考虑加上包层外套管的方法，而外套管的制备可采用旋转浇注法。采用挤压法也可单独制备棒状玻璃或管状玻璃，并且通过对挤出模具设计可制备不同形状的棒和管，这对制备异形结构的玻璃光纤预制棒十分有利[32]。

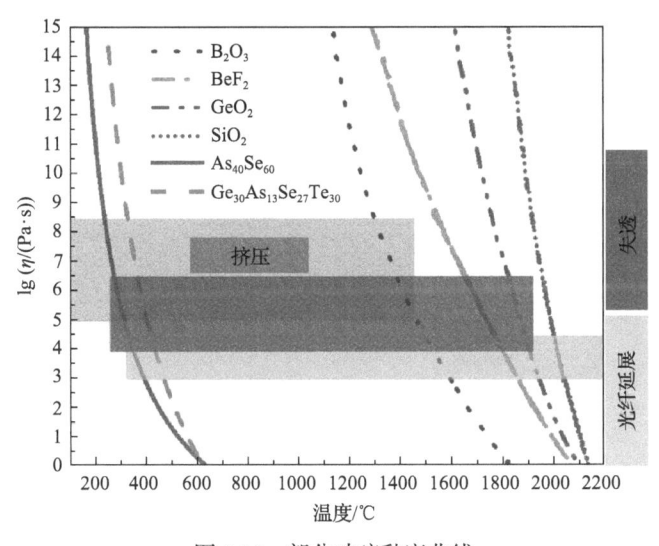

图 2.16 部分玻璃黏度曲线

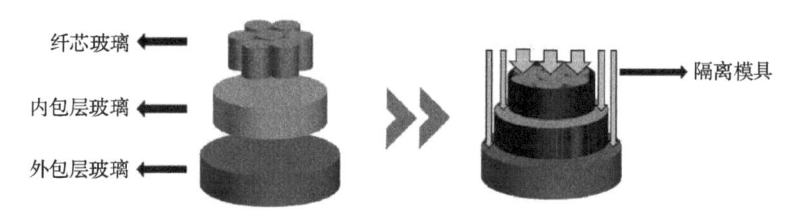

图 2.17 隔离式层叠挤压法制备多芯双包层光纤预制棒示意图[32]

光纤的拉制是在拉丝塔中完成的，拉丝塔主要包括送棒系统、惰性气体保护系统、加热系统、光纤外径检测装置、张力检测装置、牵引系统、涂覆固化系统以及盘丝装置等，如图 2.18 所示。在拉丝过程中，光纤预制棒由送棒系统以恒定速度送入加热电炉内，炉温达到一定温度后使光纤预制棒一端软化并引出光纤。由光纤预制棒引出的光纤经激光测径仪，穿过装有光纤涂覆剂的涂覆杯和用于涂覆剂固化的固化炉后，由光纤绕丝装置收丝入盘。在拉丝过程中，光纤直径由激光测径仪控制，在光纤直径出现波动时，其检测的数据信号经处理后传递到送棒系统和光纤收丝装置，两者根据信号做出调整以得到直径符合要求的光纤。中红外软玻璃光纤相较于传统石英光纤熔制温度低、黏度-温度曲线陡，需要对拉丝塔温度精确控制。部分中红外光纤如氟化物光纤在拉制过程中，表面会有轻微的析晶现象，需在加热电炉中匀速输入氮气来提供气氛保护，同时确保加热电炉的热量均匀分布。光纤的直径通过调整下棒和牵引的速度来控制，光纤外径、张力检测计可以分别实时监控光纤外径和玻璃材料的软化程度。

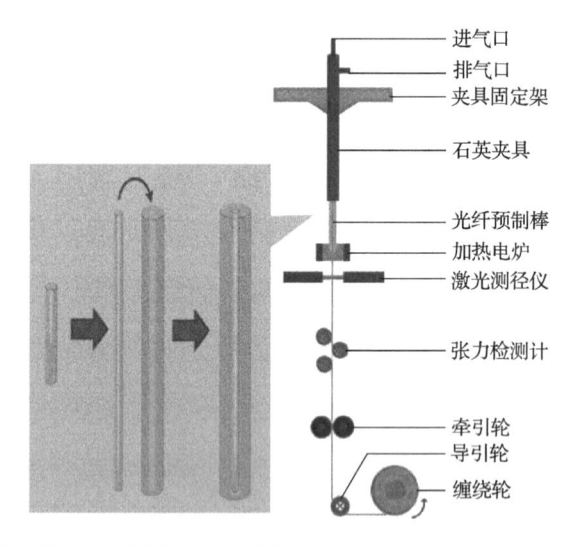

图 2.18 光纤拉丝塔及光纤拉制过程示意图

有关石英光纤的制备过程、制备工艺等方面的参考资料相对较多，建议读者可以参考已有相关书籍[33,34]，有关中红外玻璃材料制备及光纤拉制的相关书籍近年来也陆续出版。为了内容的完整性和连贯性，本书仅对光纤制备的基本方法及过程进行简要概述。

2.2 光纤光栅

2.2.1 光纤光栅及其刻写技术简介

在光纤激光器发展之初，由于光纤器件的缺乏，在光纤激光器结构中会引入空间器件，如腔镜、滤波器、色散元件等。虽然空间器件的引入在一定程度上能够解决光纤器件短缺的问题，但激光在空间器件与光纤器件间的耦合转换过程中具有很大损耗，降低了系统转换的效率。同时，空间器件的引入也破坏了全光纤结构，给激光器的实际应用带来很多负面影响。因此，设计并制造具有多种功能的光纤器件对超短脉冲光纤激光器的发展具有非常重要的意义。光纤光栅就是在这种背景下被发明出来的一种光纤器件，其主要特征是在器件的纤芯处具有周期性的折射率变化，可以对在纤芯中传输的光进行调控。

不同周期变化的光纤光栅具有不同的用途，根据光纤光栅的周期长短，可将其分为长周期光纤光栅(long period fiber grating，LPFG)和光纤布拉格光栅(fiber Bragg grating，FBG)两种。LPFG的周期为几十甚至上百微米，是透射式光栅，常被用作传感元件[35,36]或选频器件[37]，也可与其他器件一起制成波分复用器、增益平坦滤波器等[38]。FBG的周期为亚微米量级，是反射式光栅，可用作光纤反射器、光开关[39]，进行光脉冲整形[40]等。带有线性啁啾的FBG称为啁啾光纤布拉格光栅(CFBG)，可用于系统的色散管理[41]。同时带有啁啾和倾斜角度的啁啾倾斜光纤布拉格光栅(CTFBG)，可用于高功率光纤激光器中拉曼散射光的滤除[42]。可见，光纤光栅可满足光纤激光器的多种应用需求，为实现真正意义上的全光纤激光器提供了全新的解决方案。因此，光纤光栅的诞生是光纤通信领域继光纤放大器之后的又一重大事件，光纤光栅是光纤激光器实现全纤化必不可少的光纤器件。

但是，光纤光栅制备技术中还存在一些尚未解决的难题，特别是在具有特殊结构的CFBG领域，如刻写参数难以精确调整、大模场光纤上刻写困难、大色散量CFBG制备技术尚未成熟等，限制了其在超短脉冲光纤激光技术领域的应用和发展。因此，多结构光纤光栅的制备具有非常重要的研究价值。目前，光纤光栅的制备方法较多，究其本质，都是在纤芯上产生周期性折射率变化。按照时间先后，可将光纤光栅的刻写方法归结为以下四类：驻波干涉法、双光束干涉法、相位掩模板法、逐点刻写法。迄今为止所有制备技术均是在这四类方法的基础上衍生而来的。

1. 驻波干涉法

1978 年，Hill 等[43]发现掺锗石英光纤具有紫外光敏性，将 488nm 氩离子激光耦合进掺锗光纤中，同时调整光纤长度使激光在光纤中形成驻波，刻写时激光功率为 250mW，曝光十几秒即在光纤纤芯上产生了折射率的周期性永久变化，制成了世界上第一支光纤光栅。驻波干涉法制备 FBG 的光路示意图如图 2.19 所示。

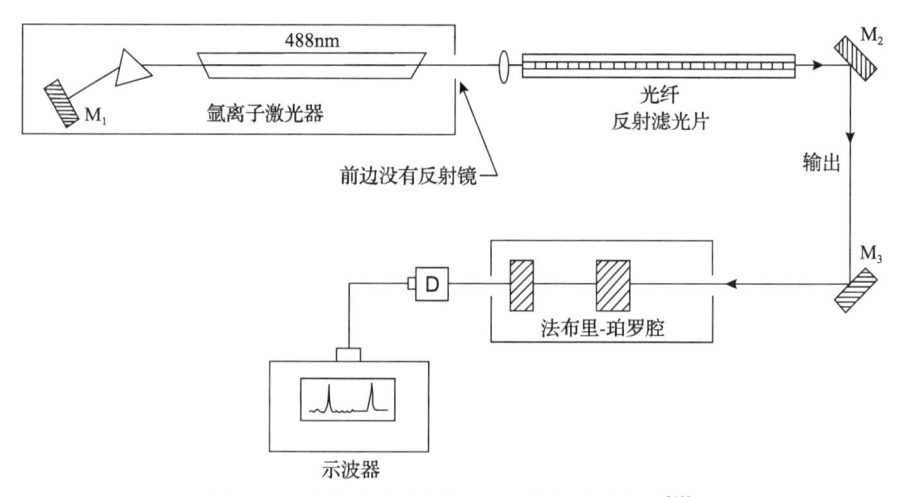

图 2.19 驻波干涉法制备 FBG 的光路示意图[43]

用此种方法所刻写的光纤光栅，其周期等同于激光在光纤内所形成的驻波周期，与激光光源的波长和光纤长度均有关。这是第一次在光纤上成功实现光栅的刻写并验证了光纤光栅理论的正确性，该刻写方法由于严格受驻波条件限制，光纤光栅的长度和周期均不能灵活调整，且要求刻写光源具有较高的相干性，所以该刻写方法并未得到广泛的关注和推广。

2. 双光束干涉法

双光束干涉法是先利用一片分束镜将刻写光源分为两束，两束光各经过一次反射再通过透镜聚焦后相遇；然后通过调整反射镜的位置和角度，保证两束光的光程差满足相干条件，最终在相遇位置发生干涉；将光纤放置在两束光干涉所形成的明暗条纹场中，即可进行光栅刻写。采用这种方法所获得的光纤光栅周期即干涉条纹的周期，是由光源的波长和两束光的光程差共同决定的，可通过光路中反射镜的位置和角度进行灵活调整，但对调整精确度的要求极高，且光源也必须具有良好的相干性，所以在应用双光束干涉法进行光纤光栅刻写时常采用相干性非常好的连续光源。1989 年，采用双光束干涉法，Meltz 研究团队[44]实现了光纤光栅的侧面曝光刻写。实验中发现，曝光 5min 后，光纤纤芯上产生了折射率的周期性调制，所得到的 FBG 中心波长为 577～591nm，刻写光路如图 2.20(a)所示。2006 年，法国 Huy 等[45]给出了劳埃德镜分光干涉的刻写实验，刻写光路如图 2.20(b)所示。所选用的掺锗光纤预先在压力为 150bar、温度为 25℃的氢气环境中放置一周以增加光敏性。采用连续倍频 244nm 氩离子激光器作为刻写光源，保证光束具有良好的相干性。在实验中，光纤的放置方向与干涉场中的干涉条纹之间存在一定的倾斜角度，可以实现具有不同反射带宽的倾斜光纤布拉格光栅（tilted fiber Bragg grating，TFBG）的刻写。

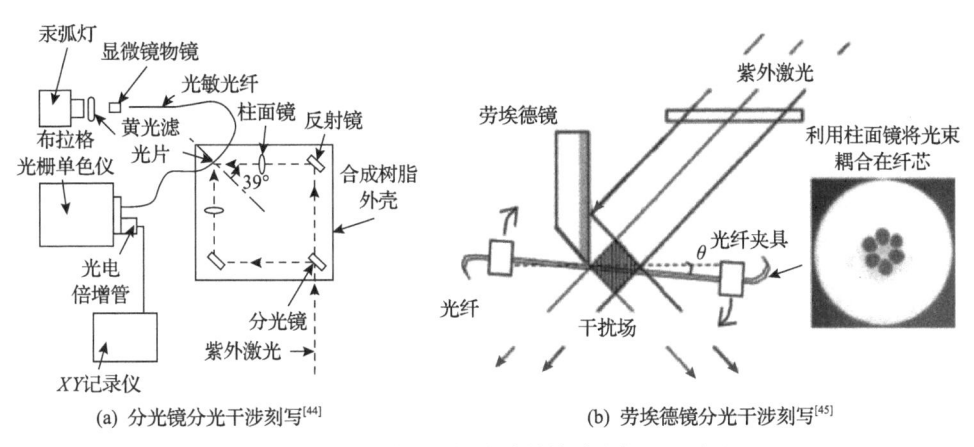

(a) 分光镜分光干涉刻写[44]

(b) 劳埃德镜分光干涉刻写[45]

图 2.20 分光镜分光与劳埃德镜分光侧面干涉法

双光束干涉法与驻波干涉法相比，灵活性较好，但仍对光源相干性有较高的要求，光源线宽要足够窄，光路调节要足够精确。双光束干涉法的研究是光纤光栅刻写技术发展中不可忽略的一个重要阶段。

3. 相位掩模板法

该方法是采用类似衍射光栅的相位掩模板对刻写光源进行衍射，利用所产生的衍射条纹实现 FBG 的有效刻写。在实际刻写工作中，为了避免不同级次的衍射光之间干扰导致的周期性折射率调制不规则，需要根据曝光波长对相位掩模板的各级次衍射光进行优化，抑制零级衍射光（<3%），保留±1 级衍射光（>37%），产生周期分明的衍射场进行光栅刻写。1993 年，Hill 研究团队[46]首次报道了采用相位掩模板法制备光纤光栅，所采用的光纤为 Andrew 公司的标准 D 形保偏光纤，纤芯折射率与包层折射率差值为 0.031,椭圆纤芯的长短轴直径分别为 3μm 和 1.5μm,所刻写的 FBG 长度为 1.02cm。所获得的 FBG 反射光谱在中心波长 1530nm 附近有明显的反射峰值。刻写光路和 FBG 反射光谱如图 2.21 所示。

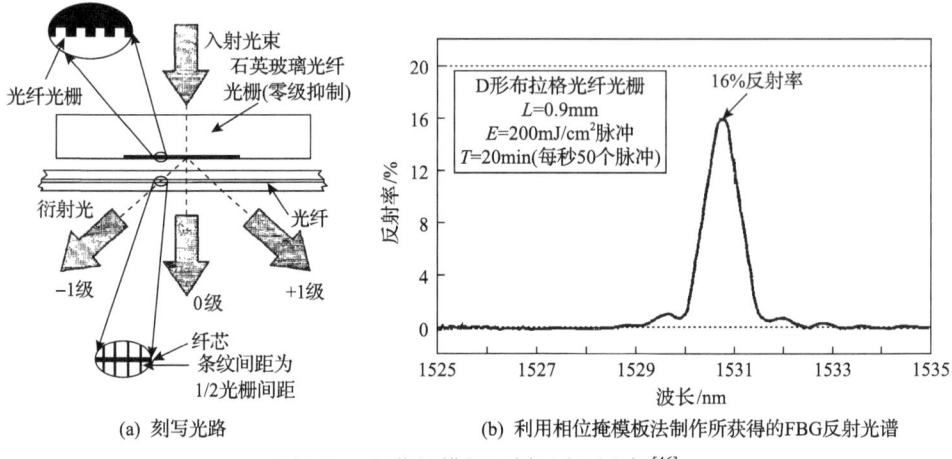

(a) 刻写光路

(b) 利用相位掩模板法制作所获得的FBG反射光谱

图 2.21 相位掩模板法刻写光纤光栅[46]

相位掩模板法操作简单、刻写效率高,可用于光纤光栅的批量生产,是目前应用最为广泛的光纤光栅制备技术。但是所获得的光纤光栅参数依赖于相位掩模板参数,具有一定的局限性。

4. 逐点刻写法

逐点刻写法主要依靠刻写光源沿光纤方向的逐点移动来实现光纤光栅刻写,随着飞秒激光技术的飞速发展,近年来已逐渐成为研究光纤光栅刻写的新兴技术。与其他方法相比,飞秒激光逐点刻写法制作 FBG 具有自身独特的优点:灵活性较高,当脉冲频率不变时,通过控制三维移动平台的速度来实现所需光栅周期的刻写,也可以灵活控制光栅长度;光纤无须进行载氢和增敏等预处理,由于飞秒激光脉冲具有高强度,与光纤相互作用形成光栅的过程是一个非线性过程,可以在各类光纤中直接写入光栅;刻写过程耗时较短,当飞秒脉冲的重复频率设定为 1kHz 时,完成一个周期数 $N=10000$ 的 FBG 的刻写只需 10s,刻写速度快避免了由刻写系统的不稳定带来的影响。

随着激光技术的不断发展,飞秒激光技术逐渐成熟,其超短的脉冲和超高的峰值功率令逐点刻写技术得到了快速发展。2010 年,Marshall 等[47]用激光快门控制曝光光源,完成周期约 1μm、总长度为 20mm 的二阶 FBG 逐点刻写。实验采用油浸物镜对光源进行聚焦,通过控制光纤的移动速度,同时实现了 CFBG 的刻写。实验光路和所获得的均匀 FBG 及 CFBG 透射光谱如图 2.22 所示。

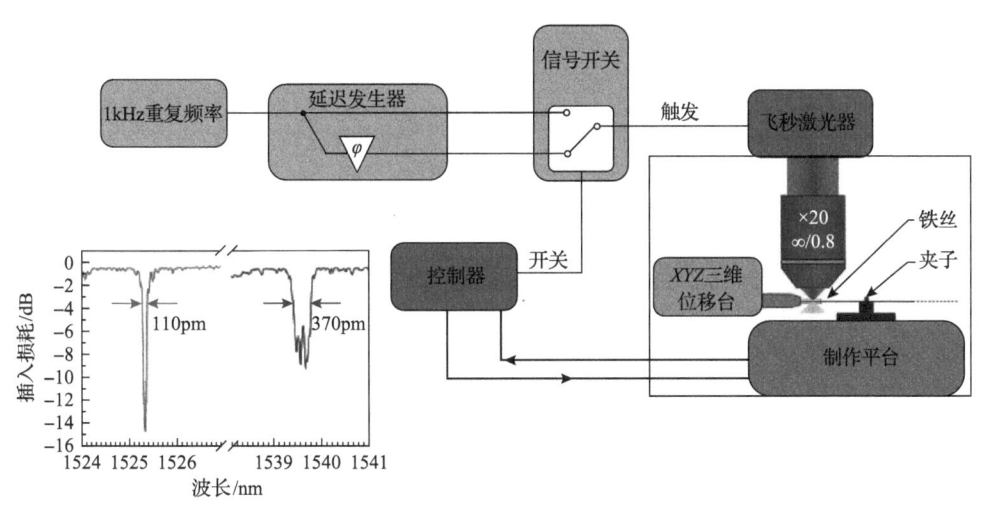

图 2.22　逐点刻写法刻写二阶 FBG 光路示意图(插图：获得的均匀 FBG 与 CFBG 透射光谱)[47]

除此之外，研究团队还利用上述刻写系统进行了相移光纤光栅、超结构光纤光栅等多种不同结构的光纤光栅刻写，充分发挥了逐点刻写法的优越性：一套系统可灵活实现多类型、多参数光纤光栅的刻写。

2.2.2　啁啾光纤布拉格光栅及其刻写

不同周期、不同结构的光纤光栅具有不同的光学性能，在选频、滤波和色散管理等多个方面均具有优势，其中亚微米量级周期的布拉格光栅结构作为反射式光纤器件，已被成功应用于光纤激光领域并获得优异结果，在构建全光纤结构激光器和优化性能参数等方面起了关键性作用。不仅推动了光纤激光技术的快速发展，也为搭建全光纤结构超短脉冲光纤激光器提供了参考依据。例如，均匀 FBG 为反射式光栅，在某种程度上与反射镜功能类似，且周期为常数，反射带宽窄，3dB 带宽一般小于 1nm，可作为振荡腔的腔镜，将其与增益光纤相熔接，可形成全光纤振荡器。

在皮秒光纤激光器中，色散补偿十分重要，CFBG 作为一种新型的全光纤色散补偿元件，其原理主要是通过非均匀的折射率周期分布，使光栅带有线性啁啾，当光耦合进 CFBG 后，不同波长的光发生反射的位置不同，令长短波之间产生时延[48,49]。CFBG 可提供的色散积累主要与长度、光栅啁啾率相关，通过合理设计 CFBG 参数可获得超大色散的 CFBG(一般情况下，厘米量级 CFBG 所提供的色散积累可与千米量级单模光纤相当)。将 CFBG 用于皮秒光纤系统中，可以实现脉冲的极大展宽与压缩，实现色散补偿。1995 年，Galvanauskas 等[12]首次采用 CFBG 作为展宽器和压缩器的全光纤系统，如图 2.23(a)所示。两个 CFBG 分别以不同的方向接入系统中，光栅色散补偿量约为 2ps/nm，其中一个作为展宽器将激光脉冲从

330fs 展宽至 30ps，经功率放大后再由另外一个 CFBG 压缩至 408fs。最终获得的激光单脉冲能量为 3nJ，重复频率为 18MHz，平均功率为 24mW。同年，Taverner 等[50]设计了全光纤环形光纤啁啾脉冲放大(fiber chirped pulse amplification, FCPA)系统，如图 2.23(b)所示，系统采用一个 CFBG，令激光从其不同端口耦合进入，分别实现了对激光脉冲的展宽和压缩。

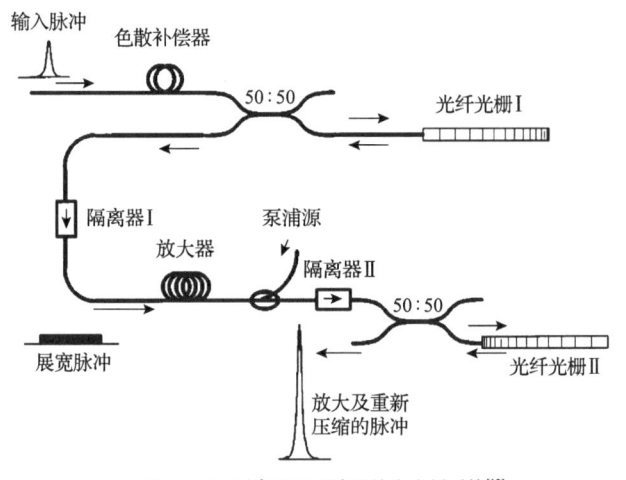

(a) 基于CFBG展宽器和压缩器的全光纤系统[12]

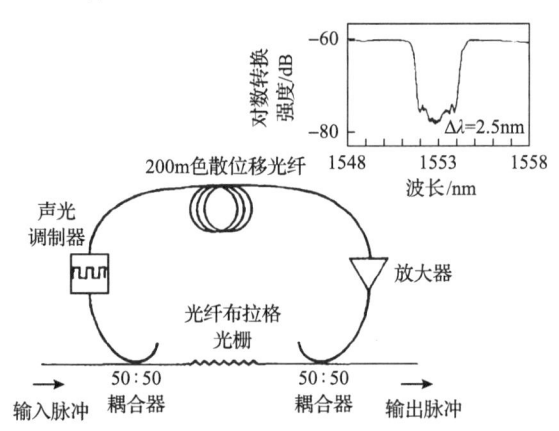

(b) 单一CFBG做展宽器和压缩器的全光纤环形FCPA系统[50]

图 2.23 基于 CFBG 的两种全光纤系统

可见，CFBG 是一种优质的光纤类色散管理器件，不仅能提供较大的色散补偿，将百皮秒光纤激光脉冲压缩至飞秒量级，同时其也具有较大的色散积累，厘米量级 CFBG 即可提供百皮秒甚至纳秒量级的色散积累，可以将激光脉冲展宽至百皮秒或亚纳秒量级。此外，CFBG 还满足全纤化要求，应用灵活便捷，不会引入额外的非线性效应。因此，在皮秒光纤激光器中，CFBG 是进行色散管理的首选器件。

但是，光纤激光器的不断发展对 CFBG 的性能也提出了更高的要求，因此 CFBG 的制备也是光纤激光领域研究的重要课题。目前，多使用相位掩模板法制作 CFBG，下面将介绍利用相位掩模板法制备 CFBG 的基本原理与方法。

1. 相位掩模板法制备光纤光栅的基本原理

当激光从平面方向照射相位掩模板后，经过掩模板上的光栅衍射，在掩模板后形成明暗相间的光场分布，将具有紫外光敏性的光纤置于该区域时，即会在光纤上引起折射率的光致折变，从而形成光栅[51]，如图 2.24 所示。

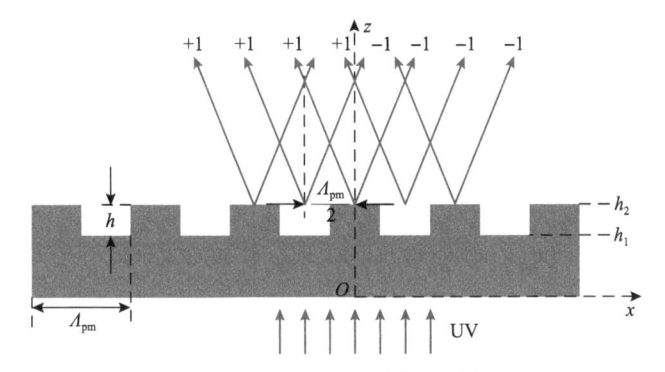

图 2.24 激光通过相位掩模板衍射示意图
UV 指紫外光

获得的光纤光栅周期与衍射条纹的周期一致，可以达到纳米量级。在相位掩模板制作过程中需通过调整栅齿高度 h，令透过掩模板后的衍射光只有 ±1 级加强，其他级次特别是最强的 0 级光受到抑制，经相位掩模板后只有 ±1 级衍射光所形成的清晰明暗条纹场。相位掩模板一个周期 Λ_{pm} 内的传播函数可写为

$$t(x)=\begin{cases} e^{ih_1}, & \dfrac{\Lambda_{pm}}{4} \leqslant x < \dfrac{3\Lambda_{pm}}{4} \\ e^{ih_2}, & -\dfrac{\Lambda_{pm}}{4} < x < \dfrac{\Lambda_{pm}}{4} \end{cases} \tag{2.26}$$

式中，h_1 和 h_2 分别为槽和齿所引入的附加相位，则入射光经过相位掩模板衍射后，在栅齿所在平面上形成的光强分布为

$$E_0(x) = 1 \cdot t(x) \tag{2.27}$$

对式(2.27)进行傅里叶变换，再结合光束衍射的基本原理，可得出齿高为

$$h = \frac{\lambda_0}{2(n_{\lambda_0} - 1)} \tag{2.28}$$

透过相位掩模板的 0 级衍射光基本被抑制，光强为零，其中 λ_0 为曝光波长。由于衍射级次越高，光强越小，则此时剩余的光强中主要成分为 ±1 级衍射光。并从图 2.24 中可见，相邻 ±1 级衍射光所形成的干涉条纹周期为

$$\Lambda = \frac{\Lambda_{\text{pm}}}{2} \tag{2.29}$$

即所刻写的光纤光栅周期为相位掩模板周期的一半，则啁啾率也应为相位掩模板啁啾率的一半。并且，由于齿高 h 与曝光波长 λ_0 有关，因此在确定相位掩模板参数时还需明确所用的刻写光源波长 λ_0，且波长不同的光源无法应用同一块掩模板实现光纤光栅的刻写。

2. 相位掩模板参数计算

根据相位掩模板刻写方法的基本原理，CFBG 的参数取决于掩模板参数。以刻写掺镱皮秒光纤激光器中的 CFBG 为例，CFBG 中心波长应为 1064nm。

根据光波发生干涉的基本原理：光程差等于波长整数倍时干涉相长，有[52]

$$2n_{\text{eff}}\Lambda = m\lambda_{\text{B}} \tag{2.30}$$

式中，等号左侧为光经相邻光栅面发生反射时的光程差；n_{eff} 为有效折射率；Λ 为 FBG 周期。等号右侧 m 为光栅阶数，取正整数；λ_{B} 为布拉格反射谐振波长。其中，有效折射率 n_{eff} 的值是确定 CFBG 参数的关键。

所使用石英光纤包层的折射率在 1064nm 波长处为 1.4496[53]，根据光纤数值孔径的计算方程

$$\text{NA}^2 = n_{\text{core}}^2 - n_{\text{clad}}^2 \tag{2.31}$$

单模光纤的数值孔径 NA 为 0.13，可计算得到 n_{core} 约为 1.4554。根据两个折射率数值和光纤结构，得到中心波长为 1064nm 时，对应的周期约为 366.5nm。根据式 (2.30)，此时模式的有效折射率约为 1.4516，介于纤芯与包层折射率之间。

光纤光栅在刻写过程中，施加预紧力并曝光后，其光致折变量的饱和值小于未施加预紧力时的饱和值。而光致折变量对应有效折射率，即施加预紧力后有效折射率会变小，导致中心波长向短波方向"漂移"。根据胡克定律，固体中单位面积所受到的应力 F 与应变 ε 成正比，即

$$\frac{F}{S} = E\varepsilon \tag{2.32}$$

其中，E 为杨氏模量，石英光纤的杨氏模量 E 为 $7.0\times10^{10}\text{N}/\text{m}^2$ [54]，横截面积用 6/125μm 光纤的包层直径 125μm 进行计算，约 $0.0123\times10^{-6}\text{m}^2$。根据式 (2.32)，

当所施加的拉力为 1N 时，相应的应变 ε 约为 11.61×10^{-4}。考虑到光纤光栅的折射率和周期在施加拉力后均会随之发生变化，对式(2.30)两边同时微分得

$$d(2n_{\text{eff}}\Lambda) = d\lambda_{\text{B}} \Rightarrow 2n_{\text{eff}}d\Lambda + 2\Lambda dn_{\text{eff}} = d\lambda_{\text{B}} \tag{2.33}$$

联立式(2.30)与式(2.33)，整理后得

$$d\lambda_{\text{B}} = \lambda_{\text{B}}\frac{d\Lambda}{\Lambda} + \lambda_{\text{B}}\frac{dn_{\text{eff}}}{n_{\text{eff}}} \tag{2.34}$$

变换形式为

$$\Delta\lambda_{\text{B}} = \frac{\lambda_{\text{B}}\dfrac{d\Lambda}{\Lambda} + \lambda_{\text{B}}\dfrac{dn_{\text{eff}}}{n_{\text{eff}}}}{\dfrac{dl}{l}} \cdot \frac{\Delta l}{l} \tag{2.35}$$

其中，$d\Lambda/\Lambda = dl/l = \Delta l/l = \varepsilon$，即光纤因为应力产生了应变，则式(2.35)可变换为

$$\Delta\lambda_{\text{B}} = \lambda_{\text{B}}\varepsilon + \lambda_{\text{B}}\frac{\Delta n_{\text{eff}}}{n_{\text{eff}}} \quad \text{或} \quad \Delta\lambda_{\text{B}} = \lambda_{\text{B}}(1-P_{\text{e}})\varepsilon \tag{2.36}$$

其中，P_{e} 为光纤的有效应变光系数，石英光纤的 P_{e} 为 0.22[54]。根据式(2.36)，当光纤上所施加的拉力为 1N 时，光纤光栅中心波长的漂移量约为 0.96nm。而理论上，6/125μm 光纤所能承受的最大拉力约为 5N，则对应的中心波长漂移量约为 5nm。中心波长通过施加预紧力的方式只能向短波方向漂移，又称"蓝移"，因此在设计参数时可适当增加光纤光栅周期的数值，以实现中心波长向长波方向移动，再通过调整预紧力确保中心波长的精准度。

本节示例中用于刻写 CFBG 的光纤主要为 PS1060(6/125μm)，该光纤为掺杂式光敏光纤，即拉制光纤的石英预制棒中掺杂有硼和锗元素。因此，包层和纤芯的折射率均会相应增加，有效折射率也会相应增加。计算有关文献[55-57]中所使用的光敏光纤平均有效折射率约为 1.4549，并考虑到预紧力导致波长"蓝移"的特点，可将中心波长向长波方向微调至 1065.5nm，根据式(2.29)和式(2.30)得

$$2\Lambda = \Lambda_{\text{pm}} \approx 732.37\text{nm} \tag{2.37}$$

则

$$\Lambda = 366.185\text{nm} \tag{2.38}$$

即相位掩模板的周期为 732.37nm，所得到的 CFBG 周期为 366.185nm。CFBG 的色散与啁啾率成反比，但所能提供的色散积累与补偿带宽成正比，而补偿带宽与

啁啾率成正比。因此，想要获得大色散积累的 CFBG，需要增大 CFBG 长度，减小啁啾率。而 CFBG 的长度由相位掩模板栅区的长度来决定，越长的栅区价格越高。综合以上因素，可以拟定相位掩模板的周期为 732.37nm，啁啾率为 1.25nm/cm，栅区长度为 20mm，曝光波长为 213nm。

3. CFBG 制备示例

本示例中采用紫外激光器作为刻写光源，中心波长为 213nm，重复频率为 12.5kHz，脉冲宽度为 6.1ns，其输出功率最高为 140mW。激光发散角为 0.6mrad，距离激光器输出端 110cm 处的椭圆光斑长短轴直径分别为 890μm 和 770μm。由于光斑直径远小于相位掩模板的栅区长度，为实现刻写不同长度 CFBG 的目的，设计采用一维扫描式刻写光路，如图 2.25 所示。

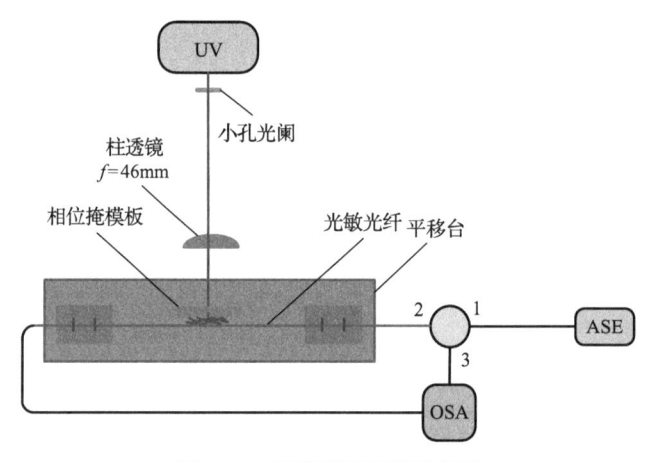

图 2.25 扫描刻写光路示意图

刻写光源后放置直径为 1mm 的小孔光阑，保证激光束无损通过的同时又能阻挡反射光返回激光器造成损伤。其后采用焦距为 46mm 的柱透镜聚焦，令激光的输出光斑聚焦后沿水平方向呈直线状。待刻写的光纤两端用光纤夹具夹持后固定于两台三维调整架上，可精调光纤的位置以保证其处于焦点处。光纤前方放置相位掩模板，相位掩模板用聚四氟乙烯夹持后固定在一维手动位移台上，用来调整掩模板与光纤之间的距离。将光敏光纤涂覆层剥除 27mm（略大于相位掩模板基底尺寸 25mm）以保证相位掩模板与光纤之间的距离小于 0.5mm，再通过三维调整架使得光纤严格平行于相位掩模板。光纤和相位掩模板夹持系统置于一维电动平移台上，通过多轴运动控制器进行控制，可实现匀速、变速等多种移动方式。控制器可设置的最小位移为 0.01μm，最大位移为 ±50mm，位移精度为 1μm。电动位移台同时带动其上的相位掩模板与光敏光纤一起运动以实现静止光斑在光纤上的扫描曝光。

刻写时，电动位移台带动相位掩模板和光敏光纤以 1mm/s 的速度做一维周期性运动，并根据需要设置运动的最大位移，以实现不同长度光纤光栅的刻写。为实时监测刻写效果，将光纤环形器的 1 口连接宽光谱光源，2 口连接光敏光纤，3 口连接光谱仪(OSA)测量光纤光栅的反射光谱，光敏光纤的另一端连接光谱仪测量其透射光谱。

当扫描曝光长度为 20mm、曝光时间近 3min 时，激光中心波长为 1065.5nm，反射光谱高度可达 35dB，透射谱凹陷深度可达 57dB。继续增加曝光时间，光谱不再发生变化，折射率调制达到饱和。此时刻写所获得的 CFBG 最长为 20mm，等于相位掩模板栅区的长度。图 2.26(a) 和 (b) 为所刻写的不同长度 CFBG 的反射和透射光谱，图 2.26(c) 和 (d) 为相同参数和折射率调制深度下模拟的反射和透射光谱。

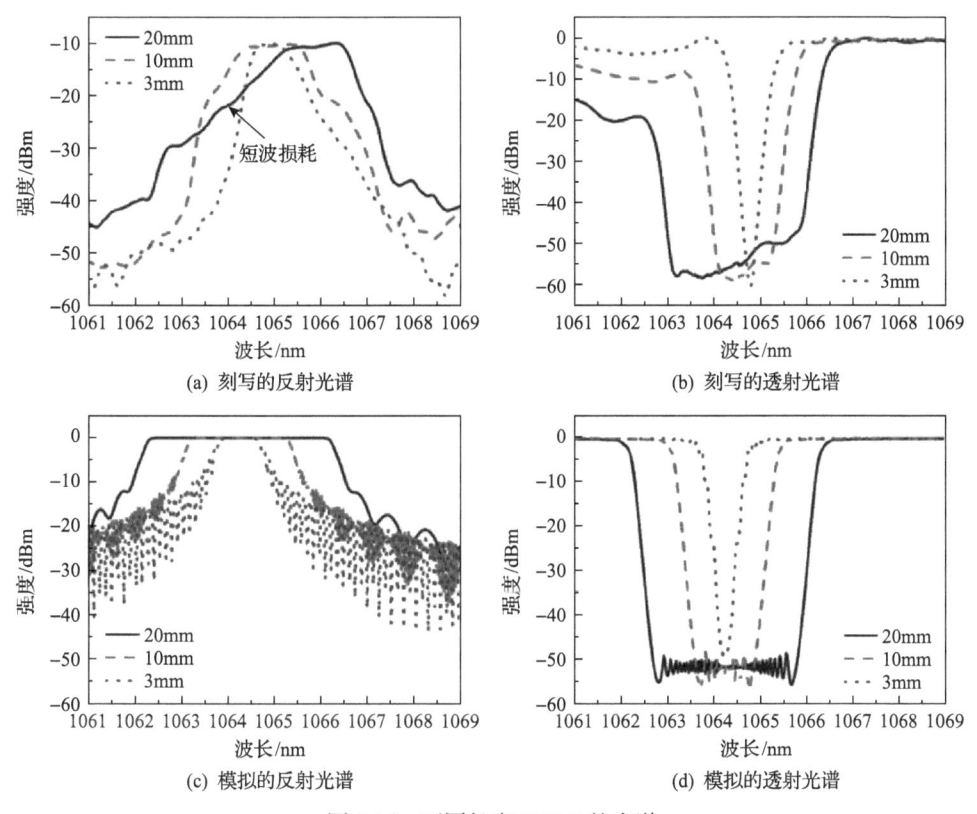

图 2.26 不同长度 CFBG 的光谱

通过对比发现，不同长度 CFBG 的透射光谱中凹陷的宽度随光栅长度增加而增加，且变化情况与模拟结果基本相符。而在反射光谱中，虽然光谱宽度随 CFBG 长度增加也相应增加，但长度较短时实验结果与模拟结果相符较好，当长度增至 20mm 时，刻写得到的 CFBG 反射光谱在短波部分出现缺失，这是典型的 CTFBG

具备的特点。反射光从纤芯耦合进包层变成泄漏模被损耗，同时由于包层折射率小于纤芯折射率，仅在短波部分出现损耗。这说明所获得的光纤光栅存在倾斜角度，不是普通结构的 CFBG。这是因为，虽然在刻写时并没有人为增加光栅的倾斜角度，但刻写系统所在的实验平台存在一定的倾斜误差，同时相位掩模板的夹持装置在安装时也无法保证绝对水平，从而导致了刻写时光敏光纤未严格垂直于相位掩模板栅区，刻写得到的为带有倾斜角度的 CTFBG。随着光栅长度增加，耦合进包层的纤芯模增多，损耗更为明显，尤其表现在短波部分。为解决这一问题，需减小倾斜误差，保证刻写时光敏光纤严格垂直于相位掩模板栅区。

2.3 光纤合束器

2.3.1 光纤合束器基本原理及分类

光纤合束器包括很多种类型，从泵浦耦合方式的角度来看，可以分为端面泵浦合束器和侧面泵浦合束器；从用途上又可以分为泵浦光合束器和信号光合束器，泵浦光合束器通常用来将几路泵浦光耦合到一根光纤中，输入光纤为多根多模光纤。信号光合束器又称功率合束器，用来将几路信号激光进行合束，提高光纤激光器的功率输出，输入光纤通常为几根单模或者大模场光纤。信号光合束器又分为相干合束和非相干合束，相干合束对光源要求很高，制作难度较大，目前非相干信号光合束器研制较多[58-62]。下面以端面泵浦合束器和侧面泵浦合束器为例介绍基本原理和制作流程。

1. 端面泵浦合束器光场分布理论

目前，制作端面泵浦合束器需要的输出信号光纤通常为大模场光纤，其纤芯直径较大，可以支持多个高阶模式的传输，但大模场的输出信号光纤会与纤芯直径较小的输入信号光纤不匹配，为了使两个不同纤芯尺寸的光纤更好地熔接，就需要解决模场失配问题导致的激光在熔点表面反射和散射,减小信号光功率损耗。解决模场失配问题的主要方法包括光纤热扩芯法和物理拉锥法，其共同点均是改变光纤纵向上的波导结构，形成锥形光纤，以实现不同模场面积光纤之间的高效耦合[63-67]。因此，端面泵浦合束器的理论关键即在于研究锥形光纤中光场的传输特性及分布。

1) 锥形光纤的传输特性

当光场在锥形光纤纤芯内传输时，由于光纤的直径不断减小，会有一部分的高阶模式泄漏至包层造成信号光功率损失。同时光在锥形光纤中传输时，因径向位置的光场分布不同导致传输速度不同，最终在纤芯和包层之间产生了相位差。

因此，在锥形光纤的锥区位置，纤芯内的基模无法维持原来的光场分布，进而造成包层内产生高阶模式。锥形光纤内的光场模式会经历从纤芯多模、纤芯单模、包层多模到包层单模的演化[68]，如图 2.27 所示。

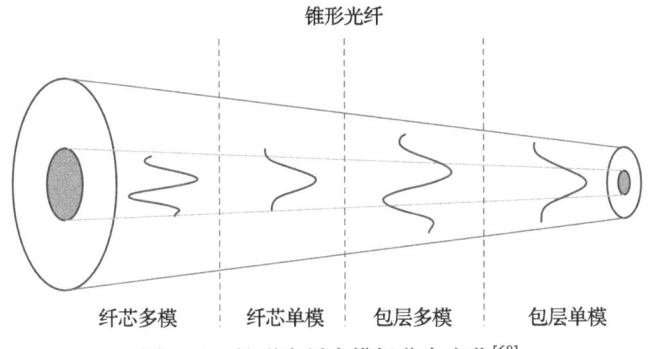

图 2.27 锥形光纤内模场分布变化[68]

2) 锥形光纤的模场分布

锥形光纤在纵向结构上可以等效成不同芯径光纤的组合，因此锥形光纤中的模场分布可以根据阶跃型光纤中的光场分布情况进行研究。光场在光纤中的分布可以通过求解亥姆霍兹方程得到，模式的本征值方程为

$$\left(\frac{J'_m(U)}{UJ_m(U)} + \frac{K'_m(W)}{WK_m(W)} \right) \left(n_1^2 \frac{J'_m(U)}{UJ_m(U)} + n_2^2 \frac{K'_m(W)}{WK_m(W)} \right) = \left(\frac{m\beta}{k_0} \right)^2 \left(\frac{1}{U^2} + \frac{1}{W^2} \right)^2 \quad (2.39)$$

式中，n_1 与 n_2 分别是光纤纤芯和包层的折射率；β 为传输常数；U 为波导场的径向归一化传输常数，反映了导模在纤芯内驻波场的横向振荡频率；W 为波导的衰减常数，反映了导模在包层内消逝场的衰减速度。U 和 W 的表达式分别为

$$U = a\left(k_0^2 n_1^2 - \beta^2 \right)^{1/2} \quad (2.40)$$

$$W = a\left(\beta^2 - k_0^2 n_2^2 \right)^{1/2} \quad (2.41)$$

令 V 为归一化频率，有

$$V = \left(U^2 + W^2 \right)^{1/2} = ak_0 \left(n_1^2 - n_2^2 \right)^{1/2} \quad (2.42)$$

$m+n=1$ 时代表的是基模，代入可得基模本征值方程为

$$\left(\frac{J'_1(U)}{UJ_1(U)} + \frac{K'_1(W)}{WK_1(W)} \right) \left(n_1^2 \frac{J'_1(U)}{UJ_1(U)} + n_2^2 \frac{K'_1(W)}{WK_1(W)} \right) = \left(\frac{\beta}{k_0} \right)^2 \left(\frac{1}{U^2} + \frac{1}{W^2} \right)^2 \quad (2.43)$$

数值求解上述方程可以得到光纤中基模传输常数 β，通过 β 可以求出归一化传输常数 U 和衰减常数 W，即可得到基模的模场分布。

阶跃型光纤的基模模场在横截面上分布的电场和磁场可以近似为高斯函数，即可引入模场直径这一参数，一般将电场分布曲线中心的最大值 $1/e$ 处的直径定义为模场直径。基模的归一化功率分布表达式为

$$P_G = \left(\pi r_0^2\right)^{-1/2} \exp\left(-\frac{r^2}{2r_0^2}\right) \tag{2.44}$$

式中，r_0 为高斯分布的模场半径，可以通过式(2.45)求得：

$$V_1^2 \exp\left(-\frac{a^2}{r_0^2}\right) + V_2^2 \exp\left(-\frac{b^2}{r_0^2}\right) = 1 \tag{2.45}$$

a 为光纤纤芯半径；b 为光纤包层半径；V_1 和 V_2 为光纤纤芯和内包层归一化频率，$V_1 = k_0 a \sqrt{n_1^2 - n_2^2}$，$V_2 = k_0 b \sqrt{n_2^2 - n_3^2}$，$n_3$、$n_2$ 和 n_1 分别为光纤外包层、内包层和纤芯折射率。

在端面泵浦合束器中，输入信号光纤是一个典型的锥形光纤，其光纤外径可由百微米量级缩小至微米量级，随着纤芯直径逐渐减小，模场直径并非单调减小，而是经历了先减小后增大的过程，如图 2.28 所示，其原因是在锥形光纤纤芯较大的区域，纤芯归一化频率 $V_1 > 2.405$，纤芯内可支持多个模式传输，此时随着纤芯直径和包层直径的减小，基模的模场直径也呈现减小的趋势，但依旧被限制在纤芯内，与此同时纤芯中的部分高阶模因泄漏至包层导致纤芯内支持的模式减少。

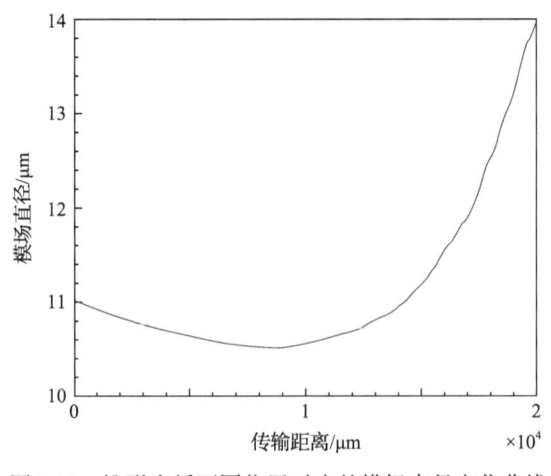

图 2.28 锥形光纤不同位置对应的模场直径变化曲线

当纤芯直径进一步减小时，纤芯归一化频率V_1远小于2.405，而内包层的归一化频率$V_2>2.405$，纤芯内基模的模场慢慢向包层扩散，模场在包层内支持多模传输，这是由于纤芯模向包层模的转化导致模场直径呈现出逐渐增大的趋势，此时光纤包层作为介质波导可以支持多个模式的传输。当纤芯直径进一步减小到无法限制基模光场传输时，光纤中的所有模式几乎都扩散到包层内，此时纤芯-包层-空气的三层波导结构转化为包层-空气的两层波导结构，随着包层直径的继续减小，包层可容纳的模式数量也相应减少，当包层归一化频率$V_2<2.405$时，包层内也只允许基模低损耗传输，其他高阶模式完全消失。

2. 侧面泵浦合束器光场耦合理论

侧面泵浦方式制作的光纤合束器工作原理是依靠相邻波导内光场的倏逝波效应实现泵浦光由泵浦光纤向信号光纤内包层的耦合，为了增强耦合系数，泵浦光纤通常为锥形光纤，紧贴信号光纤的内包层即可实现泵浦激光功率的转移[63,69,70]。探讨侧面泵浦合束器内的光场耦合问题，需要借助耦合模理论来描述多个电磁场之间的耦合规律。

1）双波导耦合系数方程组

在侧面泵浦合束器中，泵浦光纤前锥区纤芯直径是变化的，但信号光纤的纤芯直径不变，且二者的折射率等物理参数不同。因此，侧面泵浦合束器的耦合是双波导非对称耦合过程，依据泵浦光纤和信号光纤的物理特性和泵浦光纤拉锥的特点建立了理论模型，如图 2.29 所示。

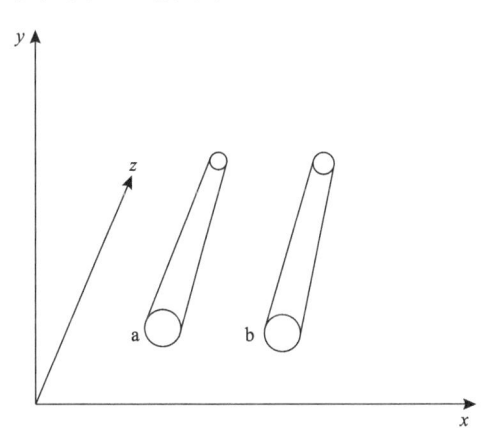

图 2.29 非对称侧面泵浦合束器模型

通过推导两个独立传输的波导模式的耦合波微分方程得到两个波导的耦合理论，默认两个波导之间耦合不改变本身模场的分布，仅仅改变了振幅，此时的两个波导属于弱耦合，以下的推导也是在弱耦合的基础上进行的。

假设光波导的折射率沿 z 方向不发生变化，表达式为

$$\varepsilon(r,\varphi,z) = \varepsilon(r,\varphi) \tag{2.46}$$

两个相互靠近的平行波导 a 和 b，纤芯分别表示为 F_1、F_2，两个纤芯之外的共同包层结构表示为 F_3。当光波导 a 独立存在时，它在 F_1、F_2、F_3 区域的光场为

$$E_1(r,\varphi,z,t) = e_1(r,\varphi) e^{i(\beta_1 z - \omega t)} \tag{2.47}$$

$$H_1(r,\varphi,z,t) = h_1(r,\varphi) e^{i(\beta_1 z - \omega t)} \tag{2.48}$$

当光波导 b 独立存在时，它在 F_1、F_2、F_3 区域的光场为

$$E_2(r,\varphi,z,t) = e_2(r,\varphi) e^{i(\beta_2 z - \omega t)} \tag{2.49}$$

$$H_2(r,\varphi,z,t) = h_2(r,\varphi) e^{i(\beta_2 z - \omega t)} \tag{2.50}$$

其中，$e_1(r,\varphi)$、$e_2(r,\varphi)$、$h_1(r,\varphi)$、$h_2(r,\varphi)$ 分别为光场 E、H 沿横截面分布的模式场；ω 为角频率；β_i 为两个波导独立存在时的传输常数，$\beta_1 = n_1 k \sin\theta$，$\beta_2 = n_2 k \sin\theta$。

当波导之间为弱耦合时，各波导的光场可以看成沿 z 方向两个光场的叠加，$c_1(z)$、$c_2(z)$ 分别为泵浦光纤和信号光纤的模场振幅，可以表示为

$$E = c_1(z)E_1 + c_2(z)E_2 \tag{2.51}$$

$$H = c_1(z)H_1 + c_2(z)H_2 \tag{2.52}$$

式 (2.51) 和式 (2.52) 说明，两个波导之间传输模式振幅随着传输距离的变化而变化是两个波导之间互相干扰引起的。将式 (2.52) 代入麦克斯韦方程组可得

$$\nabla \times (c_1(z)E_1) + \nabla \times (c_2(z)E_2) = c_1(z)i\omega\mu_0 H_1 + c_2(z)i\omega\mu_0 H_2 \tag{2.53}$$

$$\nabla \times (c_1(z)H_1) + \nabla \times (c_2(z)H_2) = -c_1(z)i\omega\varepsilon_0 n^2 E_1 - c_2(z)i\omega\varepsilon_0 n^2 E_2 \tag{2.54}$$

经化简后得到

$$\nabla c_1(z) \times E_1 + \nabla c_2(z) \times E_2 = 0 \tag{2.55}$$

$$\begin{aligned}&-c_1(z)i\omega\varepsilon_0 n_1^2 E_1 + \frac{\partial c_1}{\partial z}(z_0 \times H_1) - c_2(z)i\omega\varepsilon_0 n_2^2 E_2 + \frac{\partial c_2}{\partial z}(z_0 \times H_2) \\ &= -c_1(z)i\omega\varepsilon_0 n^2 E_1 - c_2(z)i\omega\varepsilon_0 n^2 E_2\end{aligned} \tag{2.56}$$

两个靠近的平行波导总折射率分布可以表示为

$$n^2 = \left(n_1^2 - n_0^2\right) + \left(n_2^2 - n_0^2\right) + n_0^2 \tag{2.57}$$

式中，n_1、n_2 分别为波导 a 和 b 的折射率；n_0 为介质折射率。

将空间中电场与磁场表达式取共轭后代入式(2.55)和式(2.56)进行二重积分，并对公式进行化简可得模场与振幅的关系：

$$\frac{\partial c_1}{\partial z} = c_2(z)\mathrm{i}\omega\varepsilon_0 \frac{\iint \left(n_1^2 - n_0^2\right) E_1^* E_2 \mathrm{d}r\mathrm{d}\varphi}{\iint \left(e_1 h_1^* + e_1^* h_1\right) z_0 \mathrm{d}r\mathrm{d}\varphi} \tag{2.58}$$

再把电场与磁场的表达式代入式(2.58)可得

$$\frac{\partial c_1}{\partial z} = c_2(z)\mathrm{i}\omega\varepsilon_0 \frac{\iint \left(n_1^2 - n_0^2\right) e_1^* e_2 \mathrm{d}r\mathrm{d}\varphi}{\iint \left(e_1 h_1^* + e_1^* h_1\right) z_0 \mathrm{d}r\mathrm{d}\varphi} \mathrm{e}^{-\mathrm{i}(\beta_1 - \beta_2)z} \tag{2.59}$$

故波导 a 的耦合波方程表达式为

$$\frac{\partial c_1}{\partial z} = \mathrm{i}c_2(z)K_{21}\mathrm{e}^{-\mathrm{i}(\beta_1 - \beta_2)z} \tag{2.60}$$

其中，K_{21} 为两个光波导的耦合系数，是与传输方向 z 无关的参数，表示的是波导 b 的模场对波导 a 模场的传输影响，有

$$K_{21} = \omega\varepsilon_0 \frac{\iint \left(n_1^2 - n_0^2\right) e_1^* e_2 \mathrm{d}r\mathrm{d}\varphi}{\iint \left(e_1 h_1^* + e_1^* h_1\right) z_0 \mathrm{d}r\mathrm{d}\varphi} \tag{2.61}$$

同理，推导可以得到波导 b 的耦合波方程为

$$\frac{\partial c_2}{\partial z} = \mathrm{i}c_1(z)K_{12}\mathrm{e}^{\mathrm{i}(\beta_1 - \beta_2)z} \tag{2.62}$$

其中，K_{12} 为两个光波导的耦合系数，与传输方向 z 无关，表示的是波导 a 的模场对波导 b 模场的传输影响，即

$$K_{12} = \omega\varepsilon_0 \frac{\iint \left(n_2^2 - n_0^2\right) e_2^* e_1 \mathrm{d}r\mathrm{d}\varphi}{\iint \left(e_2 h_2^* + e_2^* h_2\right) z_0 \mathrm{d}r\mathrm{d}\varphi} \tag{2.63}$$

由于相比较于信号光纤纤芯直径，泵浦光纤包层和纤芯直径较大，而在泵浦光纤前锥区随着纤芯直径的减小，包层直径也在减小，故可以忽略泵浦光纤的包层。采用纤芯的模场形式表示耦合系数方程的模场 e_1、e_2、h_1、h_2 分别为

$$e_1(r_1, \varphi) = c_0 \frac{iR_1}{U_1} \omega \mu_0 J_1\left(U_1 \frac{r_1}{R_1}\right) \tag{2.64}$$

$$h_1(r_1, \varphi) = -c_0 \frac{iR_1}{U_1} \beta_1 J_1\left(U_1 \frac{r_1}{R_1}\right) \tag{2.65}$$

$$e_2(r_2, \varphi) = c_0 \frac{iR_2}{U_2} \omega \mu_0 J_1\left(U_2 \frac{r_2}{R_2}\right) \tag{2.66}$$

$$h_2(r_2, \varphi) = -c_0 \frac{iR_2}{U_2} \beta_2 J_1\left(U_2 \frac{r_2}{R_2}\right) \tag{2.67}$$

其中，$r_1 < R_1$，$r_2 < R_2$，$U_1^2 = (k^2 n_1^2 - \beta_1^2) R_1^2$，$U_2^2 = (k^2 n_2^2 - \beta_2^2) R_2^2$，$\beta_1 = n_1 k \sin\theta_1$，$\beta_2 = n_2 k \sin\theta_2$，将式(2.64)～式(2.67)代入耦合系数 K_{21}、K_{12} 方程中，得

$$K_{21} = \frac{(n_1^2 - n_0^2) \omega^2 \varepsilon_0 \mu_0 \sqrt{k^2 n_1^2 - \beta_1^2} \iint J_1\left(\sqrt{k^2 n_1^2 - \beta_1^2}\, r_1\right) dr d\varphi \iint J_1\left(\sqrt{k^2 n_2^2 - \beta_2^2}\, r_2\right) dr d\varphi}{2\beta_1 \sqrt{k^2 n_2^2 - \beta_2^2} \iint J_1^2\left(\sqrt{k^2 n_1^2 - \beta_1^2}\, r_1\right) dr d\varphi} \tag{2.68}$$

$$K_{12} = \frac{(n_2^2 - n_0^2) \omega^2 \varepsilon_0 \mu_0 \sqrt{k^2 n_2^2 - \beta_2^2} \iint J_1\left(\sqrt{k^2 n_1^2 - \beta_1^2}\, r_1\right) dr d\varphi \iint J_1\left(\sqrt{k^2 n_2^2 - \beta_2^2}\, r_2\right) dr d\varphi}{2\beta_2 \sqrt{k^2 n_1^2 - \beta_1^2} \iint J_1^2\left(\sqrt{k^2 n_2^2 - \beta_2^2}\, r_2\right) dr d\varphi} \tag{2.69}$$

由式(2.68)和式(2.69)耦合系数方程组可知，耦合系数不仅与真空中磁导率、介电常数、光速有关，还与光波导的直径、数值孔径、传输波长和折射率等参数有关。

2) 双波导传输功率方程组

当两个靠近的平行波导的直径不同时，令 $2\delta = \beta_1 - \beta_2$，$\delta$ 表示两个波导的相位偏离同步状况程度，可把耦合波方程改写为

$$\frac{\partial c_1}{\partial z} = i c_2(z) K_{21} e^{i2\delta z} \tag{2.70}$$

$$\frac{\partial c_2}{\partial z} = \mathrm{i}c_1(z)K_{12}\mathrm{e}^{\mathrm{i}2\delta z} \tag{2.71}$$

由于泵浦光在起始位置只存在于泵浦光纤内，信号光纤起始位置无泵浦光存在，故 $c_1(0) = 0$，$c_2(0) = 0$。求解泵浦光纤和信号光纤的模场振幅 $c_1(z)$、$c_2(z)$ 得

$$c_1(z) = c_1(0)\left(\cos\left(\sqrt{K_{12}K_{21}+\delta^2}\,z\right) + \mathrm{i}\frac{\delta}{\sqrt{K_{12}K_{21}+\delta^2}}\sin\left(\sqrt{K_{12}K_{21}+\delta^2}\,z\right)\right)\mathrm{e}^{-\mathrm{i}\delta z} \tag{2.72}$$

$$c_2(z) = \mathrm{i}c_1(0)\frac{K_{12}}{\sqrt{K_{12}K_{21}+\delta^2}}\sin\left(\sqrt{K_{12}K_{21}+\delta^2}\,z\right)\mathrm{e}^{\mathrm{i}\delta z} \tag{2.73}$$

两个波导的光功率与模场振幅的关系如下：

$$P_1(z) = c_1(z)c_1^*(z) \tag{2.74}$$

$$P_2(z) = c_2(z)c_2^*(z) \tag{2.75}$$

将泵浦光纤和信号光纤的模场振幅 $c_1(z)$、$c_2(z)$ 代入波导的光功率公式可得总功率为

$$P = P_1(z) + P_2(z) = |c_1(0)|^2 \tag{2.76}$$

假设当 $Z=L$ 时，波导 a 到波导 b 的耦合达到最大功率，即可满足以下条件：

$$\sin^2\left(\sqrt{K_{12}K_{21}+\delta^2}\,z\right) = 1 \tag{2.77}$$

$$\sqrt{K_{12}K_{21}+\delta^2}\,L = \frac{\pi}{2} + m\pi \tag{2.78}$$

$$L = \frac{\pi}{2\sqrt{K_{12}K_{21}+\delta^2}} + \frac{m\pi}{\sqrt{K_{12}K_{21}+\delta^2}} \tag{2.79}$$

当 $m=0$ 时，波导 b 的输出功率达到最大值，最短距离为

$$L_{\min} = \frac{\pi}{2\sqrt{K_{12}K_{21}+\delta^2}} \tag{2.80}$$

这时波导 a 的输出功率则为最小值：

$$P_1(z) = |c_1(0)|^2 \frac{\delta^2}{K_{12}K_{21} + \delta^2} \tag{2.81}$$

波导 b 的输出功率则为最大值：

$$P_2(z) = |c_1(0)|^2 \frac{K_{12}K_{21}}{K_{12}K_{21} + \delta^2} \tag{2.82}$$

若 δ 不为 0，则 $P_1(z)$ 也不为 0，这说明波导 a 的光不能完全耦合进波导 b 内，此种称为不完全耦合。通过观察输出功率公式可以看出耦合效率与耦合系数和波导传输常数有关，故在不完全耦合的情况下，可以通过提升波导耦合系数以及减小传输常数的差值得到最大耦合效率。

2.3.2 光纤合束器设计及制备

1. 光纤合束器结构设计

光纤合束器的制作过程包括三个步骤，即拉锥、切割、熔接，其中拉锥过程尤为重要。通常采用拉锥光纤组束(tapered fiber bundle，TFB)的方法，可以分为以下两种，其中一种是采用特制的夹具把光纤扭曲，之后对光纤束进行熔融拉锥并与输出光纤熔接；另外一种是将光纤束插入与之内径相近的毛细套管中，之后将整个毛细套管与光纤束同时熔融拉锥，最后与输出光纤进行熔接。两种方法的示意图如图 2.30 所示。采用这两种方法，纤芯和包层的直径都会随着拉锥程度等比例减小，拉锥过程中光纤的纤芯会在过渡区域产生高度差 $h(h = R - r)$，即光纤端面由拉锥前到最终拉锥后端面的变化，如图 2.31 所示。输入光纤的数值孔径也会随着拉锥区域的变化而变大。

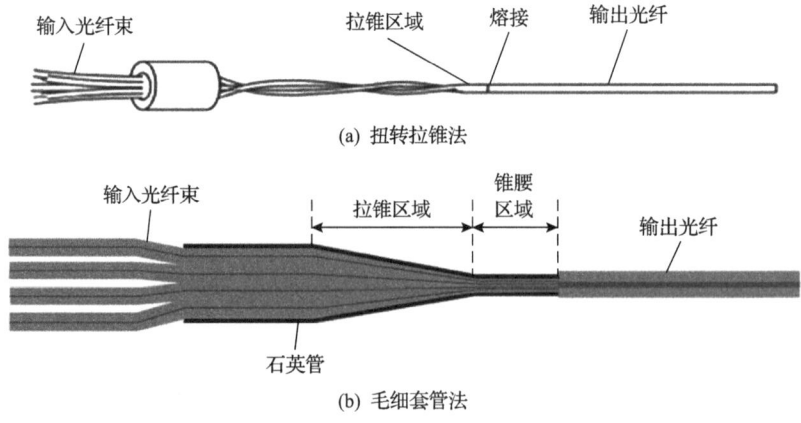

(a) 扭转拉锥法

(b) 毛细套管法

图 2.30 TFB 制作方法示意图

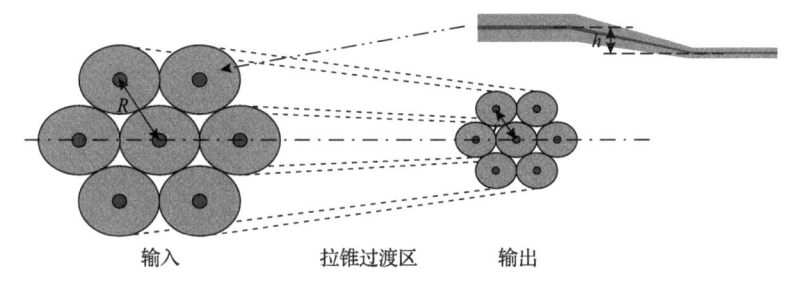

图 2.31 TFB 光纤间距的变化示意图

光纤合束器的作用是实现泵浦光高效耦合进单根光纤,在光纤合束器的结构设计过程中需要满足一些原则。

1) 光纤束个数 N 的设计原则

原则上希望光纤束的截面形状为圆形结构,这样的结构有利于光纤束与输出光纤的熔接,同时需要尽量减小光纤间的间距,因此多根光纤需要紧密堆积起来。对于 $(N+1)×1$ 型光纤合束器,要求光纤对称排列,中间的光纤是输入信号光纤,四周紧密排列的光纤是多模泵浦光纤。以正六边形排列的光纤合束器为例,N 可以表示为

$$N = 1 + 6\sum_{i=1}^{N_L} i \tag{2.83}$$

式中,N_L 为光纤层数,而对于 $N×1$ 型光纤合束器可以是非对称的形式排布。

2) 光纤合束器的亮度定理

为使泵浦光能够高效地耦合进双包层光纤中,合束器的制作需要满足亮度定理,即对于 N 个由相同直径的光纤组成的熔融拉锥光纤组束(TFB),必须满足以下公式:

$$\sqrt{N}D_i\mathrm{NA}_i \leqslant D_o\mathrm{NA}_o \tag{2.84}$$

式中,D_i 和 NA_i 分别为输入光纤的直径和数值孔径;D_o 和 NA_o 分别为输出光纤的直径和数值孔径。根据亮度定理可以设计和优化光纤合束器各光纤的直径和数值孔径等参数。

3) 锥形光纤的绝热拉锥条件

光纤纤芯和包层直径随着拉锥直径减小而逐渐减小,当纤芯直径减小到一定程度时,泄漏到包层的信号光会造成较大的传输损耗,影响光纤合束器的正常使用。为了尽可能降低锥形光纤的损耗,需要精确设计锥区的长度和角度,使其满足绝热拉锥条件:

$$\Omega \leqslant \frac{r(\beta_1-\beta_2)}{2\pi} \qquad (2.85)$$

其中，前锥区拉锥角 $\Omega = \mathrm{d}r/\mathrm{d}z$。一般锥形光纤的前锥区长度尽可能长，但过长的前锥区，会给拉锥和光纤合束器封装过程带来不便。因此，综合设计和优化锥形光纤的锥区长度和角度，在满足绝热拉锥条件的同时降低光纤合束器的封装难度，这也是光纤合束器结构设计的关键原则之一。

2. 端面泵浦合束器制作工艺

端面泵浦合束器的制备包括光纤组束的制备、光纤组束的拉锥及切割、光纤组束的熔接、光纤合束器的封装四个流程，详细介绍如下。

1) 光纤组束的制备

光纤组束是由多根输入光纤以一定规则紧密、对称排列而成的，制备光纤组束之前，需要对输入光纤的涂覆层进行剥除，在剥除的过程中切记不要损伤光纤包层，否则会造成光纤结构破坏。此外，裸光纤上的杂物会使光纤组束在拉锥加热过程中出现气泡，造成光泄漏，实验中需谨慎去除。完成裸光纤的准备后，需要对裸光纤进行轴对称排布，形成光纤组束。以(6+1)×1 泵浦-信号合束器为例，光纤组束由 6 根泵浦光纤和 1 根输入信号光纤组成，以输入信号光纤为中心，6 根泵浦光纤围绕在其周围，排列方式如图 2.32 所示。常见的光纤合束器还有 (2+1)×1、(3+1)×1、(18+1)×1 等，图 2.32 所示的光纤组束形状更加接近于圆结构，在后续与输出信号光纤熔接步骤时匹配度高，引起的损耗小，因此本节主要介绍(6+1)×1 泵浦-信号合束器的制备。

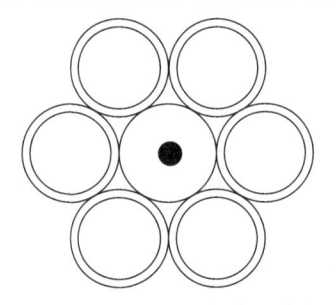

图 2.32 (6+1)×1 泵浦-信号合束器输入光纤排列形状

为使光纤组束在拉锥、切割、熔接等过程中始终保持固定方式排布，需要利用夹具或玻璃管等方式对光纤进行紧密固定，其中玻璃管固定方法不仅可以对输入光纤起到固定作用，还可以对裸光纤进行保护，是制备光纤合束器所采用的主要方法，具体套管操作为将 7 根光纤分为三份，分别为 2 根泵浦光纤为一组，可组合两组，2 根泵浦光纤夹 1 根输入信号光纤为另外一组，先将带有信号光纤的组束无扭转穿入毛细玻璃管，再将两个泵浦光纤组束分别穿入其上方和下方，实现光纤组束的制备。

2) 光纤组束的拉锥及切割

制备完光纤组束后，需要进一步对光纤组束进行拉锥，拉锥实验可采用专用的光纤锥体制造平台完成。在拉锥过程中，需要对拉锥参数进行设置，主要参数有前锥区长度、锥腰长度、后锥区长度、锥腰大小、起始功率、锥腰功率、光纤夹持平台移动速度等，前锥区长度、锥腰长度、后锥区长度、锥腰大小根据需求设定，实验中根据理论模拟结果将前锥区长度设置为 20000μm，拉锥比为 2，即设置锥腰大小为 250μm。拉锥质量则由起始功率、锥腰功率、光纤夹持平台的移动速度和真空度决定。参数设置界面如图 2.33 所示，拉力变化曲线和光纤组束直径扫描曲线如图 2.34 和图 2.35 所示。

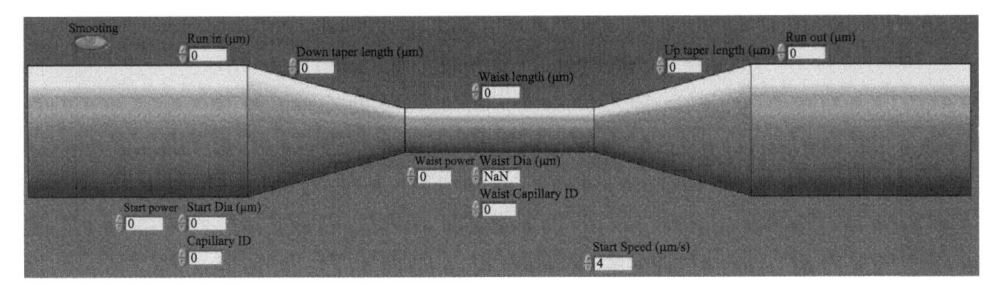

图 2.33　拉锥参数设置界面截图

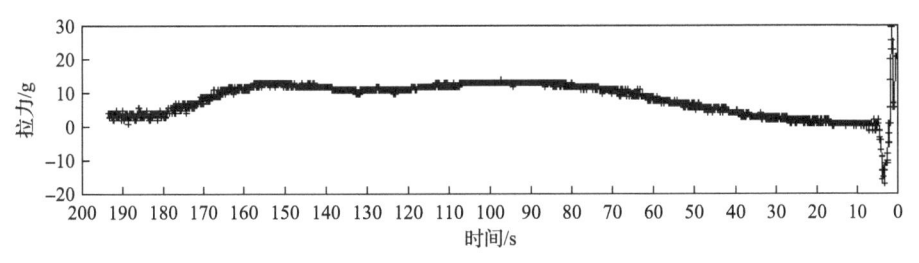

图 2.34　拉锥过程拉力变化曲线

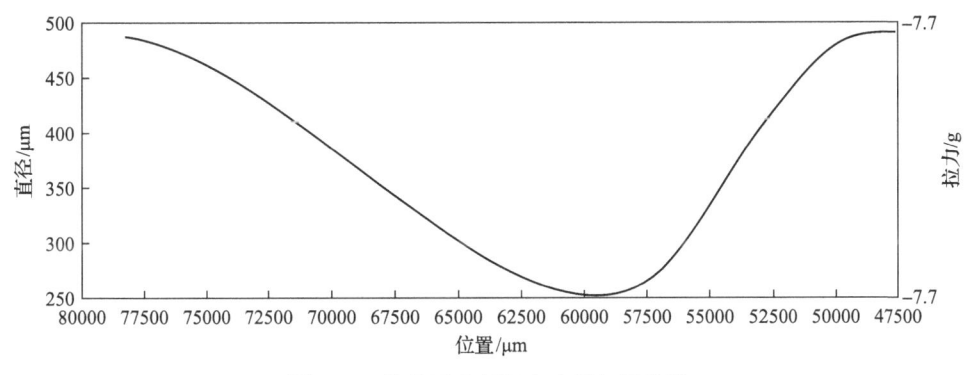

图 2.35　拉锥后光纤组束直径扫描曲线

如图 2.34 所示，拉力大小在拉锥的过程中变化不大，以保证拉锥锥区均匀光滑。拉锥后光纤组束直径扫描曲线如图 2.35 所示，可以发现光纤组束拉锥后锥区均匀且光滑。光纤组束锥区直径变化不均匀会造成泵浦光的泄漏，降低泵浦传输效率，因此在设置拉锥参数时，需要保证拉力在拉锥过程中无明显波动，若拉力过大则会发生光纤组束被拉断的现象。

造成拉锥过程拉力变化幅度大的原因有多个方面，如果光纤组束上有杂质，在拉锥的过程中电极加热的温度过高，导致杂质在光纤组束上燃烧，与空气中的氧气结合，还会使光纤组束形成气泡。另外，拉锥过程中需要平稳操作，在拉锥过程中出现振动，则拉锥后的拉力曲线在相应发生振动的位置发生了突变，故在拉锥过程中需要保持实验平台的平稳。

在光纤组束切割过程中，通常需要给光纤组束施加拉力。在拉力的作用下将光纤组束切断，拉力过大则会导致光纤组束提前拉断，而拉力过小会使光纤组束在刻刀的多次作用下仍然无法拉断光纤组束，故拉力的设置一定程度上决定了光纤组束切割效果。拉锥的光纤组束经过高温熔融后，被加热的区域会变得脆弱，这也对拉力的选择造成一定的困难。切割后的光纤组束端面要求呈零度角，若端面不能呈零度角，会导致较大的熔接损耗，其切割效果如图 2.36 所示。

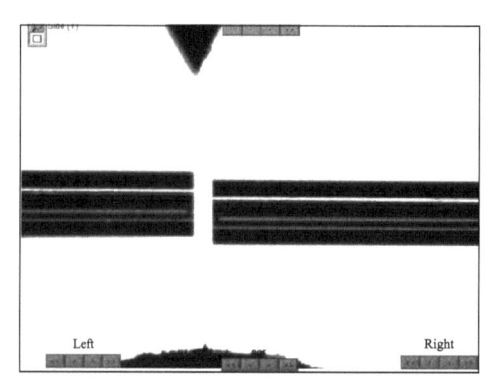

(a) 零度角切割效果图　　　　　　　(b) 非零度角切割效果图

图 2.36　光纤组束切割效果图

3) 光纤组束的熔接

光纤组束与输出信号光纤熔接是决定光纤合束器耦合效率的关键实验步骤。光纤组束的熔接需要保证泵浦光高效耦合进输出信号光纤内包层，同时信号光高效耦合进输出信号光纤纤芯。在熔接的过程需要精确控制熔接参数，并使输入信号光纤的纤芯与输出信号光纤的纤芯同轴，以降低由于模场失配带来的熔接损耗。熔接实验在 Vytran GPX 3400 系列的光纤熔融平台上进行，此平台上配备了电荷耦合器件(charge coupled device，CCD)观察仪，可用于观察光纤组束经切割后端面平整情况以及熔接前光纤角度匹配情况，光纤组束端面情况如图 2.37 所示。为了使输出信号光纤和光纤组束端面角度更好地匹配，也需要对输出信号光纤的端面进行精确切割处理，使其与光纤组束的角度和光轴精准对齐，如图 2.38 所示。

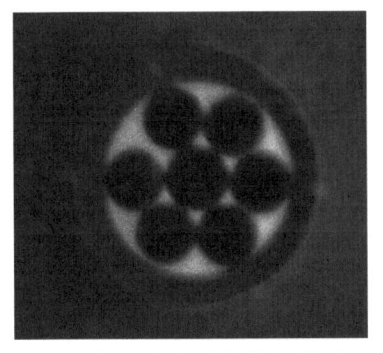

(a) 零度角切割时光纤组束端面情况 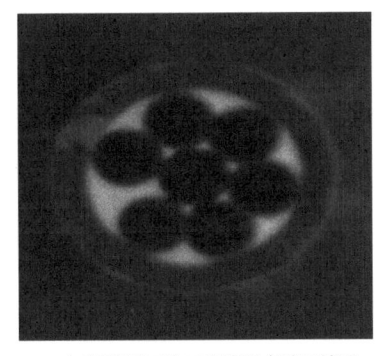　　(b) 切割情况不佳时光纤组束端面情况

图 2.37　光纤组束端面示意图

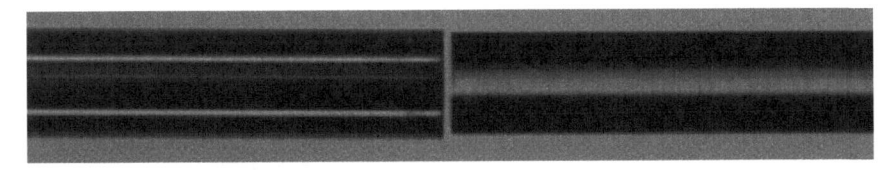

图 2.38　光纤组束与输出信号光纤熔接对准图

为保证较高的熔接效率，可通过在线功率监测手段对光纤组束和输出信号光纤的位置和角度进行优化，实验装置如图 2.39 所示。具体过程为将监测激光耦合至输入信号光纤中，输出信号光纤后端放置功率计进行检测，为防止泄漏到包层的信号光影响功率计检测，需在泵浦-信号合束器的输出端进行包层的剥除。注入一定功率的监测激光，微调光纤组束和输出信号光纤的位置，在功率计功率达到最大值时进行熔接，以减小由于信号光纤纤芯轴向偏移带来的信号光插入损耗。

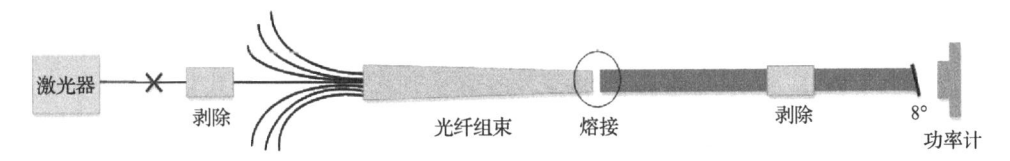

图 2.39　在线实时熔接法原理图

将光纤组束与输出信号光纤对准后，进行熔接，熔接功率和熔接时间决定熔接质量。图 2.40 与图 2.41 对比了不同熔接功率下熔接质量情况，若熔接功率不足，则光纤组束与输出信号光纤处于刚好连接状态，熔点处比较脆弱，稳定性差，在移动的过程中易出现断裂；若熔接功率过大，则光纤组束与输出信号光纤连接牢固，熔点处结实，但是光纤组束的空隙容易塌陷，导致光纤组束内光纤热变形，影响光传输效率。

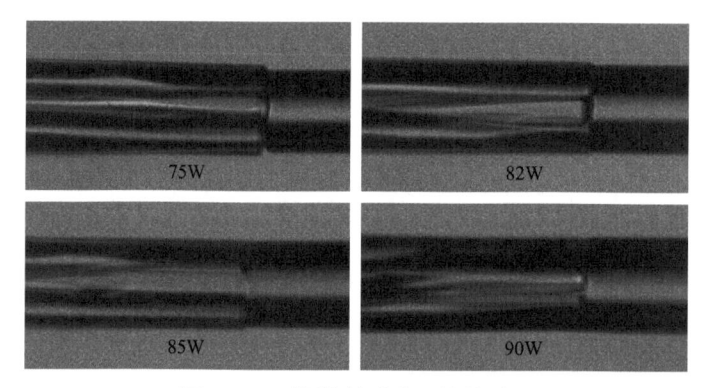

图 2.40 不同熔接功率下熔接质量

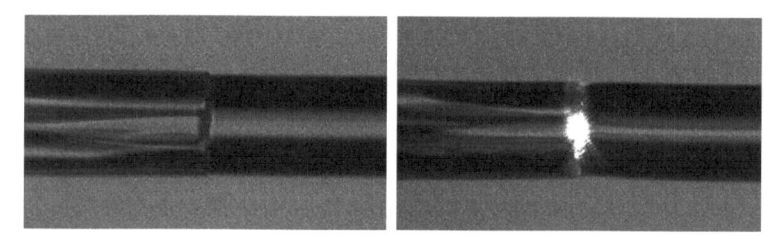

图 2.41 光纤组束与输出信号光纤熔接效果图

4) 光纤合束器的封装

由于光纤合束器一部分是裸露的光纤包层，易在移动的过程中断裂，因此光纤泵浦-信号合束器制作完成后，需进行封装处理。此外，在高功率情况下，光泄漏会产生热积累，热量的积累会对合束器造成损坏，光纤合束器的封装在一定程度上也解决了散热问题。实验中通常利用空心玻璃管对裸露的光纤合束器进行保护，以防止由于弯曲造成的光纤断裂或弯曲损耗，并在玻璃管的两端利用导热硅胶进行固定，让光纤组束锥体、输出信号光纤剥除涂覆层部分和熔点均在玻璃管的内部，最后将玻璃管放置在铝槽中，铝槽的空隙用导热硅脂填充，大大增加其散热性能，封装后的合束器样品如图 2.42 所示。

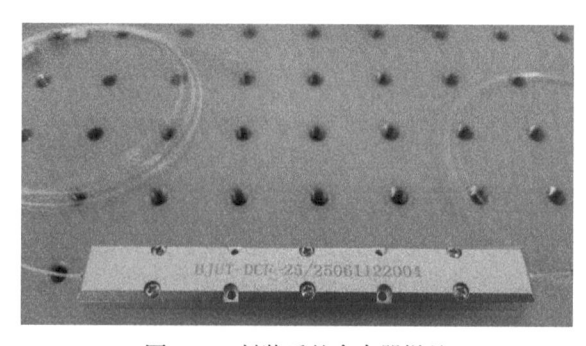

图 2.42 封装后的合束器样品

3. 侧面泵浦合束器的制作工艺

侧面泵浦合束器通过倏逝场的形式将泵浦光从双包层光纤的侧面耦合进双包层光纤内包层，是一种常用的泵浦光纤合束器。与端面泵浦合束器相比，侧面泵浦合束器不仅可以应用于近红外波段激光器的泵浦耦合，同样也适用于中红外波段，原因在于中红外光纤多数为软玻璃光纤，此类光纤的熔点低，易潮解，因此使用端面熔接制作中红外合束器在泵浦石英光纤与中红外光纤熔接方面困难较大，相差甚远的光纤熔接会带来很大的熔接损耗，甚至损耗光纤，而侧面泵浦合束器可以避免端面熔接带来的熔点损坏问题。因此，侧面泵浦合束器的制作也得到了人们的广泛关注。

在侧面泵浦合束器中，为了增强泵浦光的倏逝场效应，通常需要对泵浦光纤进行磨抛、腐蚀或熔合这三种处理，为了使泵浦光纤和信号光纤固定牢靠，可对信号光纤内包层进行刻蚀凹槽处理，由于信号光纤的内包层结构发生了改变，泵浦光会有损耗。采用磨抛和腐蚀的方式，需要将泵浦光纤端面处理成一定角度，一般角度要求较大，随后通过熔合方式将带有角度的泵浦光纤与信号光纤紧密贴合。本实例中用拉锥泵浦光纤的方式代替磨抛和腐蚀法处理泵浦光纤，省略熔合步骤，利用泵浦光纤缠绕使泵浦光纤前锥区与信号光纤紧密贴合，制作出无熔合的高泵浦耦合效率侧面泵浦合束器，侧面泵浦合束器制备平台如图 2.43 所示。

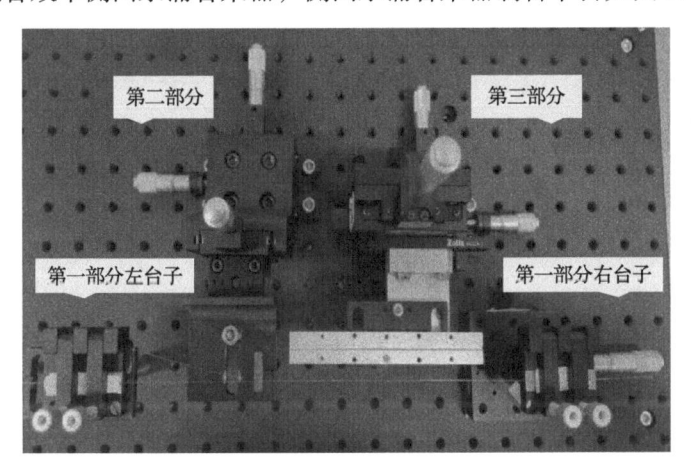

图 2.43 侧面泵浦合束器制备平台

第一部分为信号光纤固定平台。信号光纤由两个光纤夹具固定，在缠绕的过程中可以通过微调两个光纤的位置精确控制信号光纤的拉力。第二部分为泵浦光纤移动平台。泵浦光纤移动平台可以对泵浦光纤缠绕的位置进行微调，以使泵浦光纤更好地与信号光纤贴合，提高泵浦耦合效率。第三部分为合束器封装平台。侧面泵浦合束器的耦合效率严重依赖于泵浦光纤的缠绕位置和贴紧程度，为了提高器件的稳定性，需要对缠绕和调整后的侧面泵浦合束器实现封装。

侧面泵浦合束器的制备流程主要包括泵浦光纤拉锥、泵浦光纤与信号光纤缠绕、光纤合束器性能表征、光纤合束器封装等过程，详细介绍如下。

1) 泵浦光纤拉锥

制备侧面泵浦合束器首先需要对泵浦光纤进行拉锥处理，本实例中采用的泵浦光纤为纤芯/包层直径为 105/125μm、NA 为 0.22 的多模光纤，为了保证泵浦光在泵浦光纤锥区稳定传输以及增大泵浦光的耦合系数，在泵浦光纤后端引入了无芯光纤作为过渡光纤，无芯光纤包层大小的选择与泵浦光纤包层大小相同，因此本实例中主要对无芯光纤进行拉锥。将无芯光纤中间段剥除后，放入光纤锥体制造平台进行拉锥，由于侧面泵浦耦合方式主要利用无芯光纤的倏逝场将泵浦光耦合进信号光纤的内包层，因此需要对无芯光纤的拉锥参数进行设计，通常为了保证泵浦光有效、全部地耦合进信号光纤内，锥形光纤的锥腰长度要求很小，即拉锥比很大，拉锥后直径扫描曲线如图 2.44 所示。

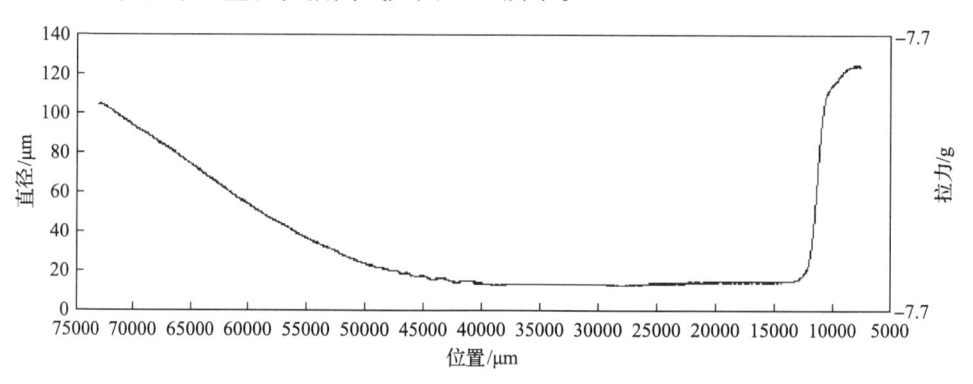

图 2.44 泵浦光纤拉锥后直径扫描曲线

由拉锥后对无芯光纤扫描曲线可以看出，锥区均匀光滑，锥腰为 9μm 左右，拉锥过程需要保证无芯光纤的前锥区光滑均匀，这样泵浦光才能在前锥区传输的过程中耦合进双包层光纤的内包层，然后在锥腰和后锥区连接处进行切割，保留锥腰的长度。拉锥后将无芯光纤与泵浦光纤 105/125μm 熔接，如图 2.45 所示。

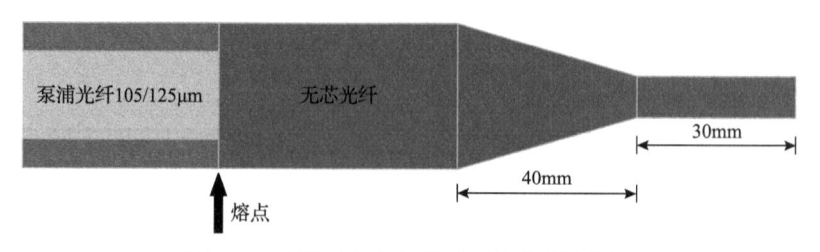

图 2.45 泵浦光纤与拉锥后无芯光纤熔接图

2) 泵浦光纤与信号光纤缠绕

对于侧面泵浦合束器，需要将泵浦光高效耦合进信号光纤内包层，同时将拉锥后的泵浦光纤与信号光纤紧密贴合。本实例中采用的信号光纤为纤芯/包层直径为 25/250μm、NA 为 0.46 的双包层大模场光纤。缠绕前需要对信号光纤中间段的涂覆层进行剥除，并且在信号光纤一端切割 8°角。将信号光纤固定，使光纤处于绷直的状态，将拉锥后的泵浦光纤缠绕到信号光纤上，使泵浦光纤的锥腰部分与信号光纤并排平行排布，前锥区部分缠绕到信号光纤被剥除涂覆层位置，图 2.46 是泵浦光纤缠绕三圈的示意图。通过微调泵浦光纤的张力使其与信号光纤紧密贴合，如图 2.47 所示。

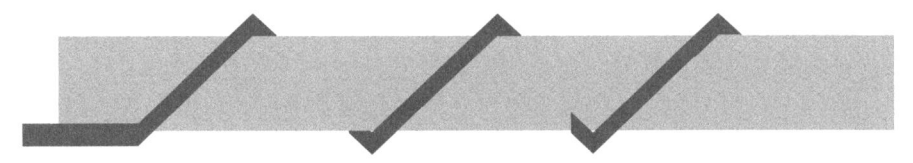

图 2.46 拉锥后光纤缠绕信号光纤

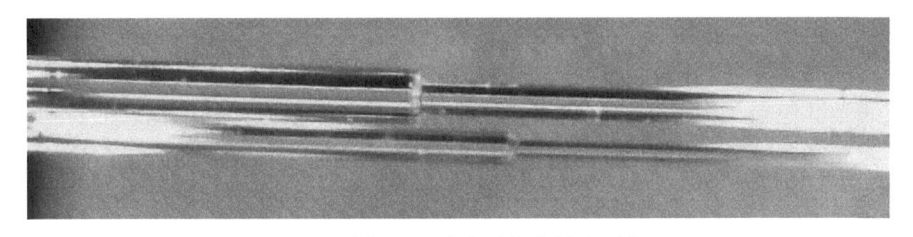

图 2.47 缠绕后泵浦光纤与信号光纤位置

在泵浦光纤的缠绕过程中，要严格控制其与信号光纤横向的夹角，若缠绕角度过大，即使泵浦光耦合进信号光纤内包层，也无法被信号光纤内包层束缚，最终将泄漏到涂覆层中。泵浦光纤的缠绕角度受信号光纤内包层数值孔径 NA 的影响，数值孔径 NA 为信号光纤内包层可以束缚光的能力，缠绕角度计算公式为

$$\theta = \arcsin\left(\frac{\text{NA}}{n_0}\right) \tag{2.86}$$

实验采用的信号光纤内包层数值孔径 NA = 0.46，$n_0 = 1$，计算可得入射角 θ 的临界角为 27°，故在缠绕泵浦光纤时缠绕角度需要小于 27°，才能保证泵浦光耦合进信号光纤内包层后受内包层束缚，不会泄漏到涂覆层中。实验中通过在制作背景上刻蓝色的标线，控制缠绕角度。如图 2.48 所示，在 CCD 镜头下观察到蓝色刻线，通过对比蓝色刻线的角度与缠绕角度，对泵浦光纤缠绕位置进行微调，使缠绕角度小于信号光纤内包层临界角，经过调节可达到最大泵浦耦合效率。

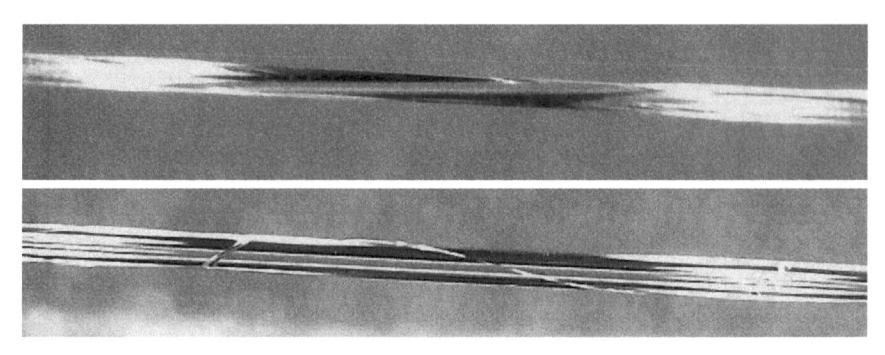

图 2.48　耦合区缠绕情况

通过在线功率监测方法实时测量泵浦光纤与信号光纤之间的耦合效率，具体方法为将泵浦光纤未拉锥的一端与 9W 多模 976nm 半导体激光器(LD)熔接，用功率计在信号光纤切 8°角的一端检测功率，对缠绕泵浦光纤锥区部分进行微调使其功率达到最大值，微调的过程可使用酒精或丙酮等有机溶液增大光纤表面张力，如图 2.48 所示。

泵浦光在拉锥后的光纤内传输时，光线的角度逐渐增大，当不满足全反射条件时，泵浦光纤纤芯内部分泵浦光将会传输到包层内，转化成包层模，通过缠绕使泵浦光纤包层与信号光纤内包层紧密贴合，又由于信号光纤内包层的折射率大于泵浦光纤包层折射率，泵浦光纤的包层模会耦合进信号光纤的内包层，传输一段距离后被内包层束缚。但在实际实验过程中，泵浦光并不是可以百分之百地耦合进信号光纤内包层，导致泵浦光泄漏，如图 2.49 所示。

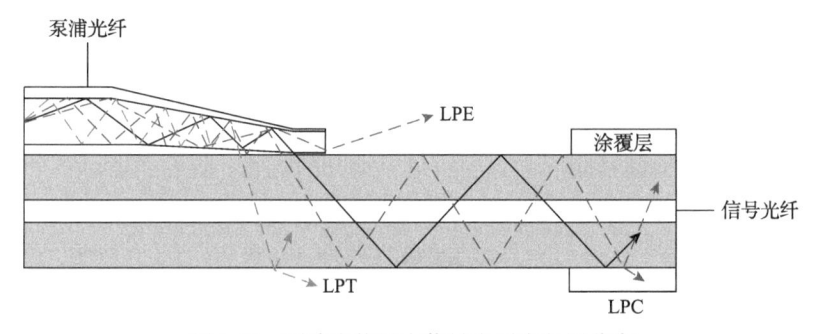

图 2.49　泵浦光能量在信号光纤内包层分布

泵浦光泄漏的原因主要有三种：①泵浦光从拉锥的泵浦光纤前锥区泄漏，导致功率降低，此部分的功率可称为 LPT(leakage power along the transition section)。泵浦光在泵浦光纤内传输，当有一部分泵浦光的入射角度较大时，在前锥区其传输角度会逐渐增大，即使泵浦光已经耦合进信号光纤内包层，但由于超过了泵浦光纤的临界角，进入信号光纤的泵浦光也不能被信号光纤内包层束缚，因此泄漏到空气中,以热积累的方式散去。为了避免产生 LPT,需要设置合适的泵浦光纤拉锥参数,使泵浦光纤经前锥区后无拉锥损耗。②泵浦光纤内残留泵浦光,这部分功率可称为 LPE(leakage power at the end of pump fiber)。当拉锥比很小或者泵浦光的入射角度很小时,泵浦光在泵浦光纤内传输的过程中部分传输角度小于泵浦光纤的临界角,虽然这部分泵浦光依旧在泵浦光纤内传输,但此部分泵浦光将会从泵浦光纤的末端泄漏到空气中,此部分能量也会以热积累的方式散去。为了避免产生 LPE,依旧需要控制泵浦光纤的拉锥参数,主要需要控制的参数为拉锥比,拉锥比过小将会导致泵浦光从泵浦光纤的末端泄漏,故需要严格控制拉锥比的大小。③泵浦光从信号光纤涂覆层处泄漏,这部分功率称为 LPC(leakage power into the coating of signal fiber),此部分泵浦光已经耦合进信号光纤的内包层,但由于泵浦光的传输角度大于信号光纤内包层临界角,耦合进信号光纤的泵浦光泄漏到涂覆层,最终转化成热,积累在光纤涂覆层上,热积累过高时会对光纤器件造成损坏。为了避免产生 LPC,可以通过控制泵浦光进入信号光纤的角度,这时对泵浦光纤的缠绕角度有所要求。

3) 光纤合束器性能表征

完成泵浦光纤与信号光纤的缠绕贴合过程后,需要对其进行泵浦耦合效率的表征。本实例首先对比了缠绕圈数为 3 圈、4 圈、5 圈的侧面泵浦合束器性能,泵浦耦合效率分别为 10.76%、33.51%、55.39%,可以发现当缠绕圈数为 5 时效率最佳。缠绕圈数少时,泵浦光纤在信号光纤上不牢靠,易发生松动,缠绕圈数较多时缠绕角度容易大于信号光纤内包层临界角,故选择缠绕圈数为 5 时既能保证泵浦光纤在信号光纤紧密贴合并牢靠,又能保证泵浦光纤缠绕角度小于信号光纤内包层临界角。其次,对比了缠绕光纤为 105/125μm 多模光纤和无芯光纤时泵浦耦合效率的差异,拉锥后的无芯光纤缠绕圈数设置为 5 圈,其泵浦耦合效率为 83.67%,如图 2.50 所示,而利用拉锥的 105/125μm 多模光纤制作的侧泵近红外光纤合束器泵浦耦合效率很低(55.39%),这是由于在拉锥泵浦光纤的过程中,泵浦光纤的纤芯也减小,对泵浦光的束缚能力减弱,使泵浦光泄漏到包层中,最终泄漏到空气中。

进一步对合束器工作时的温升性能进行了表征,如图 2.51 所示,图中有三条曲线,分别对应于合束器耦合缠绕区域的温度、双包层信号光纤右侧夹具处温度、双包层信号光纤输出端温度。泵浦功率从 0.1W 加到 3.36W。从温度的整体变化上看,合束器耦合缠绕区的温度变化不大,随着泵浦功率的增大,温度从 24℃上升到 27℃,而双包层信号光纤右侧夹具处的温度变化比合束器耦合缠绕区温度略高,可能是因为夹具处由于光纤被夹持而造成了集热。温度变化最大的是双包层信号光纤输出端,温度随泵浦功率的增大,从 26℃上升到 35℃,导致热量在输出端有所累积。温度升高的原因主要是泄漏的泵浦光一部分进入空气中,也会有一部分残留在光纤表面形成热积累,当泵浦光泄漏增多时,由于热积累会使光纤表面温度升高。

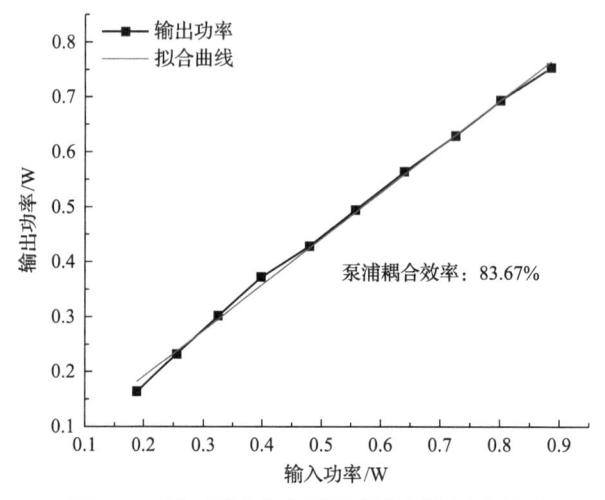

图 2.50 侧面泵浦合束器泵浦耦合效率测试图

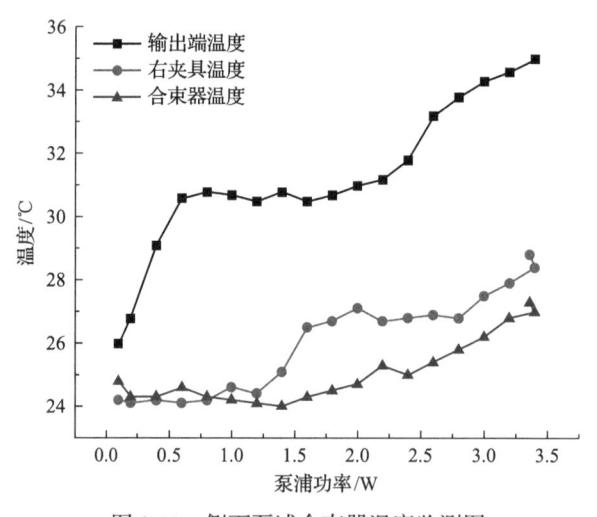

图 2.51 侧面泵浦合束器温度监测图

4) 光纤合束器封装

制作完成的侧面泵浦近红外光纤合束器为裸光纤,且光纤的相对位置和贴紧程度容易受到环境的影响,因此需要对侧面泵浦近红外合束器裸光纤进行封装。封装的主要目的是保护无芯光纤与信号光纤的耦合区,让无芯光纤与信号光纤缠绕位置不发生改变,保证泵浦光高效率地传输。封装还可以加强侧面泵浦近红外合束器裸光纤牢固性,保证耦合区清洁,可以应用到实际光路中,具体封装过程如下。

将封装平台移动至侧面泵浦合束器正下方,上升平台使侧面泵浦合束器的缠绕耦合区域放置在封装盒的凹槽内,利用低折射率胶从右往左依次固定,首先固定锥腰位置,在无芯光纤和信号光纤上滴少量低折射率胶,一边滴胶一边在线检测泵浦功率的变化,在胶固化前对缠绕位置进行调整,调整完毕利用紫外灯进行固化,再依次往左滴胶固化,反复进行多次后,侧面泵浦近红外合束器固定在封装盒内。测量利用此种封装方式封装的侧面泵浦近红外光纤合束器泵浦耦合效率与封装前相比下降了 18.16 个百分点,如图 2.52 所示,泵浦光效率之所以会下降,主要是因为滴低折射率胶的过程中改变了无芯光纤与信号光纤的缠绕位置。

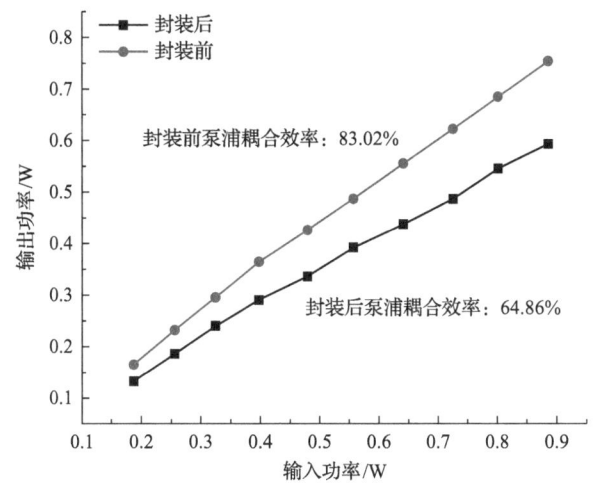

图 2.52 封装前后泵浦耦合效率变化图

为此进一步采用玻璃管套法改进了封装结构,即将侧泵近红外光纤合束器的两端利用低折射率胶固定,中间缠绕区的部分无须滴胶,再将玻璃管套入侧面泵浦近红外光纤合束器,对缠绕区进行保护,最后利用低折射率胶将玻璃管固定在封装盒的凹槽内,如图 2.53 所示。加入玻璃管的封装结构可以更好地保护缠绕区,

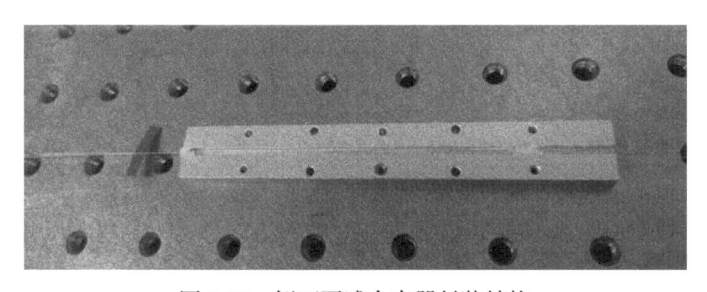

图 2.53 侧面泵浦合束器封装结构

不让无芯光纤与信号光纤的缠绕位置发生改变。优化后的侧面泵浦近红外光纤合束器封装结构相比封装前泵浦耦合效率仅下降了 5.88 个百分点。

中红外光纤合束器的泵浦光纤和信号光纤分别为石英光纤和中红外软玻璃光纤，二者的转变温度、机械强度和膨胀系数等物化性能差异巨大，无法直接采用传统的端面型光纤合束器制备工艺进行研制，侧面泵浦合束器是一种可行的方案。本实例将进一步介绍侧泵型中红外光纤合束器的制备流程，与以上侧面泵浦合束器的最大不同之处在于所使用的信号光纤为双包层 ZBLAN 光纤，纤芯直径为 14.5μm，内外包层直径为 250/290μm，包层为圆形结构，纤芯数值孔径为 0.13。氟化物玻璃与传统石英玻璃相比，其稳定性差、易潮解、析晶，因此在侧面泵浦合束器的制作过程中需要增加氟化物光纤的特殊处理过程，包括端面处理和涂覆层去除，进一步利用前文介绍的制备工艺，获得了侧泵中红外光纤合束器，其泵浦耦合效率为 30.76%，如图 2.54 所示，远低于近红外光纤合束器的效率，主要原因在于使用信号光纤的不同，中红外光纤的包层数值孔径比近红外光纤的包层数值孔径低，这会导致从信号光纤涂覆层泄漏的泵浦光增多，当光纤包层数值孔径减小时，意味着所要求的缠绕角度也减小，这会给实验中调整缠绕位置增加了难度。泵浦光通过无芯光纤前锥区耦合进中红外信号光纤的内包层，由于内包层的数值孔径较小，光纤内包层所能束缚的泵浦光能力减弱，即使泵浦光耦合进中红外光纤内包层，经过一段距离的传输后也会泄漏到光纤的涂覆层，以热量的形式积累在光纤涂覆层表面。

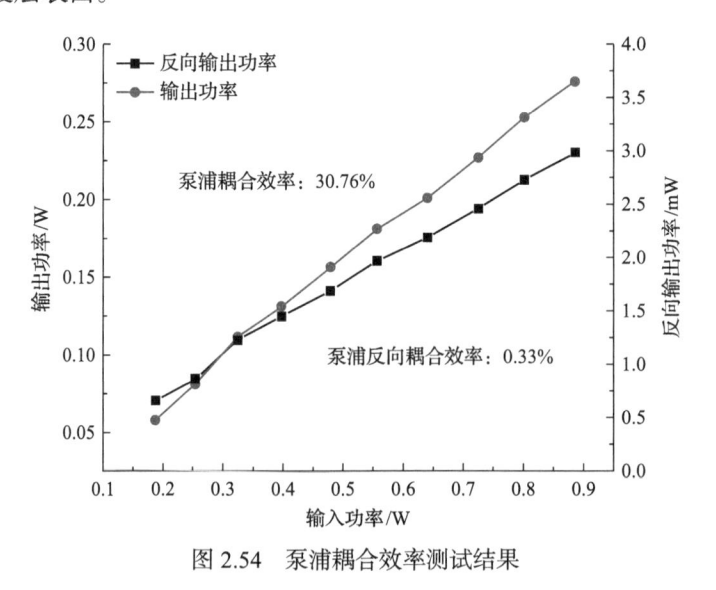

图 2.54 泵浦耦合效率测试结果

综上所述，光纤合束器是全光纤激光器系统不可或缺的器件之一，在激光器中将多路泵浦输出功率进行合成,能够为光纤激光器提供高泵浦功率,进而提高信号光功率。本节介绍了光纤合束器的分类及基本原理,针对端面泵浦和侧面泵浦这两种不同泵浦耦合方式的光纤合束器展开了详细描述,分析了光纤合束器的内部光场分布理论以及合束器的制作理论,并举例介绍了端面泵浦和侧面泵浦合束器的制备过程。

2.4 其他器件

2.4.1 光纤激光器泵浦源

激光器的三个主要组成部分为泵浦源、增益介质和谐振腔。泵浦源是促使增益介质达到粒子数反转的激励来源。常见的泵浦激励方式有光泵浦、电泵浦和化学泵浦。光纤激光器一般采用光泵浦的方式,目前常见的泵浦源为 LD,其具有寿命长、结构紧凑、稳定性好等特点。光纤激光器的增益介质一般为掺杂光纤,谐振腔一般由光纤光栅和环形镜等器件构成。

随着半导体工艺水平的改进和日益成熟,采用量子阱(quantum well,QW)和应变量子阱(single layer quantum well,SLQW)等结构的激光二极管得到了快速发展,目前千瓦量级光纤耦合输出的激光二极管都已经实现商品化。激光二极管取得的巨大进步使光纤激光器得到了飞速的发展。光纤掺杂的元素不同,对应的泵浦光吸收波长也不同。例如,掺钕光纤的泵浦光波长为 940nm、980nm 等,产生的激光波长为 1064nm、1350nm 等;掺镱光纤的泵浦光波长为 915nm、976nm 等,产生的激光波长为 1030nm、1040nm 等;掺铒光纤的泵浦光波长为 980nm、1480nm 等,产生的激光波长为 1550nm。

2.4.2 光纤隔离器

在光纤激光器中,为了防止激光返回激光器中,需要使用光纤隔离器,其工作原理是法拉第旋转的非互易性。当激光正向传输时,其损耗较低;而当激光反向传输时,损耗较高,可实现激光的有效隔离。

光纤隔离器由起偏器、检偏器及法拉第旋转器组成。法拉第旋转器的材料多为磁性晶体,如钇铁石榴石(YIG)、铋铁石榴石(BIG)等。光纤隔离器的结构原理与实物如图 2.55 所示,偏振器 A 的偏振方向为 x,偏振器 B 的偏振方向与之成 45°,法拉第旋转器的旋转角为 45°。对于正向入射光,入射光经偏振器 A 后,偏振方向沿 x 轴,经法拉第旋转器后逆时针旋转 45°,与偏振器 B 的偏振方向一致,因而能顺利通过。对于反向入射光,由偏振器 B 出来的偏振光经法拉第旋转器后仍沿逆时针方向转过 45°，恰与偏振器 A 的偏振方向垂直，因而完全被阻止。

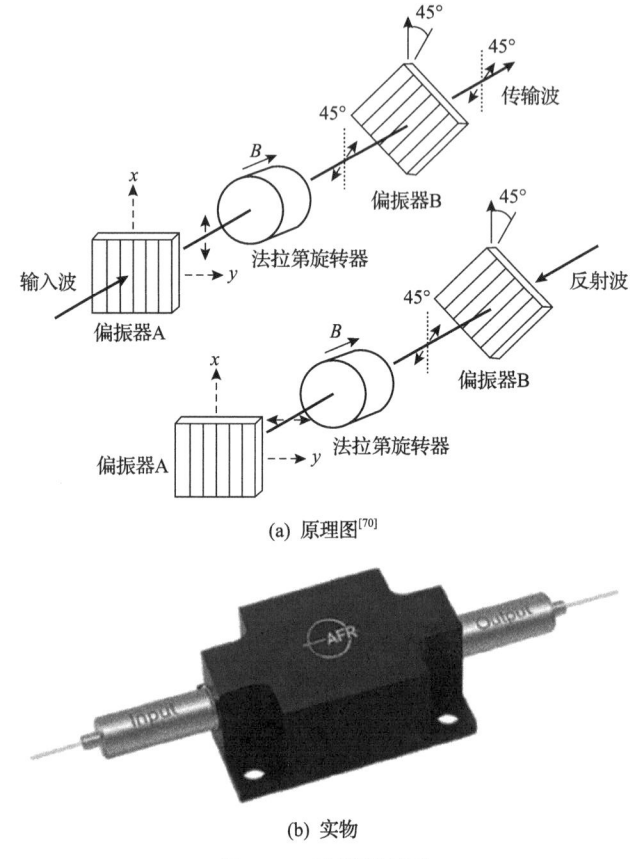

(a) 原理图[70]

(b) 实物

图 2.55 光纤隔离器

2.4.3 光纤环形器

光纤环形器的原理及结构与光纤隔离器相似，同为法拉第旋光效应。其功能是光信号只能沿着环形器规定的光路单行道环行，其基本原理结构如图 2.56(a) 所示，三端口光纤环形器光路只能端口 1 进端口 2 出、端口 2 进端口 3 出，或端口 3 进端口 1 出。

光纤环形器在 FCPA 中广泛应用，展宽器由多个级联 CFBG 通过多个光纤环形器构成，其中每个 CFBG 均连接本级环形器的 2 口，3 口连接后一级环形器的 1 口，依此类推。光从展宽器的输入端即第一个环形器 1 口输入，经第一级 CFBG 反射后，通过环形器 3 口进入下一级环形器 1 口，再耦合进该级 CFBG 中反射，最后从展宽器输出端即最后一级环形器的 3 口输出，如图 2.56(b) 所示。环形器实物如

图 2.56(c)所示。

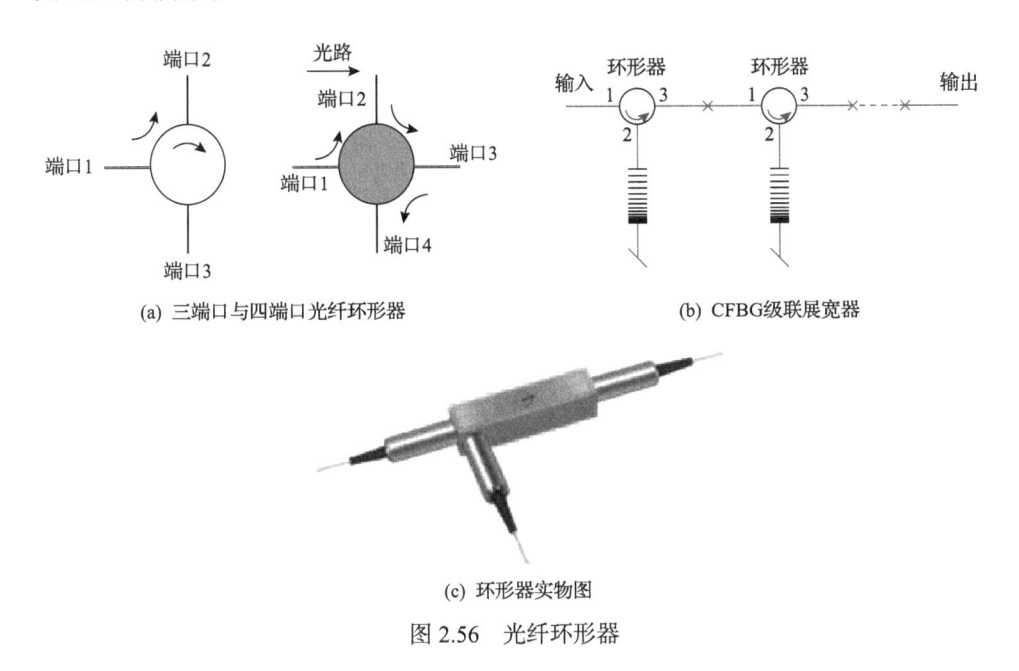

(a) 三端口与四端口光纤环形器

(b) CFBG级联展宽器

(c) 环形器实物图

图 2.56 光纤环形器

2.4.4 光纤滤波器

光纤滤波器是用于选择光谱成分的无源光学器件,其可以有效地反射或透射特定波段的激光,根据工作机理不同可以分为干涉滤波器、光纤光栅滤波器、法布里-珀罗(F-P)滤波器、马赫-曾德尔(M-Z)干涉滤波器、均衡滤波器、声光调制滤波器等。

其中,干涉滤波器是通过在透明衬底上交替沉积多层两种折射率不同的介质材料薄膜,其工作机理以干涉效应为基础,可以选择性地透过一定光谱范围内的光波,其原理如图 2.57(a)所示。光纤光栅滤波器是在去掉部分包层的 D 形光纤的侧面上设置光栅,其功能是反射一定光谱范围内的光波,其原理如图 2.57(b)所示。F-P 滤波器由 F-P 干涉仪构成,其结构是一根两端面镀有高反膜的光纤,当入射光进入 F-P 腔后,在两镜面间多次反射产生多光束干涉,当相位满足入射光波长与腔长之间具有的整数倍关系时,光波可形成稳定振荡并输出等间隔的梳状波形,通过调节腔长 L 来选择滤波波段,其原理如图 2.57(c)所示。一种光纤滤波器的实物如图 2.57(d)所示。上述几种光纤滤波器广泛应用于光纤激光器、光纤放大器、激光通信、光纤传感和科学研究等领域。

(a) 干涉滤波器

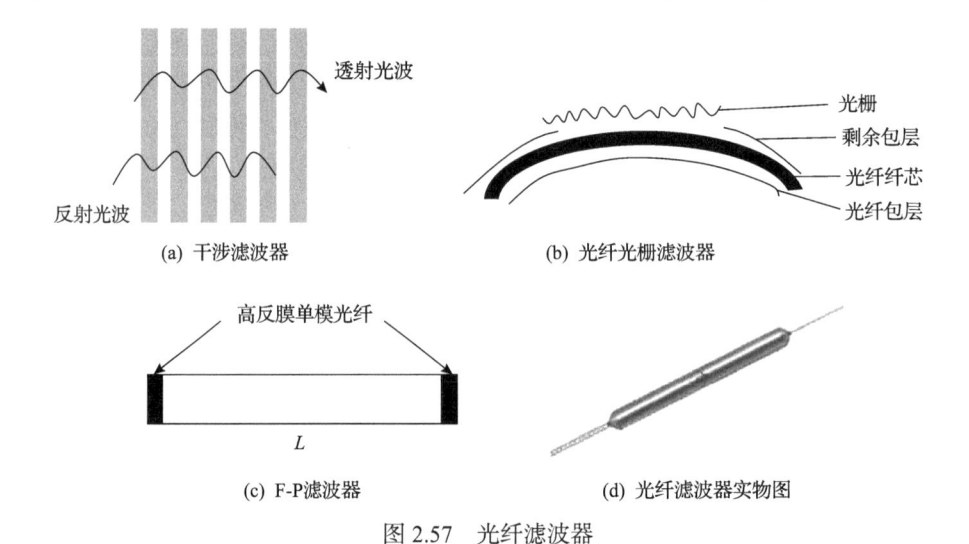

(b) 光纤光栅滤波器

(c) F-P滤波器

(d) 光纤滤波器实物图

图 2.57　光纤滤波器

2.4.5　光纤衰减器

为了防止激光信号过强，致使光路后端或者接收端器件受损，在光路中往往需要用光纤衰减器，光纤衰减器实际上是一种特殊的光滤波器，可以在某一光谱范围内均匀地减小光强。常用的光纤衰减技术有空气隔离技术、位移错位技术（图 2.58(a)）、掺杂离子衰减技术（图 2.58(b)）等。光纤衰减器实物如图 2.58(c)所示。

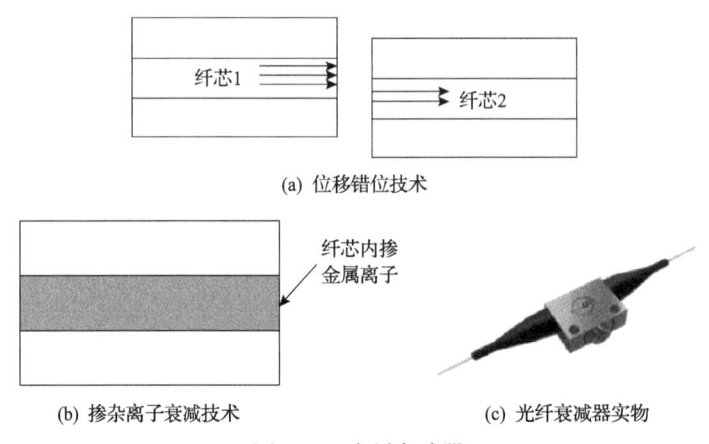

(a) 位移错位技术

(b) 掺杂离子衰减技术

(c) 光纤衰减器实物

图 2.58　光纤衰减器

光纤衰减器一般有固化型和可调型两类。固化型光纤衰减器的衰减率为一定值（如 1dB、5dB、10dB 等），这种衰减器一般用于光纤测试设备和通信网络等。可调型光纤衰减器的衰减率可以改变，一般用于光纤的精确测量，同时也可以用于掺铒光纤放大器中来均衡不同通道内的光信号功率。

参 考 文 献

[1] Agrawal G P. Nonlinear Fiber Optics[M]. New York: Academic Press, 2013.

[2] Klimczak M, Stepniewski G, Bookey H, et al. Broadband infrared supercontinuum generation in hexagonal-lattice tellurite photonic crystal fiber with dispersion optimized for pumping near 1560nm[J]. Optics Letters, 2013, 38(22): 4679-4682.

[3] Moloney J V, Newell A C. Nonlinear optics[J]. Physica D: Nonlinear Phenomena, 1990, 44(1): 1-37.

[4] 李舜. 基于啁啾体布拉格光栅压缩的超短脉冲光纤激光器研究[D]. 北京: 北京工业大学, 2022.

[5] Li K, Zhang L, Yuan Y, et al. Influence of different dehydration gases on physical and optical properties of tellurite and tellurium-tungstate glasses[J]. Applied Physics B, 2016, 122(4): 1-7.

[6] 周建峰, 沈一春, 何亮, 等. 石英玻璃中杂质对光纤损耗影响的研究[J]. 现代传输, 2021, (2): 54-58.

[7] 郭玉彬, 霍佳雨. 光纤激光器及其应用[M]. 北京: 科学出版社, 2008.

[8] Shi W, Fang Q, Zhu X S, et al. Fiber lasers and their applications[J]. Applied Optics, 2014, 53(28): 6554-6568.

[9] Hollenbeck D, Cantrell C D. Multiple-vibrational-mode model for fiber-optic Raman gain spectrum and response function[J]. Optical Society of America Journal B, 2002, 19(12): 2886-2892.

[10] Limpert J, Clausnitzer T, Liem A, et al. High-average-power femtosecond fiber chirped-pulse amplification system[J]. Optics Letters, 2003, 28(20): 1984-1986.

[11] 王萱. 新材料锁模及 2μm 全光纤激光放大研究[D]. 北京: 北京工业大学, 2020.

[12] Galvanauskas A, Fermann M E, Harter D, et al. All-fiber femtosecond pulse amplification circuit using chirped Bragg gratings[J]. Applied Physics Letters, 1995, 66(9): 1053-1055.

[13] 王鸣晓. 啁啾光纤布拉格光栅刻写及其在超短脉冲光纤激光器中的应用[D]. 北京: 北京工业大学, 2022.

[14] Emaury F, Saraceno C J, Debord B, et al. Efficient spectral broadening in the 100W average power regime using gas-filled kagome HC-PCF and pulse compression[J]. Optics Letters, 2014, 39(24): 6843-6846.

[15] Russell P. Photonic crystal fibers[J]. Science, 2003, 299(5605): 358-362.

[16] 苏宁. 百瓦级超短脉冲掺镱光纤放大器及超连续谱产生的研究[D]. 北京: 北京工业大学, 2020.

[17] Dudley J M, Taylor J R. Supercontinuum Generation in Optical Fibers[M]. Cambridge:

Cambridge University Press, 2010.

[18] Joannopoulos J D, Johnson S G, Winn J N, et al. Photonic Crystals: Molding the Flow of Light [M]. Princeton: Princeton University Press, 2011.

[19] Joannopoulos J D, Villeneuve P R, Fan S H. Photonic crystals: Putting a new twist on light[J]. Nature, 1997, 386(6621): 143.

[20] Stegeman R, Jankovic L, Kim H, et al. Tellurite glasses with peak absolute Raman gain coefficients up to 30 times that of fused silica[J]. Optics Letters, 2003, 28(13): 1126-1128.

[21] 姚传飞. 氟碲酸盐玻璃光纤的设计、制备及其在中红外超连续光源方面的应用[D]. 长春: 吉林大学, 2018.

[22] Kumar V V, George A, Knight J, et al. Tellurite photonic crystal fiber[J]. Optics Express, 2003, 11(20): 2641-2645.

[23] 姜中宏. 新型光功能玻璃[M]. 北京: 化学工业出版社, 2008.

[24] Jiang X, Joly N Y, Finger M A, et al. Deep-ultraviolet to mid-infrared supercontinuum generated in solid-core ZBLAN photonic crystal fibre[J]. Nature Photonics, 2015, 9(2): 133-139.

[25] Yuan Y, Xia K, Wang Y, et al. Precision fabrication of a four-hole $Ge_{15}Sb_{15}Se_{70}$ chalcogenide suspended-core fiber for generation of a 1.5-12μm ultrabroad mid-infrared supercontinuum[J]. Optical Materials Express, 2019, 9(5): 2196-2205.

[26] 马静, 陈坚盾, 董瑞洪, 等. 浅析光纤预制棒(MCVD法)的制备工艺研究[J]. 现代传输, 2016, (2): 27-30.

[27] MCVD 工艺原理[EB/OL]. https://wenku.baidu.com/view/f0d687ebd6bbfd0a79563c1ec5da50e2524dd169.html?_wkts_=1687956708102&bdQuery=MCVD%E5%88%B6%E5%A4%87%E5%B7%A5%E8%89%BA[2022-04-07].

[28] 查健江. 光纤制备中的外气相沉积工艺研究[C]. 中国光通信技术与市场研讨会, 宜昌, 2003, (4): 243-254.

[29] 简晓松, 陈海斌, 李秀鹏, 等. VAD法高速沉积制备芯棒的研究[J]. 现代传输, 2015, (1): 34-36.

[30] 戴世勋, 林常规, 沈祥, 等. 红外硫系玻璃及其光子器件[M]. 北京: 科学出版社, 2017.

[31] 贾志旭. 稀土离子掺杂碲酸盐微结构光纤的制备及其光学性能研究[D]. 长春: 吉林大学, 2015.

[32] 廖方兴, 王训四, 聂秋华, 等. 基于挤压技术的Ge-Te-Se低损耗芯-包结构光纤的制备及其性能[J]. 光子学报, 2015, 44(10): 94-99.

[33] 梁瑞生, 王发强. 现代光纤通信技术及应用[M]. 北京: 电子工业出版社, 2018.

[34] 饶云江, 王义平, 朱涛. 光纤光栅原理及应用[M]. 北京: 科学出版社, 2006.

[35] Rao Y J. In-fiber Bragg grating sensors[J]. Measurement Science & Technology, 1997, 8(4): 355-375.

[36] Rao Y J. Recent progress in applications of in-fiber Bragg grating sensors[J]. Optics and Lasers in Engineering, 1999, 31(4): 297-324.

[37] Chow J, Town G, Eggleton B, et al. Multi-wavelength generation in an erbium-doped fiber laser using in-fiber comb filters[J]. IEEE Photonics Technology Letters, 1996, 8(1): 60-62.

[38] Giles C R. Lightwave applications of fiber Bragg gratings[J]. Journal of Lightwave Technology, 1997, 15(8): 1391-1404.

[39] Eggleton B J, Slusher R E, Judkins J B, et al. All-optical switching in long-period fiber gratings[J]. Optics Letters, 1997, 22(12): 883-885.

[40] 王帅. 全光纤超短脉冲啁啾放大系统的研究[D]. 北京: 北京交通大学, 2017.

[41] 秦子雄, 杜卫冲, 廖常俊, 等. 光纤光栅技术的进展及其色散补偿[J]. 半导体光电, 1998, 19(3): 150-166.

[42] Liu F, Guo T, Wu C, et al. Wideband-adjustable reflection-suppressed rejection filters using chirped and tilted fiber gratings[J]. Optics Express, 2014, 22(20): 24430-24438.

[43] Hill K O, Fujii Y, Johnson D C, et al. Photosensitivity in optical fiber waveguides: Application to reflection filter fabrication[J]. Applied Physics Letters, 1978, 32(10): 647-649.

[44] Meltz G, Morey W W, Glenn W H. Formation of Bragg gratings in optical fibers by a transverse holographic method[J]. Optics Letters, 1989, 14(15): 823-825.

[45] Huy M C P, Laffont G, Dewynter Véronique, et al. Tilted fiber Bragg grating photowritten in microstructured optical fiber for improved refractive index measurement[J]. Optics Express, 2006, 14(22): 10359-10370.

[46] Hill K O, Malo B, Bilodeau F, et al. Bragg gratings fabricated in monomode photosensitive optical fiber by UV exposure through a phase mask[J]. Applied Physics Letters, 1993, 62(10): 1035-1037.

[47] Marshall G D, Williams R J, Jovanovic N, et al. Point-by-point written fiber-Bragg gratings and their application in complex grating designs[J]. Optics Express, 2010, 18(19): 19844-19859.

[48] Ouellette F. Dispersion cancellation using linearly chirped Bragg grating filters in optical waveguides[J]. Optics Letters, 1987, 12(10): 847-849.

[49] Winful H G. Pulse compression in optical fiber filters[J]. Applied Physics Letters, 1985, 46(6): 527-529.

[50] Taverner D, Richardson D J, Zervas M N, et al. Investigation of fiber grating-based performance limits in pulse stretching and recompression schemes using bidirectional reflection from a linearly chirped fiber grating[J]. IEEE Photonics Technology Letters, 1995, 7(12): 1436-1438.

[51] Kristensen M. Bragg grating whithe paper[R]. Farum: Ibsen Photonics, 2005.

[52] 王鸣晓, 李平雪, 许杨涛, 等. 啁啾光纤布拉格光栅展宽器的设计与制作[J]. 光学学报, 2022, 42(7): 29-39.

[53] Polyanskiy M. RefractiveIndex INFO wedsite[C/OL]. http://refractiveindex.info[2025-3-10].
[54] China National Standardization Management Committee. Specifications for Optical Fiber Test Methods[S]. GB/T 15972—2008. Beijing: China Standard Press, 2008.
[55] Gagné M, Kashyap R. New nanosecond Q-switched Nd:YVO$_4$ laser fifth harmonic for fast hydrogen-free fiber Bragg gratings fabrication[J]. Optics Communications, 2010, 28(24): 5028-5032.
[56] Wang M, Wang Z F, Liu L, et al. Effective suppression of stimulated Raman scattering in half 10kW tandem pumping fiber lasers using chirped and tilted fiber Bragg gratings[J]. Photonics Research, 2019, 7(2): 167-171.
[57] Lin W X, Desjardins-Carriére M, Sèvigny B, et al. Raman suppression within the gain fiber of high-power fiber lasers[J]. Applied Optics, 2020, 59(31): 9660-9666.
[58] 董繁龙. 高功率全光纤激光器光纤耦合关键技术研究[D]. 北京: 北京工业大学, 2016.
[59] Okamoto K. Theoretical investigation of light coupling phenomena in wavelength-flattened couplers[J]. Journal of Lightwave Technology, 1990, 8(5): 678-683.
[60] Wright J V. Wavelength dependence of fused couplers[J]. Electronics Letters, 1986, 22(6): 320-321.
[61] Chen Y J. Theoretical investigation of wavelength-flattened fused coupler[J]. Optical and Quantum Electronics, 1989, 21(2): 123-129.
[62] Snyder A W, Love J D. Optical Waveguide Theory[M]. London: Chapman and Hall, 1983.
[63] Yin S P, Yan P, Gong M L, et al. Fusion splicing of double-clad specialty fiber using active a lignment technology[J]. Chinese Optics Letters, 2011, 9(2): 020601-20603.
[64] Zhou H, Chen Z L, Zhou X F, et al. All-fiber 7×1 signal combiner for high power fiber lasers[J]. Applied Optics, 2015, 54(11): 3090-3094.
[65] Digiovanni D J, Stentz A J. Tapered fiber bundles for coupling light into and out of cladding-pumped fiber devices: U.S., 864 644[P]. 1999-1-26.
[66] Kosterin A, Temyanko V, Fallahi M, et al. Tapered fiber bundles for combining high-power diode lasers[J]. Applied Optics, 2004, 43(19): 3893-3900.
[67] Love J D, Henry W M. Quantifying loss minimisation in single-mode fibre tapers[J]. Electronics Letters, 1986, 22(17): 912-914.
[68] Love J D, Henry W M, Stewart W J, et al. Tapered single-mode fibres and devices. part 1: Adiabaticity criteria[J]. IEE Proceedings J. Optoelectronics, 1991, 138(5): 343-354.
[69] 雷成敏, 谷炎然, 陈子伦, 等. 高功率全光纤侧面抽运耦合器研究进展[J]. 光学精密工程, 2018, 26(7): 1561-1569.
[70] 北京理工大学导波光学基础.ppt[EB/OL]. https://max.book118.com/html/2021/0924/7053104054004011.shtm[2022-04-14].

第3章 光纤激光锁模振荡器

光纤激光锁模振荡器以其体积小巧、结构简单、腔型灵活和易于全光纤化等优势,受到了人们的广泛关注。锁模技术包括主动锁模、被动锁模和混合锁模。

主动锁模技术通过在激光腔内加入调制器件对激光腔内的光波进行调制来实现锁模。被动锁模技术通过腔内可饱和吸收体自身的吸收特性或光纤内的非线性效应来实现锁模,与主动光纤激光锁模振荡器相比,被动光纤激光锁模振荡器可以实现窄脉冲激光输出,同时其结构简单且便于操作,因此被动光纤激光锁模振荡器是目前获得皮秒脉冲激光产生的主要方式。在被动光纤激光锁模振荡器中,可饱和吸收体是谐振腔中的重要组成部分。目前,广泛应用的可饱和吸收体主要有可饱和吸收镜、石墨烯、二维可饱和吸收材料和碳纳米管(carbon nanotube,CNT)等。此外,非线性光学环形镜(NOLM)、非线性放大环形镜(nonliner amplifying loop mirror,NALM)等基于附加脉冲锁模思想的等效可饱和吸收锁模元件,也极大地丰富了光纤激光振荡器的锁模机制。混合锁模技术是一种在谐振腔内结合多种锁模技术的锁模方式,通常可以综合多种锁模方式的优点,以更快建立脉冲演化获得更窄的脉冲。

3.1 非线性偏振旋转锁模

非线性偏振旋转(nonlinear polarization rotation,NPR)锁模技术通常只需要一个环形的谐振腔就可以实现锁模脉冲输出,其具有较高的设计自由度,通过不同的结构和参数设计可以实现对脉冲宽度、输出光谱、脉冲能量等参数的控制,同时具有输出的激光脉冲平均功率较高、脉冲宽度较窄的特点,一经出现就吸引了人们的重点关注,目前 NPR 锁模技术已经在全光纤型、全正色散型、色散管理型、可饱和吸收体混合型等激光器中广泛应用。本节对 NPR 锁模光纤激光振荡器的基本理论和实验研究进行介绍。

3.1.1 非线性偏振旋转锁模基本理论

NPR 锁模基本原理是利用光纤本身所具有的非线性双折射效应来实现锁模,如图 3.1 所示。

NPR 锁模激光振荡器一般由偏振控制器、波片和克尔非线性介质组成。光脉冲经过偏振控制器 P_1 后变为线偏振光,该线偏振光再经过快(慢)轴方向与 P_1 偏

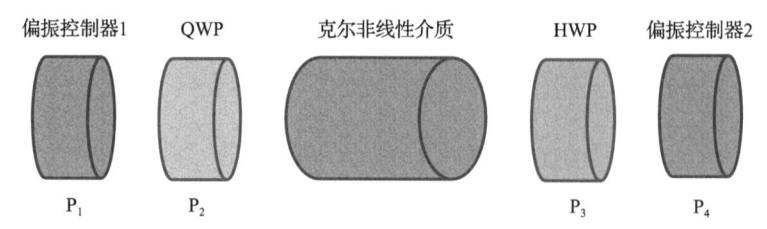

图 3.1 NPR 锁模机理示意图

振方向成一角度的四分之一波片(QWP)P₂，转换成椭圆偏振光。当这个椭圆偏振光经过克尔非线性介质时，自相位调制效应在脉冲光场的两个正交偏振分量上均引入非线性相移，导致光脉冲偏振态的变化。偏振态变化后的脉冲经过二分之一波片(HWP)P₃时，分解为波片快慢轴方向的两个正交偏振分量，并在这两个分量之间引入π的相位差，从而导致脉冲光场偏振态进一步变化。脉冲接着通过P₄，由于脉冲不同部位的偏振态不同，所以在经过 P₄ 时会有不同的透过率，调节 P₃ 快(慢)轴与 P₄ 偏振方向的夹角，使得脉冲中心部分具有最大的透过率，则脉冲两翼部分的透过率较小，形成了一个等效的可饱和吸收体，多次往返后形成稳定的锁模脉冲[1]。

NPR 锁模激光振荡器具有很多优点，如振荡器就可以直接输出平均功率百毫瓦量级的皮秒光纤激光脉冲，但是它也有不足之处，由于是利用克尔非线性效应实现的模式锁定，其对温度和压力的变化比较敏感，进而影响锁模的稳定性，可以采用高双折射率光纤，同时在腔内加入合适的带通滤波器，增加激光器的抗干扰性和稳定性。

3.1.2 非线性偏振旋转锁模振荡器

NPR 锁模激光振荡器一般为环形腔，通过合理的谐振腔设计和元器件选择，就可以实现稳定锁模。全光纤 NPR 锁模激光振荡器的实验装置如图 3.2 所示。

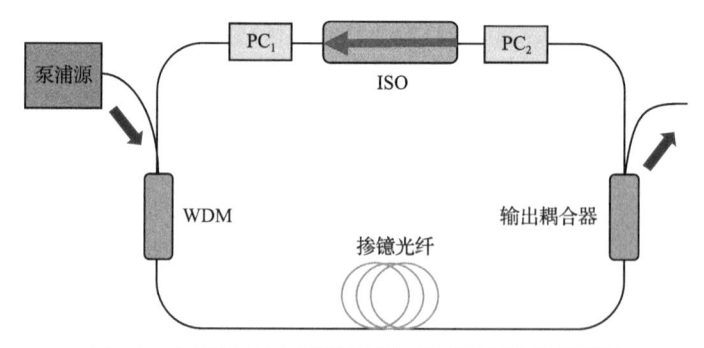

图 3.2 全光纤 NPR 锁模激光振荡器实验装置示意图

谐振腔腔长为 5.6m，主要由偏振光隔离器(ISO)、嵌入式偏振控制器(PC₁、

PC$_2$)、976/1064nm 的波分复用器(WDM)、耦合比为 40:60 的输出耦合器,以及高掺杂单模增益光纤组成。泵浦源中心波长在 976nm 处,最高输出功率为 556mW,增益光纤为长度为 1m 的高掺杂 Yb^{3+} 单模光纤,976nm 吸收率为 250dB/m。

首先,对全光纤锁模激光振荡器的锁模动力学过程进行数值模拟,将激光器的模型简化处理为两部分:激光脉冲在光纤中的传输特性模拟,以及偏振相关隔离器、偏振控制器对激光脉冲的作用特性模拟。通过求解非线性薛定谔方程组(NLSE),得出锁模激光振荡器的演化过程,然后系统研究腔内色散系数(D)、双折射强度(K)、光脉冲偏振分量与光纤快轴夹角(θ)、偏振控制器与光纤快轴夹角(Φ)和锁模过程的关系。表 3.1 为数值模拟过程中所用到的参数值。

表 3.1 模拟中所用到的具体参数值

参数	取值	参数	取值
λ_0	1.04μm	L_{cavity}	5.6m
T_0	400fs	K	0.1
D	30ps/(nm·km)		

从非线性薛定谔方程组出发,可以推导出描述激光脉冲在光纤中传输特性的常微分非线性耦合方程组[2,3]:

$$\frac{dP}{dz} = \frac{BI}{3}\eta \sin(2P)\sin(2\psi) \tag{3.1}$$

$$\frac{d\psi}{dz} = -\frac{4}{3}BI\eta\cos(2P)\sin^2(\psi) + 2K \tag{3.2}$$

$$\frac{d\eta}{dz} = -2\beta\eta \tag{3.3}$$

$$\frac{d\beta}{dz} = \frac{2}{\pi^2}\left[\eta^4 - \pi^2\beta^2 - I\eta^3\left(1 - B\sin^2(2P)\sin^2(\psi)\right)\right] \tag{3.4}$$

式中,P 为脉冲的偏振方向与光纤快轴的夹角;ψ 为归一化电场的相互垂直的偏振分量的相位差;η 为涨落因子;K 为无量纲的双折射强度;z 为归一化色散长度变量,$z=Z/Z_0$,$Z_0=(2\pi c)/(\lambda_0^2 D)\times(T_0/1.76)$,$c$ 为啁啾。

对于偏振相关隔离器、偏振控制器对激光脉冲的作用特性,为了简化模型,将偏振相关隔离器、偏振控制器对激光脉冲的作用考虑成在 $Z=nL$ 处的瞬间作用,由此得到[4-6]

$$P_+ = \arctan(\alpha\tan(P_- - \theta)) + \theta \tag{3.5}$$

式中，θ 为偏振分量与光纤快轴的夹角；下标"+"、"-"分别代表经过偏振控制器之后和之前；α 为衰减因子，$\alpha = 0.01$。

随后用四阶龙格-库塔方法对微分方程和等式构成的模型进行数值讨论，便可得到想要的锁模动力学过程。

首先，在进行数值分析前，有必要对腔内色散系数(D)、双折射强度(K)、光脉冲偏振分量与光纤快轴夹角(θ)、偏振控制器与光纤快轴的夹角(Φ)四个重要参数的实际物理意义进行简单阐述。腔内色散系数(D)：光波与光纤介质的束缚电子发生相互作用，通常表现为介质折射率与光波频率的相互关系，这种特性称为色散。因为腔内光纤的长度可以直接决定腔内色散的大小，所以为了简化模拟，暂且将色散值的大小认为是光纤长度的变化(在这里始终认为光纤是同一根光纤)。双折射强度(K)：偏振控制器对光纤的压力，是决定双折射强度的主要因素。光脉冲偏振分量与光纤快轴夹角(θ)：偏振控制器旋转的角度。偏振控制器与光纤快轴的夹角(Φ)：线偏振隔离器与光纤快轴的夹角。

当 K、θ、Φ 都给定不变时，改变 D 值，如图 3.3 所示，在图 3.3(a)～(c)的数值模拟中，D 值是逐渐增大的，可以看出在其他参数不变时，增大腔内净色散量(即增加腔内光纤长度)，锁模逐渐趋于稳定。实验结果也表明，长腔全正色散光纤激光器更容易获得稳定的锁模[7]，这与模拟结果相一致。图 3.3(d)为对应的腔内偏振度 P、相位差 ψ、涨落因子 η 和啁啾 c 的模拟图像。

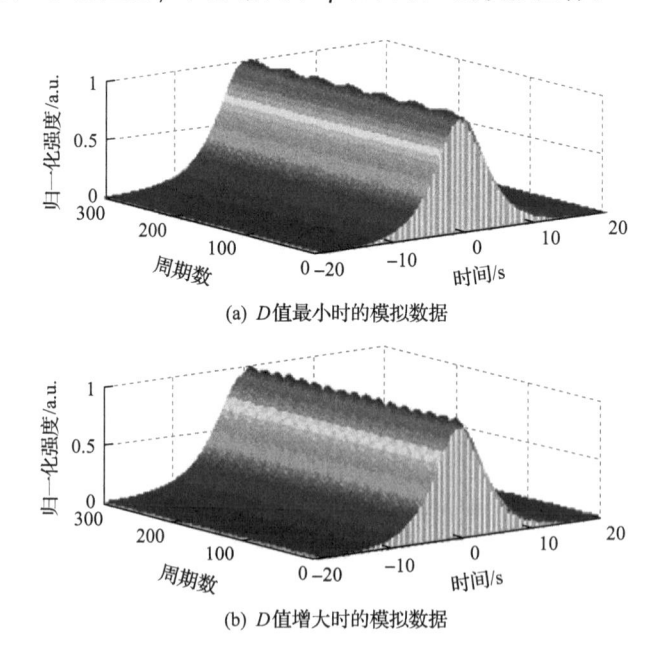

(a) D 值最小时的模拟数据

(b) D 值增大时的模拟数据

(c) D值继续增大时的模拟数据

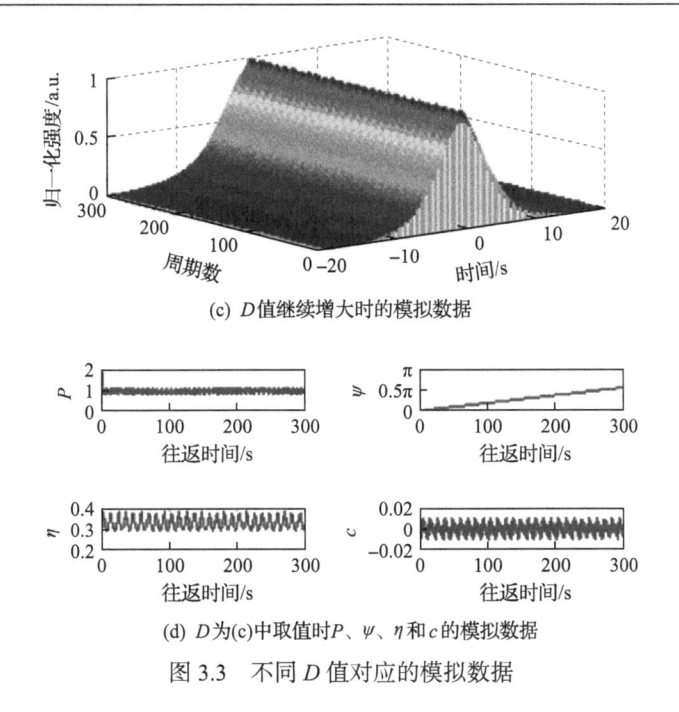

(d) D为(c)中取值时P、ψ、η和c的模拟数据

图 3.3　不同 D 值对应的模拟数据

当 D、θ、Φ 都给定不变时，改变 K 值，如图 3.4(a)～(c) 所示，随着双折射强度 K 值的增加，锁模脉冲序列并无递变趋势，可以推断双折射强度 K 值和 D 值有对应关系，当它们相互匹配时才会产生比较稳定的锁模。图 3.4(d)～(f) 分别为图 3.4(a)～(c) 所对应腔内各参数的变化模拟图像。

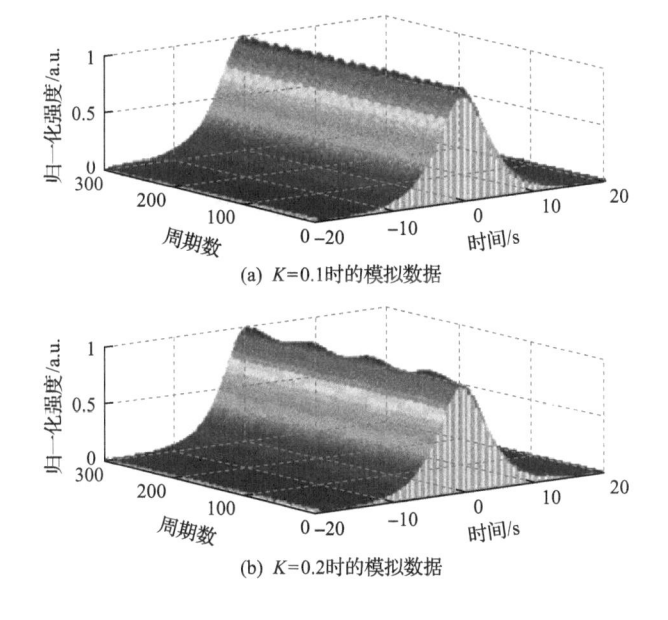

(a) K=0.1时的模拟数据

(b) K=0.2时的模拟数据

(c) $K=0.3$时的模拟数据

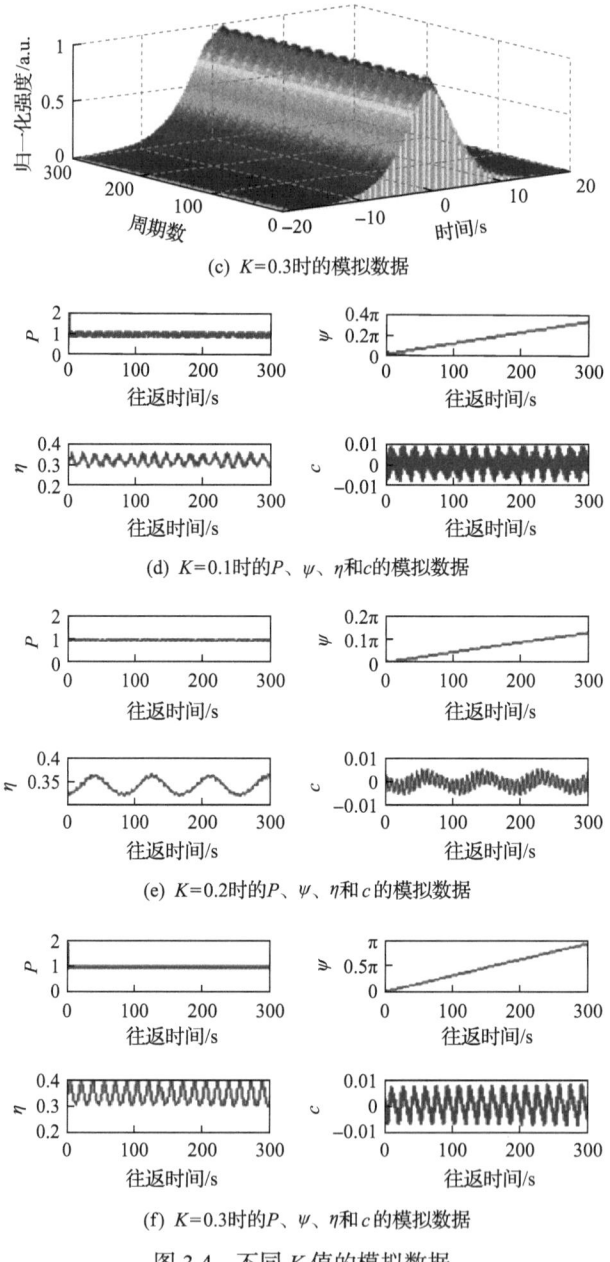

(d) $K=0.1$时的P、ψ、η和c的模拟数据

(e) $K=0.2$时的P、ψ、η和c的模拟数据

(f) $K=0.3$时的P、ψ、η和c的模拟数据

图 3.4 不同 K 值的模拟数据

可以看出,当 K 与 D 值相匹配时,腔内各参数都表现出比较稳定的状态,反之则不是,尤其是在啁啾的表现上。实验结果表明,环形腔内添加的偏振控制器越多,脉冲锁模越容易实现,并且可以得到质量很好的频谱,主要原因在于偏振控制器可以在一定程度上增大双折射强度,上述理论模拟正好说明这一点。

当 K、D 保持不变时，改变 θ、Φ，在 θ 取 0 或 0.5π 时，即偏振控制器与光纤快轴平行或垂直时，不能产生稳定的锁模，如图 3.5(a) 和 (b) 所示。这也正与偏振旋转技术原理相吻合，偏振旋转技术就是利用偏振控制器让线偏振光变成椭圆偏振光进而达到调制的作用实现锁模，而当偏振控制器与光纤快轴平行或垂直时是无法将线偏振光转变成椭圆偏振光的[8]，图 3.5(c) 和 (d) 为稳定锁模模拟数据。图 3.5(e)～(h) 分别为图 3.5(a)～(d) 所对应腔内各参数的变化模拟图像。

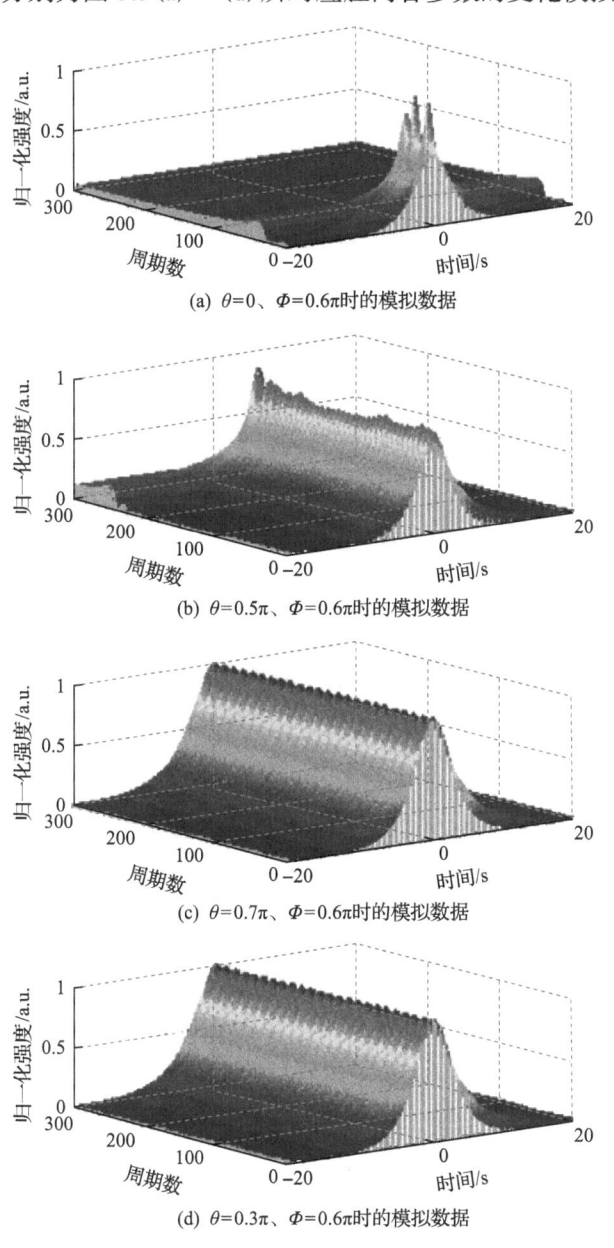

(a) $\theta=0$、$\Phi=0.6\pi$ 时的模拟数据

(b) $\theta=0.5\pi$、$\Phi=0.6\pi$ 时的模拟数据

(c) $\theta=0.7\pi$、$\Phi=0.6\pi$ 时的模拟数据

(d) $\theta=0.3\pi$、$\Phi=0.6\pi$ 时的模拟数据

(e) $\theta=0$、$\Phi=0.6\pi$时对应的P、ψ、η和c的模拟数据

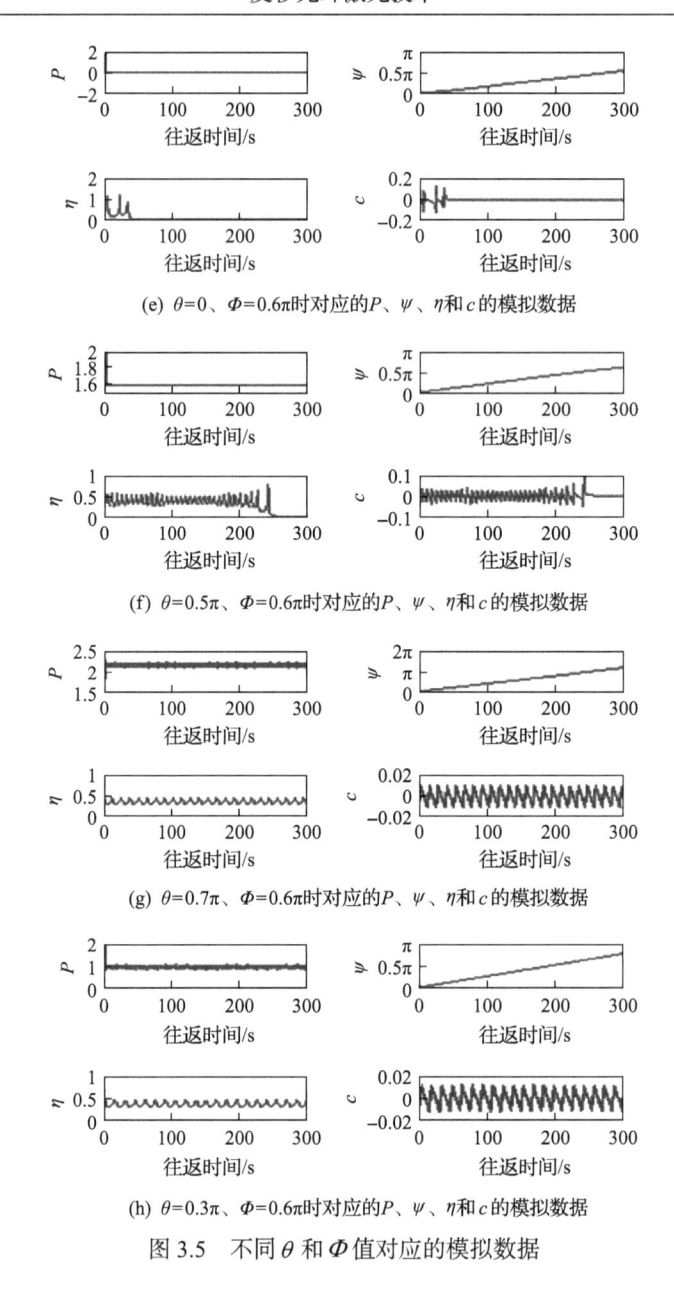

(f) $\theta=0.5\pi$、$\Phi=0.6\pi$时对应的P、ψ、η和c的模拟数据

(g) $\theta=0.7\pi$、$\Phi=0.6\pi$时对应的P、ψ、η和c的模拟数据

(h) $\theta=0.3\pi$、$\Phi=0.6\pi$时对应的P、ψ、η和c的模拟数据

图 3.5 不同 θ 和 Φ 值对应的模拟数据

在实验中，依据理论的分析结果进行参数调节，首先调节偏振控制器的压力旋钮，使得输出功率最大，然后调节偏振控制器角度，同样使输出功率最大，并且观察示波器中脉冲的情况，加大输入功率到一定值，继续重复以上步骤，便会在某一特定的状态下实现稳定锁模。稳定锁模时压力旋扭并没有处于最大值，而是在一个适当的值，这也正与理论分析相吻合，原因在于压力所对应的 K 值与腔

第 3 章 光纤激光锁模振荡器

内净色散量具有对应关系，在满足这个关系时即可实现稳定锁模。根据大量实验事实，发现腔内净色散量越大越容易实现稳定锁模，腔内净色散量可以直接反映在腔长上，也就是长腔有利于实现稳定锁模，在下面的部分中进行相关的实验。

当注入泵浦功率为 320mW 时，适当调节偏振控制器 PC_1 和 PC_2，可以获得稳定的锁模脉冲输出，其重复频率为 36.32MHz，与腔长所对应的重复频率基本一致。继续增大抽运功率至 556mW，并适当调节偏振控制器 PC_1 和 PC_2 也可得到稳定锁模，最高输出功率为 33.9mW，重复频率稳定不变。图 3.6 为数字示波器所测得的锁模脉冲序列。

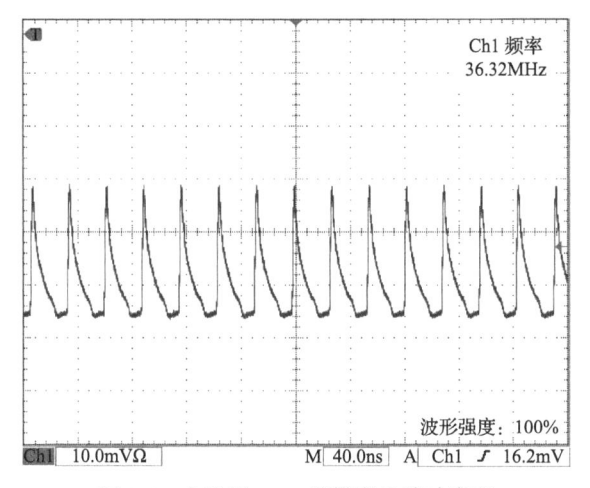

图 3.6 全光纤 NPR 锁模激光脉冲序列

上述两种状态锁模脉冲的频域宽度是不一样的，一个几乎是另一个的 2 倍，如图 3.7 和图 3.8 所示，为偏振旋转锁模激光振荡器输出的脉冲光谱图，中心波长为 1040.022nm 和 1042.070nm，3dB 带宽为 6.000nm 和 10.489nm。

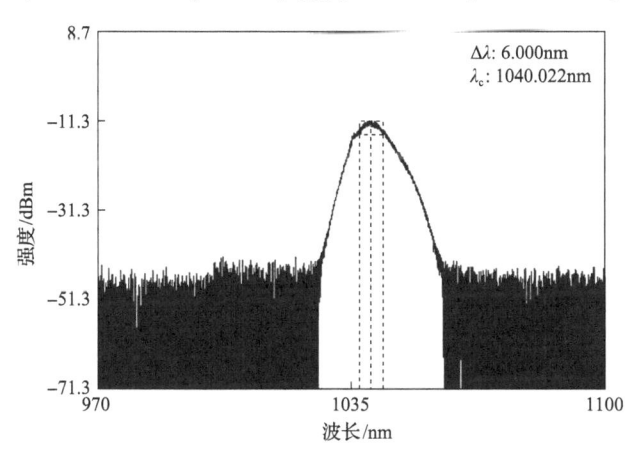

图 3.7 带宽为 6.000nm 时的光谱数据

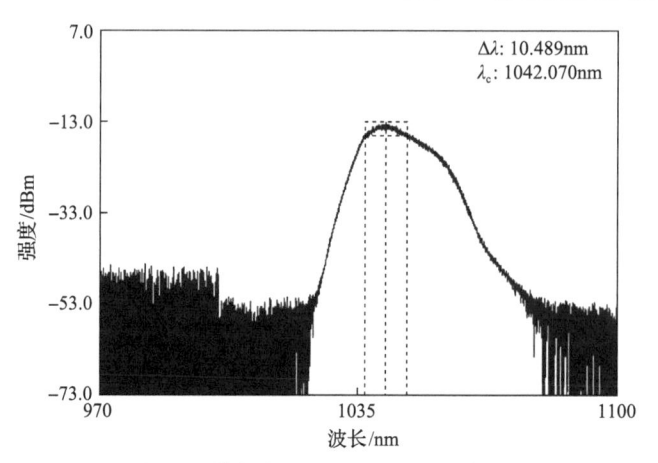

图3.8 带宽为10.489nm时的光谱数据

最后，研究了激光器腔长对输出激光特性的影响，通过改变腔长实现了不同重复频率的锁模激光输出。在重复频率为6.83MHz的状态下，注入泵浦功率为160mW时，激光器实现连续锁模，平均输出功率为21.4mW，将泵浦功率加至最大，激光器最高输出功率为65.2mW，脉冲宽度约为1.2ns；在重复频率为26.3MHz的状态下，注入泵浦功率为310mW时，激光器实现连续锁模，平均输出功率为65mW，将泵浦功率加至最大，激光器最高输出功率为91.5mW，脉冲宽度为0.59ns，其脉冲宽度曲线如图3.9所示。

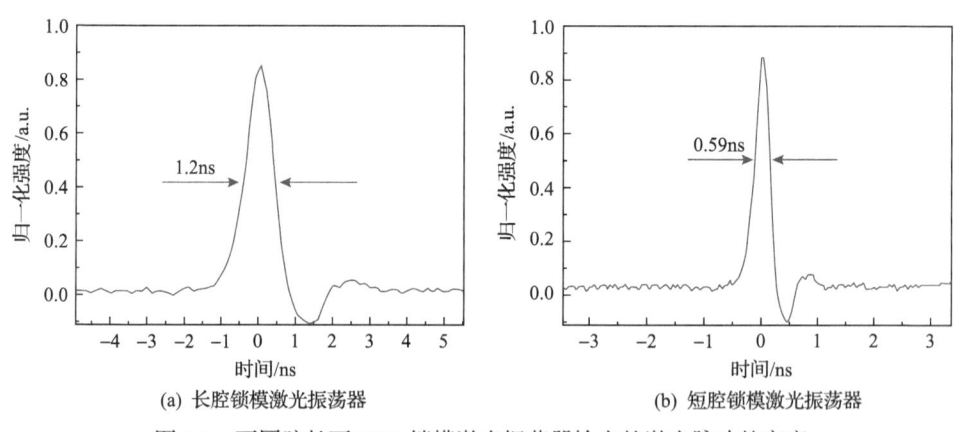

(a) 长腔锁模激光振荡器　　(b) 短腔锁模激光振荡器

图3.9 不同腔长下NPR锁模激光振荡器输出的激光脉冲的宽度

可以发现，随着激光谐振腔的增长，锁模阈值降低，但激光谐振腔的加长同时会导致输出功率的降低，并且会使输出的脉冲宽度变大。

3.2 可饱和吸收体锁模

可饱和吸收体锁模是指利用可饱和吸收体的非线性吸收性质将光纤激光振荡器中各纵模的相位进行锁定，实现超短脉冲激光输出。具体物理过程为：当强光脉冲经过可饱和吸收体时，可饱和吸收体对脉冲不同位置处的吸收表现为非线性趋势，对光强相对较弱的脉冲边缘吸收较强，大量的脉冲能量被损失掉；而对光强相对较强的脉冲中心部分吸收较弱，当光强达到一定强度后可饱和吸收体的损耗会变得很低，表现出"漂白"作用。因此，经过激光谐振腔中循环往复振荡，激光脉冲的宽度就变得越来越窄，直至锁模激光振荡器中的非线性吸收、增益、色散和非线性效应达到平衡，激光脉冲会达到一个相对稳定的状态，从而实现稳定锁模。

3.2.1 几种常见的可饱和吸收体

常见的用于锁模的可饱和吸收材料包括半导体可饱和吸收镜(SESAM)、碳纳米管、拓扑绝缘体、石墨烯、过渡金属硫化物、黑磷等。其中以 SESAM 的制备工艺和应用效果最为成熟，目前已经在多种商业化锁模光源中得到广泛应用，其他可饱和吸收体也具有独特的性能优势，近年来成为锁模激光技术领域的研究热点之一。

1. SESAM

SESAM 的典型结构包括反射镜和可饱和吸收材料部分，主要参数有调制深度、饱和通量、弛豫时间等，对于一定的吸收层厚度，饱和通量与调制深度的乘积为一定值，该值随量子阱数量的增加而增加。一般意义上，SESAM 的调制深度越大，锁模越容易实现，锁模脉冲越窄。SESAM 的设计结构如图 3.10 所示。

SESAM 的锁模性能在微观上主要依赖于其具有独特的时间特性，一般来说，半导体的吸收有两个重要的特征弛豫时间，如图 3.11 所示：一是带内子带之间的热弛豫时间；二是带间载流子跃迁和复合时间。带内热弛豫过程是激发到导带的电子向子带跃迁的物理过程，这个时间很短，一般在 100~200fs，所以也称为快响应时间。而带间跃迁过程是电子从导带向价带的跃迁，这个时间相对较长，而且随不同的生长条件而变化，一般在皮秒到纳秒量级，常称为慢响应时间。热弛豫过程的时间基本上无法控制，而带间的跃迁时间可以通过在不同温度下生长半导体可饱和吸收体来控制，以满足不同锁模激光振荡器对慢响应时间的要求。

在宏观特性上，决定 SESAM 锁模的主要参数包括调制深度、非饱和损耗和饱和通量等，下面对其进行详细阐述。

图 3.10 SESAM 的设计结构

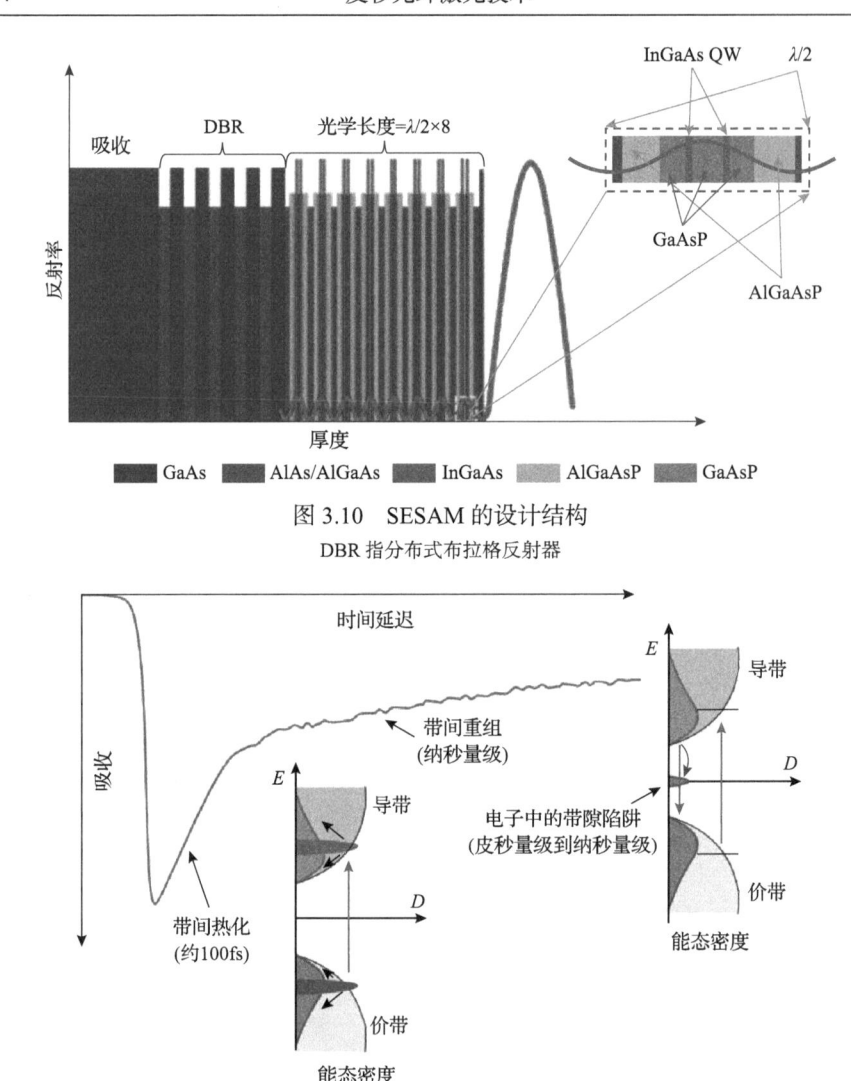

DBR 指分布式布拉格反射器

图 3.11 典型半导体可饱和吸收体的时间特性

(1) 调制深度 ΔR，是指脉冲注入可饱和吸收体时反射率的最大变化量，或吸收体可饱和吸收所损耗的光的总量，也就是 SESAM 可被漂白的能力。

(2) 非饱和损耗 ΔR_{ns}，是指在脉冲通量远大于饱和吸收通量时，仍然存在的损耗，其中包括底层反射镜反射率不足 100% 时的限制、表面粗糙造成的散射损耗、自由载流子的非线性吸收、俄歇复合以及来自缺陷和杂质的吸收损耗等。

(3) 饱和通量 F_{sat}，是指脉冲漂白可饱和吸收体达到 $\Delta R/e$ 时吸收截面内单位面积的光子能量。

(4) 饱和恢复时间 τ_A，是指 SESAM 从达到吸收饱和形成漂白状态到重新恢复吸收的持续时间,又称脉冲响应时间,在一定程度上它决定了最大的脉冲压缩程度,即可达到的最短的脉冲宽度。τ_A 主要取决于 SESAM 的带间弛豫时间。

(5) 饱和光强 $I_{sat,A}$,是指 SESAM 恢复时间内单位时间内的饱和通量。

(6) 损伤阈值,是指 SESAM 表面损坏的临界功率密度或者能量密度。损伤的原因大概分为两类:一是温度升高引起的热损伤,二是峰值功率非常高的强脉冲造成的非热损伤,如不稳定的调 Q 产生的强脉冲就很容易损坏 SESAM。

(7) 反射带宽,是指 SESAM 对入射光具有相对高反射率的带宽,由 SESAM 内光栅结构的高低折射率层的层数之比决定。

SESAM 锁模脉冲的建立过程如图 3.12 所示,其锁模本质在于利用自身的响应恢复时间作为时间选通门来对激光脉冲进行时间上的整形,对于脉冲中能量较低的部分完全吸收,引入损耗机制;而对于脉冲中能量较高达到可饱和吸收体的饱和吸收阈值的部分,可饱和吸收体在强光作用下吸收饱和而变得透明(称为"漂白"),这样使得光可以在漂白恢复时间内无损耗地通过。而当可饱和吸收体达到响应恢复时间,又重新恢复非线性吸收特性后,一个新的可饱和吸收过程便重新开始。这样就实现了脉冲周而复始的窄化过程,使得光脉冲的峰值功率也在不断地提高,最终与腔内的损耗机制达到某种平衡,就实现了稳定的超短脉冲。

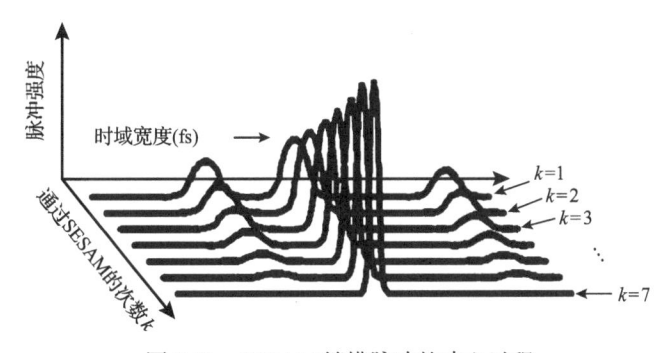

图 3.12 SESAM 锁模脉冲的建立过程

2. 碳纳米管

碳纳米管是由石墨烯片层卷曲而成的圆柱形管状结构,在 1991 年首次被发现。根据烯片层数的不同可以分为单壁碳纳米管(single walled carbon nanotube, SWCNT)和多壁碳纳米管(multi walled carbon nanotube,MWCNT),如图 3.13 所示。一般情况下 MWCNT 的管径为几纳米到几十纳米,有 2 层到 50 层不等的不同管径的细管,每层之间的距离大致相同。而 SWCNT 的管径为 0.5~3nm,管壁长度为 1~50μm,由于 SWCNT 的性质更加稳定,SWCNT 的带隙大小是由纳米管的管径和手性决定的,控制纳米管的管径大小就可以控制其能带结构,随着碳纳米管管束管径的增大，其带隙能量会减小。SWCNT 的能级结构使其具有良好的场发射性能和较强的吸收近红外光子并发射出光子的能力[9-12]，而且在有较强光强的光入射时，SWCNT 除了具有对光的线性吸收特性，还具有很强的非线性光学特性，对入射的强光吸收较弱，弱光吸收较强，这种特殊的非线性吸收特性是其作为可饱和吸收体实现锁模的重要基础。SWCNT 的线性吸收特性及吸收峰的位置是由 SWCNT 的管径决定的[13,14]，故在锁模激光振荡器中，通过控制碳纳米管的尺寸能够有效地控制碳纳米管的可饱和吸收波长。

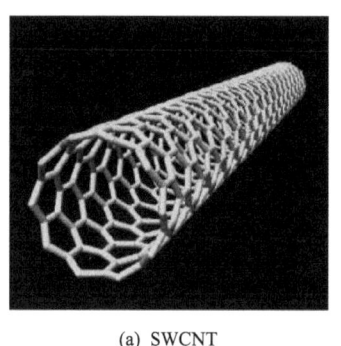

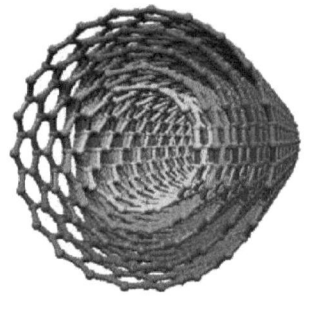

(a) SWCNT　　　　　　　　(b) MWCNT

图 3.13　SWCNT 和 MWCNT 结构

相比于传统的 SESAM，SWCNT 可饱和吸收体薄膜损耗低，饱和吸收小，且弛豫时间非常快，可实现超短脉冲输出。而且研究发现，SWCNT 的工作带宽很宽，在 1μm、1.3μm、1.55μm 和 2μm 的波长附近都可以实现激光器的锁模运转，也就是说，SWCNT 锁模的光纤激光器中可以使用的增益介质有很多种，如 Er、Yb、Tm 等。SWCNT 可饱和吸收体作为锁模元件，具有反射、透射甚至双向的模式，但是传统镜片类的锁模器件模式就比较单一，如 SESAM 就只有反射的特性，这就有利于 SWCNT 可饱和吸收体应用在各种结构的谐振腔中，如直线腔和环形腔。SWCNT 与光纤具有很高的耦合效率，可以应用在非常短的谐振腔中以实现高重复频率的锁模脉冲输出。

3. 石墨烯

石墨烯是继零维富勒烯、一维碳纳米管之后所发现的另一种由单层碳原子紧密堆积成二维蜂窝状晶格结构的单晶功能材料。2004 年，Novoselov 等[15]用胶带反复剥离石墨片的方法破坏石墨层之间的范德瓦耳斯力，首次得到了单层碳原子构成的薄片。虽然石墨烯的发现时间不长，但它所具有的特殊空间结构、显著的量子尺寸效应引起人们的强烈关注。人们在研究石墨烯材料电子运输特性的同时，还发现了它具有独特的非线性光学饱和吸收特性[16]。

与传统的半导体材料不同，石墨烯的导带和价带接触于狄拉克点，这种零带隙结构可以对所有波段的光都无选择性吸收。当光照射到石墨烯时，价带的电子吸收光子跃迁到导带，遵循泡利不相容原理占据导带上最低的能量状态。当光能量足够强时，电子跃迁的速率大于带间弛豫速率，电子吸收的光子能量对应的激发态以下的能态都被填满，同时价带上的空穴也填满了价带顶，吸收过程达到饱和。这种泡利阻断效应使石墨烯被漂白，使脉冲中能量较高的部分在漂白时间内无损耗通过。在石墨烯的可饱和吸收过程中存在两个弛豫时间：带间跃迁弛豫时间、带内载流子散射及复合弛豫时间[17,18]。前者在 0.4~1.7ps 范围，可起到启动锁模的作用；而后者要短得多，为 70~120fs，可以有效压缩脉冲宽度，稳定锁模。单层石墨烯对光的非饱和吸收率是 2.3%，单层石墨烯调制深度高达 66.5%，有利于产生超短锁模脉冲。由于非饱和损耗的增加，调制深度随着石墨烯层数的增加而改变，这样就可以通过控制其层数来调节调制深度，优化锁模脉冲性能。

4. 二硫化钼

过渡金属二硫属化合物(transition metal dichalcogenide，TMD)是一类二维纳米材料，具有优异的非线性光学性质，因此受到广泛研究。TMD 一般都用 MX_2 表示(M=W，Mo；X=S，Se，Te)，这些材料形成了 X-M-X 型的层状结构，在两层 X 原子之间夹着单层的 M 原子，其三维结构示意图如图 3.14 所示[19]。其中，二硫化钼依赖于自身超快的电子弛豫能力、宽带光学响应波长、稳定的化学物理性质等优点脱颖而出。

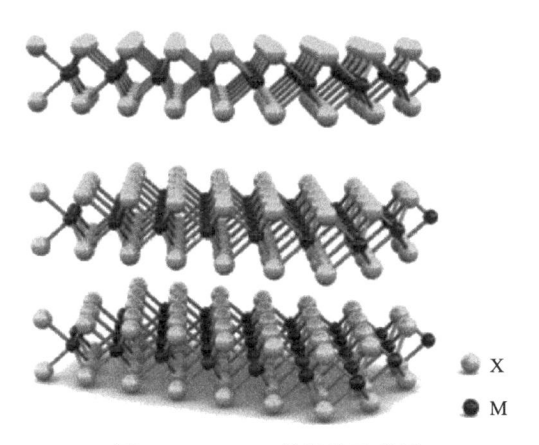

图 3.14 MX_2 三维结构示意图

二硫化钼的层与层间的距离约为 0.65nm，并通过相对较弱的范德瓦耳斯力相连接，可以像石墨烯一样被剥离成原子级别甚至单层结构。随着二硫化钼层数的变化，其能带结构也发生变化，块体二硫化钼是间接带隙，带隙宽度为 1.29eV，单层二硫化钼是直接带隙，带隙宽度变为 1.8eV。根据公式 $E = h\nu = hc/\lambda$，可以计算得到二硫化钼对应的响应波长为 652～961nm。但是由于二硫化钼材料的边缘效应和边缘态可以加强可饱和吸收性质，改变材料吸收光谱，再加上随厚度变化的能带结构以及电子能带结构保证其光学性能，所以说少层或单层的二硫化钼材料应该是一种优秀的光调制器，在未来的光电子和光子领域，特别是作为激光系统中的宽带可饱和吸收体都可以发挥重要的作用。并且在实验上也已经验证二硫化钼在 1～2μm 都可以实现锁模或者调 Q，是一个很好的宽波段锁模元件。

5. 黑磷

黑磷作为一种直接带隙的新型二维材料，其结构类似于石墨烯的片状结构（波形层状结构），单原子层黑磷的带隙为 1.8eV，多原子层黑磷的带隙为 0.3eV，可以通过改变黑磷的层数来调节其带隙。黑磷的带隙意味着它可以吸收 0.6～4.1μm 波长范围的光，其独特的带隙结构使其具有优异的材料特性，目前广泛应用于光电子学、光子学及非线性光学的研究中，适用于从可见光到中红外波段的激光器，弥补了其他二维材料带隙无法覆盖中红外波段的缺陷。

目前，黑磷作为可饱和吸收体，已经被验证在 0.6～3.5μm 范围内有可饱和吸收特性[20-22]，说明黑磷确实是优异的宽带可饱和吸收体。在不同波段下利用黑磷可饱和吸收体实现锁模和调 Q 的实验结果被陆续报道。

6. KP_{15}

碱金属过磷化物 MP_{15}(M=Li,Na,K)是一类新型准一维各向异性的层状材料，其具有对称性极低的三斜晶体结构，属于 P1(No.2)空间群，确保了 MP_{15} 的平面高各向异性。

KP_{15} 材料是通过气相转移方法制备的[23]。将纯度为 97% 的 0.13g 钾和纯度为 99.9999% 的 1.37g 红磷混合放置在真空石英管中并用封口膜封口，然后将其放置在充有氮气的双温区管式炉的两个加热区内，当混有钾与红磷的石英管一端保温温度达到 650℃，另一端保温温度达到 400℃后继续保温 12h。待冷却后，在石英管的一端便能得到暗红色的 KP_{15} 晶体[24]。将 KP_{15} 材料转移并夹在两个光纤连接器(FC/APC)之间，便制备好 KP_{15} 可饱和吸收体组件。

KP_{15} 材料的拉曼(Raman)光谱、光致发光(photolumine scence，PL)光谱和吸收光谱如图 3.15 所示。图 3.15(a)为 KP_{15} 材料测得的拉曼光谱，拉曼光谱主要是利用振动频率对化学键的种类和对称性的敏感性来鉴别材料的化学键种类。图中可以在 335.8cm^{-1} 和 363.8cm^{-1} 峰位处看到有两个明显的拉曼峰，结合另外 10 个可分辨的拉曼散射峰，与 Olego 等[25]报告的结果一致，因此可以确定是 KP_{15} 材料。PL 光谱是用于反映材料吸收一个光子后所发射出光子的信息，PL 的发射特性可用于衡量材料的带隙特点。KP_{15} 材料的 PL 光谱如图 3.15(b)所示，PL 光谱显示了三个明显的特征峰,这些特征峰确定了 KP$_{15}$ 的带隙。使用光栅光谱仪测量了 KP$_{15}$ 材料的吸收光谱,如图 3.15(c)所示。测试的吸收光谱表明,KP$_{15}$ 材料在 600~1500nm 范围内具有宽带吸收特性,表明 KP$_{15}$ 有作为宽带光学材料的潜力。

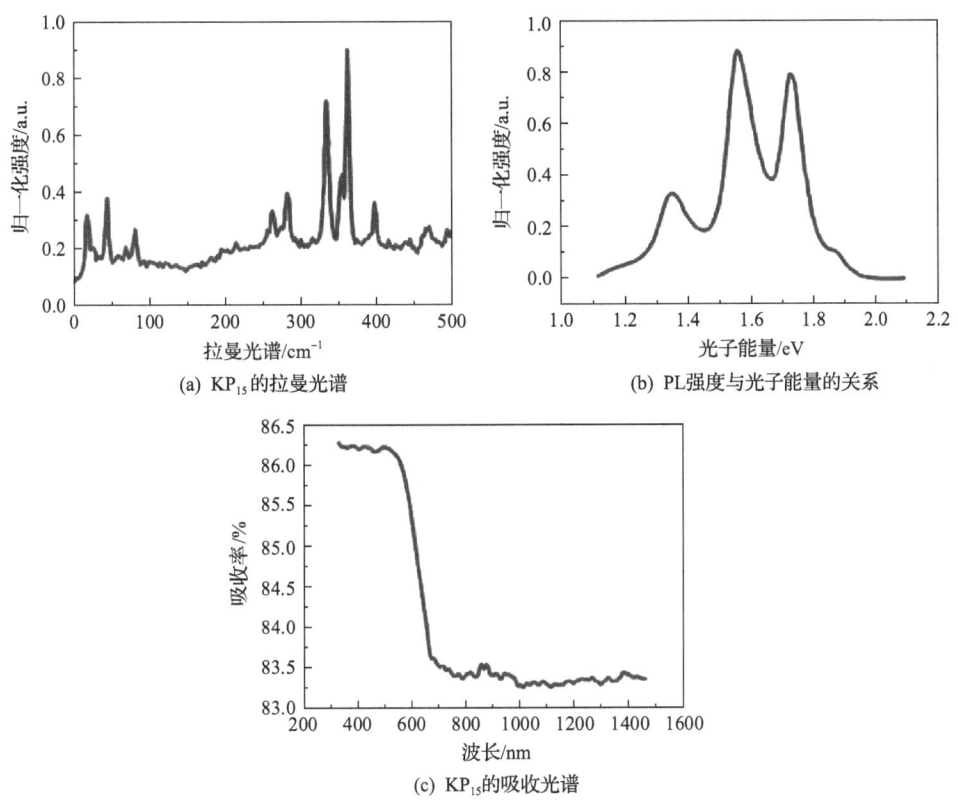

(a) KP$_{15}$ 的拉曼光谱

(b) PL强度与光子能量的关系

(c) KP$_{15}$ 的吸收光谱

图 3.15 KP$_{15}$ 材料的相关参数

3.2.2 几种典型的可饱和吸收体锁模振荡器

1. SESAM 被动锁模激光振荡器实验研究

1) 非保偏 SESAM 被动锁模激光振荡器实验研究

本实验搭建了线形腔结构的 SESAM 被动锁模激光振荡器,关键器件有光纤耦合 LD、976/1064nm 波分复用器(WDM)、80cm 长的单包层掺镱光纤(YDF)、光纤耦合器(OC)、光纤布拉格光栅(FBG)和 SESAM,实验装置如图 3.16 所示。FBG 和 SESAM 分别作为激光振荡器的两个腔镜,其中,SESAM 的高反射率带宽为 970~1070nm,可饱和度为 52%,调制深度为 30%,损伤阈值为 1GW/cm^2。FBG 的中心波长为 1064nm,反射率大于 99.5%,反射带宽为 1064nm±0.3nm。所用光纤耦合器的分束比为 30:70，70%的一端用于激光输出。WDM 用于将 LD 产生的泵浦光耦合进激光振荡器为锁模激光的产生提供泵浦能量，泵浦 LD 的中心波长为 976nm，最大泵浦功率为 380mW。FBG 和光纤耦合器输出端均熔有 8°角的输出端帽，防止端面反馈光对激光振荡器产生影响。增益光纤为非保偏高掺杂掺镱单模光纤，长度为 80cm，纤芯直径为 6μm、数值孔径 NA 为 0.12，泵浦吸收系数约为 250dB/m。

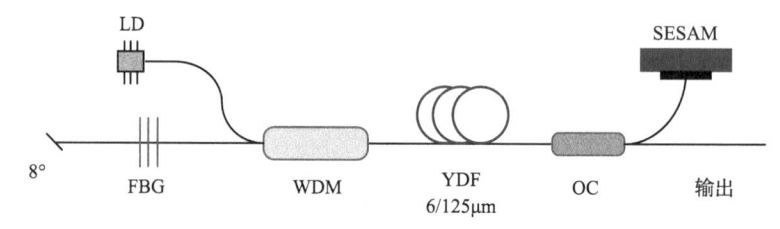

图 3.16 非保偏 SESAM 被动锁模激光振荡器

当泵浦功率达到 120mW 时可以实现自启动连续锁模运转，此时激光振荡器平均输出功率为 10mW，输出脉冲的中心波长为 1063.9nm，3dB 带宽为 0.1nm，如图 3.17 所示。锁模激光的重复频率为 27.6MHz，这与激光振荡器的腔长相吻合。激光的脉冲宽度约为 28ps，如图 3.18 所示。

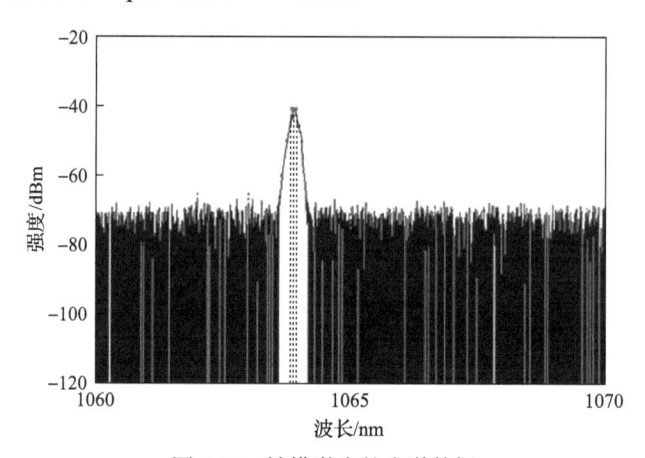

图 3.17 锁模激光的光谱数据

激光振荡器由非保偏光纤构成，光纤相对位置变动会影响谐振腔内的偏振态，导致锁模脉冲不稳定。全保偏激光振荡器抗干扰能力强，在应对弯曲、振动等干扰方面有着较好的效果。保偏实验方案如下：采用 SESAM 和保偏 FBG 作为谐振腔腔镜。FBG 反射率为 99.9%，反射带宽为 0.6nm。激光振荡器中的 WDM、输出耦合器以及 YDF 均为保偏全纤器件。单模 YDF 的长度为 70cm，耦合器的分束比为 30:70。采用波长锁定的 LD 作为泵浦源，其最大泵浦功率为 500mW。当泵浦功率为 100mW 时可以实现稳定锁模激光输出。如图 3.19 所示，锁模激光的中心波长为 1064.3nm，3dB 带宽为 0.18nm。采用示波器和光电探头测得锁模激光脉冲序列如图 3.20 所示，其重复频率约为 24.2MHz，平均输出功率为 8mW，脉冲宽度约为 20ps。

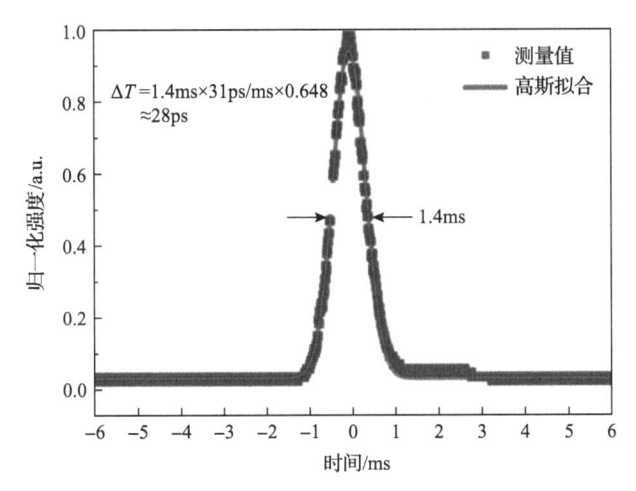

图 3.18 脉冲激光的时域测量数据

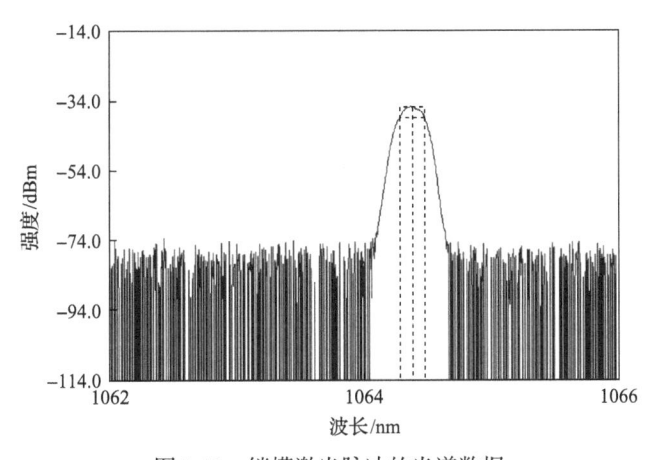

图 3.19 锁模激光脉冲的光谱数据

2) 全光纤保偏 SESAM 锁模激光振荡器实验研究

在全光纤保偏 SESAM 锁模激光振荡器的实验中，采用 SESAM 作为锁模器件，振荡器采用直线腔结构，在不同工作波长和不同腔长的条件下进行讨论。

首先，工作波长为 1030nm 的保偏激光振荡器，装置如图 3.21 所示，由 SESAM、单模保偏掺镱光纤、976/1030nm 的保偏 WDM、30:70 的保偏分束器和保偏 FBG 几部分组成。

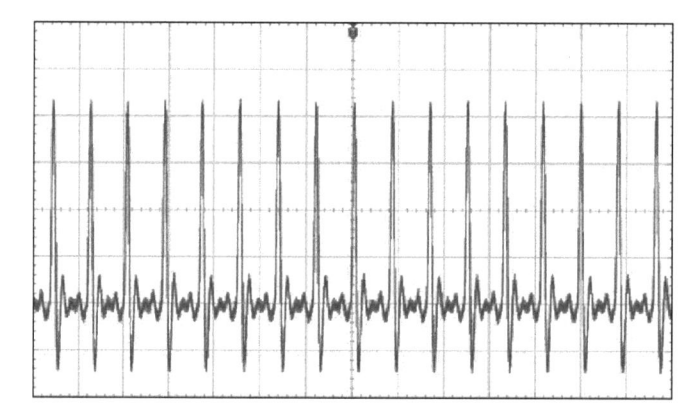

图 3.20　锁模激光的脉冲序列

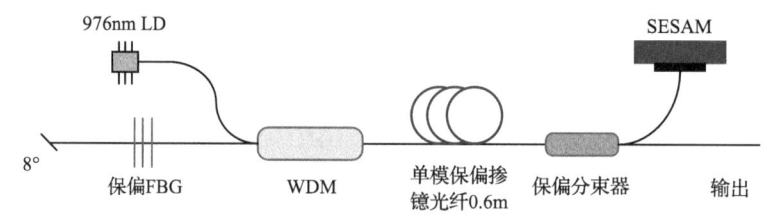

图 3.21　全光纤 SESAM 直线腔锁模激光振荡器实验装置图

其中,SESAM 的详细参数如表 3.2 所示。保偏 FBG 的工作中心波长为 1031nm,工作带宽为 1.2nm,反射率为 60%。LD 作为激光器的泵浦源,中心波长为 976nm,最高输出功率可达 500mW。所使用的增益光纤为标准的保偏高掺镱单模光纤,该光纤在 976nm 波段的吸收系数约为 250dB/m。保偏的 30∶70 分束器将腔内激光分为两束,30%端继续在腔内进行振荡,70%端将锁模激光作为信号光输出腔外。振荡器输出的脉冲序列如图 3.22 所示。

表 3.2　商用 SESAM 的参数表(SAM-1030-52-500fs)

参数	取值
中心波长	1030nm
高反射率带宽($R>50\%$)	960~1050nm
调制深度	30%
不饱和吸收率	52%
不饱和损耗率	22%
饱和通量	800μJ/cm^2
损伤阈值	1GW/cm^2

当泵浦功率达到 90mW 时,振荡器达到稳定锁模。激光的平均输出功率为

4.4mW，重复频率为 16.68MHz，中心波长为 1064.15nm，其光谱曲线如图 3.23 所示。通过自相关仪测得脉冲宽度约为 22ps，其脉冲宽度曲线如图 3.24 所示。

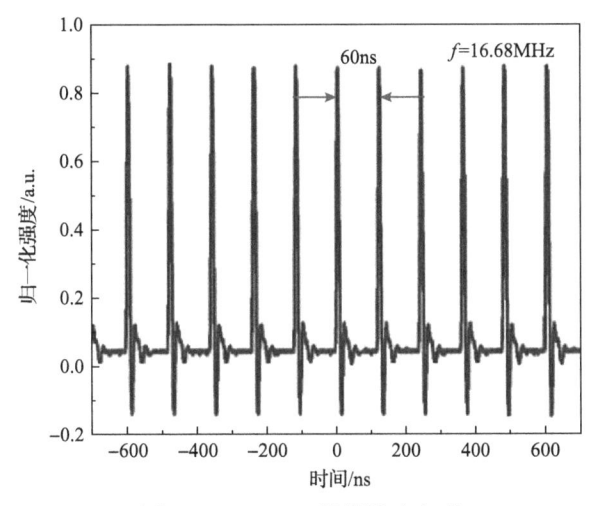

图 3.22　SESAM 锁模脉冲序列

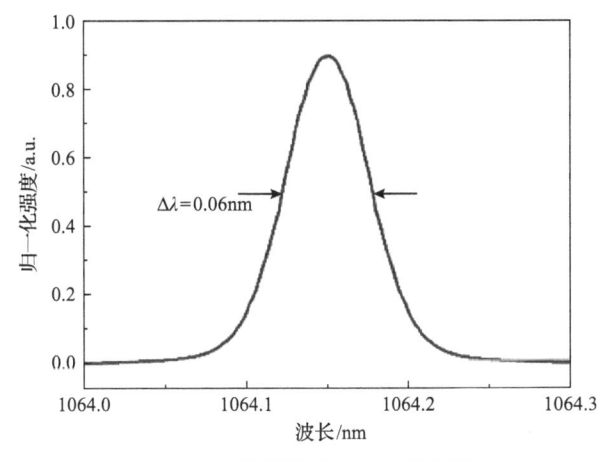

图 3.23　锁模脉冲激光光谱数据

将该振荡器的腔长缩短，以获得高重复频率锁模脉冲输出。当泵浦功率达到 120mW 时，振荡器达到稳定锁模。此时激光输出功率为 10mW，重复频率为 36.41MHz，中心波长为 1064.18nm，如图 3.25 和图 3.26 所示。脉冲宽度约为 21ps，如图 3.27 所示。

通过 SESAM 锁模技术，采用了直线腔的保偏光纤激光振荡器，分别使用商用 SESAM 对不同工作波长和不同腔长的保偏振荡器进行了对比实验，都可以实现长时间稳定的锁模。

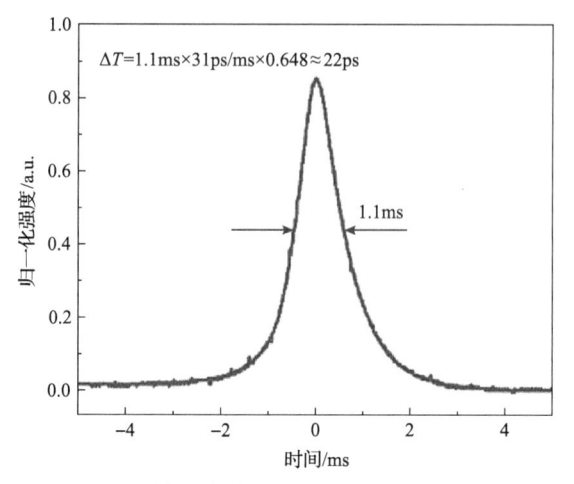

图 3.24 输出脉冲激光的脉冲宽度测量数据

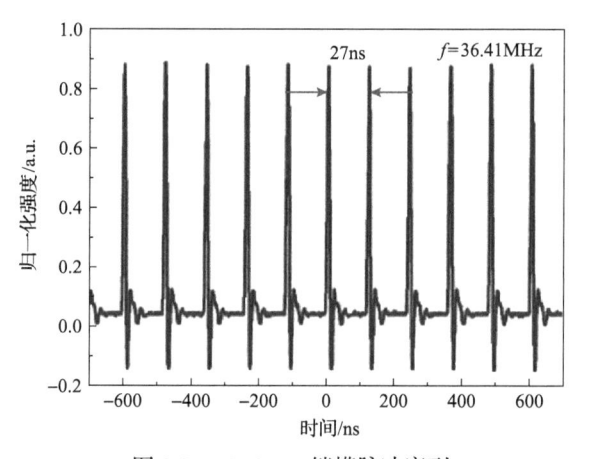

图 3.25 SESAM 锁模脉冲序列

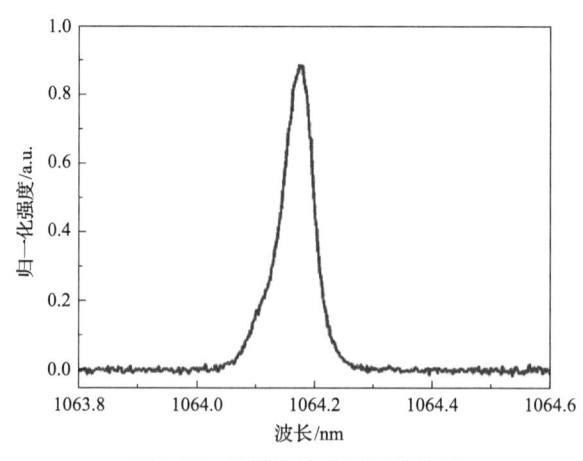

图 3.26 锁模脉冲激光光谱数据

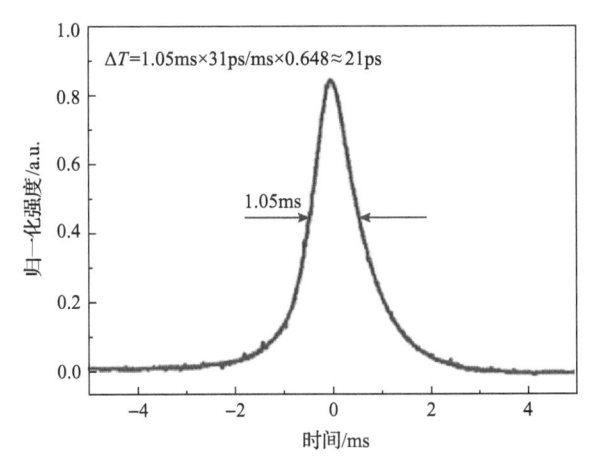

图 3.27　输出脉冲激光的脉冲宽度测试数据

2. 碳纳米管锁模激光振荡器实验研究

实验中搭建了基于单壁碳纳米管作为可饱和吸收体的锁模激光振荡器，如图 3.28 所示。其中，SWCNT 可饱和吸收体薄膜位于两个标准 FC/PC 光纤连接器之间以实现全光纤结构。泵浦源中心波长为 915nm，最大输出功率为 260mW，泵浦光通过一个 915/980nm 的 WDM 耦合进 2cm 长的单模高掺镱磷酸盐光纤（CorActive，Yb406）中，该增益光纤在 915nm 波段的吸收系数为 589dB/m，在 980nm 波段的群速度色散系数为 32.58ps^2/km。此外，腔内偏振相关的光隔离器（ISO）可以防止后向反馈光对振荡器产生影响，保证腔内锁模激光保持单向传输运转。光纤带通滤波器（BPF）的工作波长范围为 960~990nm，保证了锁模激光脉冲在 980nm 波段稳定工作。分束比为 30:70 的光纤耦合器（OC）的 70% 接入谐振腔，30% 作为锁模激光输出端。另外，除了以上所述光纤器件，还在腔内接入了

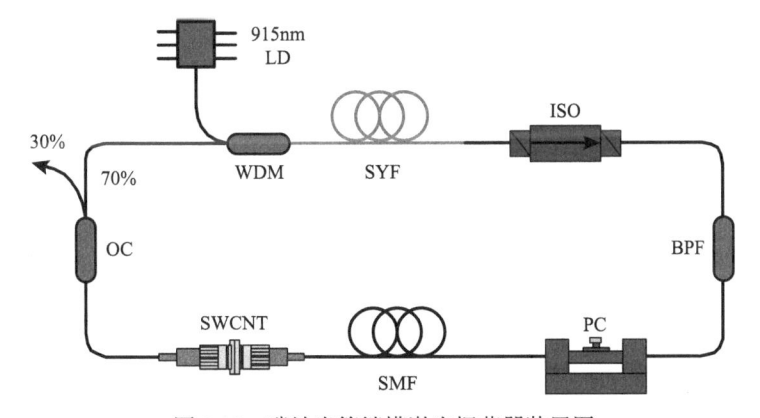

图 3.28　碳纳米管锁模激光振荡器装置图

约 10m 长的普通无源单模光纤(SMF，Nufern HI 1060)以提供腔内正色散，该单模光纤在 980nm 波段的群速度色散系数为 27ps²/km。最终，整个谐振腔的总腔长约为 12.9m，腔内的总色散量经过计算约为 0.34ps²，说明该谐振腔为全正色散腔。

本实验中的 SWCNT 可饱和吸收体薄膜是采用 CO 催化裂解法制备得到的。SWCNT 薄膜的吸收光谱如图 3.29 所示，在 500~1800nm 处有一个宽带吸收光谱，吸收光谱中主要吸收峰在 1μm 左右，其在 1μm 处的饱和强度和相应的调制深度分别为 0.12MW/cm² 和 12%。这些结果充分地显示了 SWCNT 在 1μm 被动锁模激光振荡器中作为可饱和吸收体存在的可能性。

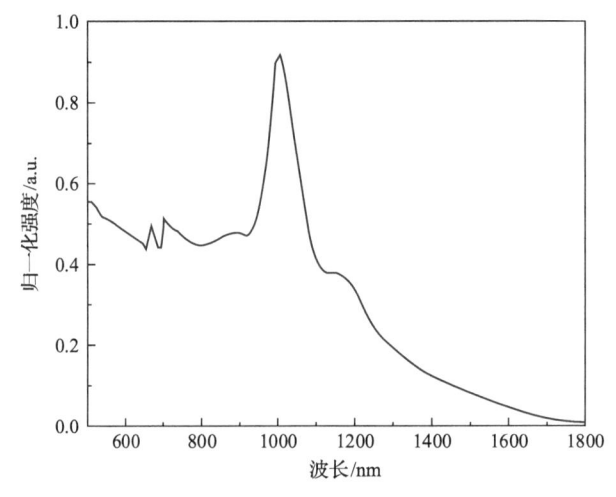

图 3.29 SWCNT 薄膜的吸收光谱

实验中，当泵浦功率为 30mW 时，激光器开始出现连续光。当泵浦功率为 80mW 时振荡器实现稳定锁模。此时的平均输出功率为 1.4mW，输出中心波长为 979nm，3dB 带宽为 1nm，如图 3.30(a)所示。BPF 和较短长度的增益光纤有效地抑制了放大自发辐射(ASE)且没有出现 980nm 的连续光和 915nm 的泵浦光残余。图 3.30(b)显示其重复频率为 15.47MHz，与 12.9m 的总腔长相对应。输出脉冲的射频(RF)频谱测量如图 3.30(c)所示，基频为 15.47MHz 处的信噪比(SNR)为 52dB，表明激光腔在高度稳定的状态下工作。脉冲宽度为 228ps，如图 3.30(d)所示，对应的时间带宽积(time bandwidth product，TBP)为 71.22，表明腔内存在较多的啁啾。以上结果表明，SWCNT 可饱和吸收体在 980nm 超短脉冲锁模激光振荡器中具有良好的工作性能。

此外还验证了其在 1032nm 处的激光输出特性，实验装置如图 3.31 所示。该谐振腔由 80cm 长的 SYF(250dB/m@976nm，26ps²/km@1060nm)作为增益介质，和 22m 的其他 SMF(Nufern HI 1060，22ps²/km@1060nm)组成谐振腔，一个

(a) 光谱数据

(b) 稳定的脉冲序列

(c) 脉冲频谱图

(d) 脉冲宽度数据

图 3.30 979nm 锁模激光振荡器输出特性

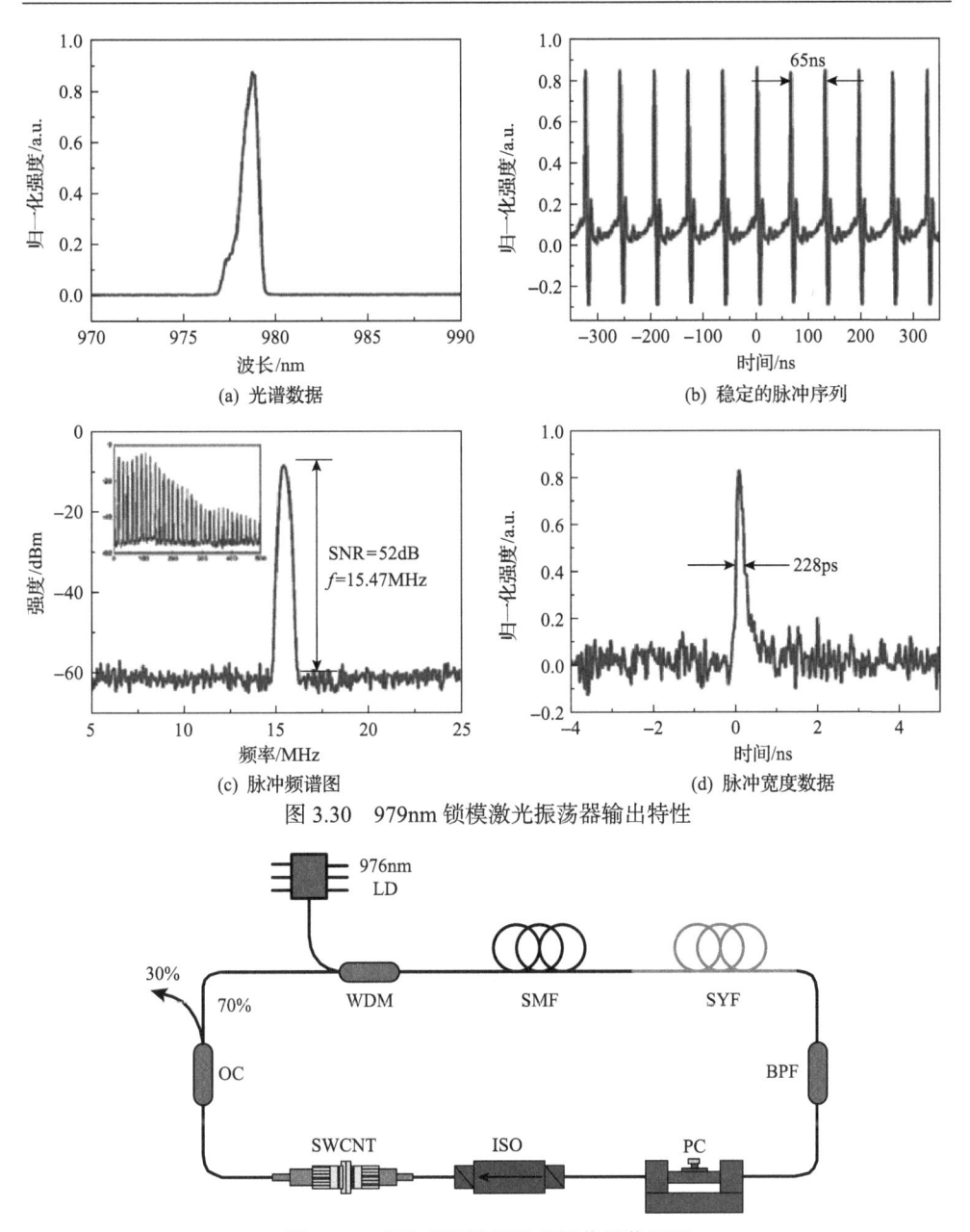

图 3.31 碳纳米管锁模激光振荡器装置图

最大功率为 500mW 的 976nm 的单模 LD 通过一个 980/1030nm 的 WDM 来提供泵浦。

当泵浦功率为 180mW 时，获得稳定的锁模脉冲输出，其平均输出功率为 2mW，对应的单脉冲能量为 0.23nJ。图 3.32(a)为泵浦功率为 180mW 时的输出激光光谱，中心波长在 1032nm，3dB 带宽为 1.5nm。脉冲序列如图 3.32(b) 所示，重复频率 8.78MHz。图 3.32(c) 为锁模脉冲的频谱图，其信噪比高达 75dB。图 3.32(d) 所示的脉冲宽度 486ps。

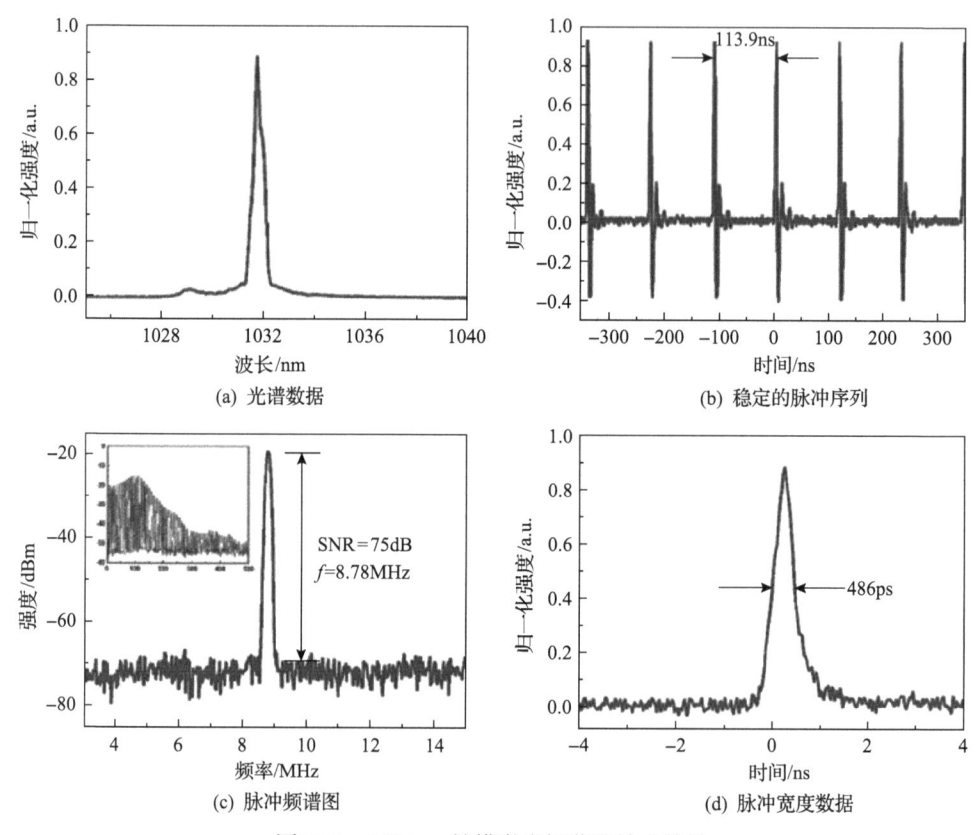

(a) 光谱数据

(b) 稳定的脉冲序列

(c) 脉冲频谱图

(d) 脉冲宽度数据

图 3.32　1032nm 锁模激光振荡器输出特性

上述实验验证了碳纳米管的锁模能力，其在三能级系统和四能级系统中都能实现稳定的锁模。但是，作为一种新型的锁模材料，其参数特性还有待进一步深入研究。

3. 石墨烯被动调 Q 锁模激光振荡器实验研究

基于石墨烯被动调 Q 锁模激光振荡器实验装置如图 3.33 所示。采用 976nm LD 作为泵浦源，最高输出功率 25W。增益介质掺镱非保偏光子晶体光纤，其纤芯直径 40μm，内包层直径 170μm，纤芯数值孔径 0.03，包层数值孔径 0.62，其对 976nm 泵浦光的吸收系数为 13dB/m。图中 AL 为非球面镜，DM 为二色镜(AR@976nm，HR@1040nm)，PBS 为偏振分束棱镜，SAM 为可饱和吸收镜。

第 3 章 光纤激光锁模振荡器

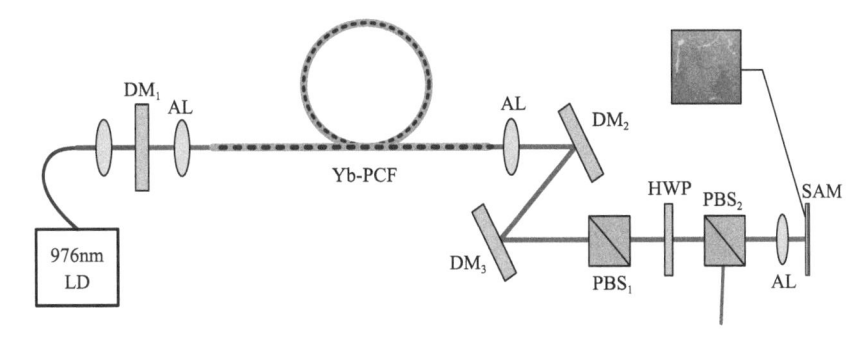

图 3.33 基于石墨烯被动调 Q 锁模激光振荡器实验装置图

通过调整石墨烯镜片的空间位置，从而优化石墨烯镜片上的光斑大小来实现调 Q 锁模输出。当泵浦功率为 10W 时，实现 24mW 连续光输出。将泵浦功率提高至 10.8W 时，实现调 Q 锁模，此时输出功率为 45mW，重复频率为 892.8Hz，调 Q 锁模脉冲序列如图 3.34 所示。当泵浦功率达到 12W 时，激光最高输出功率为 115mW，输出功率随泵浦功率的变化关系曲线如图 3.35 所示。从图中可以看出，当激光器出现调 Q 锁模状态后，随着泵浦功率的增加，输出功率几乎呈线性增长，激光斜效率为 45.6%。但是，当泵浦功率超过一定范围时，聚焦光斑处功率密度过高对石墨烯材料产生了损坏，致使激光器不能维持调 Q 锁模状态。激光谱线如图 3.36 所示，其中心波长位于 1039nm 处，光谱带宽为 6nm。

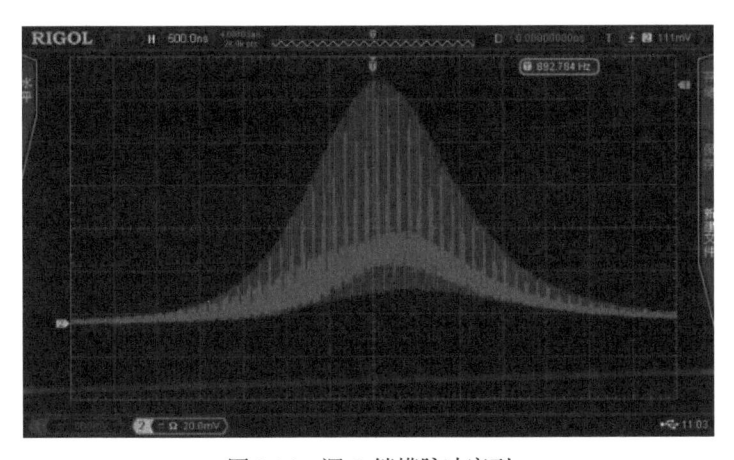

图 3.34 调 Q 锁模脉冲序列

4. 二硫化钼全光纤锁模激光振荡器实验研究

基于二硫化钼材料作为可饱和吸收体搭建了 980nm 锁模激光振荡器，实验装置如图 3.37 所示。泵浦源采用光纤耦合输出 915nm LD，其最大输出功率为 260mW。

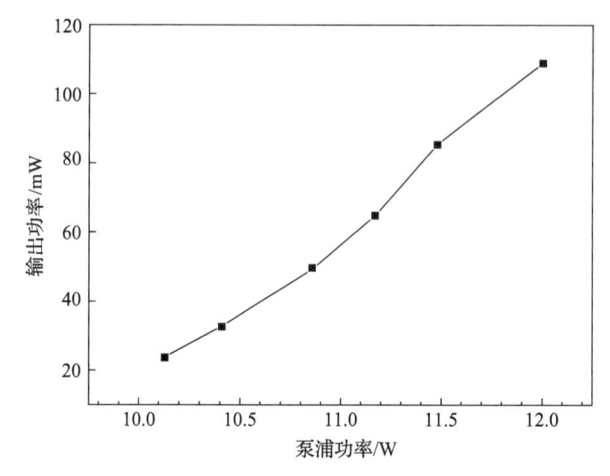

图 3.35 输出功率随泵浦功率的变化关系曲线

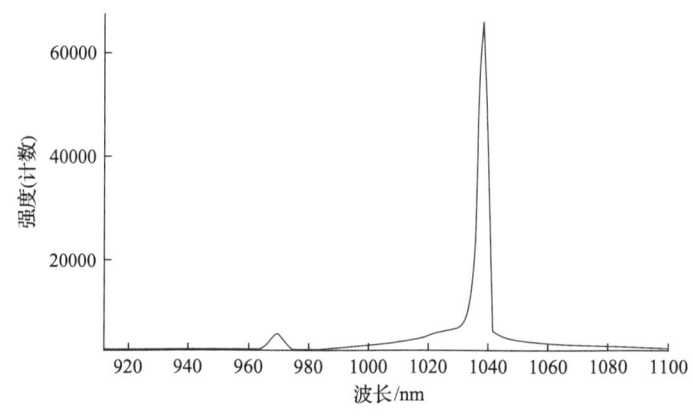

图 3.36 激光器输出光谱谱线图

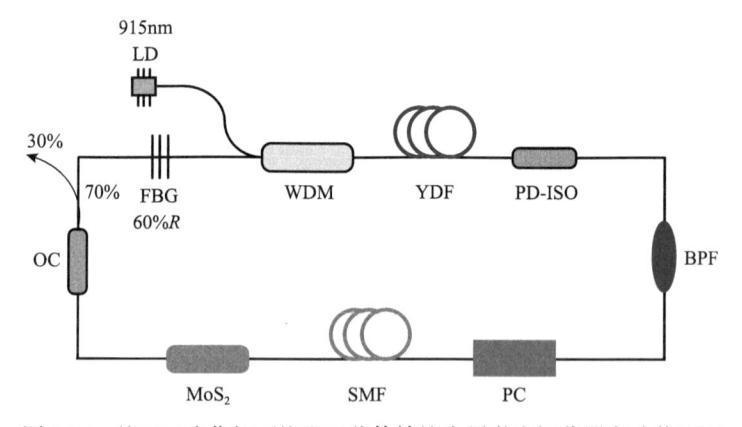

图 3.37 基于二硫化钼可饱和吸收体掺镱光纤激光振荡器实验装置图

通过一个 915/980nm 的波分复用器(WDM)，将泵浦光耦合进增益光纤中。增益光纤是单模高掺镱磷酸盐光纤(CorActive，Yb406)，该光纤在915nm波长处纤芯吸收系数为589dB/m，在980nm波长处的色散系数为32.58ps^2/km。除增益光纤，为了获得稳定锁模脉冲，腔内还使用了 SMF(Nufern HI 1060)，其在980nm处的色散系数为 27ps^2/km，腔内的总色散量约为 0.34ps^2。腔内插入偏振相关隔离器(PD-ISO)来保证谐振腔内锁模激光单向运转，最终达到消除激光后向散射的目的。960~990nm 的 BPF 不仅可以保证锁模的稳定性，同时也能抑制 1030nm 处 ASE 产生。30:70 的光纤耦合器(OC)，其中 70%端留在谐振腔内作为腔的反馈，30%端作为激光输出端。

当泵浦功率为60mW时，激光振荡器产生连续光输出。当泵浦功率为180mW时达到锁模阈值，实现锁模脉冲输出，重复频率为16.51MHz，与激光器的腔长相匹配，此时激光振荡器输出功率为7mW。如图 3.38 所示，锁模掺镱光纤激光器平均输出功率随泵浦功率增加而增加，当泵浦功率加到 260mW 时，激光器最大平均输出功率为16.7mW，相应最高单脉冲能量为1.01nJ，光光转化效率为6.4%。

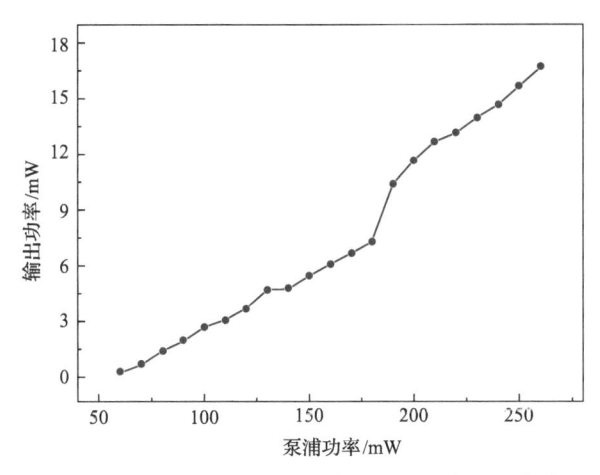

图 3.38　980nm 激光输出功率随泵浦功率变化曲线

如图 3.39 所示，激光的中心波长为980nm，3dB 带宽约为4.8nm。插图展示了当测量范围在910~1040nm时光谱输出结果，由于腔内增益光纤长度比较短，以及使用 30nm 宽的带通滤波器，所以很好地抑制了1030nm 处的 ASE。图 3.40 展示了输出激光的脉冲序列，其脉冲间隔为60ns，对应的重复频率为16.51MHz。

激光脉冲的自相关曲线如图 3.41 所示，采用双曲正割拟合，脉冲宽度约为 13.7ps。激光脉冲频谱如图 3.42 所示，在1kHz扫描分辨率带宽(RBW)下 SNR 超过60dB。

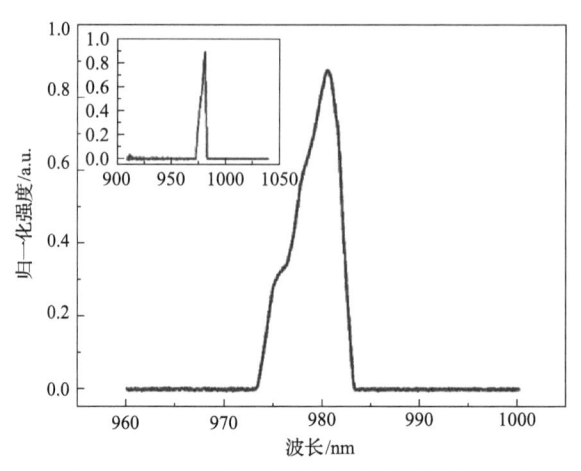

图 3.39 980nm 掺镱锁模激光振荡器输出光谱

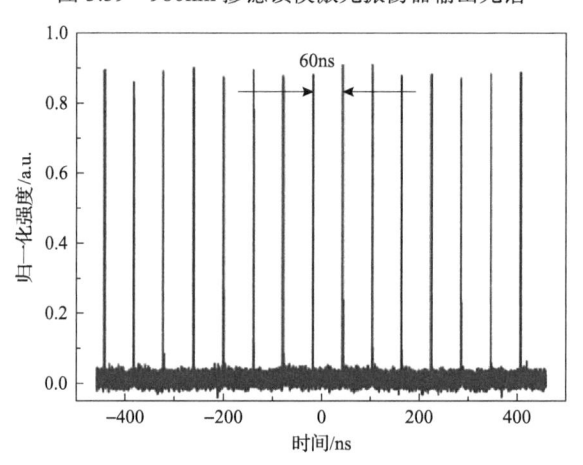

图 3.40 980nm 锁模脉冲序列图

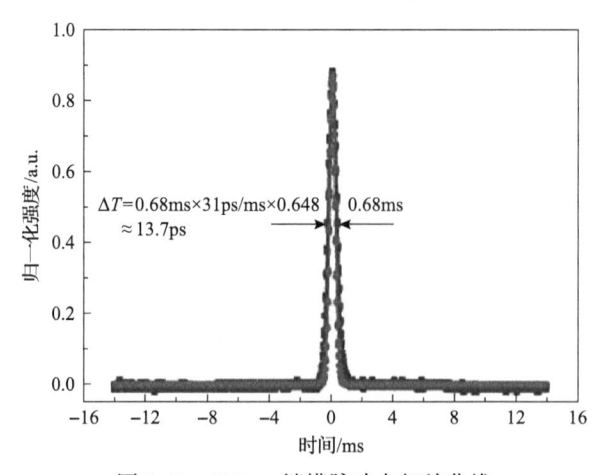

图 3.41 980nm 锁模脉冲自相关曲线

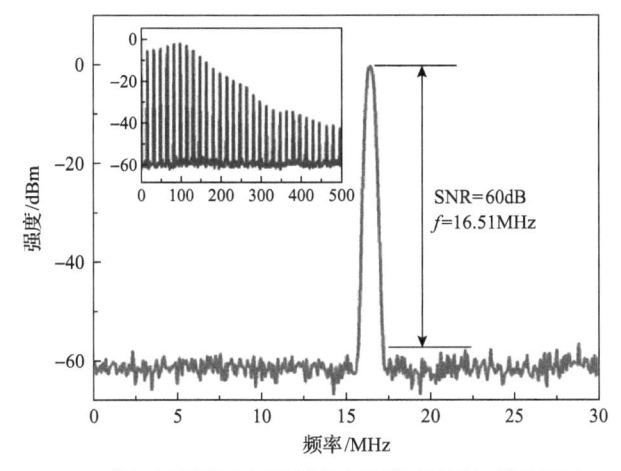

图 3.42　980nm 掺镱锁模激光振荡器射频频谱(插图扫描范围为 500MHz)

5. 黑磷全光纤锁模激光振荡器实验研究

基于黑磷作为可饱和吸收体搭建了 980nm 的锁模激光振荡器,如图 3.43 所示,主要包括 915nm LD、高掺镱光纤、30∶70 OC、915/980nm WDM 等。激光器中无源光纤在 980nm 波段的色散值约为 0.263ps^2,而单模掺镱磷酸盐光纤的色散值大约为 0.0006ps^2,因此整个激光腔的总色散大约为 0.264ps^2。

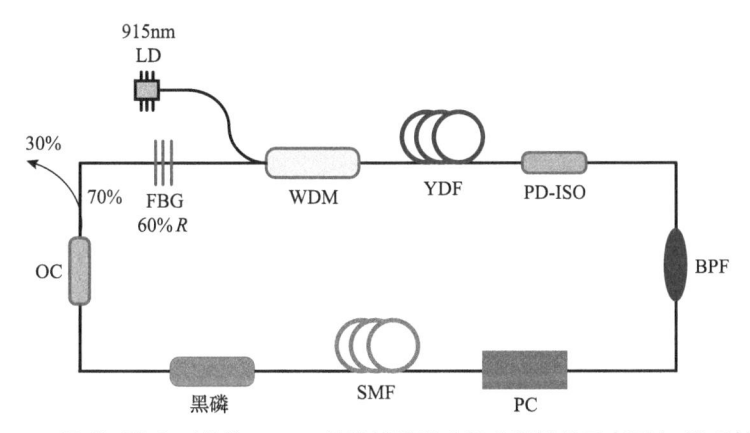

图 3.43　黑磷可饱和吸收体 980nm 掺镱锁模激光振荡器结构示意图(R 指反射率)

当泵浦功率为 30mW 时,可以实现连续光输出。当功率增加到 180mW 时,可以获得稳定的锁模脉冲输出。图 3.44 为输出功率随泵浦功率变化曲线,输出功率与泵浦功率呈线性关系,斜效率约为 3%。

当泵浦功率增加到 200mW 时,输出激光的光谱中心波长为 978nm,3dB 带宽为 4.7nm,在 1030nm 处无 ASE,如图 3.45 所示。

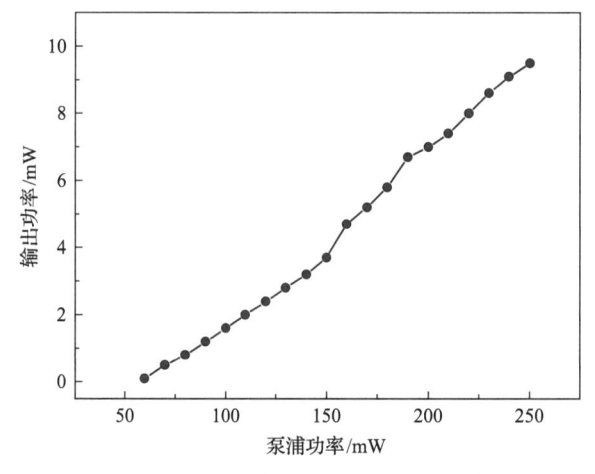

图 3.44 980nm 锁模激光振荡器输出功率曲线

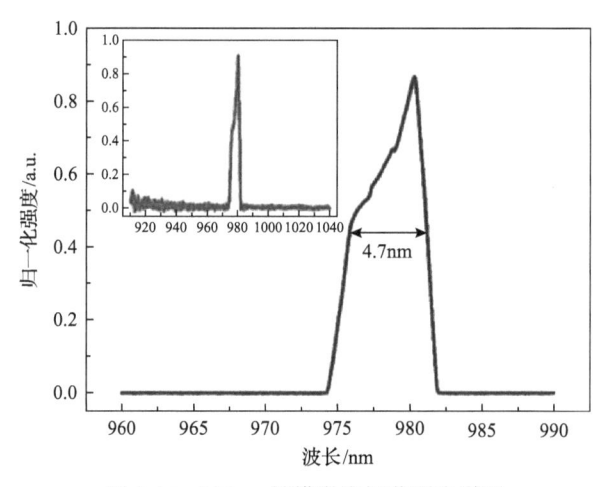

图 3.45 980nm 锁模激光振荡器光谱图

图 3.46 为该状态下的锁模脉冲宽度曲线,脉冲宽度为 221ps。图 3.47 是相应的脉冲序列,脉冲间隔为 48ns,对应重复频率为 21.19MHz。为了进一步验证锁模激光振荡器的稳定性,测量了对应的射频频谱,如图 3.48 插图所示,测量范围在 0~500MHz。图 3.48 为测量范围为 40MHz 的基频 RF 频谱图。图中显示当锁模脉冲重复频率为 21.19MHz 时,信噪比高达 50dB,说明了该基频重复率为 21.19MHz 的脉冲具有很好的稳定性。

6. KP_{15} 锁模激光振荡器实验研究

基于 KP_{15} 可饱和吸收体搭建了 980nm 锁模激光振荡器,实验装置如图 3.49 所示。激光振荡器总腔长约为 12.74m,泵浦源为 915nm LD,采用 915/980nm WDM

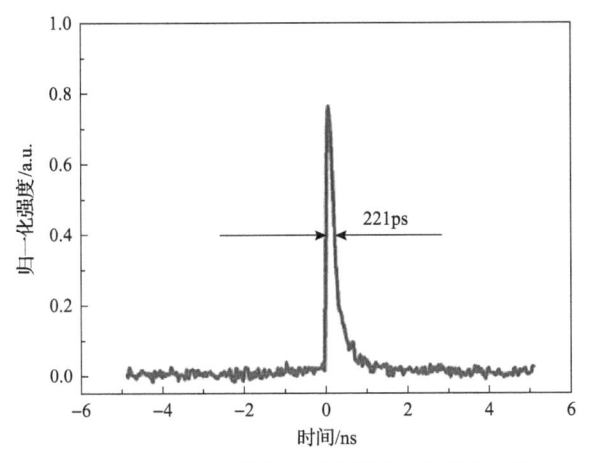

图 3.46 980nm 锁模激光振荡器脉冲宽度曲线

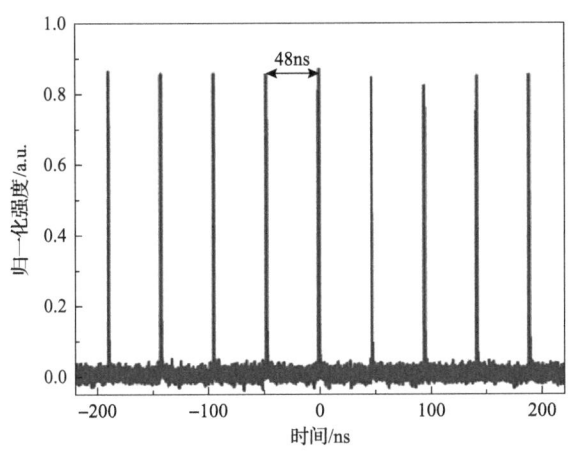

图 3.47 980nm 锁模激光振荡器锁模脉冲序列

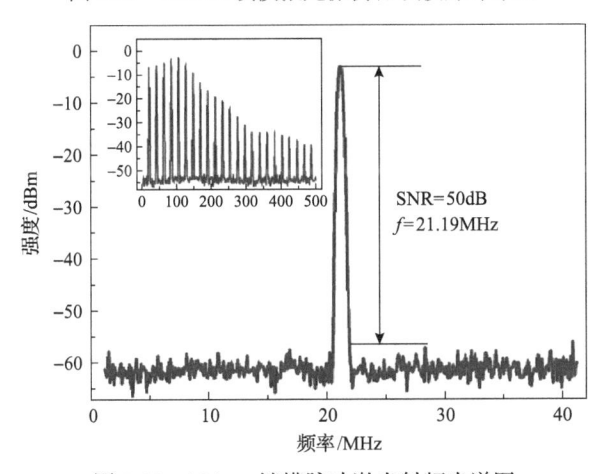

图 3.48 980nm 锁模脉冲激光射频光谱图

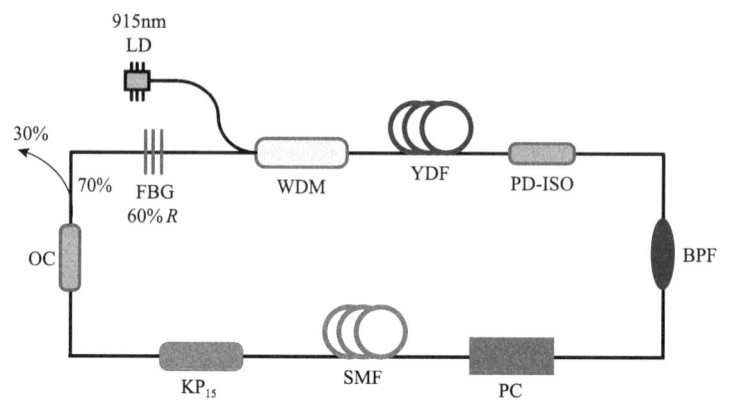

图 3.49 基于 KP_{15} 锁模掺镱光纤激光振荡器实验装置图

耦合泵浦光对高掺杂单模掺镱磷酸盐光纤进行泵浦,该增益光纤在 915nm 处的泵浦吸收率为 589dB/m,在 980nm 处的色散系数为 32.58ps^2/km。腔内还插入了普通 SMF(Nufern HI 1060)用来实现稳定锁模脉冲输出,该光纤在 980nm 波段的色散系数为 27ps^2/km。由此计算腔内的总色散为 0.34ps^2,表明整个环形腔工作在全正色散区。此外,为了抑制 ASE 和残余的 915nm 泵浦光,在激光腔内插入一个带宽波长范围为 960~990nmd 的 BPF,使激光脉冲得到窄化和整形。将备好的材料 KP_{15} 通过法兰与跳线的连接插入腔内以实现锁模。最终通过 30∶70 OC 将产生的 980nm 波段激光从 30%端口耦合输出。

当 915nm LD 泵浦功率升至 180mW 时,可以获得稳定的锁模脉冲序列,如图 3.50(a)所示,脉冲间隔为 64ns,重复频率为 15.65MHz,和激光器的总腔长相符合。图 3.50(b)为激光器的平均输出功率随泵浦功率的变化曲线,当泵浦功率达到 260mW 时,输出功率为 7.24mW,光光转换效率为 3.8%,对应的单脉冲能量为 0.46nJ。

(a) 锁模脉冲序列　　(b) 输出功率随泵浦功率的变化

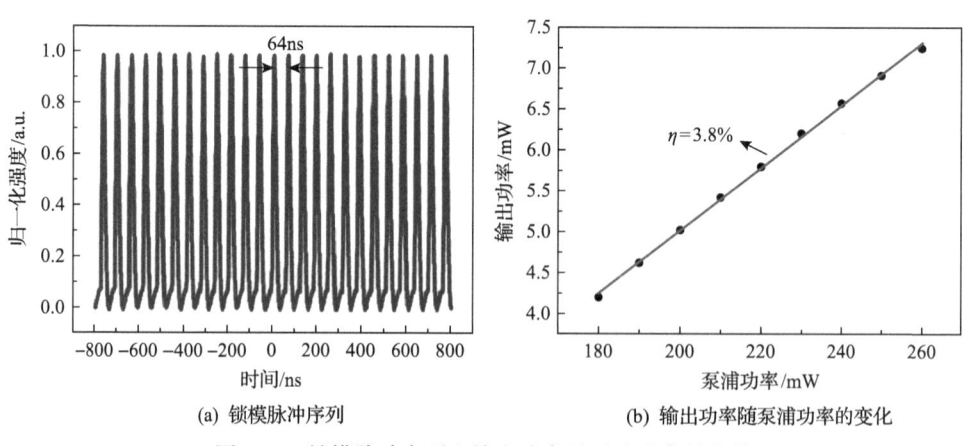

图 3.50 锁模脉冲序列和输出功率随泵浦功率的变化

当泵浦功率为 210mW 时，测得光谱曲线如图 3.51(a)所示。激光中心波长为 978.2nm，3dB 带宽为 5.6nm，同时在 1030nm 处无 ASE 产生。图 3.51(b)为自相关曲线，其锁模脉冲宽度为 30ps。为了验证锁模脉冲的稳定性，还测量了对应的射频曲线，其中重复频率在 15.65MHz 时输出激光脉冲的射频谱，其信噪比为 57dB，射频频谱除基频外没有其他频率成分，表明激光锁模状态具有很好的稳定性，如图 3.51(c)所示。此外，为了监测锁模脉冲序列的长期稳定性，对输出功率进行长达 4h 的监测，未发现锁模脉冲出现明显抖动，测得输出功率的均方根偏差值为 1.03%，表明激光锁模状态具有良好的长期稳定性。

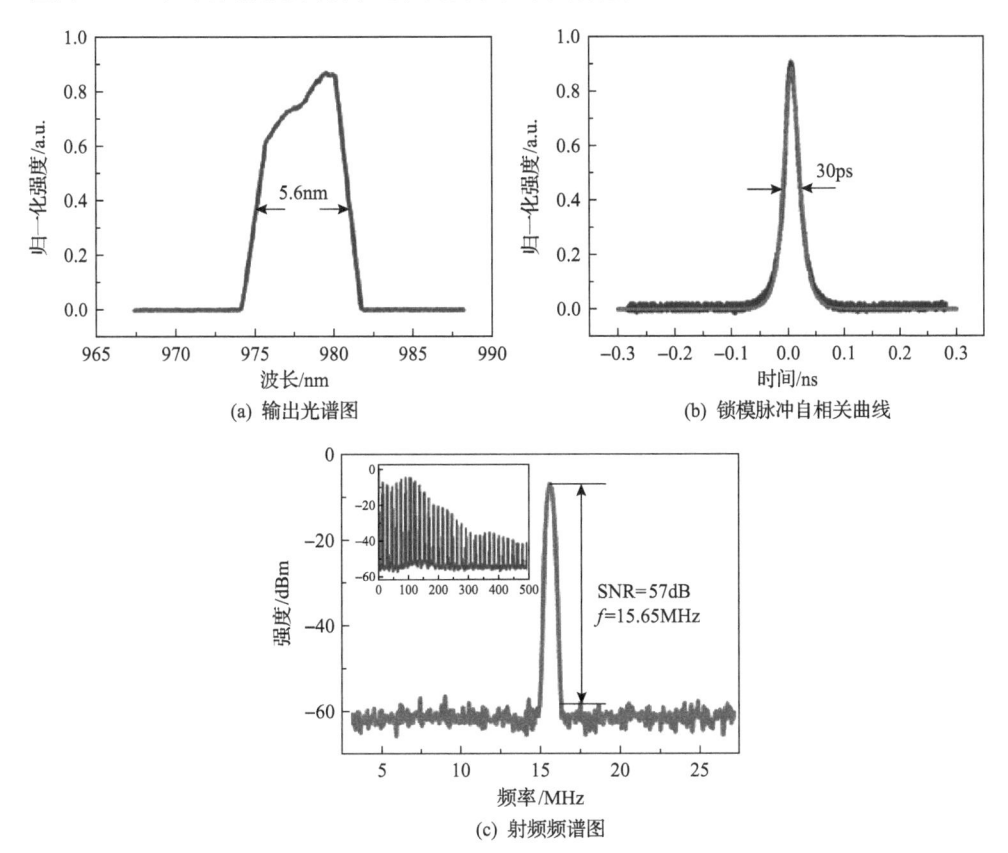

图 3.51 KP$_{15}$ 锁模掺镱光纤激光振荡器泵浦功率为 210mW 时相关曲线

3.3 混合锁模

3.3.1 混合锁模概述

混合锁模技术是一种在谐振腔内结合多种锁模技术的锁模方式。本节主要介绍快慢可饱和吸收体相结合的混合锁模。为了阐释其中工作机理，建立了一种典型的环形激光振荡器模型，如图 3.52 所示。其中数值模拟分析了当分别加入慢可饱和吸收机制和加入快可饱和吸收机制或者同时加入两种锁模机制时，该激光器腔内群速度色散、自相位调制、增益及增益饱和等效应综合作用下光脉冲形成过程的动力学原理，并分析不同锁模方式下得到稳定的脉冲输出时的异同。

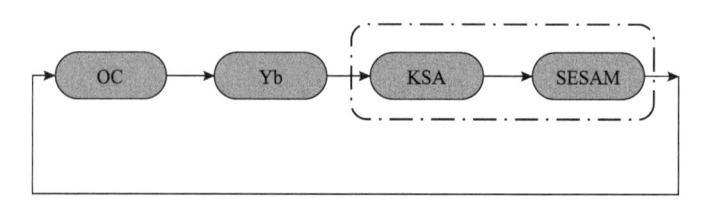

图 3.52 光纤激光振荡器理论模块

从激光脉冲在光纤中传输的波动方程与非线性介质相互作用原理出发，根据电场的慢变包络演化满足赫姆霍兹方程原理，经过一系列解析简化后可以得到激光脉冲在非线性介质中的传输方程[26]为

$$\frac{\partial A}{\partial z}+\frac{\alpha}{2}A+\frac{\mathrm{i}\beta_2}{2}\frac{\partial^2 A}{\partial T^2}-\frac{\beta_3}{6}\frac{\partial^3 A}{\partial T^3}=\mathrm{i}\gamma\left[|A|^2 A+\frac{\mathrm{i}}{\omega_0}\frac{\partial}{\partial T}\left(|A|^2 A\right)-T_\mathrm{R} A\frac{\partial |A|^2}{\partial T}\right] \quad (3.6)$$

式中，A 为慢变包络的振幅；α 为光纤损耗系数；β_2、β_3 为二阶与三阶色散系数；T_R 与拉曼增益谱的斜率有关；γ 为非线性系数，可定义为

$$\gamma(\omega)=\frac{n_2(\omega)\omega_0}{cA_\mathrm{eff}} \quad (3.7)$$

式中，n_2 为非线性折射率，由材料本身决定；A_eff 为有效模场面积。

根据慢变包络速度随时间轴变化进行坐标变换，引入群速度 v_g 随脉冲移动的参考系，即

$$T=t-z/v_\mathrm{g}=t-\beta_1 z \quad (3.8)$$

当脉冲宽度 $T>5\mathrm{ps}$ 时，可以忽略方程中的自陡峭效应。一般情况下忽略光纤中的损耗与三阶色散项(当光脉冲中心波长远离光纤的零色散波长时)，由此可以得到简化的非线性薛定谔方程，即

$$\mathrm{i}\frac{\partial A}{\partial z}-\frac{\beta_2}{2}\frac{\partial^2 A}{\partial T^2}+\gamma|A|^2 A=0 \quad (3.9)$$

数值模拟脉冲在增益光纤中的传输，还应考虑到光纤增益及增益带宽对脉冲

的影响，因此其传输方程可优化为 Ginzburg-Landau 方程，其表达式为

$$\frac{\partial A}{\partial z}+\frac{\alpha}{2}A+\frac{\mathrm{i}\beta_2}{2}\frac{\partial^2 A}{\partial T^2}-\frac{\beta_3}{6}\frac{\partial^3 A}{\partial T^3}=\mathrm{i}\gamma|A|^2 A+\frac{g}{2}A+\frac{g}{2\Omega_{\mathrm{g}}^2}\frac{\partial^2 A}{\partial T^2} \tag{3.10}$$

式中，Ω_{g} 为增益带宽。

对于增益光纤，由于存在增益饱和作用，其增益系数可以表示为

$$g = g_0 \big/ \left(1+E/E_{\mathrm{sat.gain}}\right) \tag{3.11}$$

式中，g_0 为小信号吸收系数；E 为脉冲的能量；$E_{\mathrm{sat.gain}}$ 为增益饱和时的能量。

当脉冲经过 SESAM 器件时，SESAM 的作用机理可用以下数学表达式来表示：

$$q_0 = \Delta R, \quad R = R_{\mathrm{unsat}} + \left(\Delta R - q(t)\right) \tag{3.12}$$

$$\frac{\mathrm{d}q(t)}{\mathrm{d}t} = -\frac{q(t)-q_0}{T} - \frac{|A(t)|^2}{E_{\mathrm{sat}}}q(t) \tag{3.13}$$

式中，q 和 q_0 分别为 SESAM 的饱和反射率系数与初始反射率系数；T 为可饱和反射镜的弛豫时间；E_{sat} 为 SESAM 饱和能量；R_{unsat} 为非饱和反射系数；ΔR 为饱和反射系数。

实际应用中，SESAM 的结构特点导致其损伤阈值低，弛豫时间相对较长，会限制其在高功率脉冲激光产生方面的能力。

非线性偏振旋转(NPR)锁模技术主要依赖快可饱和吸收机制，数值模拟中可将非线性偏振旋转效应简化为一个反射式快可饱和吸收体模块(KSA)，其机理可用公式表述为

$$I_{\mathrm{ref}}(T) = I_{\mathrm{in}}(T)\left\{R_{\mathrm{unsat}} + \Delta R\left[1-1\bigg/\left(1+\frac{|A(T)|^2}{P_{\mathrm{sat}}}\right)\right]\right\} \tag{3.14}$$

$$R = R_{\mathrm{unsat}} + \Delta R\left[1-1\bigg/\left(1+\frac{|A(T)|^2}{P_{\mathrm{sat}}}\right)\right] \tag{3.15}$$

式中，$I_{\mathrm{ref}}(T)$ 为反射光强；$I_{\mathrm{in}}(T)$ 为入射光强；R_{unsat} 为非饱和反射系数；ΔR 为饱和反射系数；P_{sat} 为饱和功率。一般而言，非线性偏振旋转效应产生条件之一就是腔内光功率必须要达到偏振效应演化的阈值。

3.3.2 混合锁模的特点和优势

锁模技术发展至今,其内部机理已相对清晰,多种锁模技术已较为成熟,但基于单一的锁模方式实现超短脉冲的输出也存在一些不足。基于可饱和吸收体锁模技术的激光振荡器,可以很容易实现激光振荡器模式锁定的自启动和稳定化,但由于其较慢的恢复时间,这类锁模激光振荡器容易产生脉冲拖尾现象。基于等效可饱和吸收体(如非线性偏振旋转、非线性放大环形镜等)的激光振荡器,较易实现窄的脉冲输出,但由于其对长脉冲的整形不够,该类锁模激光振荡器存在着从连续输出状态过渡到脉冲输出状态时能否实现自启动这样一个内在的问题。如果可以将这两种方式结合起来,形成混合锁模过程,就可以实现自启动性能优越、输出脉冲很窄的锁模激光输出。在混合锁模激光振荡器中,可饱和吸收体可以为基本的脉冲模式锁定提供自启动并保持稳定运转,而等效可饱和吸收体能够提供初始脉冲并保持脉冲的品质。

为了更加直观地分析混合锁模的特点与优势,在理论上模拟了 NPR 锁模、SESAM 锁模以及 NPR 与 SESAM 相结合的三种不同锁模方式。在一定的条件下,三种锁模方式均可以得到稳定脉冲结果。在数值模拟中三种方式采用在增益域内随机产生的任意噪声信号作为初始激光信号,在实际激光器中该信号为增益介质产生的自发辐射及受激辐射,初始噪声宽度设置为 40ps。对比三种锁模方式下脉冲演化过程如图 3.53 所示。

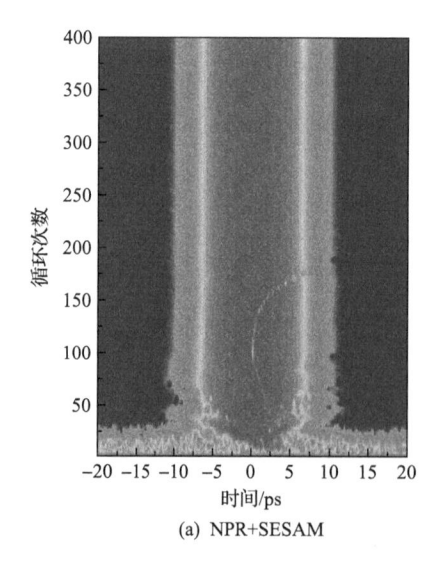

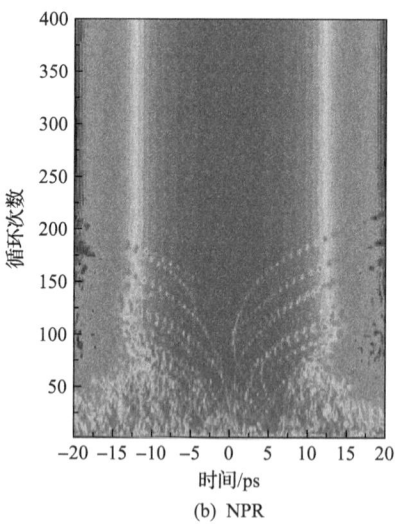

(a) NPR+SESAM

(b) NPR

(c) SESAM

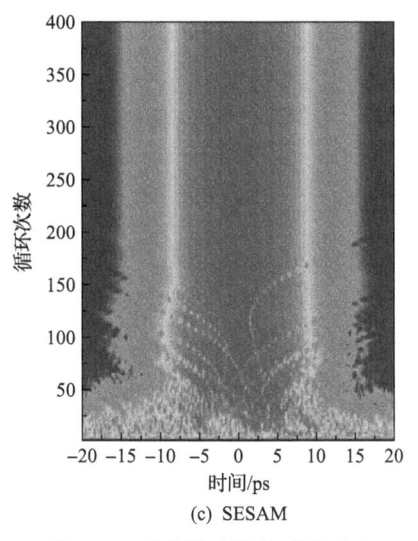

图 3.53 腔内脉冲演化过程对比

从脉冲在腔内的演化过程可以看出，当采用两者结合的混合锁模方式时，脉冲的演化建立时间变短，且脉冲宽度更窄，主要原因在于可饱和吸收能力叠加，调制能力增强。图 3.54 为三种不同的锁模方式下，随机噪声在腔内演化形成脉冲的演变过程。可以看出，在混合锁模方式下，获得的脉冲最窄，可达到 7.2ps，如图 3.55 所示。三种锁模得到的光谱宽度基本保持在 6nm 左右，如图 3.56 所示，表明在同样的色散及非线性条件下，混合锁模抑制了更多的啁啾产生。

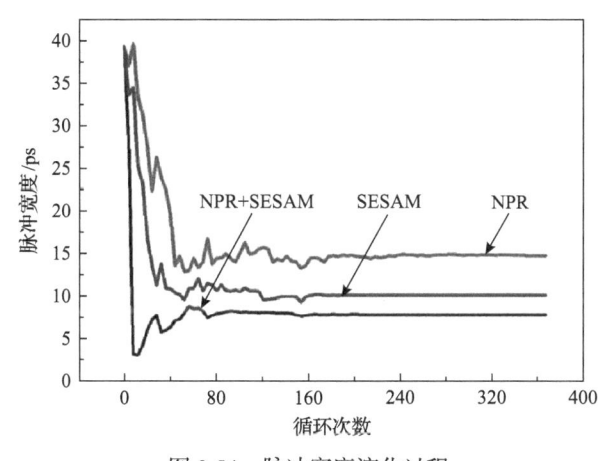

图 3.54 脉冲宽度演化过程

由图 3.54～图 3.56 可以得到，SESAM 与 NPR 两种锁模机制单独作用时，由于可饱和吸收作用在一定程度上可以有效窄化脉冲，能够获得更加稳定的脉冲输出。二者同时作用时，由于其可饱和吸收作用的叠加，在一定程度上可以有效滤

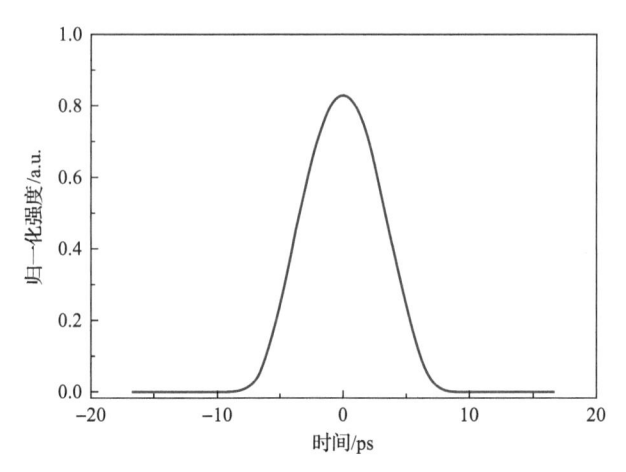

图 3.55 脉冲时域图(SESAM+NPR)

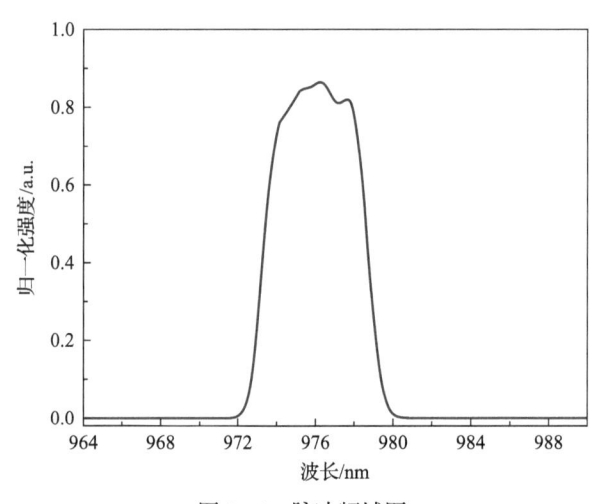

图 3.56 脉冲频域图

除边沿啁啾,加速脉冲在腔内的形成过程并减小锁模脉冲宽度,在全正色散腔内获得时间带宽积更小的脉冲输出。结果表明,混合锁模技术保留了两种锁模方式的优点,可以获得脉冲宽度更窄、可自启动的超短脉冲激光输出。

3.3.3 几种典型的混合锁模激光振荡器

1. 1030nm 全光纤 SESAM/NPR 混合锁模激光振荡器

搭建了全光纤 SESAM/NPR 混合锁模激光振荡器,实验装置如图 3.57 所示,包括:一个光纤 SESAM(尾纤输出),它的工作波长为 1030nm,调制深度为 30%;激光泵浦源为一个 915nm 的 LD,最高输出功率为 400mW,单模尾纤输出;一个 980/1030nm 的 WDM,其最大承受功率为 1W;一段掺杂单模增益 Yb 光纤(SM

Yb），长约 40cm，在 976nm 泵浦光处吸收系数为 250dB/m；一个嵌入式偏振控制器（PC），对腔内激光进行偏振的调制；一个全光纤的环形器，其通过方向为由 1 到 2，由 2 到 3，其反向隔离度为 25dB；一个偏振相关隔离器，其最大承受功率为 500mW；一个 30∶70 的 OC，其 70%端接入激光腔内，30%端作为激光器的输出来使用；一段无源的单模光纤，用来改变激光器的腔长，其总长度为 20m。根据腔内光纤和器件的色散参数计算可知，该激光器处于一个全正色散的运行环境中。

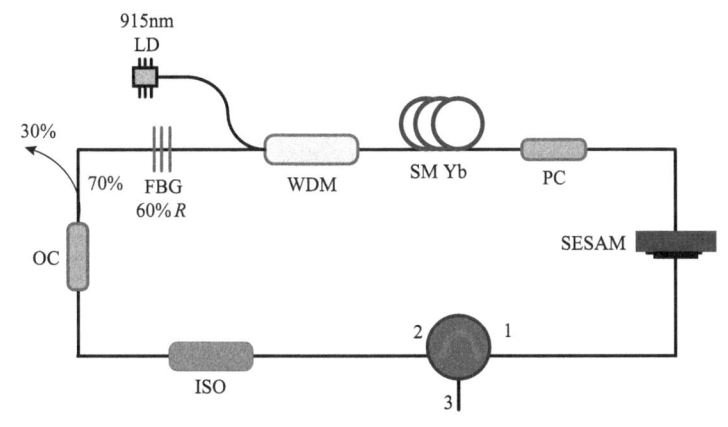

图 3.57　全光纤 SESAM/NPR 混合锁模激光振荡器实验装置图

首先将激光器的腔长调节到较短的情况下进行实验，当泵浦激光功率为 200mW 时，可以得到稳定的锁模脉冲，此时输出激光功率为 1.1mW，重复频率为 20.92MHz，如图 3.58 所示。当泵浦功率为 400mW 时，锁模脉冲激光的输出功率为 2.8mW，中心波长为 1034nm，3dB 带宽为 2.9nm，脉冲宽度约为 20.1ps，如图 3.59 和图 3.60 所示。

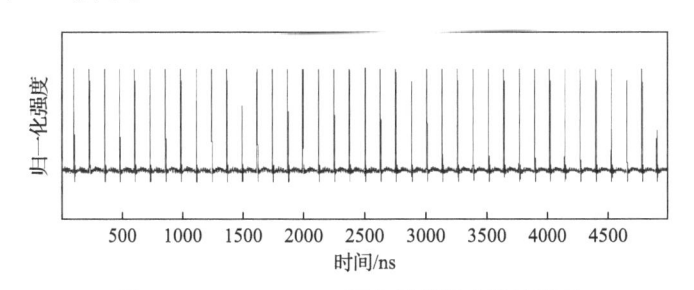

图 3.58　SESAM/NPR 混合锁模激光脉冲序列

该激光振荡器中采用的锁模方式是 SESAM 和 NPR 结合的模式，首先对于 SESAM 锁模技术，其可以实现皮秒或者更短的飞秒量级的激光脉冲，而且只要在损伤阈值之下其稳定性就较好，光谱一般比较窄，它的缺点是损伤阈值比较低，

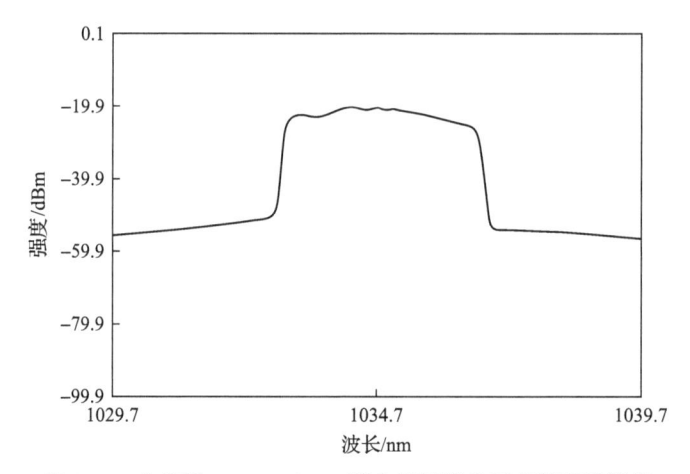

图 3.59 全光纤 SESAM/NPR 混合锁模激光振荡器光谱数据

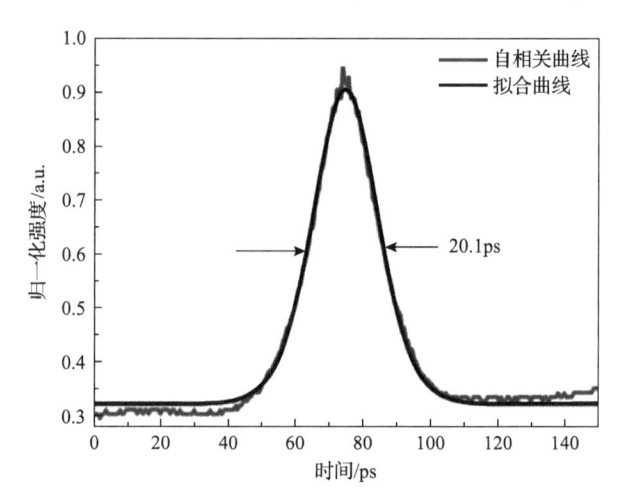

图 3.60 全光纤 SESAM/NPR 混合锁模激光振荡器脉冲宽度数据

尤其是作为全光纤器件来使用时，导致激光器的输出功率比较低，一般为 1mW 左右或更低。对于 NPR 锁模技术，其可以实现高功率的皮秒脉冲激光输出，而且光谱比较宽，它的缺点是工作状态不稳定，开机后锁模阈值较高。因此，当两种锁模技术共同作用时，在实验中就可以实现稳定锁模，输出脉冲宽度 20.1ps，光谱宽度 2.8nm，输出功率毫瓦量级。

2. 978nm 超短脉冲光子晶体光纤锁模激光振荡器

搭建了掺镱光子晶体光纤的锁模激光振荡器，实验装置如图 3.61 所示，增益光纤为一段长 69cm 的大模场双包层光子晶体光纤，其模场直径约为 33μm，内包层直径为 170μm，内包层的数值孔径 NA 为 0.03，外包层的数值孔径 NA 为 0.62，光纤在 980nm 波段的二阶色散系数约为 $0.019\text{ps}^2/\text{m}$，振荡腔运转在全正色散区域。这种光纤大的芯包面积比对获得高功率 980nm 激光输出非常有利，实验中采用 SESAM 和非线性偏振旋转效应相结合的锁模方式产生超短脉冲激光输出。

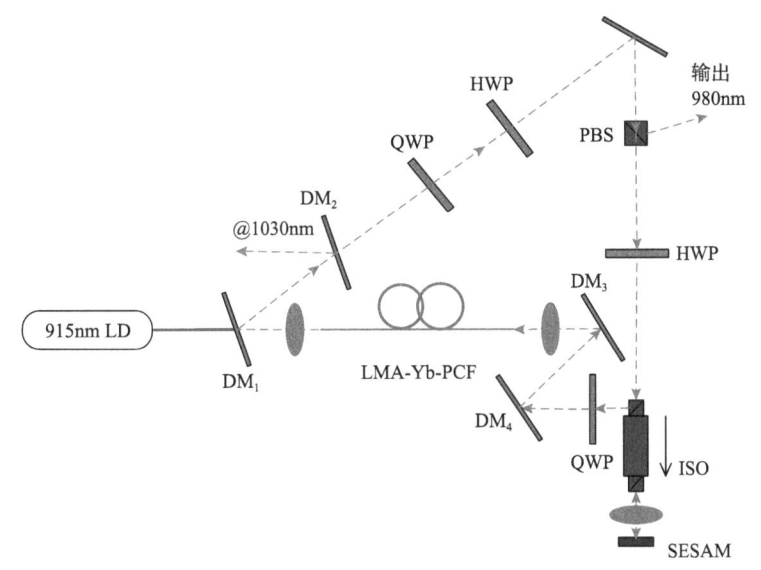

图 3.61　掺镱光子晶体光纤的锁模激光振荡器实验装置图
DM₁、DM₃、DM₄：915mm 高透，980nm 高反。DM₂：976nm 高透，1030nm 高反

泵浦源为 50W 的 915nm 半导体激光器，经过分光镜 DM₁ 和双透镜耦合系统后进入光子晶体光纤，耦合效率为 82%。在光纤末端加入 DM₃、DM₄ 这两个分光镜组成 Z 字形结构，起到泵浦剥离的作用。因为 980nm 波段起振需要很大的泵浦功率，但是光纤在 915nm 处的泵浦吸收系数为 4.5dB/m，造成了很大的泵浦残余，会影响腔内激光锁模的形成。环形腔还包含了 980nm 波段的光纤隔离器，保证光在腔内的单方向运转。SESAM 在腔内起到锁模自启动和稳定锁模的作用，调制深度 ΔR 为 35%，饱和通量为 $30\mu\text{J/cm}^2$。腔内的两对 QWP 和 HWP，隔离器之前的 HWP 起到调节传输效率的作用，其余的波片用来形成非线性偏振旋转机制。另一个分光镜 DM₂ 对 1030nm 激光高反而对 976nm 激光高透，因此对四能级的起振起到抑制作用。耦合输出为偏振分束棱镜，其可通过调节之前的波片来控制它的耦合输出率。

为了实时检测输出脉冲的锁模状态，利用高速光电探头对激光器输出进行检测，功率计实时测量输出功率，频谱分析仪测试输出的频谱质量，利用自相关仪来测试输出超短脉冲的实际脉冲宽度。

在实验中，当输入的泵浦功率达到锁模阈值时，通过微调 SESAM 可获得稳定锁模输出，进一步优化两个 QWP 及一个 HWP 就可以获得更加稳定的脉冲输出。

激光器产生重复频率为 87.37MHz 的连续锁模输出，其输出脉冲如图 3.62 所示。当泵浦功率达到 20W 后，继续增加泵浦功率，激光器从连续运转逐渐变为调 Q 锁模状态。在泵浦功率增加到 23.7W 时，激光器达到锁模阈值，出现连续锁模输出。泵浦功率 25W 时利用自相关仪测量脉冲宽度为 1.04ps。当泵浦源功率达到 30W 时，输出功率达到最大，为 497mW。继续增加泵浦功率，锁模脉冲出现不稳定后彻底消失。最大输出功率下利用自相关仪测得脉冲宽度变为 1.24ps，如图 3.63 所示。对应光谱宽度为 1.90nm，如图 3.64 所示，中心波长在 977.7nm。光谱形状具有典型的耗散孤子锁模的频谱特征，在频域中心具有很大的啁啾。其中插图显示在四能级波段(约 1030nm)被很好地抑制。由结果可以看出，理论和实验结果有一定程度的误差。分析原因可知，在实验中使用了空间的耦合方式，模拟中忽略了

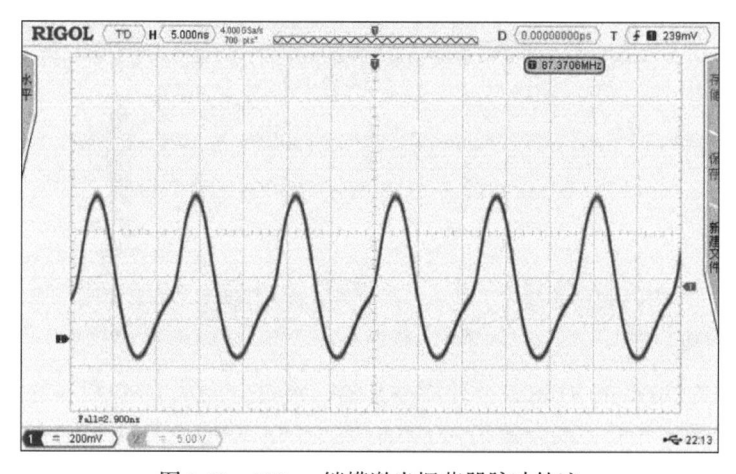

图 3.62 980nm 锁模激光振荡器脉冲轨迹

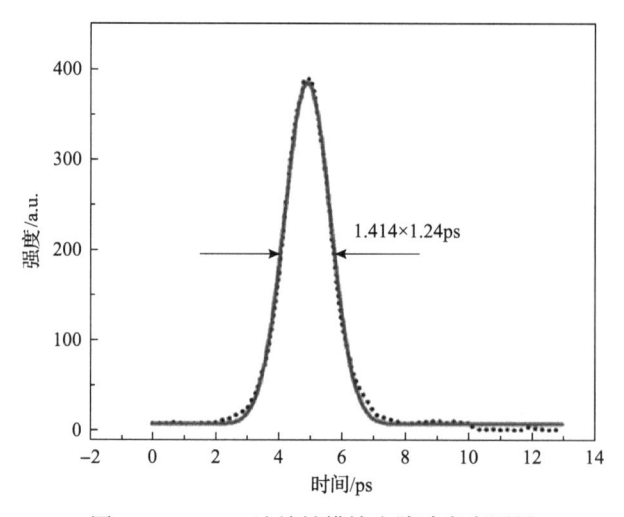

图 3.63 980nm 连续锁模输出脉冲宽度测量

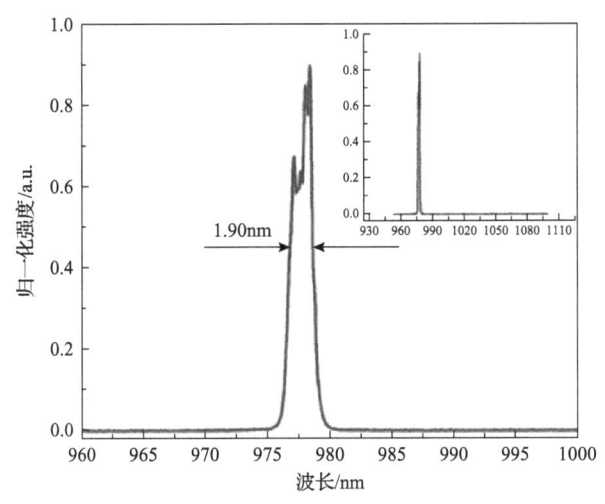

图 3.64 980nm 锁模激光振荡器输出光谱（插图光谱范围为 930～1110nm）

腔内的损耗和器件耦合之间的损耗，脉冲在腔内演化时，腔内功率并没有达到耗散孤子锁模的阈值。

从实验结果可以看出，脉冲在腔内的运转已经达到了耗散孤子运转所需的阈值，最终的输出脉冲只有 1.24ps，光谱宽度小于 2nm，直接输出的时间带宽积仅为 0.737，接近傅里叶变换极限。得到这样的结果是由于本实验采用的大模场光子晶体光纤具有小的色散系数和小的非线性系数；另外，由于非线性偏振旋转锁模机制的作用，在全正色散腔内引入了比增益带宽更窄的无形的窄带滤波器，起到了增益滤波器的作用，同时受调节锁模时波片的调节所引起的偏振滤波效应的影响。通过多次模拟对比，若去掉这种无形的窄带滤波器，要得到同样的输出结果就必须将掺镱增益光纤的增益带宽变为 3～4nm，而实际中增益光纤的增益带宽是 8～9nm。本实验中，输出功率大小可以由输出前的 HWP 来调节，通过控制腔内振荡所需的功率大小，获得在固定输入功率下稳定的脉冲及更高的功率输出。在此条件下，测量了同样输入功率不同耦合比下的激光功率输出，如图 3.65 所示。总的来说，输出功率随泵浦功率的增加而增加，当在高的耦合输出比下降低泵浦功率，锁模会变得不稳定甚至消失，这是由于此时的激光腔内泵浦不足以支撑锁模状态运转。利用带宽 2GHz 的光电探头和 40GHz 的频谱分析仪测量输出的 978nm 激光的频谱质量，获得了信噪比为 46.64dB 的频谱输出，如图 3.66 所示。

3. 基于 SESAM 和 NPR 的环形腔光子晶体光纤锁模激光振荡器

基于锁模器件 SESAM 及非线性偏振旋转（NPR）效应，搭建了一种大模场面积光子晶体光纤被动锁模激光振荡器，其结构如图 3.67 所示，激光器采用环形 σ

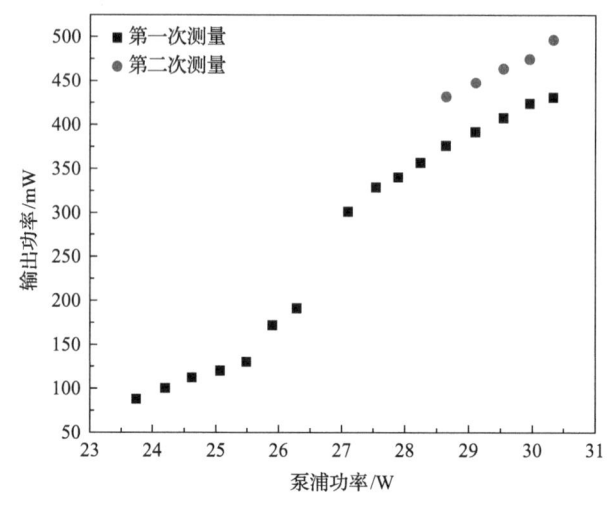

图 3.65 输出功率随泵浦功率变化(不同耦合输出效率下两次测量)

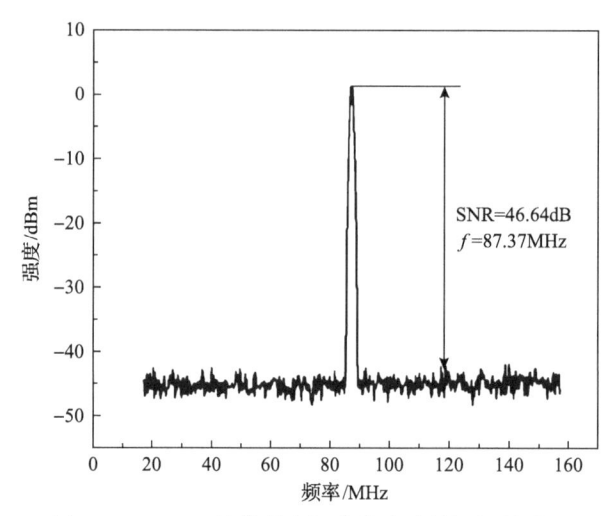

图 3.66 980nm 锁模激光振荡器脉冲射频频谱质量

腔结构，SESAM 作为锁模器件在这里起到关键性作用。

实验中采用光纤耦合(200μm，NA=0.22)半导体激光器作为泵浦源，中心波长 976nm，最大输出功率 25W。实验中所用增益光纤为非保偏光子晶体光纤(其内包层 170μm、数值孔径 0.62，纤芯模场直径为 33μm、有效数值孔径 0.03)，光纤长度 1.25m，其所提供的色散系数约为 0.013ps^2/m，整个激光器工作在正色散区，有利于实现高脉冲能量输出。为避免光纤端面损伤或污染，将光纤两端面的空气孔区均进行塌陷，并均以 8°斜角抛光，以避免光纤端面的反馈形成自激振荡。所用隔离器为偏振相关隔离器(PM-ISO，中心波长 1064nm，隔离度 45dB)，在作为起

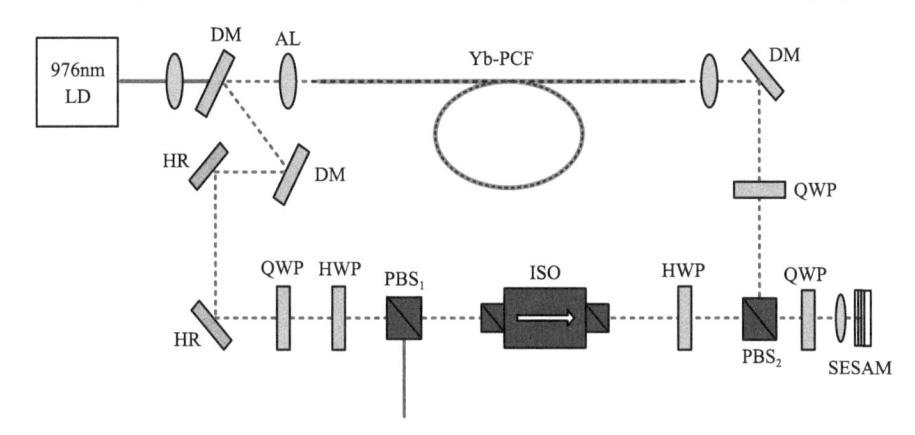

图 3.67 SESAM 和 NPE 相结合的光纤激光振荡器实验装置图

偏元件的同时保证腔内运行光的单方向运转。实验装置中所用的分光镜(DM)均镀有对泵浦光 976nm 高透、对激光 1040nm 高反的介质膜，所采用的折叠式结构设计有利于分离泵浦光和腔内循环振荡激光，避免杂散光对信号光的干扰。

976nm 泵浦光经 1:1 准直-聚焦耦合系统进入自由光路，在掺镱光子晶体光纤中产生 1030nm 左右的信号光，经过 QWP、HWP 后传输至作为此腔输出端口的偏振分束棱镜 PBS_1，一部分光经其侧面逃逸窗耦合输出，另一部分透过去的光经隔离器后耦合输出至第二个偏振分束棱镜 PBS_2，由非球面透镜聚焦至 SESAM，并在二者之间插入 QWP，目的是将经由 SESAM 反射的激光偏振态旋转 90°，从 PBS_2 反射端导出，再利用非球面透镜耦合回光子晶体光纤。位于第二偏振分束棱镜前的 HWP 用来调整入射到 SESAM 上的功率密度大小，以防止过高的光场强度损伤 SESAM。激光腔内另外的三个波片，分别是输出偏振分束棱镜前的一个 HWP 和 QWP，以及光子晶体光纤输入端的 QWP，用来调整激光偏振状态，引入非线性偏振旋转机理稳定锁模运转。腔内激光不断受到这种周期性调制，形成超短脉冲激光输出。

实验中所采用的锁模器件 SESAM 的主要参数如表 3.3 所示。SESAM 的可饱和吸收特性导致光脉冲中强度高的中心峰值部分受到的损耗小，强度低的前后沿部分受到的损耗大，所以 SESAM 在这里起到了不断窄化光脉冲的作用。一旦窄化后的光脉冲的脉冲宽度达到皮秒量级范围，腔内的群速度色散(GVD)和自相位调制(SPM)效应便开始对锁模脉冲进行光脉冲整形。这里的非线性偏振旋转效应不仅能够有效地压缩锁模脉冲的宽度，而且还会增强锁模脉冲的稳定性。

实验中采用 2GHz 高速光探测器和数字示波器来监测激光器输出脉冲的时域特性；采用光谱仪来监测激光器输出脉冲的光谱特性；采用频谱分析仪来监测激光器输出脉冲射频频谱；采用自相关仪来测量激光器输出脉冲的脉冲宽度。

基于所搭建的锁模激光振荡器，使 976nm 半导体泵浦源对激光器进行抽运，

表 3.3　SESAM 的主要参数

参数	取值
中心波长	1040nm
反射带宽（$R>35\%$）	990～1090nm
调制深度	35%
不饱和吸收率	65%
不饱和损耗率	25%
饱和通量	$20\mu J/cm^2$
弛豫时间	500fs

首先将泵浦光设定在较低的功率状态下，仔细调节偏振控制元件的角度，同时尽量降低和减少腔内的各种损耗，优化谐振腔结构，调节过程中通过功率计和示波器同时对输出特性进行观测。随着泵浦功率的不断升高，激光器依次经历连续波、调 Q、调 Q 锁模和连续波锁模状态。

当泵浦功率达到 8.7W 时，激光器开始输出连续光，输出功率为 81mW。继续增大泵浦功率至 10.13W 时，开始进入调 Q 状态，如图 3.68 所示。调 Q 脉冲序列重复频率为 104kHz，脉冲宽度为 25μs，此时输出功率大小为 223mW。当泵浦功率达到 10.86W 时，开始进入调 Q 锁模状态。图 3.69 为所监测到的调 Q 锁模脉冲包络，此时输出功率 354mW。

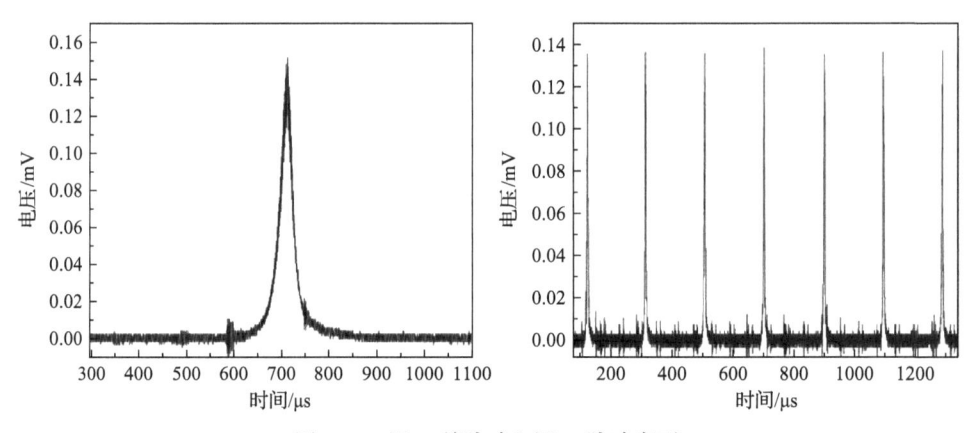

图 3.68　调 Q 单脉冲和调 Q 脉冲序列

在用 SESAM 作为可饱和吸收体时，往往会产生调 Q 锁模现象，此时激光器输出一个被纳秒量级的调 Q 包络调制的锁模脉冲序列，是一种不稳定的锁模状态。其产生机理可以简单理解为：吸收体被漂白使得腔内损耗减少，从而引起脉冲能量的增加。这个增加的脉冲能量如果不能被增益饱和抵消，就会产生调 Q 锁模现

(a) 调Q锁模脉冲包络

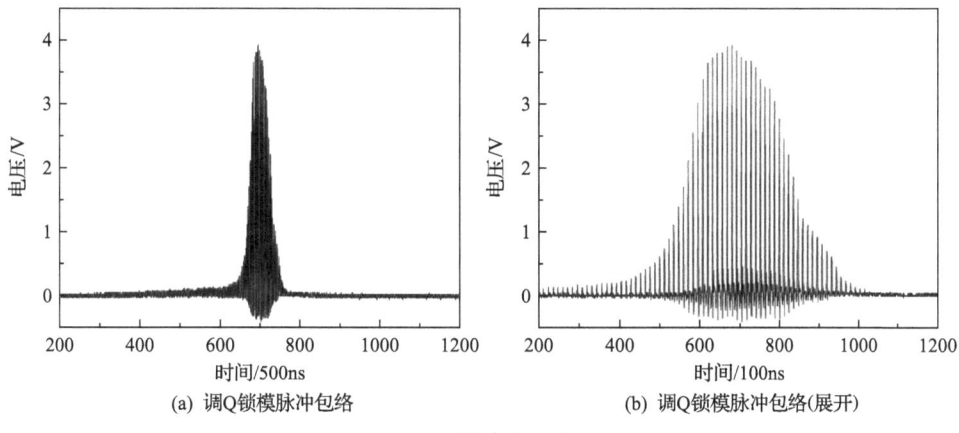

(b) 调Q锁模脉冲包络(展开)

图 3.69 调 Q 锁模脉冲包络(1.24kHz)

象。激光器的调 Q 锁模运转与半导体可饱和吸收镜的参数密切相关。半导体可饱和吸收镜的恢复时间与谐振腔的循环周期可比较时，容易出现调 Q 锁模。半导体生长过程中，需要利用在吸收层引入晶格缺陷来缩短恢复时间，从而避免调 Q 锁模。当吸收体的恢复时间远小于腔循环周期(一般的半导体可饱和吸收体都可以满足这个条件)时，不产生调 Q 锁模的条件为[27]

$$E_p^2 > E_{sat,L} E_{sat,A} \Delta R \tag{3.16}$$

式中，E_p 为激光脉冲能量；$E_{sat,L}$、$E_{sat,A}$ 分别为激光介质的饱和能量和吸收体的饱和能量；ΔR 为调制深度。

式(3.16)对皮秒脉冲锁模普遍成立。由式(3.16)可以看出，增加腔内单脉冲能量(降低重复频率)、降低吸收体的调制深度或减小 SESAM 上的光斑面积都可以有效避免调 Q 锁模。但是，SESAM 上的平均功率密度不能高于其损伤阈值，否则会造成 SESAM 的永久损伤，丧失可饱和吸收的作用。因此，在实验中应尽量避免激光器工作在调 Q 或者调 Q 锁模状态，以防止光脉冲能量过大损伤 SESAM 器件。

进一步增大泵浦功率至锁模阈值 11.5W，同时通过适当调节偏振控制元件的角度，可得到稳定的连续锁模脉冲序列输出，如图 3.70 所示，锁模脉冲序列重复频率为 83.7MHz，可以看出脉冲间隔相等。此时光谱宽度为 3nm，如图 3.71 所示。

保持此时的偏振控制器件状态，测定了连续锁模状态下光纤激光器的输出随泵浦功率变化的曲线。激光器的自启动连续锁模阈值为 430mW，对应此时的泵浦功率为 11.5W。在此选用了 f =10mm 的非球面镜来优化 SESAM 上的光斑面积大小，进而提高锁模脉冲激光的输出功率，同时降低 SESAM 的损伤阈值。图 3.72 给出了不同泵浦功率下的锁模脉冲平均输出功率曲线。在泵浦功率为 21.5W 时，

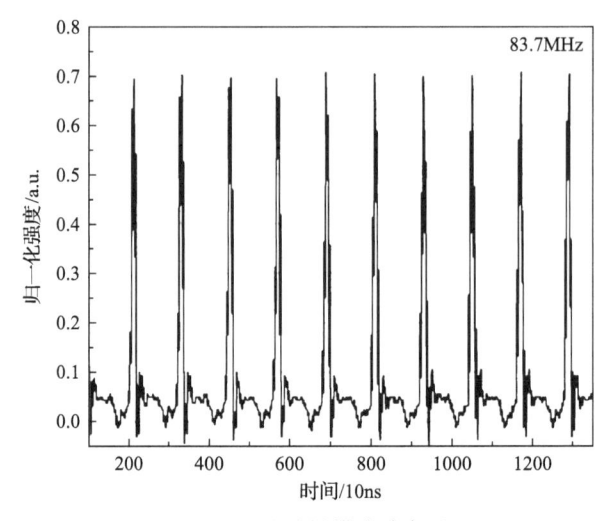

图 3.70 连续锁模脉冲序列

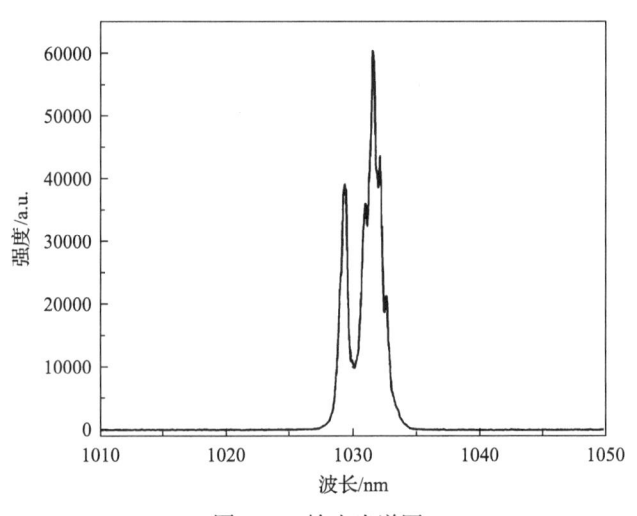

图 3.71 输出光谱图

最高输出功率达到 3.15W。

实验中,在泵浦功率超过 21.5W 时,示波器显示的采样脉冲图像已经明显不稳,脉冲波形开始抖动,直至失锁,同时输出功率下降。根据这一情况,从实验上展开分析讨论,分别在不同的峰值功率下对光谱数据进行采样,实时监测光谱的变化情况,在功率提升时发现输出光谱存在明显的展宽。图 3.73 显示了不同输出功率下的输出光谱情况,从图中可以看出,光谱由最初的 3nm 展宽至 8nm。而且,在输出功率较低时,光谱中间有明显的凹陷,在增大泵浦功率使输出功率提高的同时,中间凹陷部分上升,光谱开始向两侧分裂展宽。根据非线性特性分析,

第 3 章 光纤激光锁模振荡器

光纤内部传输放大的光脉冲在高峰值功率下，由于自相位调制和群速度色散的共同作用致使光谱展宽，且在 1037nm 处也伴随有起振的趋势，致使输出光谱不纯净，此现象可以通过选用合适的带通滤光片将其他频谱分量滤除。

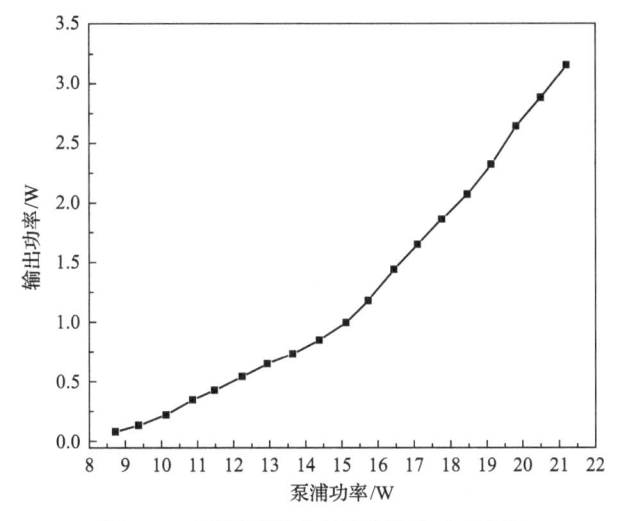

图 3.72　不同泵浦功率下的输出功率曲线

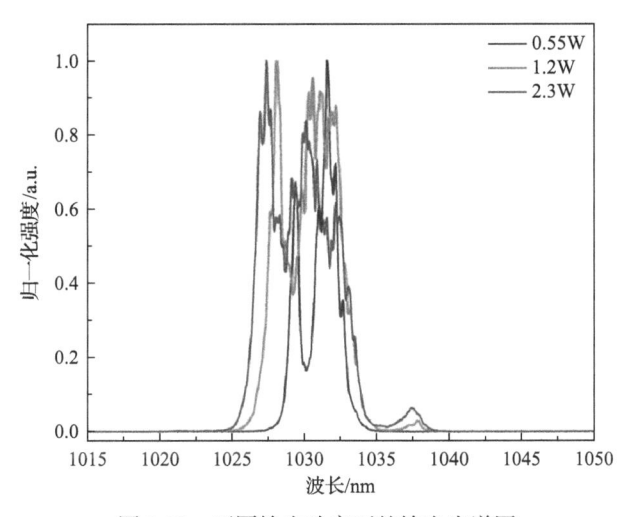

图 3.73　不同输出功率下的输出光谱图

图 3.74 是通过自相关仪测得的脉冲自相关曲线，其半高全宽(FWHM)约为 1.1ps，对应的高斯型脉冲的宽度为 780fs，脉冲光谱宽度为 4.6nm，计算得到其时间带宽积为 1.06，大于高斯脉冲的变换极限 0.414，表明锁模脉冲带有轻微的啁啾。实验测得的锁模脉冲的射频频谱如图 3.75 所示，锁模脉冲的重复频率为 83.7MHz，信噪比大于 50dB，表明激光器锁模状态很稳定。

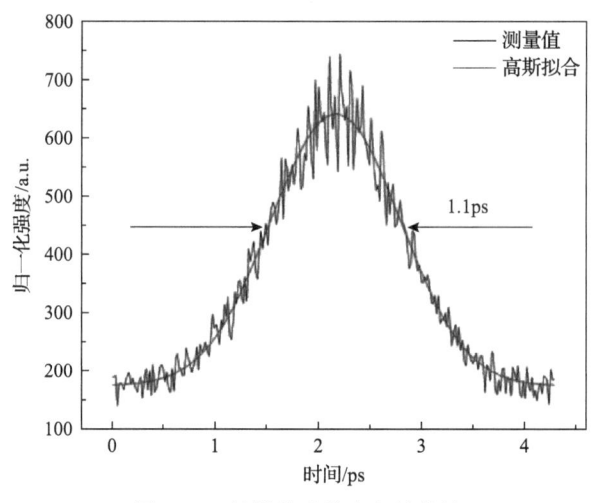

图 3.74 锁模脉冲的自相关曲线

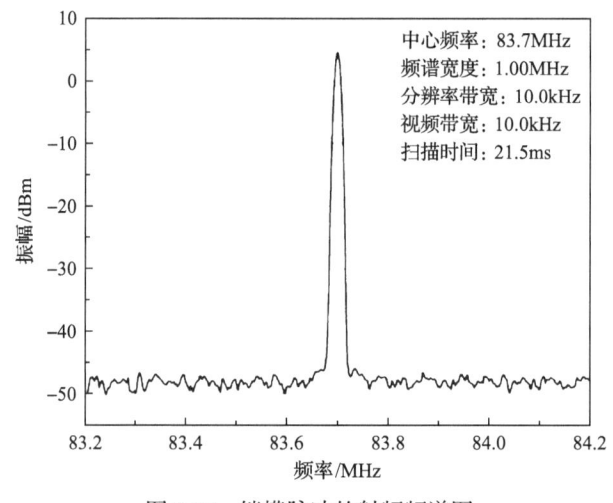

图 3.75 锁模脉冲的射频频谱图

综上所述，相对于单一的锁模方式，混合锁模结合了两种锁模方式的优点，不仅可以使激光器实现自启动锁模，也有利于产生峰值功率更高、脉冲宽度更窄的脉冲，使其输出的状态更为丰富，信噪比更高，稳定性更好，是一种较为理想的锁模技术。

参 考 文 献

[1] 张大鹏. 高功率光子晶体光纤飞秒激光振荡器及应用研究[D]. 天津: 天津大学, 2012.
[2] Menyuk C R. Pulse propagation in an elliptically birefringent Kerr medium[J]. IEEE Journal of Quantum Electronics, 1989, 25(12): 2674-2682.

[3] Muraki D J, Kath W L. Hamiltonian dynamics of solitons in optical fibers[J]. Physica D: Nonlinear Phenomena, 1991, 48(1): 53-64.

[4] Tamura K, Haus H A, Ippen E P. Self-starting additive pulse mode-locked erbium fibre ring laser[J]. Electronics Letters, 1992, 28(24): 2226-2228.

[5] Haus H A, Ippen E P, Tamura K. Additive-pulse modelocking in fiber lasers[J]. IEEE Journal of Quantum Electronics, 1994, 30(1): 200-208.

[6] Fermann M E. Passive mode locking by using nonlinear polarization evolution in a polarization-maintaining erbium-doped fiber[J]. Optics Letters, 1993, 18(11): 894.

[7] Kong L J, Xiao X S, Yang C X. Low-repetition-rate all-fiber all-normal-dispersion Yb-doped mode-locked fiber laser[J]. Laser Physics Letters, 2010, 7(5): 359-362.

[8] Hofer M, Fermann M E, Haberl F, et al. Mode locking with cross-phase and self-phase modulation[J]. Optics Letters, 1991, 16(7): 502-504.

[9] 伏传龙. 单壁碳纳米管功能化的研究[D]. 上海: 上海交通大学, 2008.

[10] Lauret J S, Voisin C, Cassabois G, et al. Bandgap photoluminescence of semiconducting single-wall carbon nanotubes[J]. Physica E: Low-Dimensional Systems and Nanostructures, 2004, 21(2-4): 1057-1060.

[11] 成会明. 纳米碳管: 制备、结构、物性及应用[M]. 北京: 化学工业出版社, 2002.

[12] Kim J Y, Kim M, Kim H, et al. Electrical and optical studies of organic light emitting devices using SWCNTs-polymer nanocomposites[J]. Optical Materials, 2003, 21(1-3): 147-151.

[13] 付群. 单壁碳纳米管的纯化、修饰及其初步用于场效应生物传感器的研究[D]. 上海: 上海大学, 2009.

[14] Eibergen E E, Doorn S K. Chiral selectivity in the charge-transfer bleaching of single-walled carbon-nanotube spectra[J]. Nature Materials, 2005, 4(5): 412-418.

[15] Novoselov K S, Geim A K, Morozov S V, et al. Electric field effect in atomically thin carbon films[J]. Science, 2004, 306(5696): 666-669.

[16] Geim A K, Novoselov K S. The rise of graphene[J]. Nature Materials, 2007, 6(3): 183-191.

[17] Jahan M D, Shivaraman S, Chandrashekhar M, et al. Measurement of ultrafast carrier dynamics in epitaxial graphene[J]. MRS Online Proceedings Library, 2008, 1081(1): 604.

[18] Breusing M, Ropers C, Elsaesser T. Ultrafast carrier dynamics in graphite[J]. Physical Review Letters, 2009, 102(8): 086809.

[19] Wang Q H, Kalantar-Zadeh K, Kis A, et al. Electronics and optoelectronics of two-dimensional transition metal dichalcogenides[J]. Nature Nanotechnology, 2012, 7(11): 699-712.

[20] Sotor J, Sobon G, Macherzynski W, et al. Black phosphorus saturable absorber for ultrashort pulse generation[J]. Applied Physics Letters, 2015, 107(5): 051108.

[21] Kong L C, Qin Z P, Xie G Q, et al. Black phosphorus as broadband saturable absorber for pulsed

lasers from 1μm to 2.7μm wavelength[J]. Laser Physics Letters, 2016, 13(4): 045801.

[22] Wu D D, Cai Z P, Zhong Y L, et al. Compact passive Q-switching Pr3-doped ZBLAN fiber laser with black phosphorus-based saturable absorber[J]. IEEE Journal of Selected Topics in Quantum Electronics, 2017, 23(1): 0900106.

[23] von Schenering P D H G, Schmidt D H. KP_{15}, a new potassium polyphosphide[J]. Angewandte Chemie International Edition in English, 1967, 6(4): 356.

[24] Tian N, Yang Y H, Liu D M, et al. High anisotropy in tubular layered exfoliated KP_{15}[J]. ACS Nano, 2018, 12(2): 1712-1719.

[25] Olego D J, Baumann J, Schachter R, et al. Vibrational and electronic properties of MP_{15} polyphosphides: KP_{15} thin films[J]. Physical Review B, 1985, 31(4): 2240-2245.

[26] Agrawal G P. 非线性光纤光学原理及应用[M]. 贾东方, 等译. 北京: 电子工业出版社, 2002.

[27] 余有龙, 谭华耀, 王骐. 环形腔光纤激光器波长选择技术[J]. 中国激光, 2002, 29(1): 1.

第4章 皮秒光纤激光放大器

4.1 光纤激光放大器基本理论

超短脉冲光纤激光放大器可以将振荡器输出的激光脉冲进行放大,得到高功率高能量的脉冲激光输出,是超短脉冲光纤激光器中的关键组成部分。目前,广泛应用的超短脉冲激光放大技术主要为主振荡功率放大技术和啁啾脉冲放大技术,本节主要从脉冲在光纤中的传输、增益放大、色散和非线性效应等方面对放大器的基本理论进行介绍。

4.1.1 脉冲在光纤中的传输理论

在光纤放大器中,脉冲激光在增益光纤中的传输会受到光纤的色散、非线性效应和增益的共同作用,通常可以用 Ginzburg-Landau 方程来描述。增益光纤中,在不考虑频率失谐的情况下,传输方程为

$$\frac{\partial A}{\partial z}+\frac{\alpha}{2}A+\beta_1\frac{\partial A}{\partial t}+\frac{\mathrm{i}}{2}\beta_2\frac{\partial^2 A}{\partial t^2}=\mathrm{i}\gamma|A|^2+\frac{g}{2}A+\frac{g}{2\Omega_\mathrm{g}^2}\frac{\partial^2 A}{\partial t^2} \tag{4.1}$$

式中,A 为慢变包络的振幅;i 为虚数单位;α 为光纤损耗;g 为光纤的增益系数;Ω_g 为增益带宽。

当 $\alpha=0$、$g=0$ 时,方程就转变为非线性薛定谔方程。考虑到增益饱和的影响,增益系数 g 是随着时间变化的,其表达式为[1]

$$\frac{\partial g}{\partial t}=\frac{G-g}{T_1}-\frac{g|A|^2}{E_\mathrm{s}} \tag{4.2}$$

式中,G 为光纤的增益;E_s 为增益介质的饱和强度;T_1 为掺杂介质的亚稳态寿命。当脉冲宽度远小于 T_1 时,T_1 项可以忽略,得到

$$g(t)=G\exp\left(-\frac{1}{E_\mathrm{s}}\int_{-\infty}^{t}|A|^2\mathrm{d}t\right) \tag{4.3}$$

在理想光纤中,光纤横截面是标准的同心圆,折射率分布是均匀对称的,两

个模的传输常数相等$(\beta_x = \beta_y)$,彼此简并,因此可以看成一个单一的偏振电矢量,沿光纤传输时总的偏振态保持不变。实际上,对于真实的光纤,由于光纤制造工艺和使用过程中施加在光纤上的随机压力,以及沿光纤存在纤芯形状的意外改变和各向异性应力,都会导致单模光纤的模式简并被破坏,使传输常数β_x和β_y不相等,两个正交偏振的模式耦合,即产生了光纤双折射效应。双折射大小可以用模式双折射度B_m表示:

$$B_m = \frac{|\beta_x - \beta_y|}{k_0} = |n_x - n_y| \qquad (4.4)$$

式中,n_x和n_y为两个垂直模式方向的折射率。通常,光纤的双折射还用双折射拍长来描述,拍长定义为

$$L_b = \frac{2\pi}{|\beta_x - \beta_y|} = \frac{\lambda}{B_m} \qquad (4.5)$$

当光脉冲在双折射光纤中传输时,由于光纤两个主轴的折射率不相等,所以沿着两个主轴传输的两个正交偏振分量具有不同的群速度和相速度。两个正交偏振分量之间群速度的不同将会导致光脉冲在传输过程中脉冲宽度不断展宽。由于相速度的不同,两个正交偏振分量在传输过程中会产生不同的相位,其相位差为

$$\Delta\phi = \frac{2\pi|n_x - n_y|L}{\lambda} = \frac{2\pi L}{L_b} \qquad (4.6)$$

由式(4.6)可以看出,光脉冲的偏振态在传输过程中会周期性地改变。当脉冲传输距离L刚好等于光纤的双折射拍长L_b的整数倍时,沿着两个主轴传输的两个正交偏振分量之间的相位差也将是2π的相同整数倍,于是光脉冲能够恢复到初始的偏振态。

当高强度的光脉冲在光纤中传输时,光纤对光脉冲的响应表现出非线性关系,光纤中的强光场将会引入非线性双折射,而且非线性双折射的大小是依赖光强的,于是沿x、y轴的折射率变为

$$n_x = n_x^L + \Delta n_x \qquad (4.7)$$

$$n_y = n_y^L + \Delta n_y \qquad (4.8)$$

式中,n_x^L和n_y^L为折射率的线性部分;非线性部分Δn_x和Δn_y为

$$\Delta n_x = n_2 \left(|E_x|^2 + \frac{2}{3}|E_y|^2 \right) \tag{4.9}$$

$$\Delta n_y = n_2 \left(|E_y|^2 + \frac{2}{3}|E_x|^2 \right) \tag{4.10}$$

式(4.9)和式(4.10)右边的第一项是由自相位调制引起的，第二项是由交叉相位调制(XPM)引起的。XPM 指的是一个偏振分量的非线性相移是由另一个偏振分量的光强所感应出来的。XPM 的存在导致两个正交偏振分量 E_x 和 E_y 之间的非线性耦合。通常，两个正交偏振分量的强度不相等，那么非线性折射率 Δn_x 和 Δn_y 也不相等，于是光纤中便产生了非线性双折射。

上面介绍了描述光脉冲在普通单模光纤中的传输方程，方程中并未考虑光纤双折射的影响。当光脉冲在双折射光纤中传输时，XPM 导致两个正交偏振分量之间的耦合，用耦合非线性薛定谔方程描述为

$$\frac{\partial A_x}{\partial z} = \mathrm{i}\beta A_x - \delta\frac{\partial A_x}{\partial t} - \frac{\mathrm{i}}{2}\beta_2\frac{\partial^2 A_x}{\partial t^2} + \mathrm{i}\gamma\left(|A_x|^2 + \frac{2}{3}|A_y|^2\right)A_x + \frac{\mathrm{i}\gamma}{3}A_y^2 A_x^* + \frac{g}{2}A_x + \frac{g}{2\Omega_g^2}\frac{\partial^2 A_x}{\partial t^2} \tag{4.11}$$

$$\frac{\partial A_y}{\partial z} = -\mathrm{i}\beta A_y - \delta\frac{\partial A_y}{\partial t} - \frac{\mathrm{i}}{2}\beta_2\frac{\partial^2 A_y}{\partial t^2} + \mathrm{i}\gamma\left(|A_y|^2 + \frac{2}{3}|A_x|^2\right)A_y + \frac{\mathrm{i}\gamma}{3}A_x^2 A_y^* + \frac{g}{2}A_x + \frac{g}{2\Omega_g^2}\frac{\partial^2 A_x}{\partial t^2} \tag{4.12}$$

式中，A_x 和 A_y 分别为光脉冲沿光纤两个主轴方向上的偏振分量的慢变振幅；2β 和 2δ 分别为光纤两个主轴方向上的波数差和群速度的倒数之差；g 和 Ω_g 分别为谐振腔内光纤的增益系数和增益带宽。

对于非掺杂光纤，$g=0$；而对于掺杂光纤，g 可表示为

$$g = g_0 \exp\left(-\frac{\int\left(|A_x|^2 + |A_y|^2\right)\mathrm{d}t}{P_\mathrm{sat}}\right) \tag{4.13}$$

式中，g_0 和 P_sat 分别为增益光纤的小信号增益系数和增益饱和功率。

4.1.2 脉冲在光纤中的增益放大特性

光纤激光放大主要是通过增益光纤的光增益对其中传输的脉冲激光进行功率提升，其增益相关的主要参数包括增益系数、增益带宽和放大器噪声。下面将详

细阐释光纤放大器中的增益特性参数，并结合速率方程和传输方程对光纤放大器的增益放大过程进行系统讨论。

1. 增益系数、增益带宽和放大器噪声

在光纤放大系统中，泵浦光所提供的能量达到了两个能级之间粒子数反转所必需的条件，进而粒子数的反转为放大系统提供了一个光增益 $g = \sigma(N_1 - N_2)$，式中，σ 为跃迁截面；N_1 和 N_2 分别为基态和激发态上的粒子数。增益系数 g 就可以用速率方程通过合理的解析来计算。对于均匀加宽的增益介质的增益系数，其解析公式[2]为

$$g(\omega) = \frac{g_0}{1 + (\omega - \omega_0)^2 T_2^2 + P/P_s} \tag{4.14}$$

式中，g_0 为光增益的峰值；ω 为入射的信号光的频率；ω_0 为原子跃迁频率；P 为被放大的信号激光的功率；P_s 为饱和功率；T_2 为偶极子弛豫时间。

饱和功率 P_s 与掺杂参数的大小有关，荧光时间 T_1 与跃迁截面 σ 的参数大小有关，对于光纤激光器，荧光时间 T_1 随掺杂离子的不同会在 $0.1\mu s \sim 10ms$ 的范围内变化，偶极子弛豫时间 T_2 的典型值是一个非常小的值，约为 $0.1ps$。式(4.14)通常用于分析讨论放大器的一些重要特性，如增益带宽、激光器放大倍数和输出饱和功率等。

对增益系数的公式进行简化，忽略式(4.14)中的 P/P_s 项，便可得到简化的增益系数表达式：

$$g(\omega) = \frac{g_0}{1 + (\omega - \omega_0)^2 T_2^2} \tag{4.15}$$

可以发现，当信号光的频率 ω 与原子跃迁频率 ω_0 相等时，公式数值求解最大，也就是此时增益最大，当信号光的频率 ω 与原子跃迁频率 ω_0 不相等时，增益将会按照洛伦兹线型变化，如图 4.1 所示，这便是均匀加宽系统的基本特性[2,3]，但是对于光纤激光放大器，它的实际增益谱线会明显偏离洛伦兹线型。增益谱的半极大全宽度即增益带宽，对于洛伦兹线型的增益谱，其增益带宽可以表达为

$$\Delta \nu_g = \frac{\Delta \omega_g}{2\pi} = \frac{1}{\pi T_2} \tag{4.16}$$

另一个非常重要的参数是放大器的带宽，它常常可以用来代替增益带宽，在这里将详细描述二者的区别。首先定义放大倍数为 $G = P_{Out}/P_{In}$，式中，P_{Out} 和 P_{In}

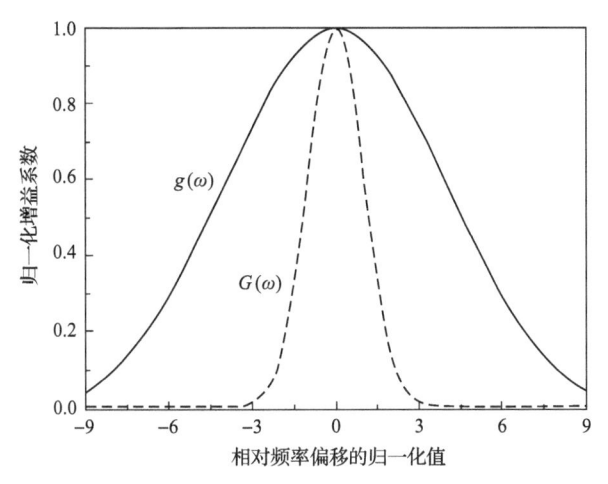

图 4.1 增益系数 $g(\omega)$ 曲线和放大倍数 $G(\omega)$ 曲线

分别为放大器中的输出和输入信号激光的功率,那么放大倍数可以通过下述方程求得:

$$\frac{\mathrm{d}P}{\mathrm{d}z} = g(\omega)P(z) \tag{4.17}$$

式中,$P(z)$ 为距放大器输入端 z 处的激光功率。

如果放大器中增益光纤的长度为 L,那么有 $P(0)=P_{\mathrm{In}}$ 和 $P(L)=P_{\mathrm{Out}}$,假定 $g(\omega)$ 沿放大器长度方向为一个常量,通过积分计算就可以知道放大器放大倍数的表达式为

$$G(\omega) = \exp\left(\int_0^L g(\omega)\mathrm{d}z\right) = \exp(g(\omega)L) \tag{4.18}$$

可以发现,当 $\omega=\omega_0$ 时,$G(\omega)$ 和 $g(\omega)$ 均为最大,而当 $\omega \neq \omega_0$ 时,$G(\omega)$ 和 $g(\omega)$ 均会减小,但是式(4.18)中的 $G(\omega)$ 与 ω 的关系呈指数形式,所以 $G(\omega)$ 减小的速度将会比 $g(\omega)$ 减小的速度快得多。那么放大器的带宽 $\Delta\nu_{\mathrm{A}}$ 可以定义为 $G(\omega)$ 的半极大全宽度,其与增益带宽 $\Delta\nu_{\mathrm{g}}$ 的关系为

$$\Delta\nu_{\mathrm{A}} = \Delta\nu_{\mathrm{g}}\left(\frac{\ln 2}{\ln G_0 - \ln 2}\right)^{1/2} \tag{4.19}$$

式中,G_0 为放大器增益的峰值。

图 4.1 绘出了 g/g_0 和 G/G_0 与 $(\omega-\omega_0)T_2$ 的关系变化曲线,进而给出了归一化

的增益系数 $g(\omega)$ 曲线和放大倍数 $G(\omega)$ 曲线。正如上面分析的,放大器的带宽小于增益带宽,其产生的差异主要原因在于放大增益本身。

增益饱和是放大器中另一个非常重要的参数,它主要描述增益系数与光功率的相互关系。如式(4.14)所示,当 P 和 P_s 相当时, g 将减小,放大倍数 G 也将随之相应减小。为简化讨论,在这里假设信号频率恰好与原子跃迁频率 ω_0 一致,然后将式(4.14)代入式(4.17),便可以求出

$$\frac{\mathrm{d}P}{\mathrm{d}z} = \frac{g_0 P}{1+P/P_s} \tag{4.20}$$

然后利用初始条件 $P_0 = P_{\text{In}}$,并同时考虑 $P(L) = P_{\text{Out}} = GP_{\text{In}}$,那么放大器的增益为

$$G = G_0 \exp\left(-\frac{G-1}{G}\frac{P_{\text{Out}}}{P_s}\right) \tag{4.21}$$

激光放大器的信噪比用 SNR 来表示,SNR 指的是当光电探测器将光信号转换为电信号时,所产生的电功率,信噪比的程度是用噪声指数参数 F_n 来衡量的, F_n 定义如式(4.22)所示,通常 F_n 与支配探测器的散粒噪声和热噪声等几个参数有关,对于只受散粒噪声限制的理想探测器,可以推导出一个 F_n 的表达式,推导过程如下:

$$F_n = \text{SNR}_{\text{In}}/\text{SNR}_{\text{Out}} \tag{4.22}$$

在散粒噪声限制下,输入信号的 SNR 由式(4.23)给出:

$$\text{SNR}_{\text{In}} = \frac{I^2}{\sigma_s^2} = \frac{(R_d P_{\text{In}})^2}{2q(R_d P_{\text{In}})\Delta f} = \frac{P_{\text{In}}}{2h\nu\Delta f} \tag{4.23}$$

式中, $I = R_d P_{\text{In}}$ 为平均光电流; $R_d = q/(h\nu)$ 为假定量子效率为 100%时的理想光电探测器的响应度, ν 为光频率; σ_s 为对散粒噪声的贡献,其表达式为

$$\sigma_s^2 = 2q(R_d P_{\text{In}})\Delta f \tag{4.24}$$

式中, Δf 为所用探测器的带宽; q 为电子的电荷量。

计算 SNR 时,应该再加上自发辐射对探测器噪声的贡献,对于带宽放大器,自发辐射噪声的谱密度近似为常数(白噪声),其表达式为

$$S_{\text{SP}}(\nu) = (G-1)n_{\text{SP}}h\nu \tag{4.25}$$

式中，$n_{SP}=N_2/(N_2-N_1)$ 为自发辐射因子或粒子数反转因子。

自发辐射增加了放大信号的波动起伏，这种起伏在光电转化中变成了相应电流的起伏。

噪声电流主要来源于自发辐射与信号的拍频，这种拍频现象类似于外差探测，自发辐射光与放大的信号光在光电探测器中相干混合，产生了光电流的一个外差分量，光电流的方差可以表示为

$$\sigma^2 = 2q(R_d GP_{In})\Delta f + 4(R_d GP_{In})(RS_{SP})\Delta f \tag{4.26}$$

式中，第一项归因于散粒噪声；第二项归因于信号光和自发辐射的拍频。由于 $I=R_d GP_{In}$ 是平均电流，所以放大信号的 SNR 为

$$\text{SNR}_{Out} = \frac{(R_d GP_{In})^2}{\sigma^2} \approx \frac{GP_{In}}{(4S_{SP}+2h\nu)\Delta f} \tag{4.27}$$

接着将式(4.23)和式(4.27)代入式(4.22)，则放大器的噪声指数为

$$F_n = 2n_{SP}\left(1-\frac{1}{G}\right)+\frac{1}{G} \approx 2n_{SP} \tag{4.28}$$

由上述公式可以发现，只有当 G 远大于 1 时，最后的近似才可以成立。该公式表明，放大信号光的 SNR 即使在 $n_{SP}=1$ 的理想放大器中也会降低 1/2 左右或减小 3dB 左右。大多数的实际应用中，放大器的 F_n 一般会超过 3dB，所以放大器中的噪声是不可完全消除的，只有尽可能降低噪声，通过增加信噪比来得到更好的放大效果[4,5]。

2. 速率方程、传输方程

速率方程是讨论激光器粒子数反转和增益的基础，根据稀土粒子能级结构和粒子的跃迁动力学过程，可列出各有关能级上的粒子数随时间变化的偏微分方程组，这些偏微分方程组便称为速率方程组。本部分主要以镱离子的四能级系统为例对速率方程进行讨论。

四能级系统是指与激光发射有关的四个粒子能级，分别为泵浦能级 E_4、激光上能级 E_3、激光下能级 E_2 和基态能级 E_1。对于泵浦能级的要求是要有宽的吸收带，以便更好地吸收泵浦能量，并且要有大的非辐射跃迁概率，这样才能成为激光上能级理想的粒子数中转站，同时希望激光上能级的寿命较长，而激光下能级的寿命越短越好，这样便容易实现粒子数的反转。各能级之间的跃迁过程为：W_{14} 是 E_1 到 E_4 的泵浦跃迁概率，A_{41} 是 E_4 到 E_1 的自发辐射跃迁概率，S_{41} 是 E_4 到 E_1 的

无辐射跃迁概率，A_{32} 是 E_3 到 E_2 的自发辐射跃迁概率，W_{32} 是 E_3 到 E_2 的受激辐射跃迁概率，W_{23} 是 E_2 到 E_3 的受激吸收跃迁概率，S_{32} 是 E_3 到 E_2 的无辐射跃迁概率，S_{43} 是 E_4 到 E_3 的无辐射跃迁概率，S_{21} 是 E_2 到 E_1 的弛豫概率，也可以称为下能级抽空概率。四能级系统结构具有以下特点[6]：$S_{43} \geqslant S_{41}$；$A_{32} \geqslant S_{32}$；$E_2 - E_1 \geqslant kT$；S_{21} 为极大值。设各能级上的粒子数分别为 N_1、N_2、N_3、N_4，增益介质中总的粒子数为 N，则可以得到各能级粒子数随时间变化的方程为

$$\frac{dN_1}{dt} = N_2 S_{21} - N_1 W_{14} + N_4 (S_{41} + A_{41}) \qquad (4.29)$$

$$\frac{dN_3}{dt} = N_4 S_{43} + N_2 W_{23} - N_3 W_{32} - N_3 (S_{32} + A_{32}) \qquad (4.30)$$

$$\frac{dN_4}{dt} = N_1 W_{14} - N_4 S_{43} - N_4 (S_{41} + A_{41}) \qquad (4.31)$$

$$N = N_1 + N_2 + N_3 + N_4 \qquad (4.32)$$

其中 dN_2/dt 的速率方程没有列出，因为它不是独立的。假设激光器腔内只有一种激光模式，该模式中的光子数为 φ；有效体积为 V；介质谱线为均匀加宽，其线性函数为 $g_H(\nu,\nu_0)$，则能级 E_2 和 E_3 之间的受激跃迁概率可以表达为

$$W_{23} = \frac{g_3}{g_2} B_\alpha \varphi \qquad (4.33)$$

$$W_{32} = B_\alpha \varphi \qquad (4.34)$$

式中，$B_\alpha = B_{32} h\nu g_H(\nu,\nu_0)/V$ 表示由每个光子引起的受激跃迁概率。根据爱因斯坦系数关系，可以得到

$$W_{32} = B_{32} u_\nu \qquad (4.35)$$

$$W_{23} = B_{23} u_\nu \qquad (4.36)$$

$$\frac{A_{32}}{B_{32}} = \frac{8\pi h\nu^3}{c^3} = h\nu m_\nu \qquad (4.37)$$

式中，u_ν 和 m_ν 分别为单色的辐射能量密度和模密度。那么便可以得到

$$B_\alpha = \frac{B_{32} h\nu g_H(\nu,\nu_0)}{V} = \frac{A_{32} g_H(\nu,\nu_0)}{m_\nu V} \qquad (4.38)$$

可以看出，介质中某个激光模式中的一个光子所引起的受激辐射跃迁概率等

于分配到该模式上的自发跃迁概率，介质内的光子数 φ 的变化速率方程为

$$\frac{\mathrm{d}\varphi}{\mathrm{d}t} = B_\alpha V \left(N_3 + \varphi N_3 - \varphi \frac{g_3}{g_2} N_2 \right) \tag{4.39}$$

令 $\eta_\alpha = S_{43}/(S_{43} + S_{41} + A_{41})$，$\eta_\beta = A_{32}/(S_{32} + A_{32})$，则四能级系统的速率方程可以写为

$$\frac{\mathrm{d}N_1}{\mathrm{d}t} = -N_1 W_{14} + N_2 S_{21} + N_4 S_{43} \left(\frac{1}{\eta_\alpha} - 1 \right) \tag{4.40}$$

$$\frac{\mathrm{d}N_3}{\mathrm{d}t} = N_4 S_{43} - B_\alpha \varphi \Delta N - N_3 \frac{A_{32}}{\eta_\beta} \tag{4.41}$$

$$\frac{\mathrm{d}N_4}{\mathrm{d}t} = N_1 W_{14} - N_4 \frac{S_{43}}{\eta_\alpha} \tag{4.42}$$

$$\frac{\mathrm{d}\varphi}{\mathrm{d}t} = B_\alpha V (N_3 + \varphi \Delta N) \tag{4.43}$$

$$N = N_1 + N_2 + N_3 + N_4 \tag{4.44}$$

式中，$\Delta N = N_3 - N_2 (g_3/g_2)$ 为反转粒子数。

上述方程组为描述各能级上的粒子数密度随时间变化的速率方程组，它是一个微分方程组，通过这个方程组可以计算出任何时刻各能级上的粒子数量，因而可以用来研究上下能级之间粒子数密度反转的问题。

在光纤放大器中，为了研究信号光、泵浦光功率和放大输出功率等参数与增益介质之间的关系，还需要借助激光在增益光纤中的传输方程。式(4.45)为基于掺镱光纤放大器的传输方程：

$$\pm \frac{\mathrm{d}P_\mathrm{p}^\pm(z)}{\mathrm{d}z} = -\Gamma_\mathrm{p} \left[\sigma_\mathrm{ap} N - (\sigma_\mathrm{ap} + \sigma_\mathrm{ep}) N_2(z) \right] P_\mathrm{p}^\pm(z) - \alpha_\mathrm{p} P_\mathrm{p}^\pm(z) \tag{4.45}$$

$$\pm \frac{\mathrm{d}P_\mathrm{s}^\pm(z)}{\mathrm{d}z} = \Gamma_\mathrm{s} \left[(\sigma_\mathrm{es} + \sigma_\mathrm{as}) N_2(z) - \sigma_\mathrm{as} N \right] P_\mathrm{s}^\pm(z) + \Gamma_\mathrm{s} \sigma_\mathrm{es} N_2(z) P_0 - \alpha_\mathrm{s} P_\mathrm{s}^\pm(z) \tag{4.46}$$

$$\frac{N_2(z)}{N} = \frac{\dfrac{\left(P_\mathrm{p}^+(z) + P_\mathrm{p}^-(z)\right) \sigma_\mathrm{ap} \Gamma_\mathrm{p}}{h\nu_\mathrm{p} A_\mathrm{c}} + \dfrac{\Gamma_\mathrm{s} \sigma_\mathrm{as} \left(P_\mathrm{s}^+(z) + P_\mathrm{s}^-(z)\right)}{h\nu_\mathrm{s} A_\mathrm{c}}}{\dfrac{\left(P_\mathrm{p}^+(z) + P_\mathrm{p}^-(z)\right)(\sigma_\mathrm{ap} + \sigma_\mathrm{ep}) \Gamma_\mathrm{p}}{h\nu_\mathrm{p} A_\mathrm{c}} + \dfrac{1}{\tau} + \dfrac{\Gamma_\mathrm{s} (\sigma_\mathrm{es} + \sigma_\mathrm{as}) \left(P_\mathrm{s}^+(z) + P_\mathrm{s}^-(z)\right)}{h\nu_\mathrm{s} A_\mathrm{c}}}$$

$$\tag{4.47}$$

式(4.45)和式(4.46)分别为光纤不同位置处前、后向泵浦光功率$P_n^{\pm}(z)$和前、后向信号光功率$P_s^{\pm}(z)$的变化规律，式(4.47)表示的是掺镱光纤的上能级粒子数浓度$N_2(z)$和$P_n^{\pm}(z)$及$P_s^{\pm}(z)$的关系。式中，$P_0 = 2h\nu_s\Delta\nu_s$为增益带宽$\Delta\nu_s$内信号光的自发辐射光成分，在小功率工作条件下数值很小可以忽略。公式中其他符号所代表的物理含义以及在模拟中所用的数值见表4.1。

表 4.1 掺镱光纤放大器理论模拟的物理量及数值

符号	物理含义	取值
N	Yb^{3+}掺杂浓度	$2.67938\times10^{26}m^{-3}$
Γ_p	泵浦光功率填充因子	0.0024
Γ_s	信号光功率填充因子	0.82
σ_{ap}	泵浦光吸收截面	$2.6\times10^{-16}m^2$
σ_{ep}	泵浦光发射截面	$2.6\times10^{-16}m^2$
λ_p	泵浦光中心波长	976nm
σ_{as}	信号光吸收截面	$1\times10^{-19}m^2$
σ_{es}	信号光发射截面	$1.6\times10^{-17}m^2$
λ_s	信号光中心波长	1064nm
h	普朗克常量	$6.626\times10^{-34}J\cdot s$
c	真空中的光速	$3\times10^8 m/s$
τ	Yb^{3+}粒子上能级平均寿命	0.85ms
A_c	纤芯截面积	$7.85\times10^{-11}m^2$
α_s	光纤对信号光的损耗	$4\times10^{-6}cm^{-1}$
α_p	光纤对泵浦光的损耗	$2\times10^{-5}cm^{-1}$
L	光纤长度	8m

光纤放大器一般有三种不同的泵浦方式，对传输方程组进行求解时，不同的泵浦方式需要满足不同的边界条件。

前向泵浦的边界条件为

$$P_p^+(0) = P_p^{In}, \quad P_p^-(L) = 0, \quad P_s^+(0,\lambda_s) = P_s^{In}, \quad P_s^-(L,\lambda_s) = 0 \tag{4.48}$$

后向泵浦的边界条件为

$$P_p^-(L) = P_p^{In}, \quad P_p^+(0) = 0, \quad P_s^+(0,\lambda_s) = P_s^{In}, \quad P_s^-(L,\lambda_s) = 0 \tag{4.49}$$

双向泵浦的边界条件为

$$P_p^+(0) = P_p^{In1}, \quad P_p^-(L) = P_p^{In2}, \quad P_s^+(0,\lambda_s) = P_s^{In}, \quad P_s^-(L,\lambda_s) = 0 \quad (4.50)$$

式中，P_p^{In} 为耦合到放大器的泵浦光功率；P_s^{In} 为输入的信号光功率；P_p^{In1} 和 P_p^{In2} 分别为双向泵浦时前、后向耦合到放大器的泵浦光功率。

本节前面部分建立了掺镱光纤放大器的理论模型，并对其稳态放大特性进行了理论模拟，主要分析了注入主放大级的不同大小的信号光及泵浦光对放大器输出特性的影响。下面给出在前向泵浦光功率为 140W，信号光功率分别为 1W、1.5W、2W 时，以及信号光功率为 1.5W，前向泵浦光功率分别为 130W、140W、150W 时，放大器中的信号光和泵浦光功率沿光纤长度的变化关系。

首先在前向泵浦光功率为 140W，信号光功率分别为 1W、1.5W、2W 的情况下，模拟了放大器中输出的信号光和泵浦光功率沿光纤长度的变化关系，如图 4.2 所示。

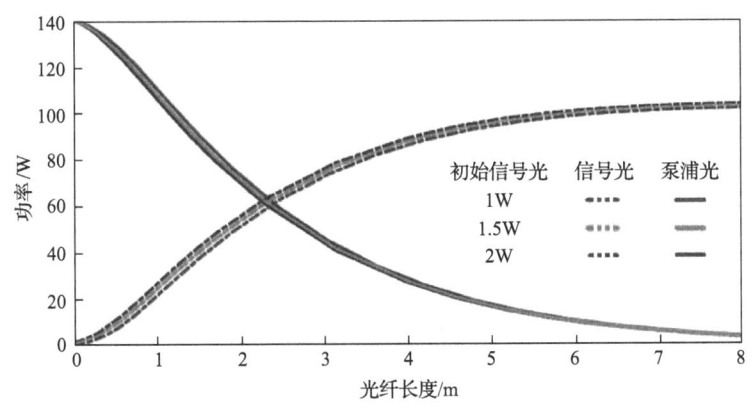

图 4.2　注入信号光功率不同时信号光功率和泵浦光功率沿光纤长度的变化

由图 4.2 可以看出，信号光功率和泵浦光功率从最初的缓慢变化到经过一段长度的光纤后泵浦光迅速地转换为信号光，最后当信号光功率增加到一定值后达到增益饱和状态，泵浦光的提取和信号光的增加都会趋于稳定。但通过对比注入信号光功率分别为 1W、1.5W、2W 时的泵浦光和信号光的变化趋势可以发现，由于放大后的信号光功率很高，注入的信号光在小范围内变化时并不会对信号光的平均功率变化造成很明显的影响，信号光都可以被放大到 100W 以上。在图 4.2 中，增益光纤长度为 6m 左右时，信号光功率和泵浦光功率的变化都已经趋于稳定，基本达到了增益饱和的状态，且信号光也已经被放大到 100W 附近，表明放大级中增益光纤的最佳长度约为 6m。

另外，为了模拟注入的泵浦光功率对放大器输出性能的影响，在注入信号光功率为 1.5W，前向泵浦光功率分别为 130W、140W、150W 时，模拟了放大器中的信号光功率和泵浦光功率沿光纤长度的变化关系，如图 4.3 所示。从图中可以看出，信号光功率和泵浦光功率的变化依然是从最初的缓慢变化到经过一段长度的光纤后迅速变化直至达到增益饱和状态。注入的泵浦光功率分别为 130W、140W、150W 时，对比泵浦光和信号光的变化趋势可以发现，随着注入的泵浦光功率的增加，信号光的功率也会增加，变化较为明显。增益光纤长度为 6m 左右时，信号光功率和泵浦光功率的变化都已经趋于稳定，基本达到了增益饱和的状态，且泵浦光功率为 140W 时，信号已经放大到 100W 附近。

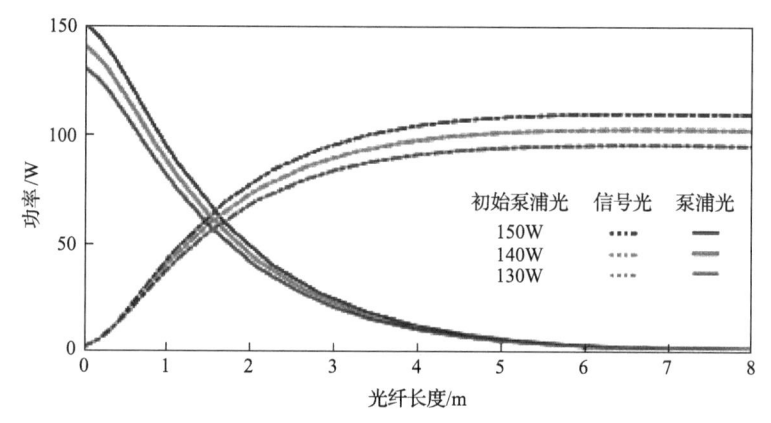

图 4.3 注入泵浦光功率不同时信号光功率和泵浦光功率沿光纤长度的变化

4.1.3 脉冲在光纤中的非线性效应及色散特性

在超短脉冲光纤放大器中，当信号激光的峰值功率足够高时，光纤对脉冲激光的响应会变成非线性的，此外，放大器中的各种光纤介质是典型的光纤色散介质，因此脉冲在光纤放大器中传输和放大会经历各类非线性效应和色散的作用，因此本节详细讨论放大器中主要的非线性效应和色散特性。

在非线性光学介质内，介质对光的折射率与入射光强度相关，这一现象会引发自相位调制(SPM)效应，它能够产生新的频谱成分。通常 SPM 效应与群速度色散会同时产生作用，导致传输脉冲激光的光谱和脉冲宽度发生改变。这里主要对 SPM 效应进行研究，不考虑非线性脉冲传输方程中色散和损耗项，简化后的方程[7]为

$$\frac{\partial A}{\partial z} = i\gamma(\omega_0)|A|^2 A \tag{4.51}$$

可得到其通解为

$$A(z,T) = A(0,T)\exp\left(i\Phi_{\mathrm{NL}}(z,T)\right) = A(0,T)\exp\left(i\gamma\left|A(z,T)\right|^2 z\right) \tag{4.52}$$

式中，$A(0,T)$ 为 $z=0$ 处的场振幅，且相位项为

$$\Phi_{\mathrm{NL}}(z,T) = |A(0,T)|^2 \frac{L_{\mathrm{eff}}}{L_{\mathrm{NL}}} + |A(0,T)|^2 L_{\mathrm{eff}} \gamma P_0 \tag{4.53}$$

式中，P_0 为脉冲的峰值功率。

式(4.52)表明，SPM 效应产生的非线性相移与脉冲光强有关。由式(4.53)可知，非线性相移的强度与光纤的长度呈正比关系。此外，通过对 Φ_{NL} 求导可知 SPM 感应的频谱变化与时间相关，可以理解为瞬时变化的相位沿光脉冲有不同的瞬时光频率，频移 $\delta\omega(T)$ 可以表示为

$$\delta\omega(T) = -\frac{\partial \Phi_{\mathrm{NL}}}{\partial T} = -\left(\frac{L_{\mathrm{eff}}}{L_{\mathrm{NL}}}\right)\frac{\partial}{\partial T}|U(0,T)|^2 \tag{4.54}$$

通常随着光脉冲在光纤中传输距离的不断增大，就会不断有新的频率成分出现。新产生的频率分量展宽了初始无啁啾脉冲频谱，而且只要光纤中的非线性强度能够达到 SPM 效应的阈值，这种展宽效应就会继续。SPM 效应不仅能使频谱展宽，也能使频谱变窄，这主要取决于脉冲所带有的初始啁啾。SPM 效应会产生正的啁啾，若入射脉冲初始不带啁啾，或者带有正啁啾，则 SPM 效应会使频谱发生展宽；若入射脉冲本身带有负啁啾，则 SPM 会首先使频谱变窄[8]。

对于一个超短脉冲光纤激光系统，群速度色散与 SPM 效应通常会相互作用，共同对脉冲的传输起作用。对于锁模激光振荡器产生的超短脉冲激光，由于腔内没有进行精确色散补偿，所以输出脉冲往往具有较窄的光谱宽度。这种光谱较窄的脉冲激光在色散光纤中展宽效果是不理想的，因为只有少量光谱成分能够利用光纤的色散作用。在这种情况下，即使使用长距离的展宽光纤也难以实现大色散量脉冲展宽。另外，脉冲激光在光纤中传输时，不同纤芯尺寸会对应着不同的激光功率密度。因而纤芯尺寸较小的单模光纤中有着很强的非线性效应，有利于充分发挥 SPM 效应的效果。因此，通过深入分析光纤中 SPM 效应并对其进行合理利用，充分挖掘出展宽光纤的色散补偿能力，实现大色散量的色散补偿，大大降低脉冲激光的峰值功率，有利于高峰值功率超短脉冲光纤激光系统的设计，这恰恰也是啁啾脉冲放大技术最本质的原理。

受激拉曼散射(SRS)效应是超短脉冲光纤放大器中另一种常见的非线性效应，这是泵浦光在光纤中传输时把能量转移给斯托克斯波(频率下移 13THz)的一种非线性现象，具有明显的阈值特性。

在连续或准连续条件下，受激拉曼散射光的初始增长情况可描述为[9]

$$\frac{dI_s}{dz} = g_R(\Omega)I_p I_s + g_s I_s \tag{4.55}$$

式中，I_p 为泵浦光强；$g_R(\Omega)$ 为拉曼增益系数，其大小受光纤的组成成分以及光的偏振特性影响很大，对于 1μm 的泵浦光，其归一化的拉曼增益系数 g_R 约为 1×10^{-13}；g_s 为斯托克斯波的放大增益；I_s 为斯托克斯光强；$\Omega = \omega_p - \omega_s$ 为泵浦光与拉曼散射光的频率差。尽管受激拉曼散射的完整过程必须要考虑泵浦光消耗，但是在估计拉曼阈值时可以将其忽略[10]，那么泵浦光满足：

$$\frac{dI_p}{dz} = g_p I_p \tag{4.56}$$

式中，g_p 为泵浦光的增益。

在位置 $z = L$ 处泵浦光脉冲强度为 $I_p(L)$，则很容易求出 $I_p(z)$ 的解为

$$I_s(L) = I_s(0)\exp\left(g_R I_p(L)L_{eff} + gL\right) \tag{4.57}$$

式中，L 为光纤长度。

考虑到光纤的损耗，其有效长度由 L 缩减至 L_{eff}，则表达式为

$$L_{eff} = \frac{1-\exp(-g_p L)}{g_p} \tag{4.58}$$

因此，拉曼阈值功率 P^{cr} 可以近似表示为

$$P^{cr} = 16\frac{A_{eff}}{g_R L_{eff}} \tag{4.59}$$

式中，A_{eff} 为 SRS 泵浦的有效模场面积。

一旦达到 SRS 效应的阈值，激光的能量就会迅速由泵浦波转移到斯托克斯波中。

对于常用的熔融石英光纤材料，其归一化拉曼增益系数 $g_R(\Omega)$ 与频率 Ω 的变化关系如图 4.4 所示。可以看到石英光纤中 $g_R(\Omega)$ 有一个显著的特征，其频率范围达到 40THz，并且在 13THz 附近有一个较宽的峰。光纤内脉冲激光的峰值功率一旦超过 SRS 效应的阈值，斯托克斯波的频率分量会迅速增长。许多研究人员利用这个特点设计了光谱宽度覆盖较宽的拉曼激光器，该激光器在分子性质的研究中优势明显。然而，高功率啁啾脉冲放大系统中需要防止 SRS 效应的产生。同样，

在光纤展宽器中仍然不希望看到 SRS 效应出现，因此会将光纤中脉冲激光的功率密度严格控制在 SRS 效应的阈值以下。

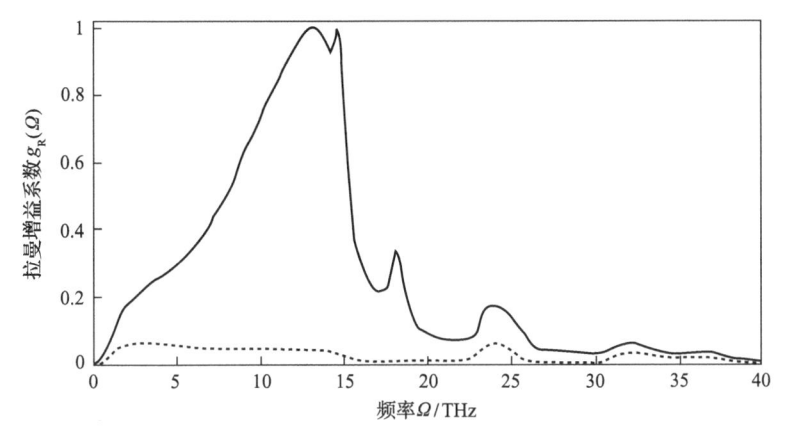

图 4.4　熔融石英的归一化拉曼增益系数频谱

色散是光纤放大器中非常重要的一个参数，其主要对脉冲的展宽、压缩，甚至畸变产生影响。光纤中的色散特性主要来源于折射率 $n(\omega)$ 对光波频率的依赖关系，光脉冲中不同的光谱成分在光纤中以不同的速度 $c/n(\omega)$ 传输，会导致脉冲宽度发生变化，这在光谱较宽的超短脉冲激光中尤为明显。这种色散效应引发的脉冲宽度变化可能会给实际应用带来不利影响。然而，如果能将光纤色散特性合理地应用在光纤激光器的设计上，可以对激光器输出参数产生极大的优化。

在中心频率 ω_0 附近把传输常数 $\beta(\omega)$ 展成泰勒级数，那么光纤中色散效应的表达式为

$$\beta(\omega) = \beta_0 + \beta_1(\omega-\omega_0) + \beta_2(\omega-\omega_0)^2 + \beta_3(\omega-\omega_0)^3 + \cdots \quad (4.60)$$

$$\beta_m = \left(\frac{\mathrm{d}^m\beta}{\mathrm{d}\omega^m}\right)_{\omega=\omega_0}, \quad m=0,1,2,\cdots \quad (4.61)$$

式中，β_1 与脉冲包络的群速度有关，表示光脉冲包络以群速度移动；β_2 为群速度色散系数，正值表示正色散，负值表示负色散，要想获得超短脉冲就必须对此参数进行优化；β_3 为三阶色散系数，属于高阶色散。

与连续波或长脉冲光纤放大器不同，皮秒脉冲激光被放大的过程中，激光脉冲不仅感受到增益带来的能量提升，通常还会感受光纤色散引起的脉冲展宽和压缩，以及光纤中非线性效应导致的脉冲畸变或劈裂等现象，以上现象主要与脉冲光纤放大器中的增益、色散和非线性的一种或几种相关。通过求解 Ginzburg-Landau 方程可以清晰描述脉冲传输过程，以及系统研究增益、色散和非线性等对

皮秒光纤激光的各项输出参数的影响，最终对皮秒光纤放大器的搭建和优化提供理论依据。

4.2 皮秒脉冲主振荡功率放大技术

超短脉冲光纤激光放大器作为激光器的重要组成部分，可以将振荡器输出的激光进行放大，进而获得高平均功率激光输出。全光纤超短脉冲激光放大器通常采用主振荡功率放大(MOPA)技术和啁啾脉冲放大(CPA)技术。其中，MOPA 技术直接对信号光进行放大，而 CPA 技术是将数皮秒或飞秒量级的种子光首先在时域上展宽至百皮秒或亚纳秒量级，之后对激光进行多级功率放大，最后进行脉冲压缩，实现高功率皮秒或飞秒量级超短脉冲激光输出。

本节列举几个全纤化脉冲 MOPA 技术的应用实例，包括百瓦级全光纤皮秒脉冲放大器、重复频率可调皮秒脉冲放大器和光子晶体光纤激光放大器几个部分。

4.2.1 百瓦级全光纤皮秒脉冲放大器

1. 100W 全光纤 10/130μm 掺镱激光放大器

首先基于 FiberDesk 模拟软件，模拟 10/130μm 掺镱光纤的激光放大过程。整个模拟系统的理论依据为式(4.62)~式(4.65)，主要描述前向和后向的信号激光和泵浦激光，并且考虑了放大器中 ASE 的影响。

$$\frac{dP_p^+}{dz} = \left(\sigma_p^e n_2 - \sigma_p^a n_1 + \alpha_p\right)\Gamma_p P_p^+ \sigma_p^e - 2\sigma_p^e n_2 h\nu_p \Delta\nu \tag{4.62}$$

$$\frac{dP_p^-}{dz} = -\left(\sigma_p^e n_2 + \sigma_p^a n_1 + \alpha_p\right)\Gamma_p P_p^+ \sigma_p^e + 2\sigma_p^e n_2 h\nu_p \Delta\nu \tag{4.63}$$

$$\frac{dP_s^+}{dz} = \left(\sigma_s^e n_2 - \sigma_s^a n_1 + \alpha_s\right)\Gamma_s P_s^+ \sigma_s^e - 2\sigma_s^e n_2 h\nu_s \Delta\nu \tag{4.64}$$

$$\frac{dP_s^-}{dz} = -\left(\sigma_s^e n_2 + \sigma_s^a n_1 + \alpha_s\right)\Gamma_s P_s^+ \sigma_s^e + 2\sigma_s^e n_2 h\nu_s \Delta\nu \tag{4.65}$$

式中，z 为光纤在 x 轴的位置；P_p^+、P_p^-、P_s^+、P_s^- 为光纤 z 处的正向或反向泵浦光和信号光；σ_p^e、σ_s^e 和 σ_p^a、σ_s^a 分别为泵浦光、信号光的发射截面和吸收截面；Γ_p、Γ_s 为泵浦光或信号光的填充因子；n_2 和 n_1 分别为四能级系统中受激辐射的上能级和下能级粒子数；α_p、α_s 为场的附加损耗；ν_p、ν_s 为泵浦光和信号光的光频率；Δv 为增益带宽。而对于超短脉冲的传输，其速率方程需要考虑如下非线性薛定谔方程：

$$\frac{\partial A}{\partial z}+\frac{\alpha-g}{2}A+\frac{i\beta_2}{2}\frac{\partial^2 A}{\partial T^2}=i\gamma|A|^2 A \tag{4.66}$$

式中，A 为归一化的脉冲强度；β_2 为二阶色散系数；γ 为非线性系数；α 和 g 分别为光纤中附加的损耗和增益。

采用的理论模型如图 4.5 所示，包括四个部分：信号源部分、泵浦源部分、掺镱光纤部分和输出部分，详细参数如表 4.2 所示。首先，对增益光纤长度与激光放大器的输出功率之间的关系进行分析模拟，模拟的结果数据如图 4.6 所示。10μm 芯径的掺镱光纤可以实现百瓦级脉冲激光的输出，当增益光纤的长度为 6.5m 时，放大器输出功率最高；当增益光纤的长度超过 7m 时，放大器的输出功率会下降，主要是由于增益光纤中的非线性积累。分别模拟了 6m、6.5m、7m 和 8m 长度下增益光纤的放大器输出结果，结果如图 4.7 所示。随着增益光纤长度的增加，输出激光的中心波长会向长波方向发生漂移，输出的激光脉冲宽度会随着增益光纤的变长而减小。

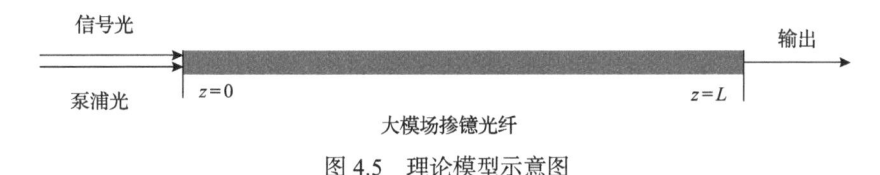

图 4.5 理论模型示意图

表 4.2 理论模拟相关参数

信号输入部分	泵浦输入部分	光纤掺杂部分
输入功率：3W	最大泵浦功率：140W	纤芯类型：10/130μm
中心波长：1040nm	泵浦波长：976nm	976nm 波段吸收系数：3.9dB/m
重复频率：22.7MHz		光纤长度：6m、6.5m、7m、8m
脉冲宽度：500ps		

本节搭建了 100W 全光纤 10/130μm 掺镱激光放大器，实验装置如图 4.8 所示。由 NPR 锁模激光振荡器产生皮秒脉冲种子源，其输出功率为 70mW，重复频率为 22.7MHz，脉冲宽度为 500ps，中心波长为 1042nm。然后注入第一级放大器中，第一级放大器包括三个部分：一段长约 4m 的大模场双包层掺镱光纤，其纤芯直径为 10μm，纤芯 NA 为 0.075，包层直径为 130μm，包层 NA 为 0.46，在 980nm 处的吸收系数为 4.8dB/m；最高输出功率为 25W 的激光泵浦 LD，其工作波长为

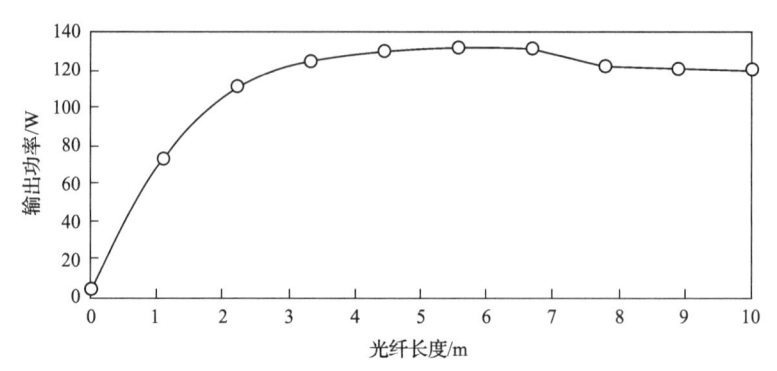

图 4.6　理论模拟输出功率与增益光纤长度的关系曲线

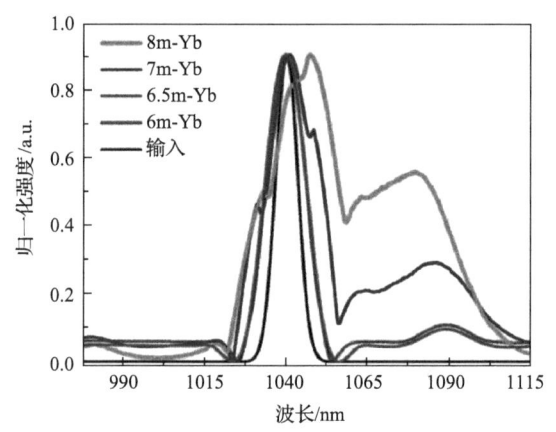

(a) 理论模拟不同长度增益光纤的输出激光光谱数据

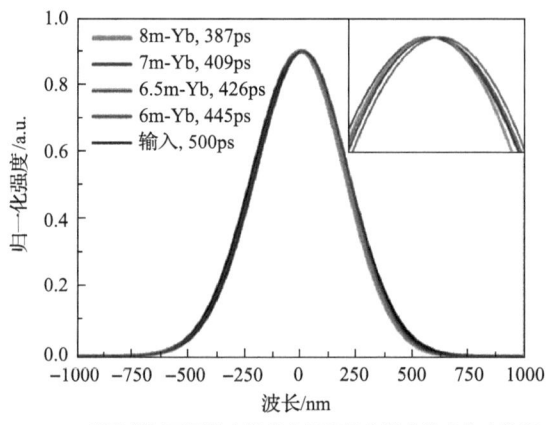

(b) 理论模拟不同长度增益光纤的输出激光脉冲宽度数据

图 4.7　不同增益光纤长度的放大器输出结果

第4章 皮秒光纤激光放大器

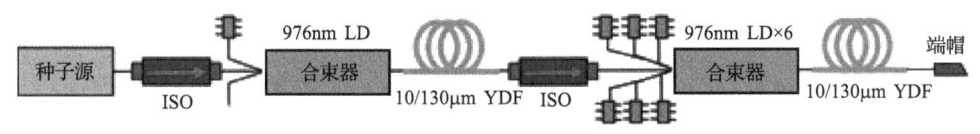

图 4.8 100W 全光纤 10/130μm 掺镱激光放大器

976nm，尾纤为 105/125μm 无源光纤；(2+1)×1的光纤合束器，泵浦注入尾纤为 105/125μm 无源光纤,信号注入端和合束器输出端的尾纤均为 10/130μm 的无源光纤。紧接着，一级放大的信号光经过高功率光纤隔离器后，注入第二级主放大器中，第二级放大器包括三个部分：掺镱光纤，其参数与第一级放大器中所用的增益光纤一致；(6+1)×1的光纤合束器，泵浦注入尾纤为 105/125μm 无源光纤，信号注入端和合束器输出端的尾纤均为 10/130μm 的无源光纤；六个输出功率为25W 的激光泵浦 LD，其工作波长为 976nm，尾纤为 105/125μm 无源光纤。

基于理论模拟分析数据，进行四组研究，在第二级主放大器中分别采用 8m、7m、6.5m 和 6m 的 10/130μm 掺镱光纤进行实验。首先，在第二级放大器中，采用的是长度为 8m 的 10/130μm 掺镱光纤，如图 4.9(a)所示，当注入的泵浦激光为 60W 时，放大器输出功率为 40W。图 4.9(b)为此时的光谱数据，当放大器输出功率为 47W 时，输出的脉冲激光光谱覆盖范围可以到 1100nm，并且随着泵浦功率的增加，1070~1100nm 的光谱强度会明显上升，但输出的脉冲激光总功率不会有显著提高，这是由于此时在放大器中已经产生了很强的非线性效应，过长的增益光纤导致了严重的 ASE 效应和 SRS 效应，在 1090nm 处所产生的光谱凸起正好是 1040nm 激光所对应的 SRS 谱的位置，这也是放大器输出功率很难进一步提高的原因。

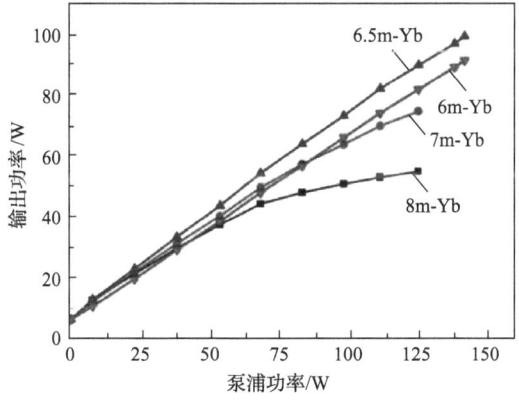

(a) 不同长度10/130μm 掺镱光纤MOPA系统的输入输出曲线数据

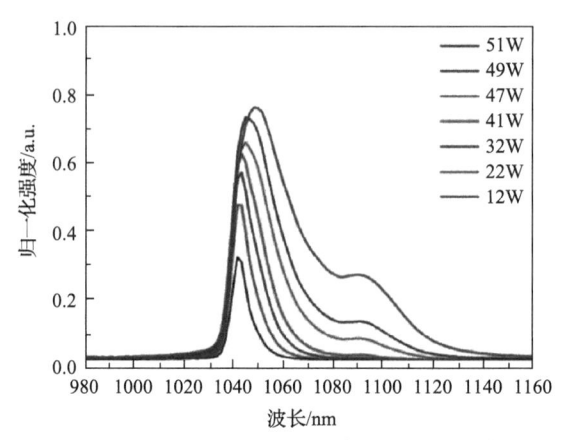

(b) 8m长增益光纤MOPA系统输出的激光光谱数据

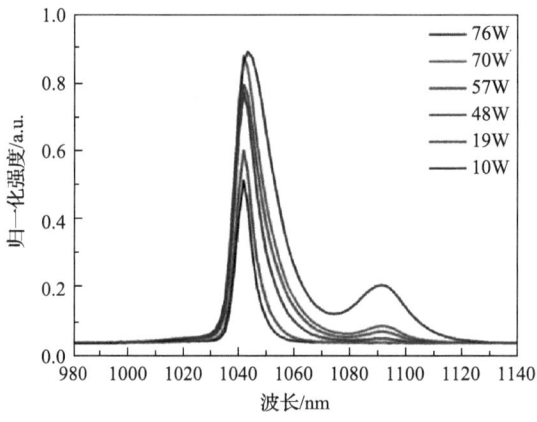

(c) 7m长增益光纤MOPA系统输出的激光光谱数据

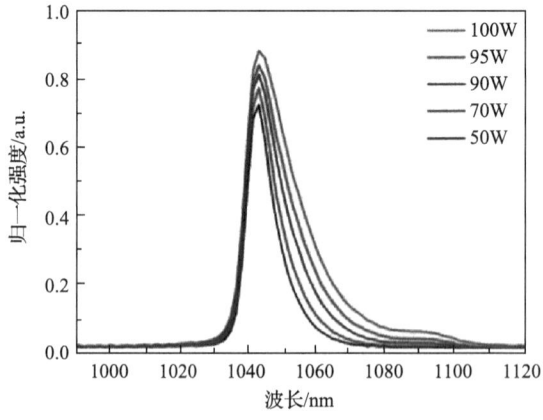

(d) 6.5m长增益光纤MOPA系统输出的激光光谱数据

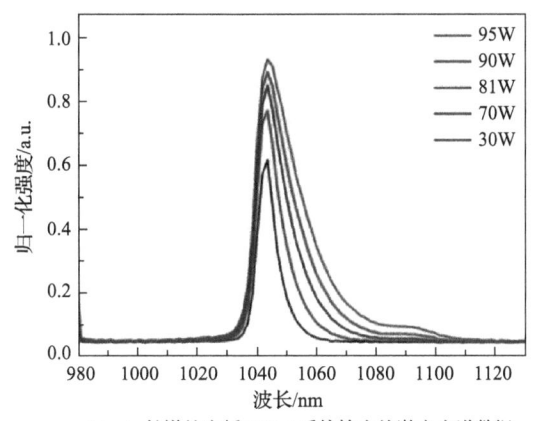

(e) 6m长增益光纤MOPA系统输出的激光光谱数据

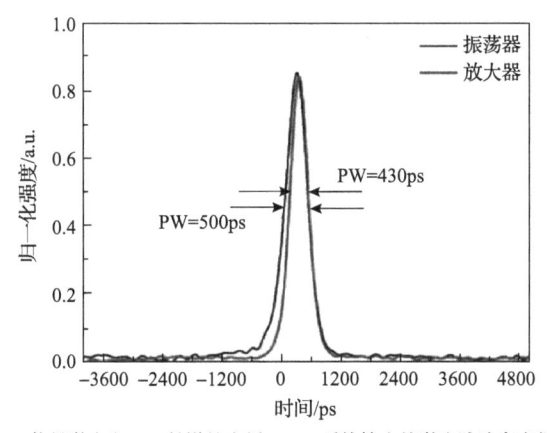

(f) 信号激光和6.5m长增益光纤MOPA系统输出的激光脉冲宽度数据对比

图 4.9 全光纤掺镱激光放大器实验结果

接着将第二级放大器中的增益光纤缩短至 7m，图 4.9(c) 为放大器输出激光的光谱图，当放大器输出功率为 57W 时，在 1090nm 处仍然会出现光谱凸起，这种现象与增益光纤为 8m 时出现的结果一致，并且当继续增加泵浦功率时，这个凸起和展宽现象将变得更加严重，尽管 SPM 和 SRS 的影响有所降低，但依旧对放大器产生着负面作用，阻碍着放大器的输出功率的有效提高，如图 4.9(a) 中绿色曲线所示，积累的非线性效应仍旧是造成输出功率无法提高的主要原因，最终当泵浦功率为 125W 时，激光放大器的输出功率只有 76W。

然后将第二级放大器中的增益光纤继续缩短至 6.5m，如图 4.9(a) 中蓝色曲线所示，当泵浦功率为 140W 时，整个放大器的输出功率为 100W，光光转换效率为 71.4%。图 4.9(d) 为此时放大器不同输出功率下的光谱曲线。当放大器输出功率为 100W 时，在 1090nm 处的光谱凸起几乎可以忽略，而且功率曲线近似为线性增长，这说明此时已经有效抑制了放大器的非线性效应，泵浦光有效转换成放大的信号激光。

最后将第二级放大器中的增益光纤继续截短至 6m，如图 4.9(a) 中红色曲线所示，当泵浦功率为 140W 时，放大器输出功率为 95W，而且其输入输出曲线与 6.5m 时的很相近，也呈线性增长，但是它的斜效率明显低于 6.5m 时放大器的斜效率，这是由 6m 的增益光纤无法给放大器提供足够的增益所造成的，但此时放大器中非线性效应同样得到了有效抑制。图 4.9(e) 为此时放大器在不同输出功率下的光谱曲线，此时的光谱曲线也与 6.5m 时的大致相同，说明放大器中的非线性积累很小。

通过实验结果和理论模拟的对比，10μm 芯径的掺镱光纤只要有效抑制非线性效应的积累，就可以实现百瓦级皮秒激光的输出。采用 6.5m 长掺镱光纤时，输出脉冲激光的脉冲宽度(PW)为 430ps，如图 4.9(f) 所示。同时将种子光与放大后的激光的脉冲宽度进行了对比，放大激光的脉冲宽度略微变窄，与通常情况下 SPM 效应会导致信号光脉冲展宽趋势相反，这种反常现象是光纤中增益饱和效应所导致的[10-12]，由于增益饱和效应具有时间相关性，增益饱和效应对脉冲后沿的作用要强于脉冲前沿，这样就会导致脉冲在放大时脉冲宽度变窄，这一结果也正好与理论模拟相吻合。图 4.10 为放大器输出脉冲激光为 100W 时的脉冲序列，100W 时激光脉冲较稳定整齐。

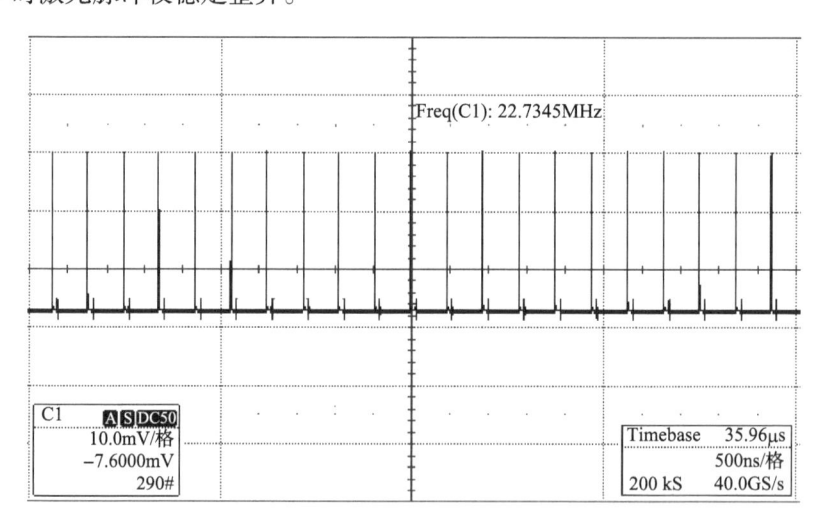

图 4.10 放大激光脉冲序列图

2. 120W 全光纤 30/250μm 掺镱激光放大器

30/250μm 掺镱光纤激光器包括振荡器和两级全光纤激光放大器。锁模激光振荡器中所采用的是 NPR 技术，平均输出功率为 91.5mW，重复频率为 26.3MHz，脉冲宽度为590ps，中心波长为1040nm。当种子光注入两级MOPA放大器时，在它们之间连入了一个90:10的分束器，10%输出端作信号光监测使用，90%输出端直接注入两级全光纤MOPA系统中进行放大。

全光纤MOPA激光放大器如图4.11所示。第一级放大器包括一段长约6m的大模场双包层掺镱光纤，其纤芯直径为10μm，纤芯NA为0.075，包层直径为130μm，包层NA为0.46，在980nm处吸收系数为4.8dB/m；激光泵浦源为976nm尾纤输出的LD；(2+1)×1光纤合束器的泵浦光注入端和信号注入端分别为105/125μm和10/130μm的无源光纤，输出端为10/130μm的无源光纤。第二级放大器包括大模场双包层掺镱光纤，其长度为8m，纤芯直径为30μm，纤芯NA为0.06，包层直径为250μm，包层NA为0.46，在980nm处吸收系数为6.3dB/m；六个最高输出功率为25W的976nm泵浦LD；(6+1)×1光纤合束器的泵浦光注入端和信号注入端分别为105/125μm和25/250μm的无源光纤，输出端为25/250μm的无源光纤。第二级放大器采用了纤芯较大的30μm掺镱光纤。

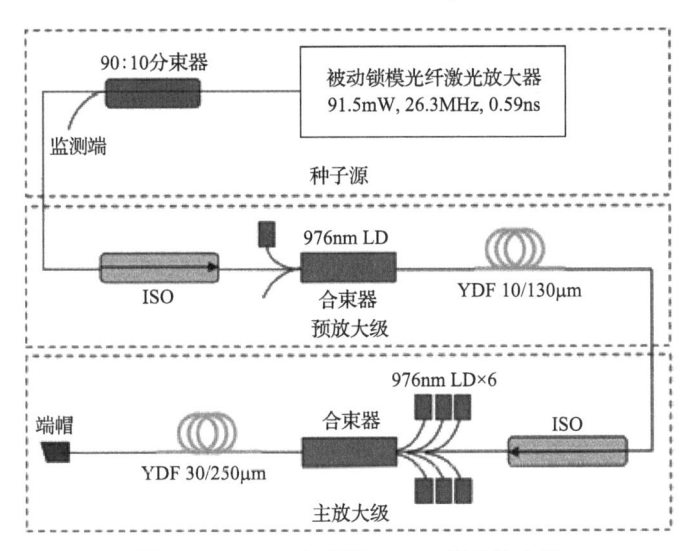

图4.11 120W全光纤MOPA激光放大器

在第一级放大器中，当泵浦功率为16.5W时，放大器输出功率为6.29W。图4.12(a)为第一级放大器的输出功率曲线，光光转换效率为38.1%，斜效率为37.6%。然后注入第二级主放大器中，当泵浦功率为143W时，获得了120W的放大激光，光光转换效率高达83.9%。图4.12(b)为第二级主放大器的输入输出曲线，放大器输出功率随泵浦功率线性增长。图4.12(c)为注入信号激光和输出放大激光的光谱曲线，放大前后光谱由9.5nm展宽到了13nm，这主要是由于SPM效应，但是在光谱中没有发现明显的SRS效应、自激振荡和ASE现象。图4.12(d)为放大激光的脉冲宽度曲线,其脉冲宽度为620ps,其中的插图为输出平均功率120W时的脉冲序列。

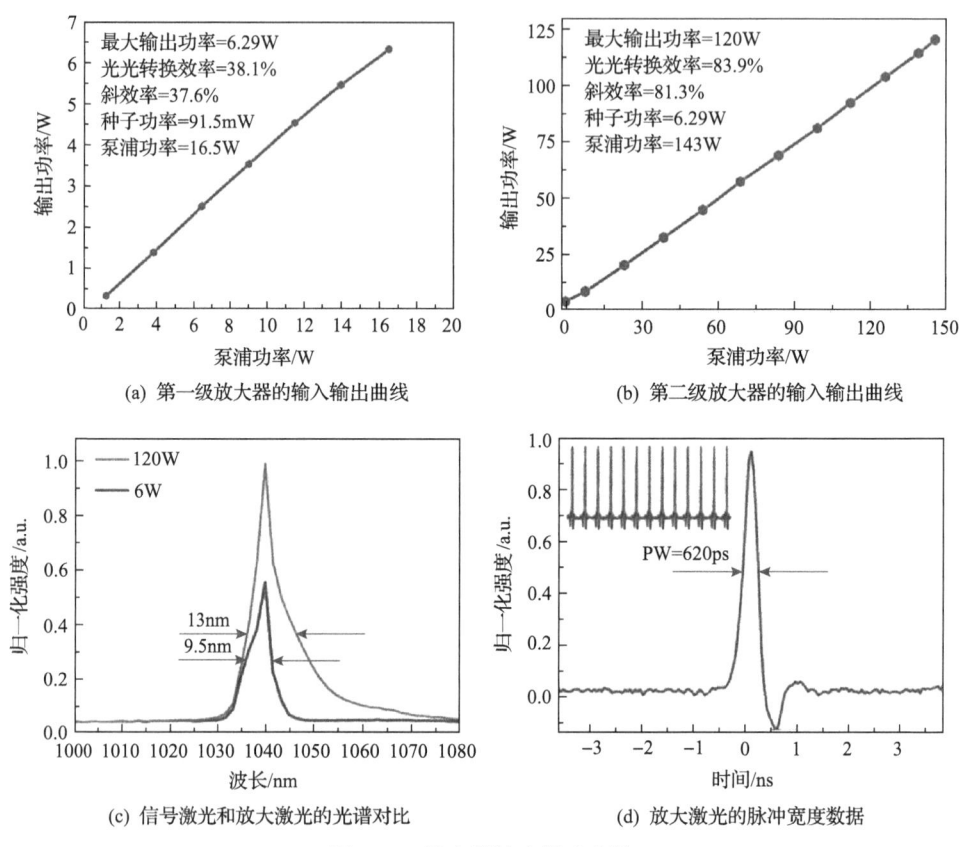

图 4.12　放大器输出激光参数

(a) 第一级放大器的输入输出曲线
(b) 第二级放大器的输入输出曲线
(c) 信号激光和放大激光的光谱对比
(d) 放大激光的脉冲宽度数据

3. 全光纤保偏皮秒脉冲放大器

全光纤保偏皮秒脉冲放大器包括保偏皮秒脉冲锁模激光振荡器和保偏掺镱光纤放大器两部分。种子源为线形腔结构的保偏 SESAM 锁模激光振荡器,它的平均输出功率为 2mW,重复频率为 15.93MHz,中心波长为 1031nm,脉冲宽度为 5.8ps。振荡器输出的脉冲光首先经过一级单模掺镱光纤的预放大级将脉冲光初步放大到 60mW,作为主放大级的前级信号光。

全光纤保偏皮秒脉冲放大器实验装置如图 4.13 所示。输出的种子光通过保偏的滤波器、起偏器和保偏光纤隔离器后,注入两级级联放大器中,第一级放大器由 (2+1)×1 的保偏光纤合束器和大模场保偏双包层掺镱光纤构成,其中合束器的输入输出信号光纤都为 10/130μm 的保偏无源光纤,泵浦光纤都为 105/125μm 的

第 4 章 皮秒光纤激光放大器

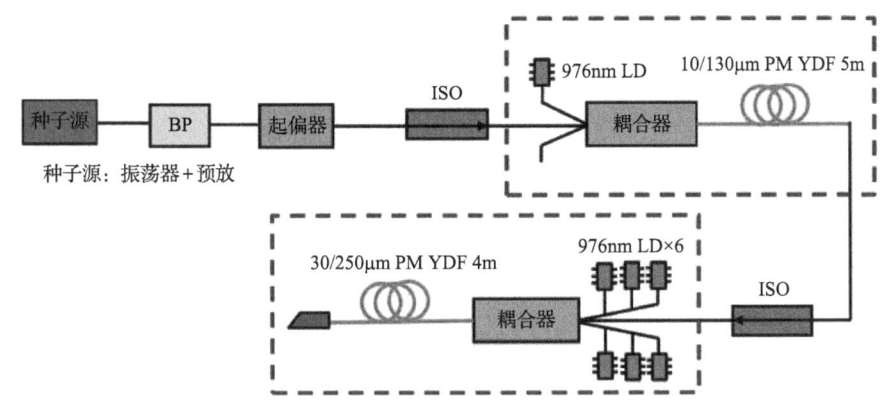

图 4.13 全光纤保偏皮秒脉冲放大器装置图

无源光纤。保偏掺镱光纤的长度约为 5m，纤芯直径为 10μm，纤芯 NA 为 0.075，包层直径为 130μm，包层 NA 为 0.46，其在 980nm 波段的吸收系数为 4.8dB/m。LD 的工作波长为 976nm，最高输出功率为 25W。第二级放大器与第一级放大器的结构类似，由保偏(6+1)×1光纤合束器和大模场保偏双包层掺镱光纤构成，其中合束器的信号光注入端和输出端都为 25/250μm 的保偏无源光纤，泵浦光纤都为 105/125μm 的无源光纤。采用的掺镱光纤的纤芯直径为 30μm，纤芯 NA 为 0.06，包层直径为 250μm，包层 NA 为 0.46，其在 980nm 波段的吸收系数为 6.3dB/m。与保偏合束器泵浦光纤相连的是 6 个多模泵浦 LD，其最高输出功率为 25W，工作波长为 976nm。第二级放大器中的增益光纤采用了纤芯较大的 30μm 大模场保偏掺镱光纤，具有较高的吸收系数和损伤阈值，使用大芯径的光纤还可以降低系统中的非线性效应。

当主放大级泵浦功率为 70W 时，其输出功率为 35.45W，如图 4.14 所示，输出功率随泵浦功率呈线性增长。测量输出激光光谱，其中心波长为 1180nm，光谱范围为 1020~1700nm，主要由于信号光的峰值功率很高，在放大过程中会引起非

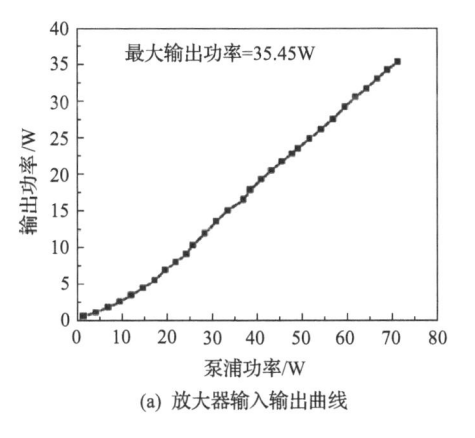

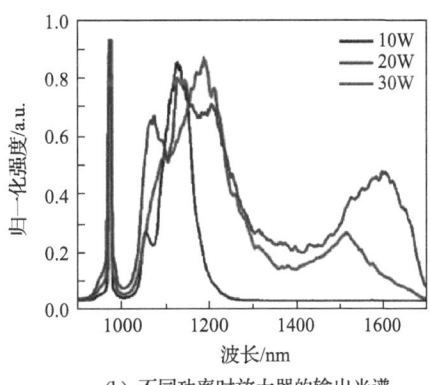

(a) 放大器输入输出曲线

(b) 不同功率时放大器的输出光谱

(c) 放大器输出35W时的脉冲宽度数据

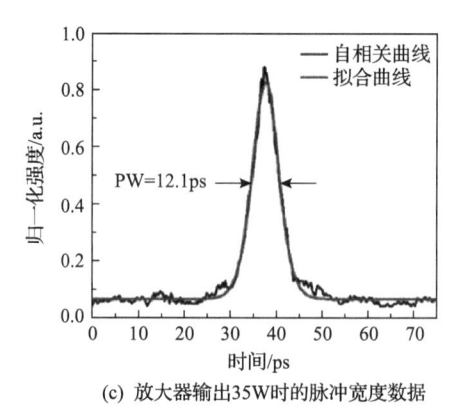

图 4.14　放大器输出激光参数

线性效应，如 SPM 和 SRS 等，导致光谱大幅度展宽，此时输出的激光脉冲宽度为 12.1ps。

4.2.2　重复频率可调皮秒脉冲放大器

声光调制器是指由声光介质和压电换能器所构成的声光器件，利用该器件控制激光束强度变化，其原理是利用声光效应将所需要的信号加载于载波频率上。当换能器上施加某种特定载波频率的信号时，换能器产生超声波作用于声光介质，使得介质内的折射率产生周期性变化，光经过声光介质时其传输方向发生改变，进而产生衍射[13]。光纤声光调制器具有插入损耗低、封装结构紧凑、性能稳定、易于集成和操作方便等优势，被广泛应用于重复频率可调的皮秒光纤激光放大器中。

重复频率可调皮秒脉冲放大器由 SESAM 锁模皮秒振荡器、声光调制器、单模光纤和三级放大器组成。SESAM 被动锁模振荡器输出功率为 5.8mW，中心波长为 1031.28nm，3dB 带宽为 1.506nm，经声光调制器实现重复频率 19.34~1.02MHz 可调。使用声光调制器（AOM）、全光纤脉冲选择装置对振荡器输出的种子光进行重复频率选择。之后，将其注入三级 MOPA 系统中进行放大，整个皮秒光纤激光器实验装置如图 4.15 所示。

一级预放大器采用高掺杂单模掺镱光纤，单模预放大器输出的激光经过 400m 的单模光纤进行展宽后连入一个 90:10 的分束器，10%输出端作为信号光的监测端，90%输出端进入带通滤波器中来减弱光纤放大过程中产生的非线性效应；其后连接高功率光隔离器以保证脉冲信号光的单向传输。

一级单模预放大器输出的信号光经(2+1)×1 的信号/泵浦光纤合束器后，注入二级 10/130μm 预放大器中。二级 10/130μm 预放大器纤芯 NA 为 0.08，包层 NA 为 0.48，其将在 976nm 波段的吸收系数为 7.4dB/m 的 10/125μm 高掺杂双包层增益光纤作为增益介质，利用最高输出功率为 25W、输出尾纤为 105/125μm、工作

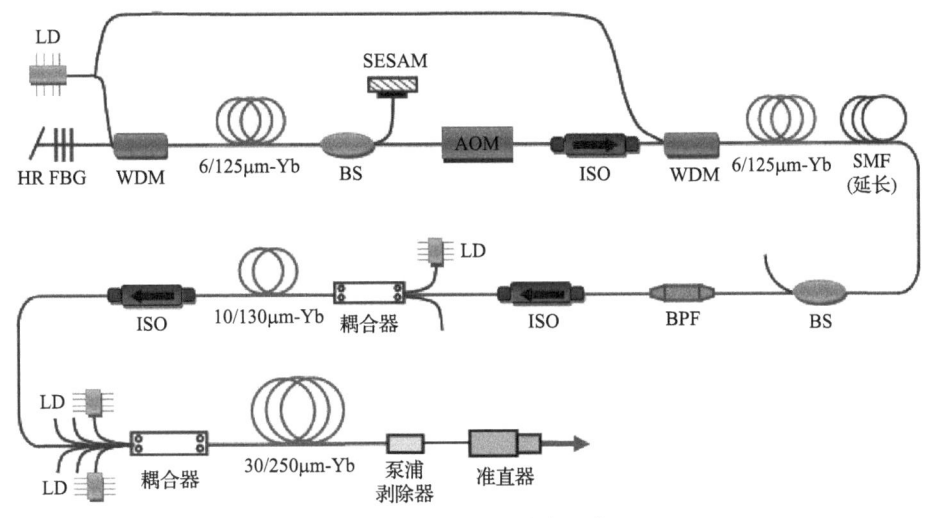

图 4.15　全光纤皮秒放大器装置
BS 指分束器

波长 976nm 的 LD 为增益介质提供足够的泵浦。放大后的脉冲激光经高功率光隔离器来保证激光的单向传输以及保护前级器件，隔离器输出的信号光经 $(6+1)\times1$ 信号-泵浦光纤合束器注入三级主放大器中。三级 30/250μm 主放大器利用两个最高输出功率 25W 的 976nm 多模泵浦 LD 作为泵浦源，利用包层泵浦方式泵浦 30/250μm 高掺杂大模场增益光纤来获得高功率激光输出。为提高光束质量，在主放大器的输出端熔接了高功率光纤准直器。

　　锁模振荡器输出的信号光经声光调制器和脉冲选择器，选择后的脉冲信号光经高功率光隔离器后注入第一级单模预放大器中进行增益放大，利用单模展宽光纤进一步展宽光脉冲的宽度，这样在后续功率放大过程中降低了脉冲的峰值功率，进而降低了光纤中非线性啁啾的积累。通过单模光纤长距离的传输引入群速度色散，使得脉冲宽度发生展宽，会降低光纤中脉冲的峰值功率，从而削弱因 SPM 引起的频谱展宽等非线性效应。采用高速示波器监测不同重复频率条件下的脉冲宽度，测得不同重复频率（f/n，n 可以为 $1, 2, \cdots, 20$ 中的整数）的激光脉冲宽度如图 4.16 所示。

　　采用光谱仪测得不同重复频率下的光谱，如图 4.17 所示，单模展宽光纤引起的 SPM 效应使得整体光谱范围变宽，随着重复频率的降低，光谱有红移的趋势，长波方向获得的增益比短波方向多，而且有较明显的拖尾现象。这是因为激光器在功率放大的过程中非线性系数增大，使得脉冲在频域上展宽速度更快，产生了新的频率分量，频谱的改变在较大程度上使得光谱结构发生变化，使得脉冲能量迅速增长。同时引入的色散增多，非线性效应也逐渐增强。

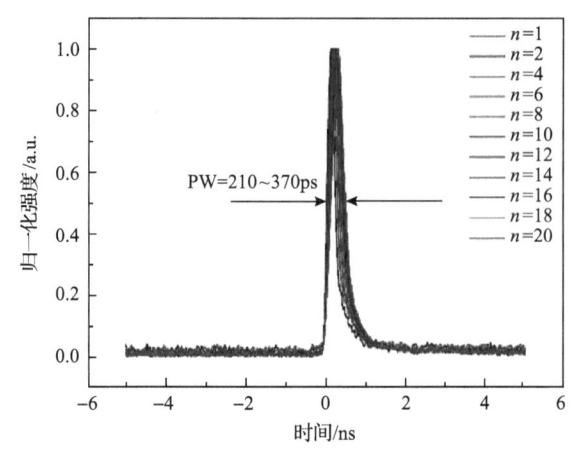

图 4.16 不同重复频率下的脉冲宽度

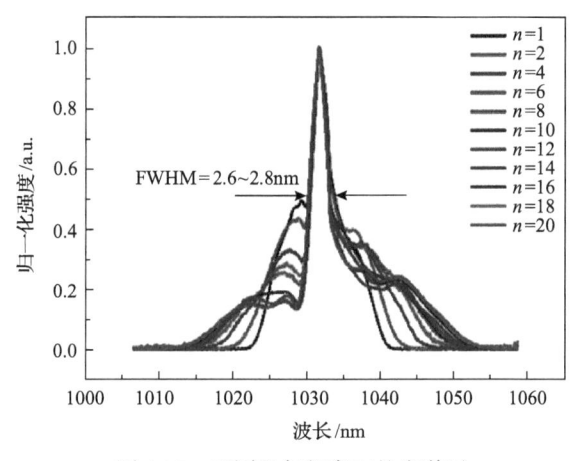

图 4.17 不同重复频率下的光谱图

为了减弱光纤放大过程中产生的非线性效应,抑制非线性展宽,获得更为纯净的激光光谱输出,其后经过一个带宽为 8nm 的带通滤波器。图 4.18(a) 和 (b) 为重复频率 1.93MHz 和 1.02MHz 条件下有无带通滤波器的输出激光光谱对比,虽然滤掉了部分光谱,但是中心部分的激光脉冲强度较强,边缘部分较弱。

二级预放大器为 10/130μm 光纤放大器,泵浦源为最大输出功率 25W 的 976nm LD,对高掺杂双包层掺镱增益光纤进行包层泵浦。其后连接高功率光纤隔离器,用来保证激光的单向传输,信号激光通过光纤合束器注入三级主放大系统中。在三级 30/250μm 功率主放大器,使用两个最大输出功率为 25W、工作波长为 976nm LD 提供泵浦光。另外,选取了不同长度的高掺杂大模场增益光纤作为增益介质,探究了掺杂光纤的浓度和长短对脉冲放大过程产生的影响。采用高掺杂大模场双包层增益光纤,在增大激光传输距离的同时在一定程度上提高了非线性产生的阈

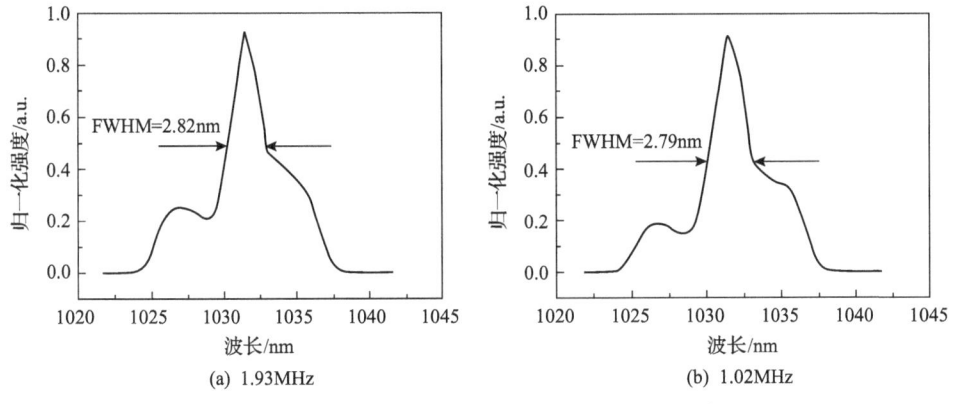

图 4.18 不同重复频率下有无带通滤波器的输出光谱对比图

值,进而达到相对减小激光脉冲的非线性啁啾积累的效果。

当重复频率为 1.93MHz 时,主放大器最大输出功率为 16W,其输出功率随泵浦功率增加的曲线如图 4.19(a)所示;当重复频率为 1.02MHz 时,主放大器最大输出功率 15.2W,单脉冲能量 14.9μJ,其输出功率曲线如图 4.19(b)所示,在不同重复频率条件下,输出功率随泵浦功率线性增长。

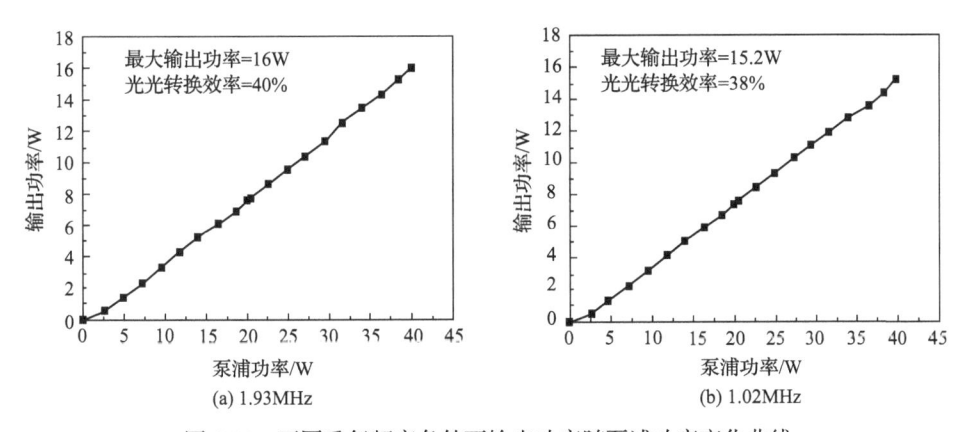

图 4.19 不同重复频率条件下输出功率随泵浦功率变化曲线

如图 4.20 所示,重复频率为 1.93MHz 和 1.02MHz 时,其中心波长分别为 1031nm 和 1032nm,对应的 3dB 带宽分别为 9.58nm 和 8.31nm。由于自相位调制产生非线性相移,光谱具有典型的多峰结构,使得光谱得到不同程度的展宽,但没有发现明显的 SRS 效应、自激振荡和 ASE 现象。分别测量重复频率 1.93MHz 和 1.02MHz 条件下主放大器输出激光的脉冲宽度,如图 4.21 所示,脉冲宽度分别为 350ps 和 420ps,脉冲没有发生分裂和畸变。

图 4.20 主放大器输出光谱

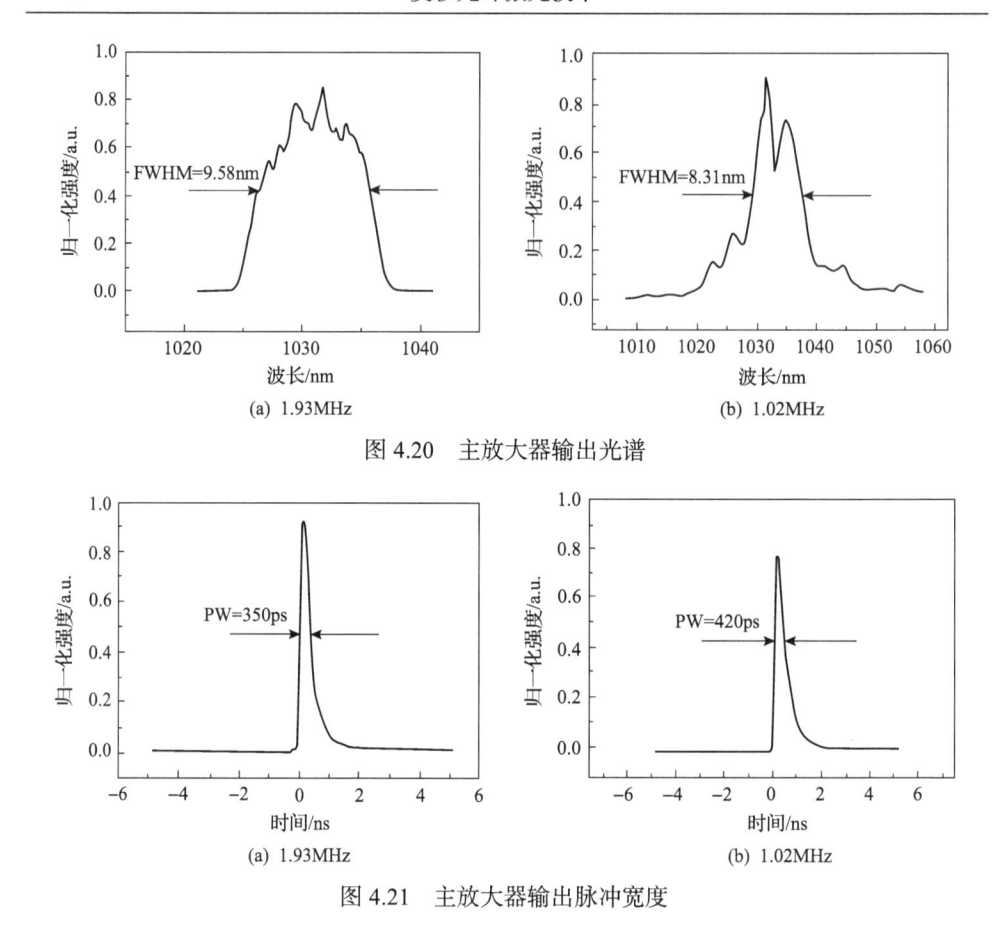

图 4.21 主放大器输出脉冲宽度

4.2.3 光子晶体光纤激光放大器

虽然单模光纤激光器具有非常好的光束质量特性，但是由于其光纤纤芯比较小，在高功率下会产生强的非线性效应，造成光纤损伤而限制了输出功率。为了适应更高功率、更大能量的激光输出需求，光子晶体光纤、棒状光纤等大模场特殊光纤等也逐渐成为光纤激光放大器的研究热点，接下来主要介绍光子晶体光纤激光放大器。

1. 980nm 波段光子晶体光纤激光放大器

在 980nm 波段激光放大研究中，需要考虑四能级起振和三能级重吸收作用的影响，由于掺镱光纤对 980nm 波段的激光存在很强的吸收作用，因此在主振荡功率放大时，三能级的重吸收作用会吸收信号光并放大四能级自发辐射。

首先，本实例建立了一个简单的主振荡功率放大结构理论模型，模型中的增益介质为 40/170μm 大模场掺镱光子晶体光纤，采用光子晶体光纤作为增益介质的优势在于其非线性和色散可调,以及无限截止单模特性,使脉冲激光可以被高质量放大且具有较好的光束质量。根据三能级的速率方程及传输薛定谔方程,对980nm 激光的产生以及所需要的增益光纤长度做了模拟,增益光纤长度随输出功率的变化曲线如图 4.22 所示。初始阶段输出功率随增益光纤长度成正比变化,当光纤长度达到 4.5m 后,输出功率逐渐降低。从模拟过程中光谱的变化情况可知,输出功率降低时,频谱上出现了 1040nm 波段的激光,随着光纤长度继续增长,输出功率又开始变大,此阶段 1040nm 的激光逐渐占主要成分,980nm 波段的激光逐渐减少。因此,可以通过此模拟过程选择最佳的光纤长度来抑制三能级的重吸收作用。

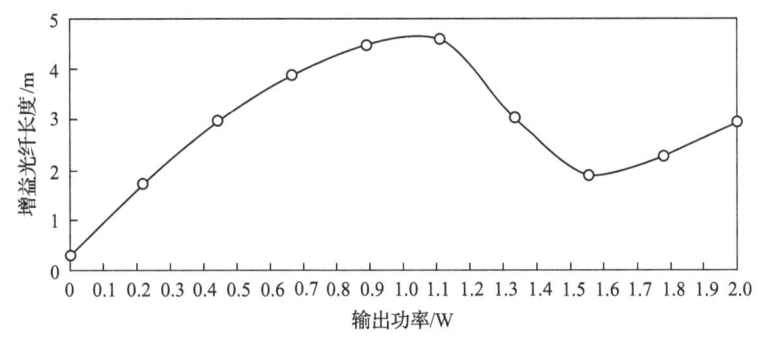

图 4.22 增益光纤长度随输出功率的变化模拟结果

进一步,对放大过程中最佳长度增益光纤的粒子数反转及输出功率情况进行了分析模拟。如图 4.23 所示,信号光的初始功率为 0.3W,当泵浦功率为 20W 时,信号光功率在光纤中被放大至 1.65W,单脉冲能量为 16.6nJ。从掺镱粒子数反转比例可以看出,此时光纤中的粒子数反转比例达到了 50%以上,比较适合进行980nm 波段信号激光的放大。

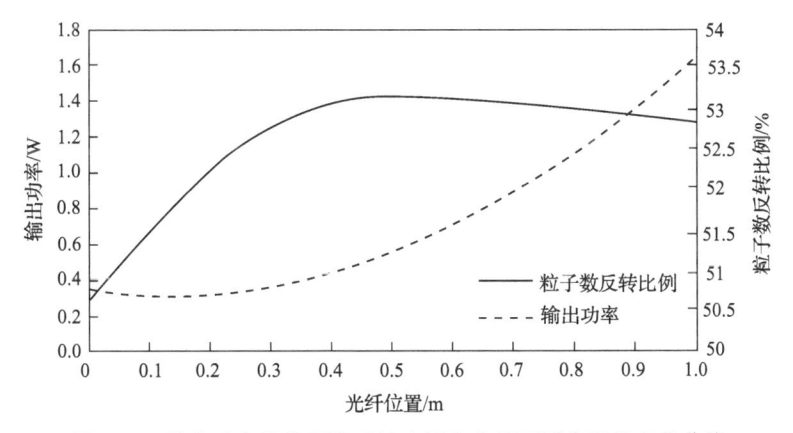

图 4.23 输出功率及粒子数反转比例在光纤不同位置的变化曲线

图 4.24 为模拟的种子激光经放大后脉冲的时域及频域图,可以看出,采用 1m 长的增益光纤时,980nm 波段的输出信号激光相对于 1030nm 波段 ASE 的信噪比达 40dBm 以上,表明其可以有效抑制四能级的起振。

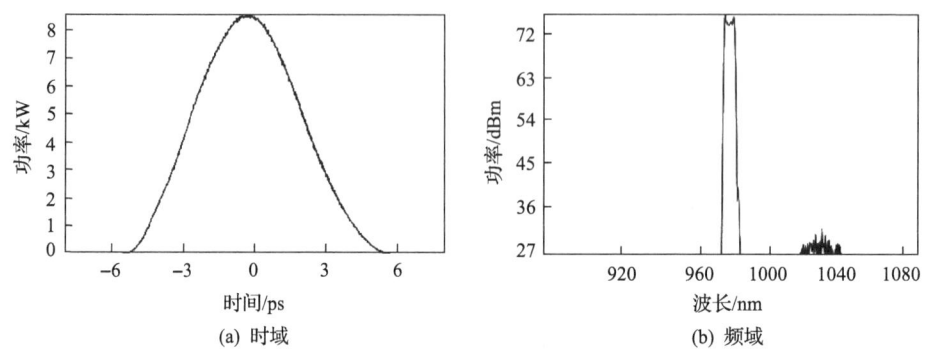

图 4.24 模拟得到放大后的脉冲时域和频域图

结合理论分析,搭建了 980nm 的脉冲激光放大系统,如图 4.25 所示。种子源为锁模环形振荡器输出的 978nm 脉冲激光,脉冲宽度为 1.24ps,光谱宽度为 1.9nm,重复频率为 87.37MHz。在种子激光后加入空间隔离器(HRM),并采用空间耦合的方式将种子激光耦合进长度为 1m 的 40/170μm 掺镱光子晶体光纤(Yb-PCF),采用后向泵浦的主振荡功率放大结构,这种结构不但可以增大泵浦的吸收效率,同时有助于提高输出激光的信噪比。激光经过两个同样的分光镜(DM,976nm 高反,915nm 高透)后输出,这样可以有效剥离放大后信号光中的泵浦激光。

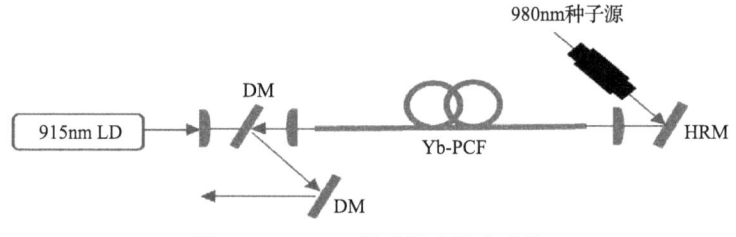

图 4.25 980nm 脉冲激光放大系统

经主振荡功率放大系统输出的脉冲序列和光谱如图 4.26 和图 4.27 所示,脉冲激光经过放大后比较稳定。光子晶体光纤的色散及非线性效应很小,因此放大后的脉冲及光谱基本没有展宽现象。从输出光谱也可以看出掺镱光纤四能级激发激光得到了有效抑制,泵浦激光经过两次剥离后残余极少。此外,由于大模场光子晶体光纤具有较好的单模条件,放大后的激光保持了较好的光束质量。

输出功率随激光泵浦功率变化曲线如图 4.28 所示,在半导体激光泵浦功率达到 20W 时,980nm 的激光输出功率为 648mW。可以看出放大系统的光光转换效

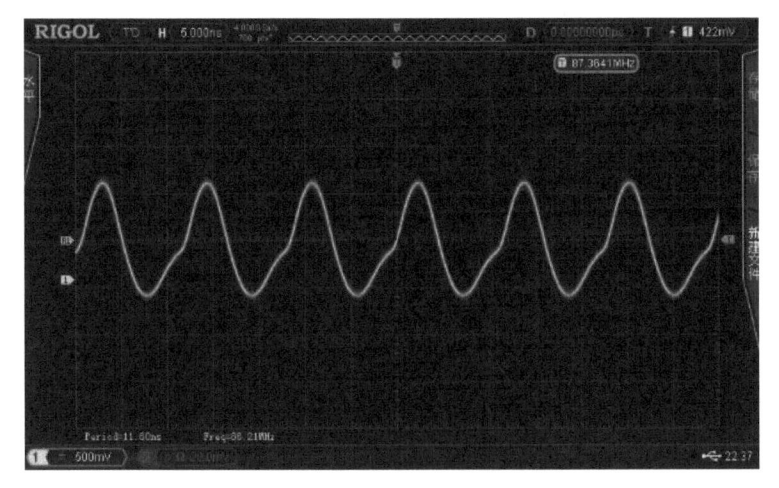

图 4.26 放大后光脉冲序列

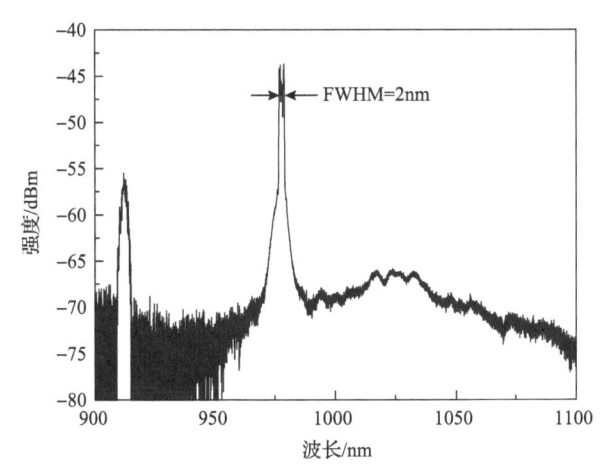

图 4.27 脉冲激光放大后的光谱图

率不高,主要原因是 915/980nm 的分光镜波段比较近,不可避免地引入了很大的系统损耗(约 25%),以及空间耦合系统不可避免的耦合损耗(约 20%),造成了实际放大功率与模拟结果的差距。从实际的输出功率曲线也可以观察到斜效率随着泵浦功率增加而逐渐变大(8.5%)。

综上所述,主振荡功率放大技术可以大幅提升皮秒脉冲激光的输出功率,以满足众多应用领域对皮秒脉冲激光的应用需求。本小节重点介绍了皮秒脉冲主振荡功率放大技术的几个典型应用实例,首先是典型的百瓦级 10/130μm 和 30/250μm 掺镱双包层光纤激光放大器;其次使用了保偏光纤进行皮秒脉冲主振荡功率放大;然后介绍了通过重复频率可调谐技术实现重复频率由 19.34MHz 到 1.02MHz 范围内可调谐皮秒光纤放大器;最后探讨了为适应更高功率、更大能量

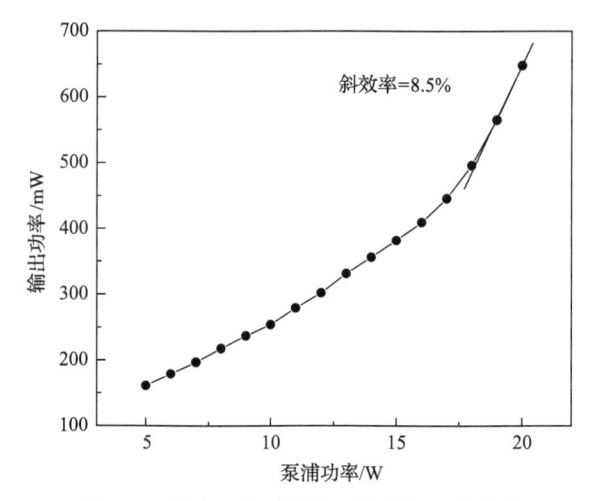

图 4.28 输出功率随激光泵浦功率变化曲线

的激光输出需求而使用的大模场光子晶体光纤激光放大器。

2. 皮秒光子晶体光纤激光放大器

本小节采用非保偏光子晶体光纤偏振输出锁模激光放大器作为种子源，激光的脉冲宽度为 7.6ps，重复频率为 45.9MHz，放大器实验装置如图 4.29 所示。

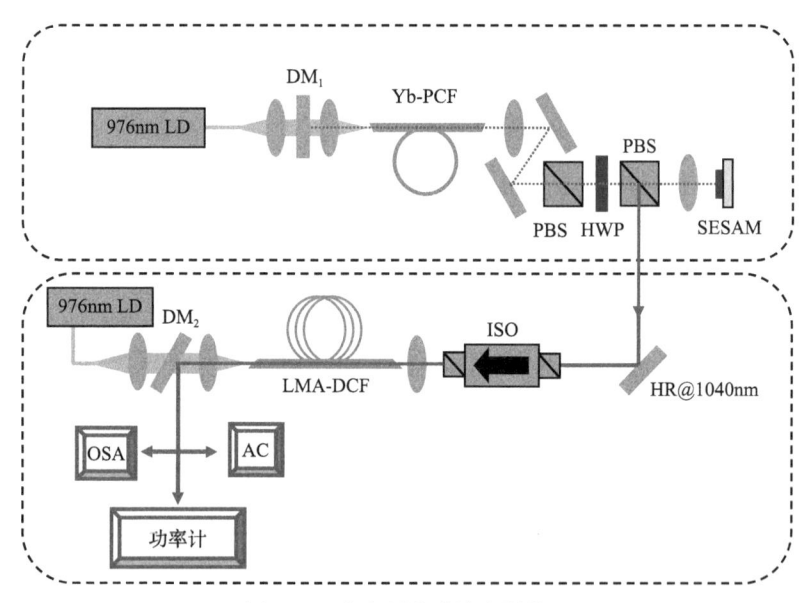

图 4.29 全光纤脉冲放大器装置
AC 指自相关仪

从偏振分束棱镜输出的两束激光，其中一束 0.3W 的激光经过光纤隔离器后注入放大器中，分别采用了 2.5m 和 3.0m 长的传统大模场熊猫眼形偏振光纤(LMA)作为增益介质。在 40W 泵浦光抽运状态下，分别获得了 16W 和 21W 的放大脉冲激光，其功率曲线如图 4.30 所示。

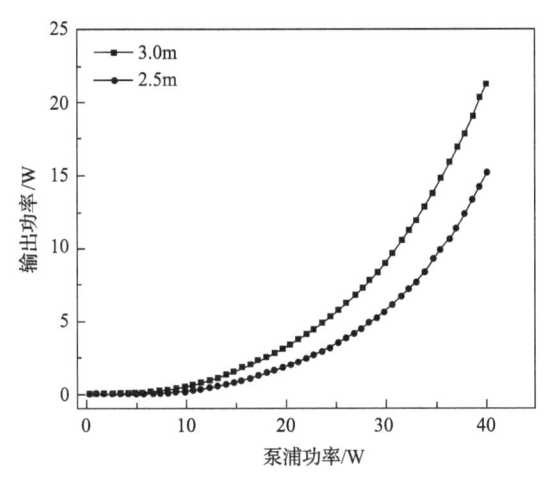

图 4.30　2.5m 和 3.0m LMA 光纤放大功率曲线对比图

根据上述情况展开分析，分别测试不同功率下光谱的变化情况，发现了光谱在功率提升的同时展宽变化明显，在达到 40kW 时，光谱中间凹陷，并开始向两侧分裂展宽，根据非线性理论分析，在高峰值功率情况下，激光光谱在自相位调制和群速度色散的共同作用下，产生如图 4.31(a)所示的演化过程，脉冲宽度也相应有所变化，21W 时的脉冲宽度由开始的 7.6ps 展宽到 8.8ps，如图 4.31(b)所示，实验中自相位调制等非线性效应限制了放大功率的进一步提升，降低了光纤放大器的性能。

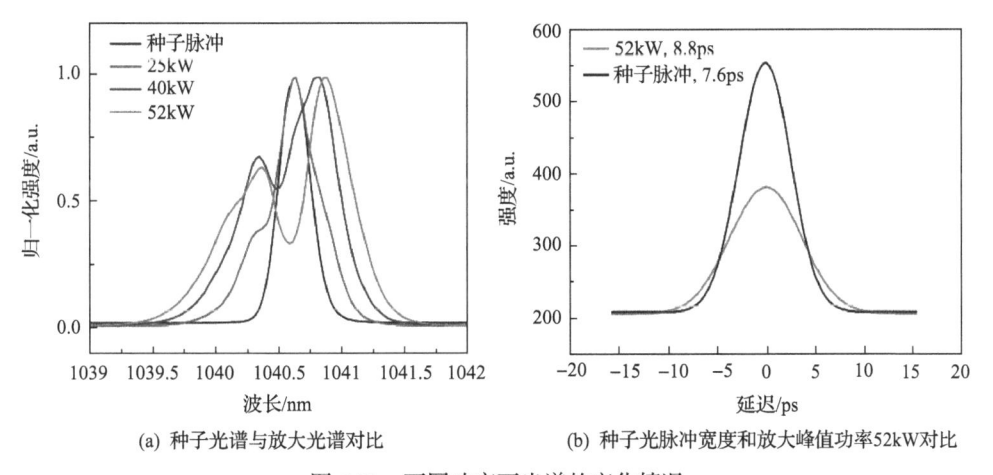

(a) 种子光谱与放大光谱对比　　(b) 种子光脉冲宽度和放大峰值功率52kW对比

图 4.31　不同功率下光谱的变化情况

3. 亚皮秒光子晶体光纤激光放大器

本小节搭建了亚皮秒光子晶体光纤激光放大器，实验装置如图 4.32 所示。放大器由两个部分构成，分别是信号种子源和增益放大。其中信号种子源为虚线框内部分，振荡器中增益光纤为 1.25m 长的双包层掺镱光子晶体光纤。纤芯直径为 40μm，纤芯数值孔径 NA 为 0.03；内包层直径为 170μm，内包层数值孔径 NA 为 0.62。大的数值孔径有利于泵浦光的耦合，该光纤在 976nm 处的吸收系数为 13dB/m，图 4.33(a)和(b)分别为光子晶体光纤截面图和纤芯放大图。在实验中将光子晶体光纤的弯曲直径设置为 20cm，以抑制高阶模式以获得高光束质量的激光输出，最终获得了输出功率为 3.15W、脉冲宽度为 960fs、中心波长为 1030nm 的稳定的超短脉冲激光输出。

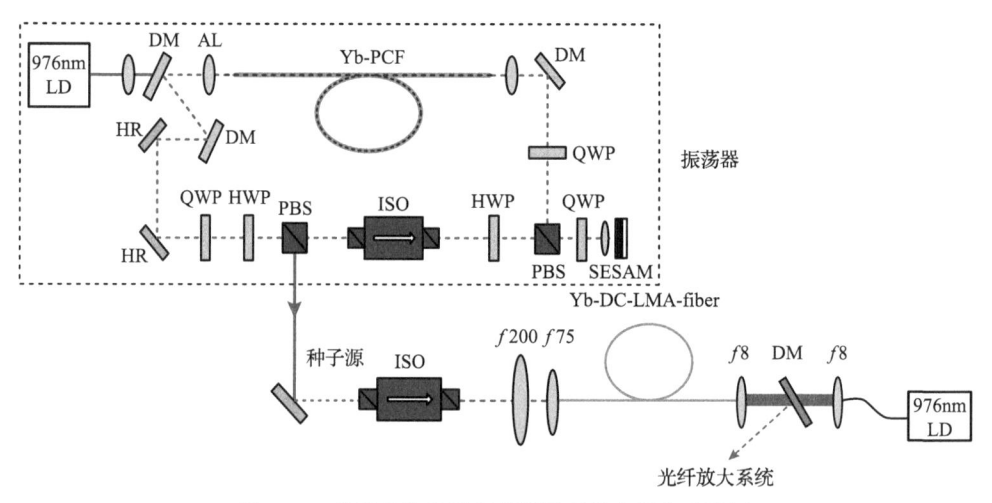

图 4.32 光子晶体光纤振荡器及其放大器实验装置

f200 中 "f" 指透镜焦距，"200" 的单位是 mm，其余类似

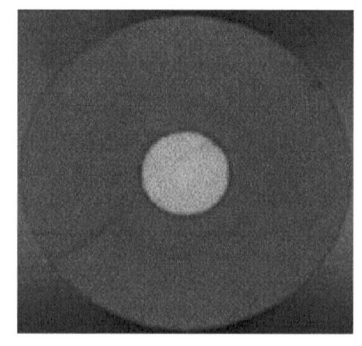

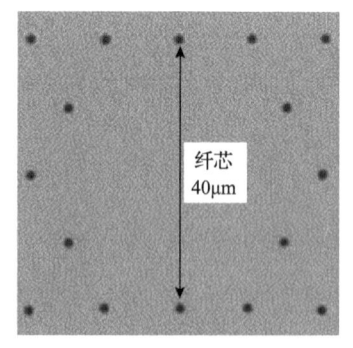

(a) 光子晶体光纤截面图　(b) 光子晶体光纤纤芯放大图

图 4.33 光子晶体光纤截面和纤芯放大图像

种子信号光经过偏振分光棱镜分成了两束光：一束光用以检测种子脉冲的锁模稳定性，另一束经过光纤隔离器注入增益光纤中，光纤隔离器的透射效率为75%。泵浦源为输出中心波长976nm、最大输出功率47W的LD，从LD中输出的激光由两个相同焦距（$f=8$mm）的非球面镜耦合进入增益光纤，耦合效率约为86%。实验中采用了两种不同的光纤作为放大增益介质，分别是3.0m长的25/250μm双包层掺镱光纤和1.6m长的30/250μm双包层保偏掺镱光纤。下面分别就两种不同的光纤所实现的结果进行介绍。

在第一个实验中，采用长3.0m的25/250μm掺镱双包层光纤作为放大增益光纤，光纤两端均切8°角以防止形成自激振荡，纤芯数值孔径NA=0.065，包层数值孔径NA≥0.46，对976nm泵浦光吸收系数4.8dB/m。种子光功率为196mW，泵浦光输出功率为43.3W，获得了12.53W的超短脉冲激光输出，输出功率曲线如图4.34所示。

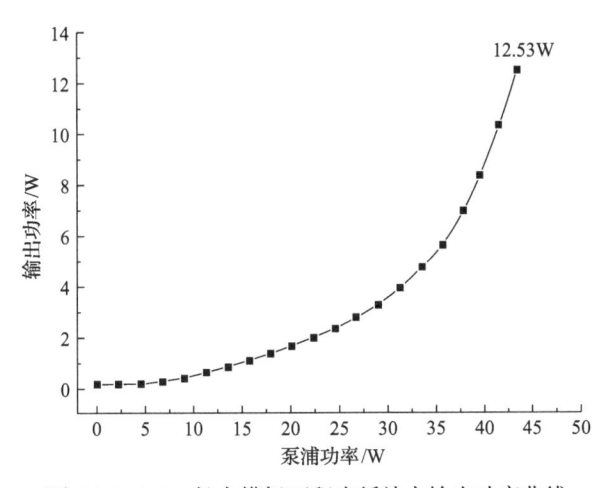

图4.34 3.0m长大模场面积光纤放大输出功率曲线

在放大过程中，脉冲激光在自相位调制和色散共同作用下，其光谱由2.5nm展宽至10nm，此时激光的脉冲宽度为4.1ps，分别如图4.35(a)和(b)所示。图4.36(a)是放大光的锁模脉冲序列，图4.36(b)是放大光脉冲的射频频谱图，重复频率83.7MHz处的射频信号信噪比为51dB，从中可以看到，激光脉冲放大后光脉冲保持了相对稳定的状态，整个放大过程中并未出现脉冲分裂、受激拉曼散射等非线性现象。

在第二个实验中，采用了1.6m长的30/250μm双包层掺镱保偏光纤（截面见图4.37(a)）作为放大增益介质，其在976nm处的泵浦光吸收系数为9dB/m，更大的纤芯面积有利于种子光的耦合，实验装置中其他器件与第一个实验相同。种子光功率为153mW，泵浦功率为44W，实现了18.10W的放大激光输出，如图4.37(b)

(a) 放大光脉冲光谱

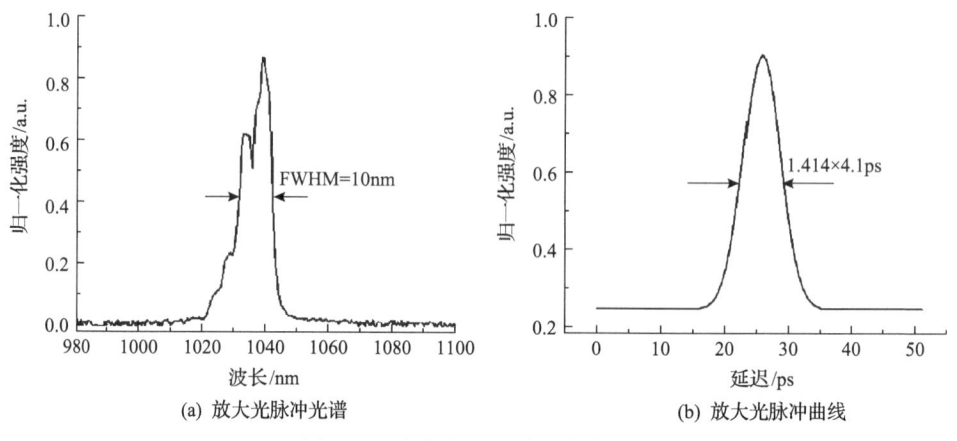

(b) 放大光脉冲曲线

图 4.35　放大光的光谱及脉冲曲线

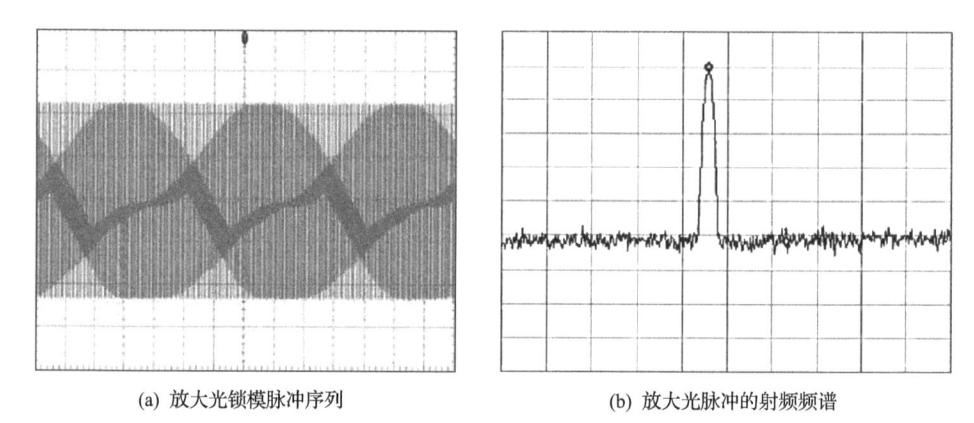

(a) 放大光锁模脉冲序列

(b) 放大光脉冲的射频频谱

图 4.36　放大光锁模脉冲序列及 RF 频谱图

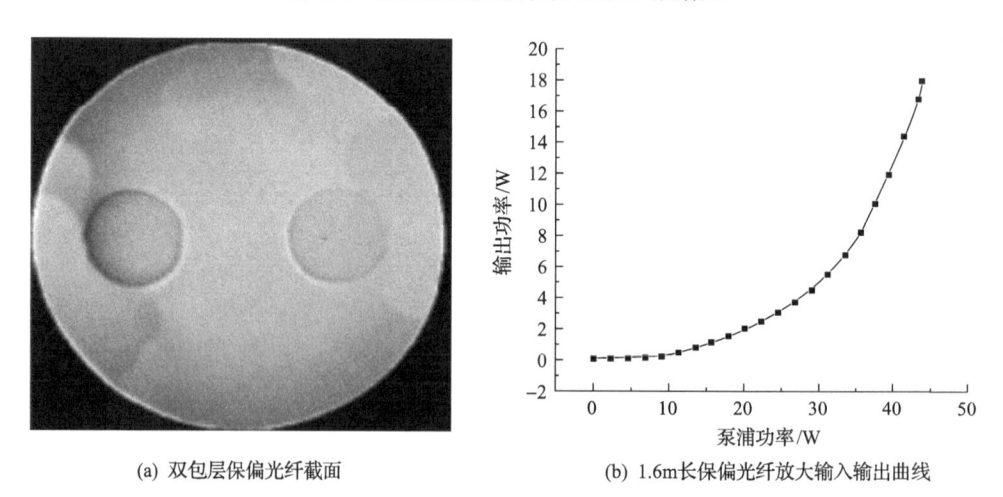

(a) 双包层保偏光纤截面

(b) 1.6m长保偏光纤放大输入输出曲线

图 4.37　双包层保偏光纤截面及放大输入输出曲线

所示。此时，脉冲激光在 SPM 和色散的共同作用下光谱宽度展宽为 10nm，脉冲宽度为 1.6ps，如图 4.38(a) 和 (b) 所示。整个放大过程中并未出现脉冲分裂、受激拉曼散射等非线性过程，这得益于种子源为高重复频率的激光，峰值功率比较低，且选用的是短长度大模场面积的双包层光纤，这些因素共同抑制了光纤非线性效应的产生。

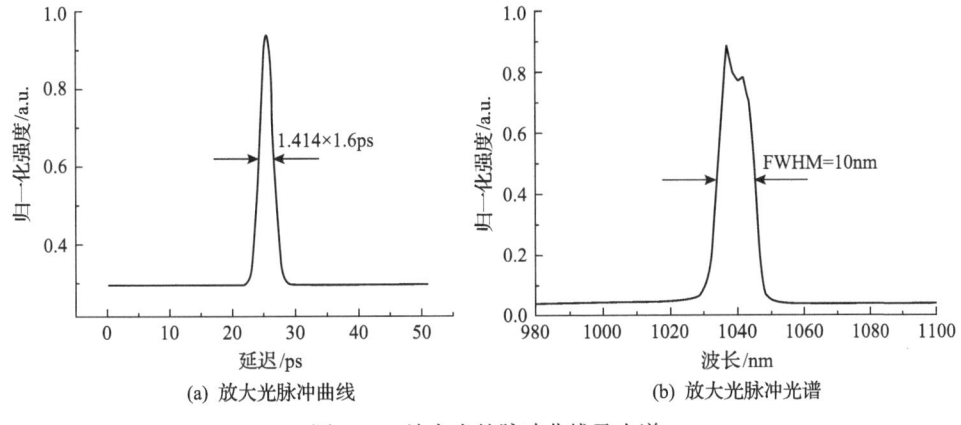

(a) 放大光脉冲曲线

(b) 放大光脉冲光谱

图 4.38 放大光的脉冲曲线及光谱

4.3 光纤-固体混合皮秒脉冲放大技术

随着半导体激光技术、光纤激光技术以及固体激光技术的不断进步，皮秒光纤激光器向着高能量、高峰值功率、高光束质量、高稳定性的方向发展。光纤锁模激光器与具有高增益介质的固体激光放大器相结合是获得大能量皮秒脉冲激光输出的有效方法。与固体锁模激光器相比，光纤锁模激光器以其更高的转换效率、更稳定的脉冲输出、更好的光束质量、更小巧的体积、更稳定的抗干扰能力等优点而备受青睐。但在光纤功率放大器中，强的非线性效应无法实现高能量的皮秒脉冲放大输出。对于固体激光放大器，棒状或板条增益介质具有较大的模体积，可以使输出脉冲能量显著提升，能够实现毫焦量级到焦耳量级的脉冲输出。因此，可以采用性能稳定、光路封闭、体积小巧的光纤锁模激光器与高增益固体激光放大器相结合的方法，从而获得高能量皮秒脉冲激光输出。再生放大技术和多程放大技术是目前获得高功率皮秒脉冲输出的有效方式，可以将锁模激光器输出能量由纳焦量级提升至毫焦量级甚至焦耳量级。

目前，通常采用主振荡功率放大方式实现高能量皮秒脉冲激光输出，以光纤或固体锁模激光振荡器作为种子源，为降低激光脉冲的峰值功率，还可以在全光纤锁模激光器中采用单模光纤展宽器对激光脉冲进行时域上的展宽，实现种子源的全纤化结构。可以通过调整光纤的长度来引入不同的色散量，灵活改变激光输出的脉冲宽度，从而满足更多应用上的需求。

4.3.1 光纤-固体混合皮秒再生放大器

再生放大技术是一种高增益前级放大技术，可从锁模激光器输出的低能量高重复频率脉冲序列中，选择单一脉冲，使其往返若干次通过放大介质提取增益。其作用是为后续多程放大器提供具有一定脉冲能量和皮秒量级脉冲宽度的高稳定、高光束质量的激光脉冲。

再生放大器由含调 Q 开关元件的谐振腔构成，它的作用是从展宽后的种子脉冲序列中选出一个子脉冲，并注入该谐振腔中，多次往返通过增益介质进行放大，当能量放大到所需值时再从谐振腔中导出。按照施加电压的不同，再生腔可分为半波电压型和四分之一波电压型；按照腔型结构不同，可以分为线形腔和环形腔。再生放大器具有放大效率高、能量稳定性好、光束指向稳定性高、光束质量好等优势，通常能够实现小信号 $10^6 \sim 10^7$ 倍的能量放大[14-16]。

再生放大器中的增益介质采用端面泵浦或侧面泵浦方式，电光 Q 开关驱动器的上升沿和下降沿时间为 4ns。对平平腔再生放大器进行仿真设计，如图 4.39(a)所示，谐振腔的稳区如图 4.39(b)所示。当 $f > 500\text{mm}$ 时，有 $-1 < (A+D)/2 < 1$，此时的谐振腔都在稳定的范围内，在泵浦电流 65A 时，实际测得的晶体热透镜焦距约为 1250mm($> 500\text{mm}$)，说明再生放大器能够稳定运转。

基于上述理论分析结果，搭建了平平腔再生放大器，如图 4.40 所示。全光纤种子源平均输出功率 580mW，重复频率为 28.49MHz，中心波长为 1064nm，脉冲宽度为 341ps。种子光经光纤隔离器后，注入再生放大器中进行能量放大。再生放大器采用的是线性折叠腔结构，谐振腔腔长为 2m，主要由两个 0°全反镜(M_3 和 M_4)、普克尔盒(PC)、四分之一波片(QWP)、薄膜偏振片(TFP_4)、泵浦模块(Nd:YAG)、小孔光阑(pinhole)以及两个 45°全反镜(M_5 和 M_6)组成。其中，M_3 和 M_4 构成谐振腔的两个腔镜，Nd:YAG 位于谐振腔的中间，M_5 和 M_6 用于折叠光路。由 PC 和 QWP 组成的电光 Q 开关，用于控制再生放大器的放大过程。PC 采用的是 KDP(KD_2PO_4)晶体，在 1064nm 处的透过率为 99%。

在放大过程中，主要依靠 PC 的开关状态来控制脉冲的建立过程。当 PC 上没有施加外电场，处于关闭状态时，先给 Nd:YAG 提供泵浦，在一定电流下，使得再生腔输出能量最大。此时通过旋转 QWP，抑制再生腔内的振荡。注入腔内的垂直线偏振的种子光第一次通过 QWP 变成圆偏振光，再经由 M_3 反射，第二次经过 QWP 后变成水平线偏振光，从而被 TFP4 透射。之后依次经过 Nd:YAG、M_5 和 M_6 到达 M_4，反射回来第二次经过 Nd:YAG，再次被 TFP4 透射。水平线偏振的光脉冲再经过两次 QWP 后转变为垂直线偏振光，最后通过 TFP4 反射输出腔外。当

第 4 章 皮秒光纤激光放大器

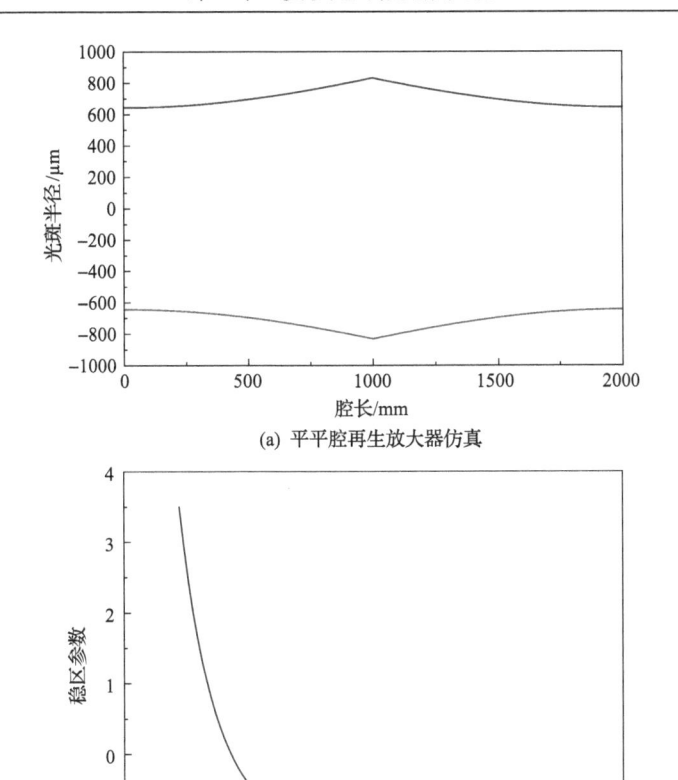

(a) 平平腔再生放大器仿真

(b) 平平腔再生放大器的稳区图

图 4.39 平平腔再生放大器仿真及稳区图

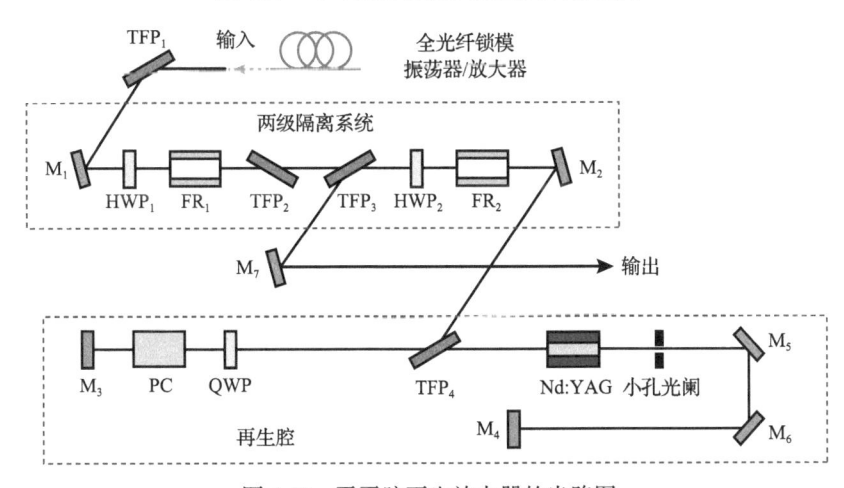

图 4.40 平平腔再生放大器的光路图

脉冲第二次经过 PC 开始到第三次经过 PC 之前，在 PC 上施加外加电场，PC 工作在四分之一波电压下。PC 被施加外电场后，与 QWP 构成了一个复合的 HWP，因此从 TFP$_4$ 透射过来的激光脉冲的偏振态将不再发生改变，并被锁定在腔内往返循环放大。

如图 4.41(a) 所示，在端镜 M$_3$ 处监测种子光脉冲在腔内的再生建立过程，能够确定种子脉冲在腔内往返的次数，即 PC 上的加压时间与谐振腔内种子光脉冲往返一次时间的比值。种子光脉冲在腔内多次通过 Nd:YAG 提取储能后，其脉冲能量因储能消耗而达到饱和后将不再增大，此时撤去 PC 上的外加电场，再生放大后的激光脉冲往返通过 QWP，以垂直线偏振光经 TFP$_4$ 反射从腔内输出。从 M$_7$ 后测得脉冲输出的波形如图 4.41(b) 所示，输出波形没有前后预脉冲。

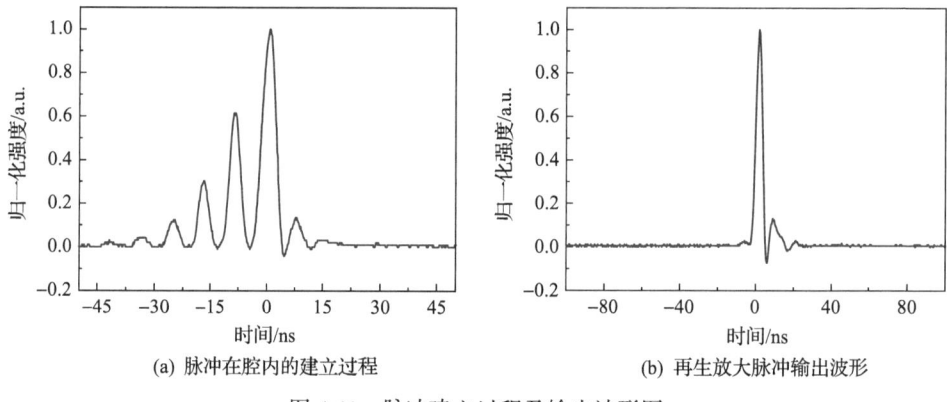

(a) 脉冲在腔内的建立过程

(b) 再生放大脉冲输出波形

图 4.41　脉冲建立过程及输出波形图

当种子光能量为 9.58nJ 时，在泵浦功率 82.5W、泵浦脉冲宽度 250μs、重复频率 500Hz 条件下，输出激光的单脉冲能量为 4mJ，此时 PC 上的高压时间为 270ns，对应的种子光脉冲在腔内往返振荡约 20 次，即共经历了 20 次放大。如图 4.42 所示，测得光束质量因子 M^2 在 x 和 y 方向上分别为 1.572 和 1.481。继续增加泵浦电流，脉冲建立波形不再稳定，热透镜焦距越来越小，KDP 晶体出现光学损伤现象。

如图 4.43(a) 和 (b) 所示，激光中心波长为 1064nm，3dB 带宽为 0.33nm，再生放大器输出的脉冲宽度约为 302ps，与种子光的脉冲宽度相比，再生放大激光的脉冲宽度因增益饱和效应被压缩。这是因为在种子光脉冲提取增益介质储能的过程中，脉冲前沿和后沿具有不同的增益，在前沿反转粒子数急剧消耗，增益逐渐减小，从而导致脉冲宽度被压缩。最后，测量了再生放大器的功率稳定性，如图 4.44 所示，2h 内 RMS 值为 1.33%。

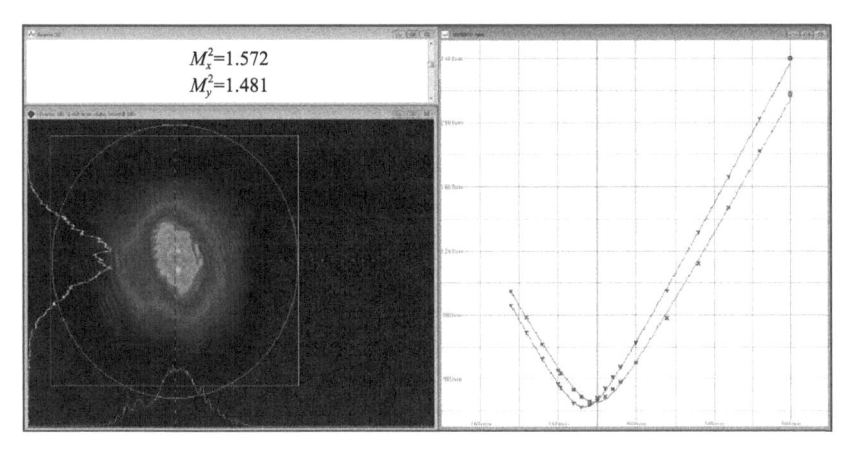

图 4.42 再生放大器输出的光束质量

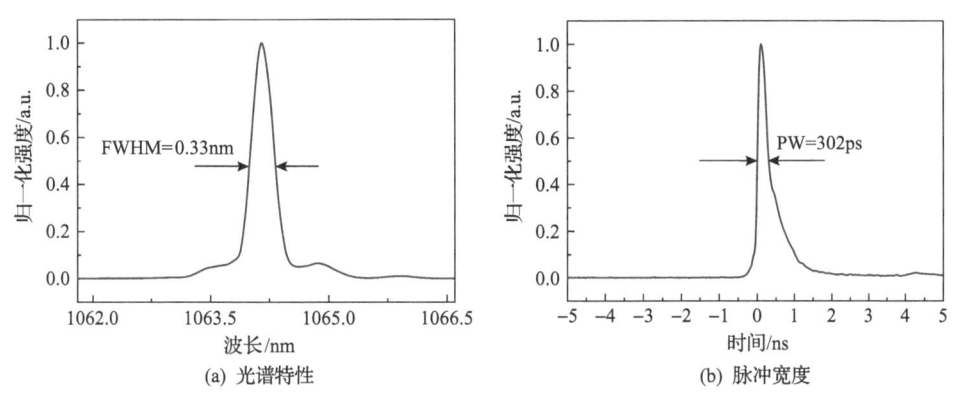

图 4.43 再生放大器输出的光谱特性及脉冲宽度
(a) 光谱特性
(b) 脉冲宽度

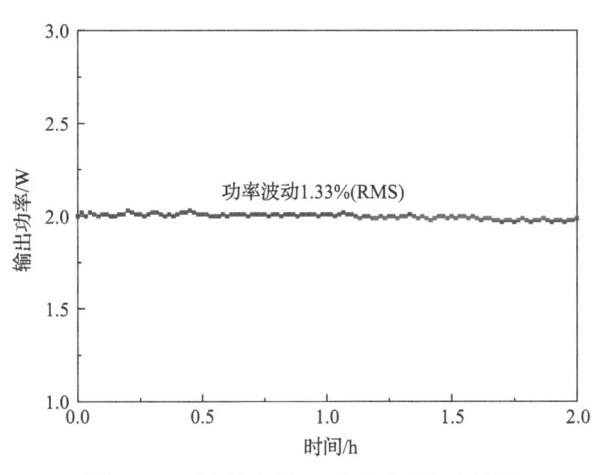

图 4.44 再生放大器 2h 内的功率稳定性图

4.3.2 光纤-固体混合皮秒行波放大器

行波放大技术是后级进一步提高激光器单脉冲能量输出的重要途径,可将前级输出的激光放大到毫焦或焦耳量级,是一种高能量低增益的放大方式,其可保证激光输出性能的优良。最后采用增大增益介质的直径和尺寸、降低掺杂浓度或者通过光学器件的光束整形,真空滤波器像传递系统等措施可以减小放大过程中产生的热效应,提高泵浦光和前级种子光的模式匹配,将高斯光束整形为平顶分布,在获得大能量脉冲激光输出的同时保证其具有较好的光束质量。

1. Nd:YAG 侧面泵浦双程放大器

Nd:YAG 增益晶体的上能级寿命长,存储能量高,泵浦均匀性好,冷却效果好,模块化,结构简单,很适合在侧面泵浦的高能量激光放大系统的主放大级中使用。通过准连续侧面泵浦 Nd:YAG 多程放大器可进一步提高输出能量。为保证双程放大器具有良好的光束质量,设计了如图 4.45 所示的 Nd:YAG 4f 成像系统双程放大器,其主要包括四个部分,前级放大器(种子源)、隔离系统、光束整形系统以及具有 4f 空间滤波器的双程放大器。整形后的激光束以垂直线偏振光经薄膜偏振片(TFP$_4$)反射进入双程放大器内,完成第一程放大。随后,激光脉冲通过 4f 空间滤波器(SF$_2$)和 45°法拉第旋光器(FR$_2$)后,经由 0°全反射镜(M$_3$)反射,再次通过 FR$_2$,此时变为水平线偏振光,通过 SF$_2$,注入 Nd:YAG 增益介质进行第二程放大。最终,放大后的水平线偏振激光脉冲从 TFP$_4$ 透射输出。其中,在双程 4f 成像系统中,采用 4f 空间滤波器与 45°法拉第旋光器,从而共同实现退偏补偿。

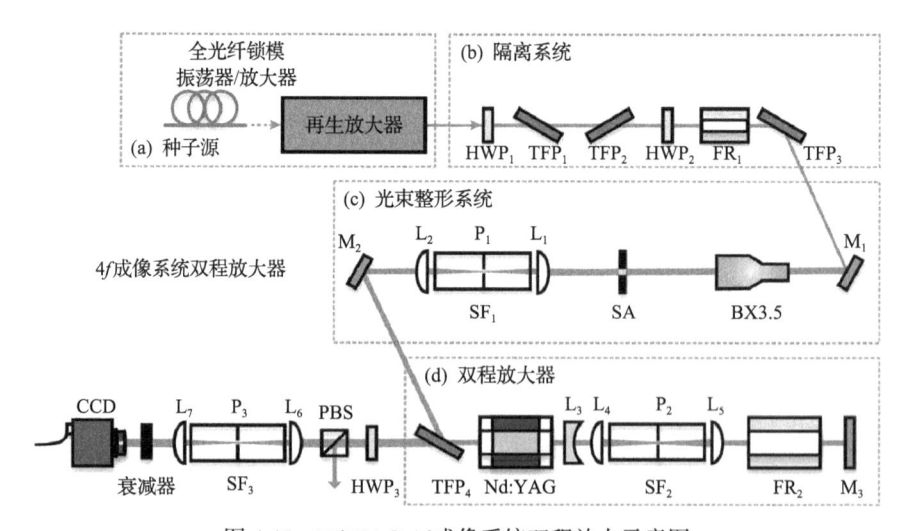

图 4.45 Nd:YAG 4f 成像系统双程放大示意图

第 4 章 皮秒光纤激光放大器

热致双折射补偿的目的在于通过改变光路中的偏振光束，交换径向和切向上的偏振分量，使棒的截面上每一点的径向和切向偏振辐射都具有相同的相位延迟。在单模块双程放大器中，可在端镜前插入 45°法拉第旋光器来实现热致双折射的补偿。当光束每一次通过径向温度分布的激光棒模块时，都会在相同半径 r 的径向和切向偏振光之间产生相位差，导致热退偏。当两束光两次经过 45°法拉第旋光器时，径向偏振光将会变为切向偏振光，随后再一次通过同一模块时，两束光之间的相位差就会被消除。为保证 45°法拉第旋光器能够实现较好的退偏补偿，需要满足的条件是尽量保证两次经过同一模块时的传输路径相同。然而，在固体放大器中，由于激光模块的热透镜效应，实际上会使得光束经过第一程放大后发生会聚现象，无法保证第二次进入模块放大时具有相同的传输路径。因此，可在系统中加入负透镜和 4f 空间滤波像传递系统，在有效补偿激光模块热透镜效应的同时，提高 45°法拉第旋光器补偿热致双折射的能力。满足成像传递规律的光路排布，依据理论计算结果模拟了 Nd:YAG 双程 4f 成像系统的模场直径变化，如图 4.46 所示。激光晶体中心的光斑直径最大。在 Nd:YAG 与 SF$_2$ 的入射透镜之间插入一个负透镜 L$_3$，用于补偿 Nd:YAG 的热透镜效应，负透镜 L$_3$ 的焦距 $f=-300$mm。

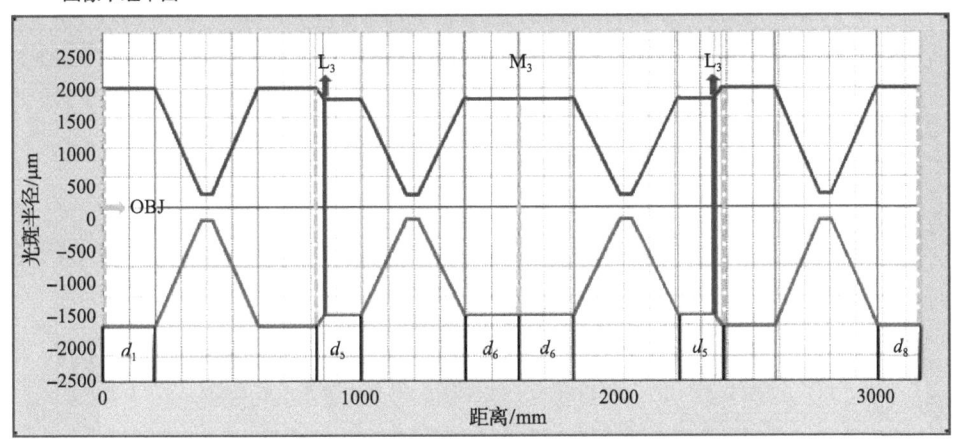

图 4.46 Nd:YAG 双程 4f 成像系统放大器模场直径模拟结果

将软边光阑整形后的放大激光注入双程放大器中，此时激光能量为 0.8mJ，在泵浦重复频率 500Hz、泵浦脉冲宽度 250μs、泵浦功率 420W 的条件下，输出激光能量为 14.8mJ，放大倍数为 18.5 倍。旋转二分之一波片（HWP$_3$），仍有 110mW 的退偏功率被检测到，即退偏率为 1.5%。而透过偏振分束棱镜（PBS）的功率为 7.29W，即输出单脉冲能量为 14.58mJ。利用负透镜、4f 空间滤波成像传递系统和 45°法拉第旋光器，有效降低了退偏功率。但并没有实现退偏的完全补偿，可能的原因是负透镜在实际光路中的焦距有偏差，以及搭建光路时造成的光程误差。测

得沿 x 和 y 方向上的光束质量因子分别为 $M_x^2=1.493$ 和 $M_y^2=1.516$，如图 4.47 所示。测量的输出能量、放大倍率与入射光能量的变化曲线如图 4.48 所示。

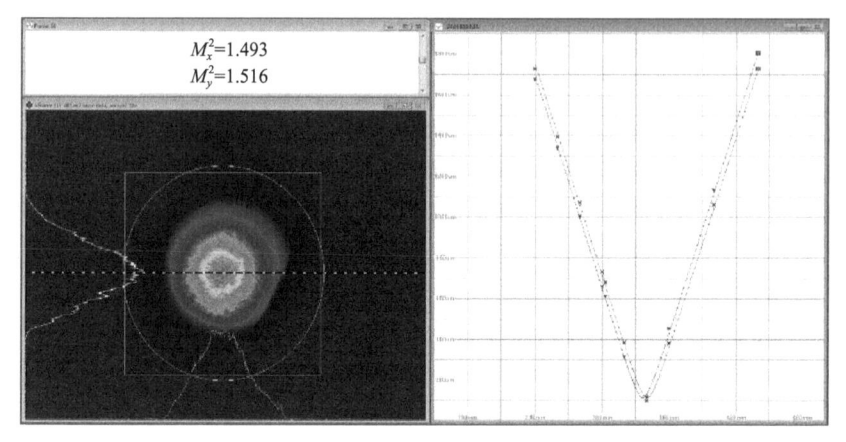

图 4.47　双程 4f 成像系统放大器输出光束质量

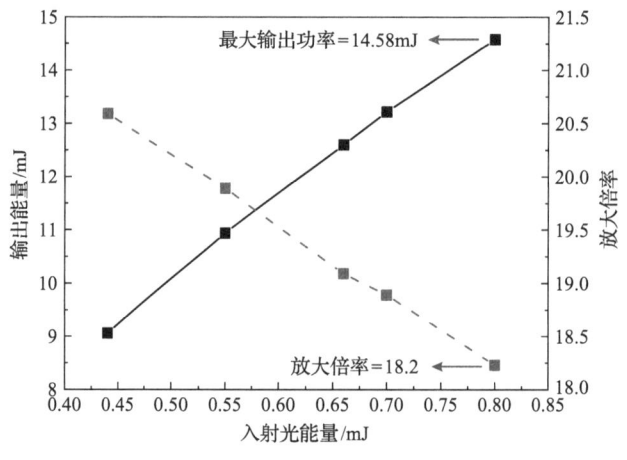

图 4.48　输出能量和放大倍率随入射光能量的变化曲线

2. Nd:YAG 侧面泵浦单程放大器

在高能量泵浦下，泵浦模块会产生严重的热透镜效应，因此激光晶体可等效为一个薄透镜。利用具有热透镜焦距的泵浦模块，搭建了如图 4.49 所示的光路图。单程放大器中主要包括全光纤种子源、再生放大器、扩束器、单程放大器。泵浦模块在泵浦电流为 90A 时，热透镜焦距为 330mm。平凸透镜 L_1 的焦距选择为 300mm。模拟单程放大器的模场直径变化如图 4.50 所示，等效薄透镜 Nd:YAG 与平凸透镜 L_1 没有构成 1:1 成像，而是形成了一个缩束器。

第 4 章 皮秒光纤激光放大器

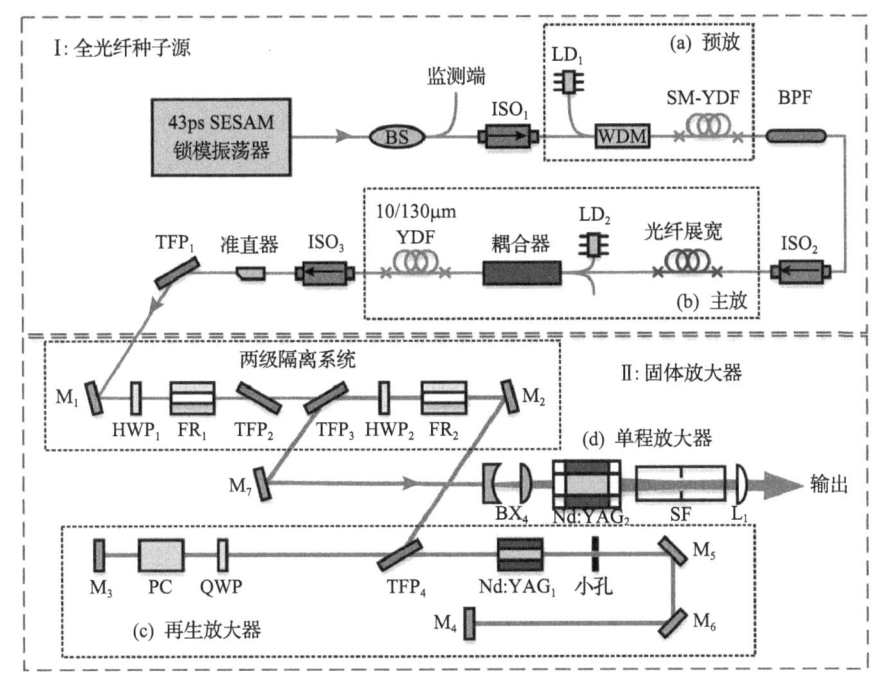

图 4.49 Nd:YAG 单程放大器系统示意图

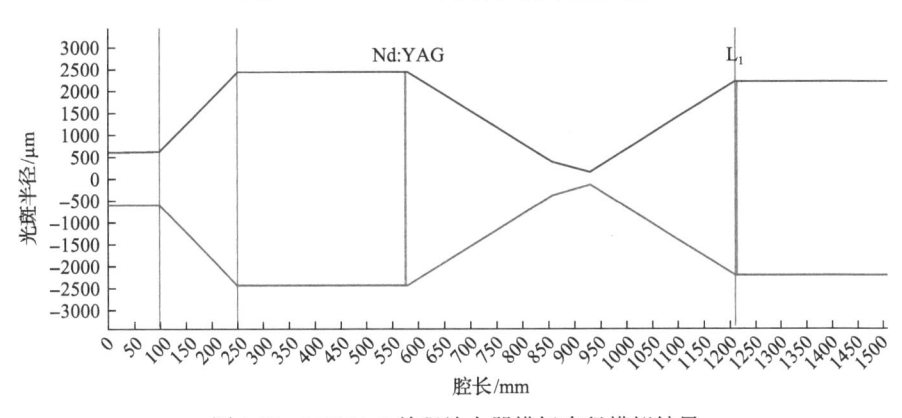

图 4.50 Nd:YAG 单程放大器模场直径模拟结果

再生放大器输出的激光通过扩束器后注入 Nd:YAG 单程放大器，在泵浦重复频率 500Hz、泵浦脉冲宽度 250μs、泵浦电流 90A 时，1.5W 的再生输出激光脉冲被放大到 8.96W，此时对应的单脉冲能量为 17.92mJ，放大倍率为 5.97。继续增加泵浦电流至 94A，获得平均功率 10.02W，单脉冲能量 20.04mJ 的激光输出，放大倍率为 6.68 倍。由于在增加泵浦电流的过程中，热透镜焦距会随之改变，焦点位置会逐渐远离 L_1 透镜，破坏了成像传递的条件，因此输出光斑有会聚现象，从而不再继续增加泵浦电流。输出能量随泵浦电流的变化曲线如图 4.51 所示。光束

质量因子 M^2 在 x 和 y 两个方向上分别为 1.700 和 1.705，如图 4.52 所示。

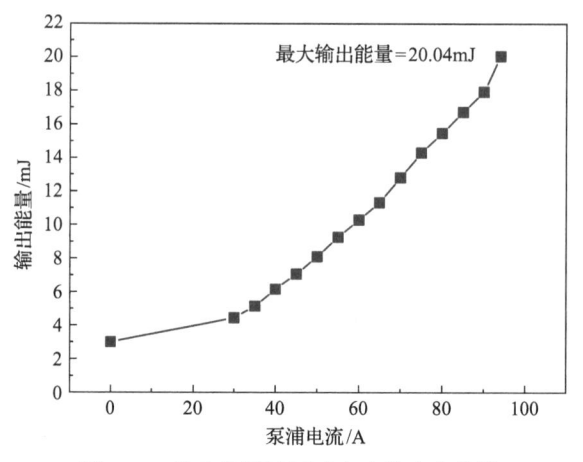

图 4.51　输出能量随泵浦电流的变化曲线

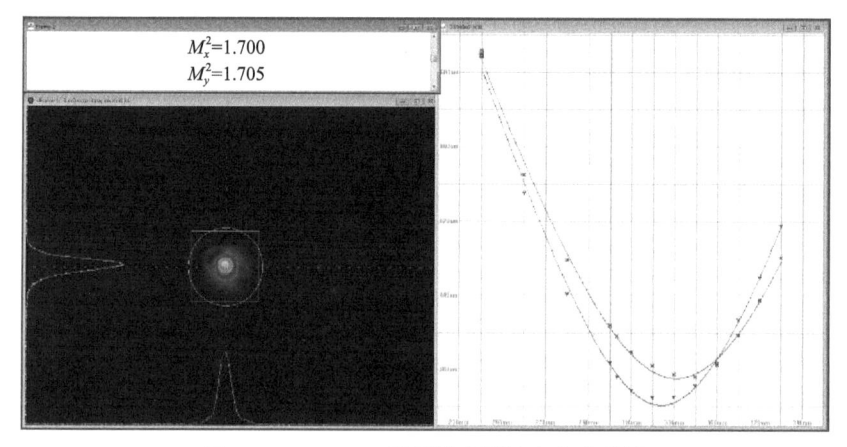

图 4.52　Nd:YAG 单程放大器输出光束质量

在系统中加入了光束整形系统，光路如图 4.53 所示。系统包括全光纤种子源、再生放大器、隔离系统、光束整形系统以及 Nd:YAG 单程放大器。二分之一波片(HWP_3)和薄膜偏振片(TFP_5)构成第一组空间光隔离器，旋转 HWP_3 将垂直线偏振光转变为水平线偏振光透过薄膜偏振片，同时控制入射脉冲的能量。薄膜偏振片(TFP_6)、二分之一波片(HWP_4)以及 45°法拉第旋光器(FR_3)构成第二组空间光隔离器，可将水平线偏振光转变为垂直线偏振光。

扩束器将再生放大输出的激光光斑扩大 3.5 倍。经锯齿光阑(SA)整形，SA 的参数为锯齿内径 4mm，锯齿外径 5.4mm，锯齿个数 146。单程输出能量随泵浦电流的变化曲线如图 4.54 所示，随着泵浦电流的增加，Nd:YAG 单程放大器的输出能量也增加，呈线性关系。当入射光能量较低时，放大倍率较高，随着入射光能

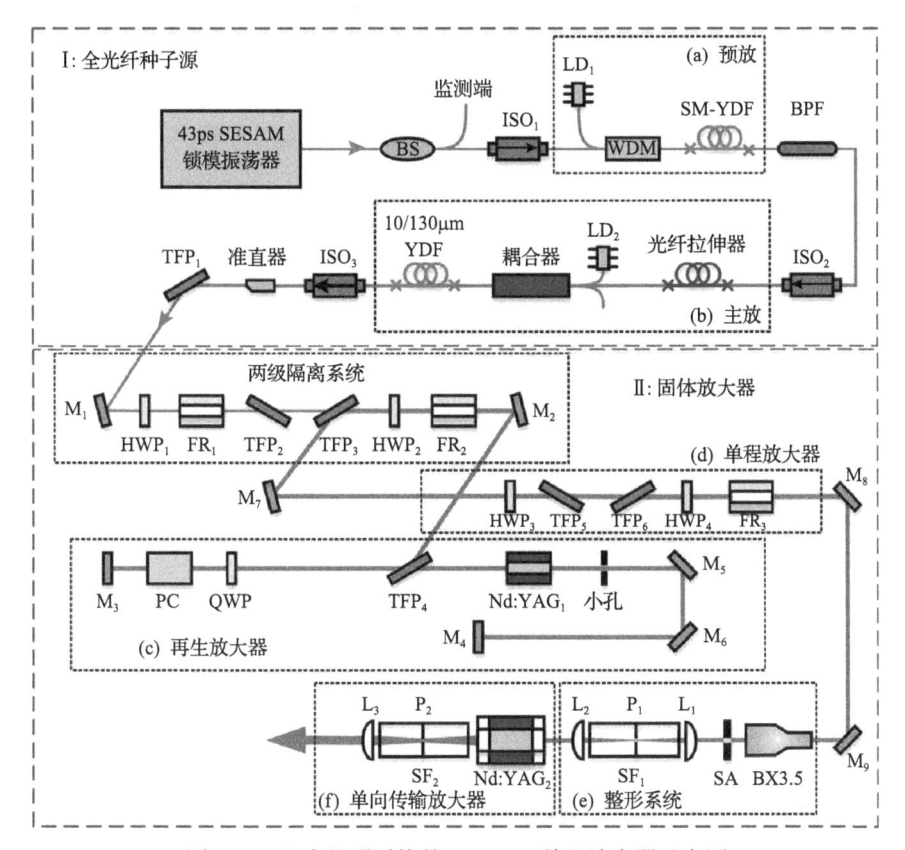

图 4.53 具有整形系统的 Nd:YAG 单程放大器示意图

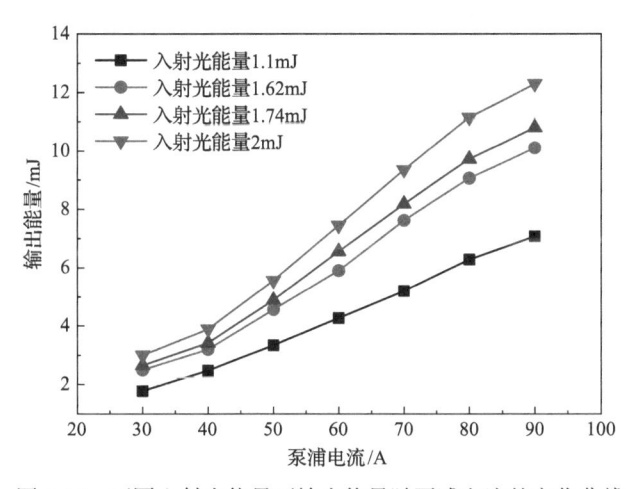

图 4.54 不同入射光能量下输出能量随泵浦电流的变化曲线

量的不断提高，输出能量逐渐趋于平缓，说明当入射光能量超过某一范围时，放大效果不明显。当入射光能量为 2mJ 时，单程放大器输出能量为 12.3mJ。与不加整形系统的单程放大器相比，放大倍率提高。在 12.3mJ 输出能量下测得光束质量因子 M^2 在 x 和 y 两个方向上分别为 1.614 和 1.426，如图 4.55 所示。

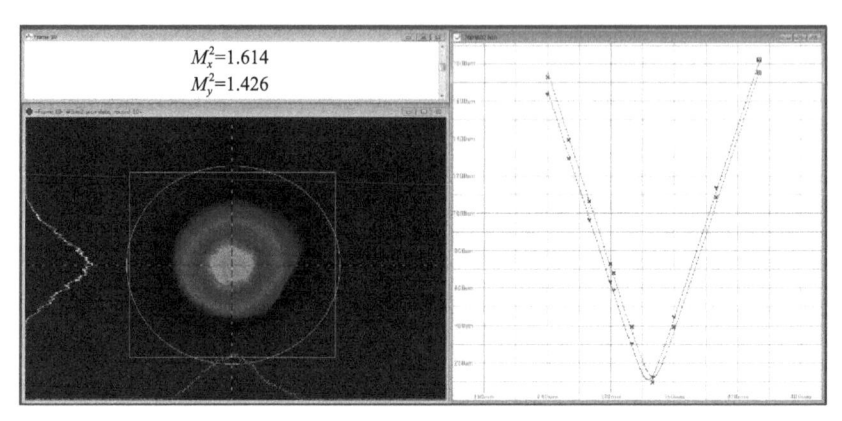

图 4.55　Nd:YAG 单程放大器输出光束质量

3. Nd:YVO$_4$ 端面泵浦双程放大器

Nd:YVO$_4$ 晶体也是固体激光放大器中常用的增益介质，其受激辐射截面是 Nd:YAG 晶体的 5 倍，因此 Nd:YVO$_4$ 晶体对 1064nm 信号光有更大的增益，并且在吸收谱线 808nm 附近 Nd:YVO$_4$ 晶体有着较宽的吸收带。虽然 Nd:YVO$_4$ 晶体的硬度和导热系数相对 Nd:YAG 晶体较低，但是 Nd:YVO$_4$ 晶体的荧光寿命较短，仅为 90μs，短的弛豫时间更加适合于高重复频率脉冲信号的光放大。

光纤-固体混合端面泵浦 Nd:YVO$_4$ 双程四次放大器包括光纤激光器和固体放大器两部分，全光纤皮秒光纤激光器输出中心波长 1064.16nm，重复频率为 18.9MHz，脉冲宽度为 10.2ps，最大输出功率为 2W，并通过光纤准直器被准直为类平行光，作为种子光注入 Nd:YVO$_4$ 双程四次放大器中。固体放大模块采用的增益介质为 a 向切割的 Nd:YVO$_4$ 块状晶体。晶体的两个通光面均镀有 808nm 及 1064nm 的增透膜。

如图 4.56 所示，全保偏光纤激光器输出的线偏振光作为固体放大器的种子光，通过旋转二分之一波片(HWP$_1$)将种子光转变为 P(水平)偏振光，空间光纤隔离器(ISO)只能沿一个方向通过 P 偏振光，阻止了返回光对光纤激光器的损坏。耦合系统 1 将输出的种子光束耦合进入晶体内，为了控制放大后的光束质量，需合理选择光束填充因子(种子光斑直径与泵浦光斑直径的比值)。光纤准直器输出激光光斑直径为 2.4mm，经过耦合系统 1 后直径被缩束到 0.3mm。光路中的偏振片

(TFP$_1$)、二分之一波片(HWP$_2$)和法拉第旋光器(FR)是双程放大过程必不可少的器件。P 偏振光穿过 TFP$_2$ 后经全反镜 HR$_1$ 反射回来,两次经过四分之一波片(QWP)变为 S 偏振光,S 偏振光被 TFP$_2$ 反射进入激光晶体放大;种子光被平面镜 M$_3$ 反射后,两次经过 Nd:YVO$_4$ 晶体即为双通放大,在双程放大器输出端插入全反镜 HR$_2$,使种子光原路返回即实现四次放大;种子光四次通过晶体后被 TFP$_2$ 反射,再次被 HR$_1$ 反射后两次通过 QWP;此时种子光由 S 偏振光变为 P 偏振光,P 偏振光依次经过 FR 和 HWP$_2$ 偏振态旋转 90°变为 S 偏振光,最终通过 TFP$_1$ 反射输出。

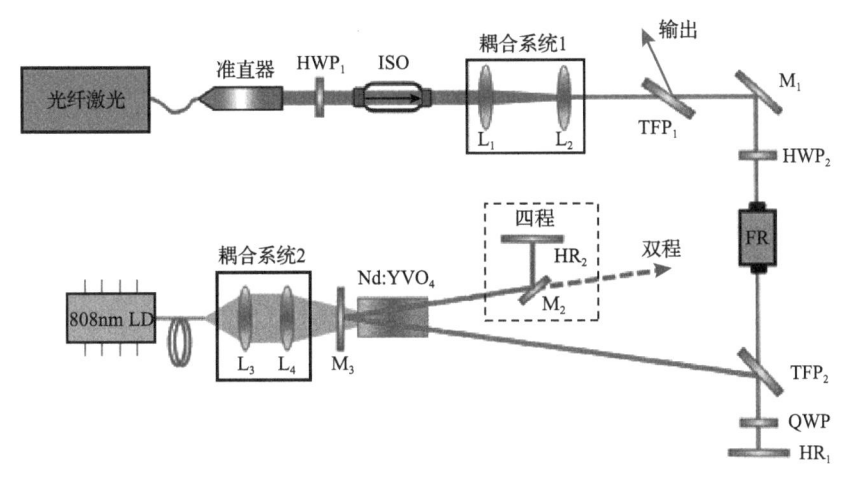

图 4.56 光纤-固体混合皮秒 Nd:YVO$_4$ 双程放大器光路图

为抑制双程四次放大器在高泵浦功率下的寄生振荡效应,如图 4.57 所示,将 Nd:YVO$_4$ 晶体的左端面抛光成 0.5°斜角,此时平面镜 M$_3$ 与晶体左端面形成 0.5°夹角,全反镜 HR$_2$ 与晶体右端面夹角为 8°。采用激光晶体切角及反射镜面倾斜设置有效抑制了放大器寄生振荡效应。

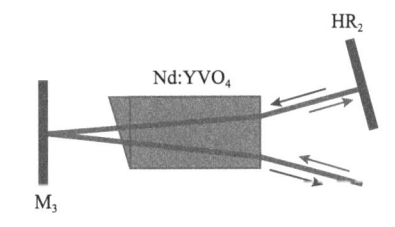

图 4.57 采用倾斜的激光束以避免寄生振荡

端面泵浦 Nd:YVO$_4$ 双程四次放大器的泵浦源采用 LD 光纤耦合输出,通过调节泵浦光耦合系统 2 将泵浦光聚焦在晶体内部。泵浦光集中在激光晶体很小的体积内,会使折射率发生变化从而引起热透镜效应。通常为了达到最优化输出,需预先估计出热透镜焦距(指在最大泵浦功率条件下),然后根据热透镜焦距选择合适的腔型,以达到最佳的输出效率。设计放大器时需要使种子光束在泵浦位置处的光斑尺寸与泵浦光斑尺寸相匹配,进而提高转换效率和光束质量。通过控制填充因子大小来优化晶体内的模式匹配,当填充因子较小时,泵浦光不能得到充分利用,这使得光光转换效率降低,从而降低放大后的输出功率;而当填充因子过大时，虽然信号光的提取效率有所增加，但是放大后的光束质量会变差。对于基模运转的激光器，填充因子通常在 0.7~0.8，通过调节种子光耦合透镜组（耦合系统 1）和泵浦光耦合透镜组（耦合系统 2）控制激光晶体内的填充因子。图 4.58 为在泵浦光直径 D_{pump} 分别为 400μm、600μm、800μm 的情况下，放大器输出功率随泵浦功率的变化，此时填充因子均为 0.8。随着泵浦光直径减小，输出功率增长明显。但晶体中热效应也显著增强，严重时会因功率密度过大造成晶体断裂、损伤。Nd:YVO$_4$ 晶体在连续光泵浦条件下，晶体损伤阈值为 22kW/cm^2，经过计算当泵浦功率最高为 30W 时，泵浦光直径 $D_{pump} \geqslant 350$μm，因此调整的泵浦光直径为 $D_{pump} = -400$μm。

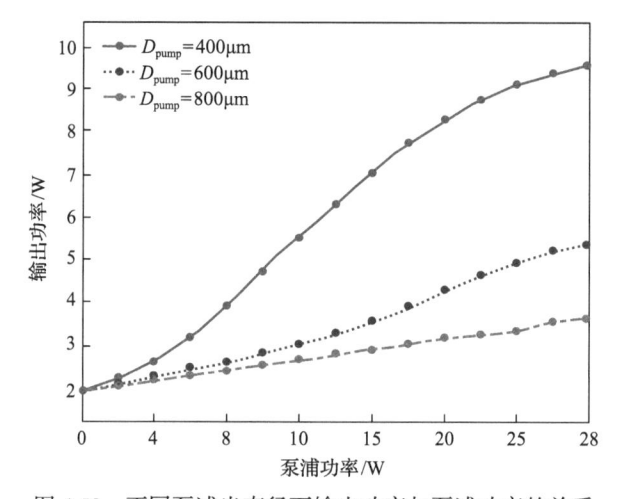

图 4.58 不同泵浦光直径下输出功率与泵浦功率的关系

当注入种子光功率为 2W 时，双程四次放大的平均输出功率随泵浦功率的变化曲线如图 4.59(a)所示，在泵浦功率为 28W 时，双程四次放大平均输出功率达到 8.5W，对应的光光转换效率为 23.2%。通过改变种子光功率，定义放大功率 P_{amp} 与注入种子光功率 P_{seed} 的比值为功率增益 G。由图 4.59(b)可知，放大功率增益随着种子光功率的增大而减小。当种子光功率从 0.2W 增加到 2W 时，双程四次放大功率增益从 8.4 减小到 3.75。在高功率注入时放大器增益逐渐下降是增益饱和效应导致的，激光增益介质中储存了一部分能量，而储存的这部分能量决定了增益，增加输入到激光增益介质中的功率会使激光离子激发态数目以一定的速率在减小，增益不会根据输入功率而立刻达到某一值，这种现象即增益饱和效应[17]。

增益窄化效应使得双程放大后的脉冲光谱宽度变窄，如图 4.60(a)所示，当泵浦功率为 28W（对应泵浦电流为 37A）时，最大输出功率为 8.5W，中心波长为 1064.29nm，输出光谱宽度由 2.1nm 窄化到 0.8nm。图 4.60(b)为端面泵浦 Nd:YVO$_4$

双程放大器脉冲序列图，重复频率为 18.93MHz，脉冲稳定并未发生波形畸变。如图 4.61 所示，测量输出激光 x 方向和 y 方向光束质量，输出功率最大时，其光束质量因子 M^2 在 x 和 y 两个方向上分别为 1.31 和 1.28。

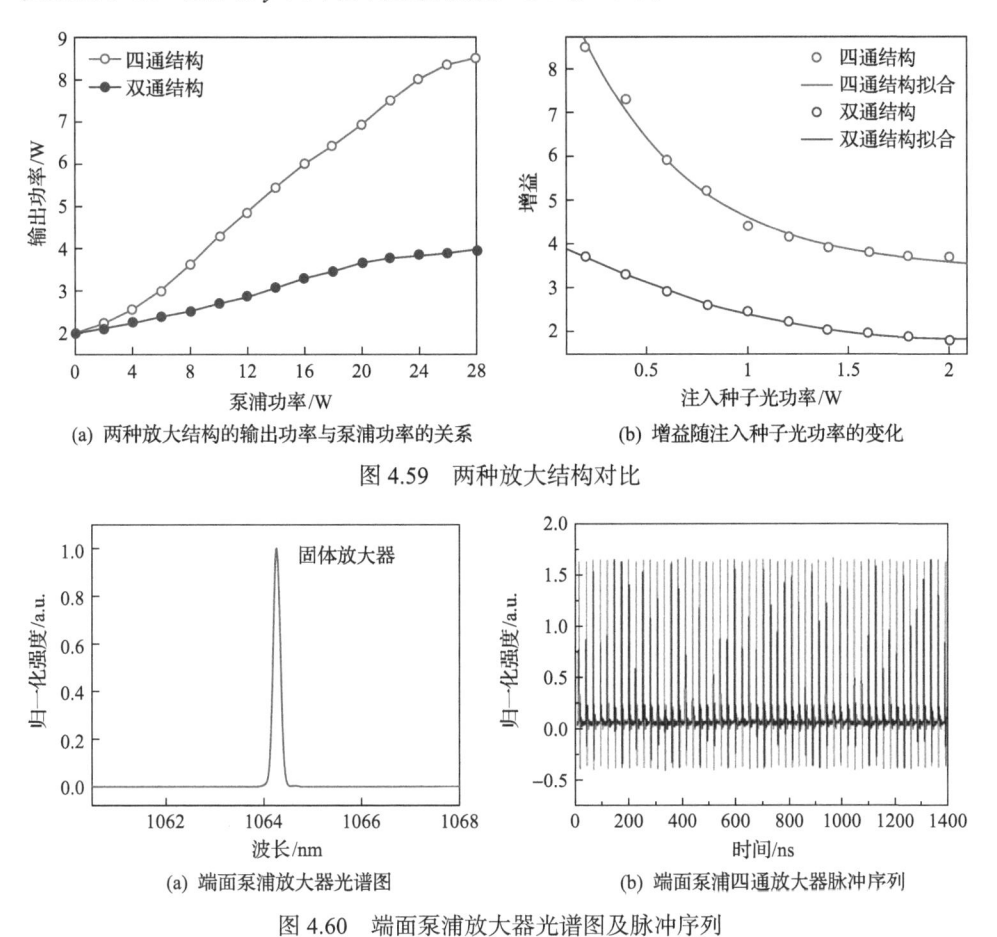

(a) 两种放大结构的输出功率与泵浦功率的关系

(b) 增益随注入种子光功率的变化

图 4.59 两种放大结构对比

(a) 端面泵浦放大器光谱图

(b) 端面泵浦四通放大器脉冲序列

图 4.60 端面泵浦放大器光谱图及脉冲序列

4.3.3 光纤-固体混合皮秒 Innoslab 板条放大器

Innoslab 激光放大技术作为行波放大的衍生技术，激光的传输方向近似与温度梯度方向平行，有效降低了晶体的热效应，并且种子光多次通过板条晶体不同增益区域，可以提高放大器的光光转换效率。

Innoslab 板条放大器的放大效率取决于泵浦光与种子光在板条晶体内的光斑重合度，需要先找到泵浦光在板条晶体增益端面上的最佳位置。如图 4.62 所示，首先搭建了 Innoslab 平平腔的实验装置，全反镜 HR$_3$ 和 50%透过率的输出镜(OC)作为两个腔镜，HR$_3$ 镀有 808nm 增透膜以及 1064nm 高反膜，OC 透过率为 50%。

(a) 光束质量 (b) 远场分布光斑图

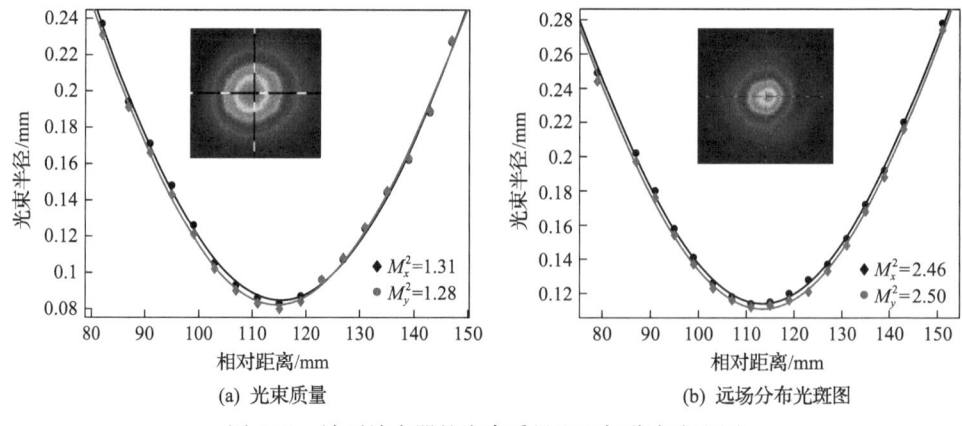

图 4.61 端泵放大器的光束质量和远场分布光斑图

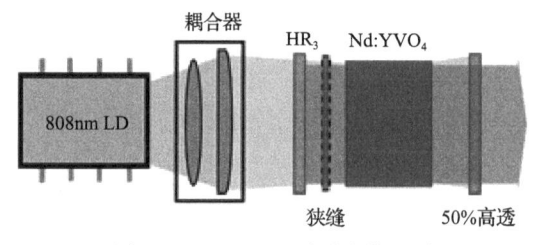

图 4.62 Innoslab 平平腔装置图

在板条晶体与 HR$_3$ 之间加入狭缝(slit)，用于滤除泵浦光中的杂散光。泵浦光通过耦合器耦合进入板条晶体，输出功率最大时即泵浦光在板条晶体增益端面上的最佳位置，输出功率随着泵浦功率的变化曲线如图 4.63 所示。

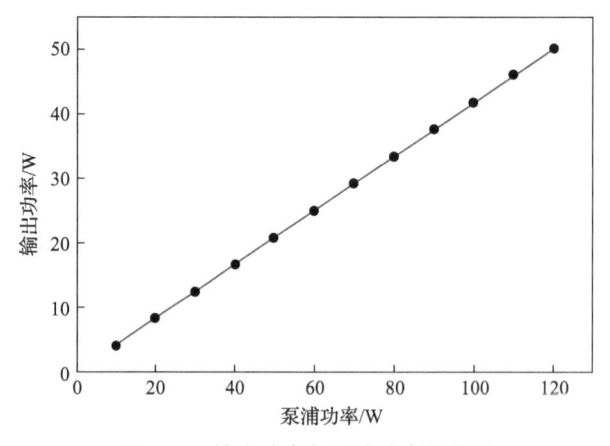

图 4.63 输出功率与泵浦功率的关系

在确定泵浦光与板条晶体的相对位置后，使用全反镜 HR$_4$ 代替 OC 作为放大腔的腔镜。图 4.64 为光纤-固体混合皮秒 Innoslab 板条放大器光路图，包括全光纤激光器、端面泵浦双通放大器以及 Innoslab 板条放大器。全光纤激光器采用主振荡功率放大方式，为了获得高功率激光输出，第二级固体放大器采用 Innoslab 放大结构。泵浦源输出的泵浦光经过耦合器耦合进板条晶体，在板条晶体与腔镜 HR_3 之间设置了狭缝，用来遮挡泵浦光边缘的杂散光。种子光的放大过程如下：首先种子光经过小孔，限制激光光斑的高阶模式以及滤除杂散光，然后经过由四个柱面镜组成的种子光整形系统（光束整形-1），包括水平柱面镜 HCL_1、HCL_2 和垂直柱面镜 VCL_1、VCL_2，最后由平面镜 M_5 反射进入 $Nd:YVO_4$ 晶体被放大，微调平面镜 M_5 的角度可以实现不同的放大程数。采用逐程放大优化的方法，即优化每一程放大后的功率使其达到最大，最终实现 8 程放大时会在全反镜 HR_4 后面观察到四个光斑。由于增益介质为长条形状，最终输出的放大激光也为长条形，最终通过 M_6 反射进入光束整形-2 整形为圆光斑。HR_3 和 HR_4 作为放大器的两个腔镜，均镀有 808nm 增透膜和 1064nm 高反膜。此外，将腔镜 HR_4 绕 x 轴倾斜小角度放置可以有效避免 z 方向上的自激振荡。

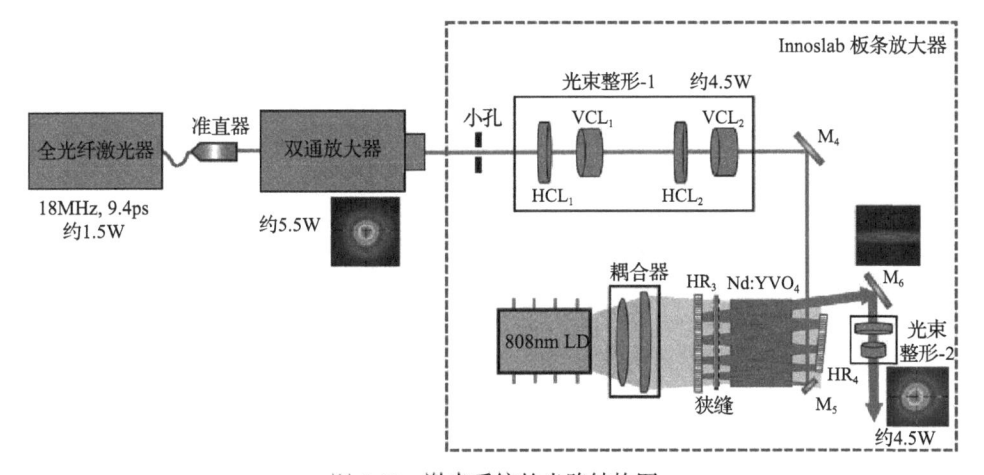

图 4.64　激光系统的光路结构图

将端面泵浦 $Nd:YVO_4$ 双程四次放大器的输出脉冲作为种子光，注入 Innoslab 板条放大器中。对比注入不同种子光功率时，放大器的效率与增益，判断放大器是否达到增益饱和。当注入功率分别为 2.8W、4.2W、5.1W、6.3W 时，经过小孔光阑、狭缝以及 4 个柱面镜组成的整形系统后功率有所减小，实测注入 Innoslab 板条放大器的种子光功率分别为 1.5W、2.5W、3.5W、4.5W。通过调节平面镜 M_5 的角度以及 HR_4 的倾角 α，控制种子光在板条晶体中往返的次数，分别得到 6 程和 8 程放大结果，为了防止晶体被聚焦的泵浦光损伤，泵浦功率最高为 120W，实验结果如图 4.65 所示。在低功率种子光注入时，放大器的输出功率和光光转换效率较低；当注入种子光功率为 4.5W 时，在泵浦功率 117W 下，6 程放大输出功率为 20.5W，8 程放大输出功率接近 30W，此时 8 程放大的光光转换效率达到 21.1%。根据图 4.65 中的放大曲线可以看出，6 程放大和 8 程放大结构均未达到增益饱和，继续提高种子光注入功率，并适当增加泵浦功率，可以进一步提高输出功率。

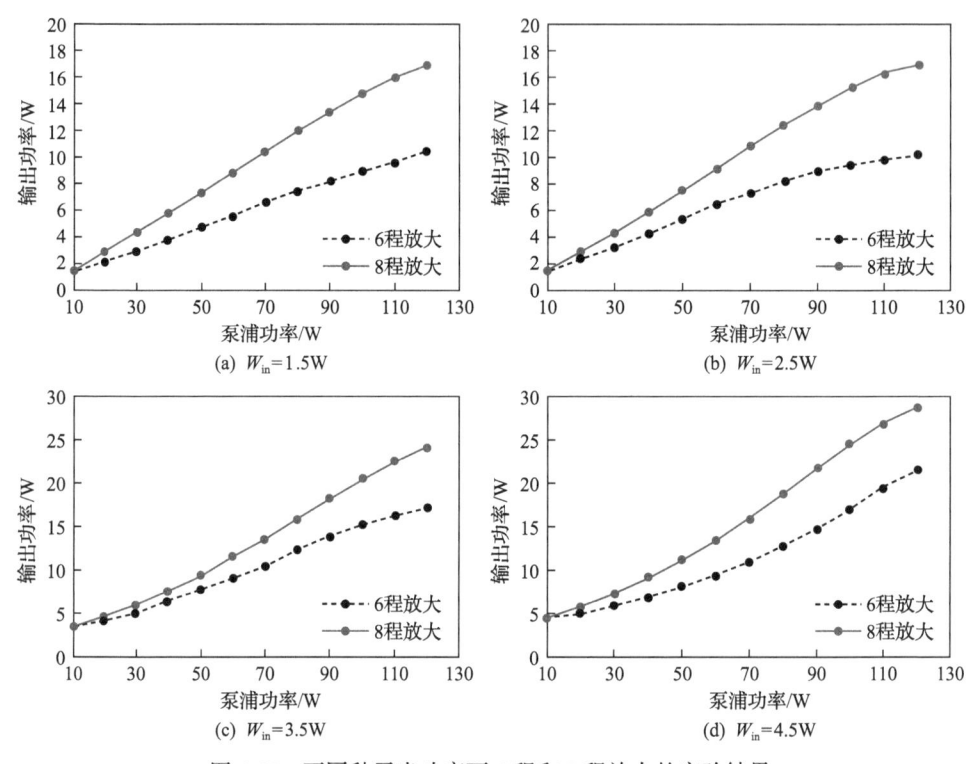

图 4.65 不同种子光功率下 6 程和 8 程放大的实验结果

设放大功率 P_{amp} 与种子光功率 P_{seed} 的比值为功率增益 G，图 4.66(a) 和 (b) 分别为 6 程放大和 8 程放大功率增益随注入种子光功率的变化曲线，随着种子光功率增加，功率增益逐渐减小，8 程放大相比 6 程放大功率增益约大一倍，而模拟结果显示随着放大程数 N 的增加，放大器的增益逐渐减小至某一值后基本保持不变。造成这种现象的原因是 8 程放大器内种子光与增益介质的重合面积远大于 6 程放大，因此具有更大的提取效率。图 4.67(a) 为 6 程放大光路示意图，种子光与增益介质的重合面积约为 48%。图 4.67(b) 为 8 程放大光路示意图，此时种子光与增益介质的重合面增大到 79%。因此，随着种子光通过板条晶体的程数不断增加，其与增益介质的重合面积也不断增大，Innoslab 板条放大器的提取效率和增益不断提高。

(a) 6程放大

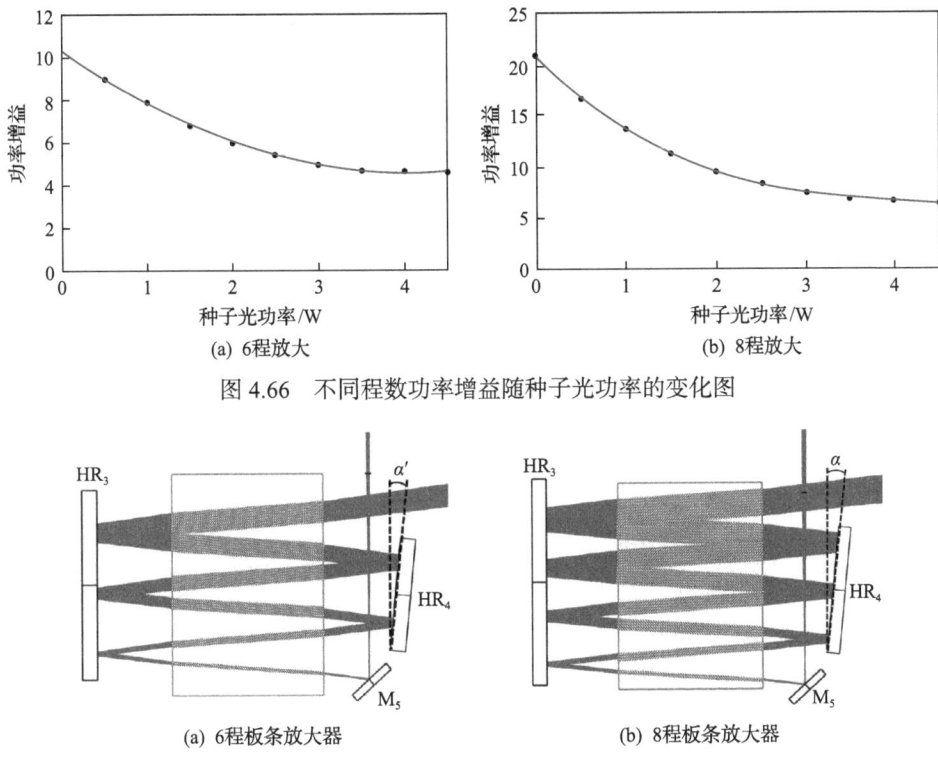

(b) 8程放大

图 4.66 不同程数功率增益随种子光功率的变化图

(a) 6程板条放大器

(b) 8程板条放大器

图 4.67 Innoslab 板条放大器种子光与板条晶体的重叠面积

如图 4.68(a) 所示,Innoslab 板条放大器输出激光的重复频率为 18.9MHz,此时激光中心波长为 1064.4nm,如图 4.68(b) 所示。增益窄化效应导致激光光谱进一步变窄,此时 3dB 带宽为 0.21nm,脉冲宽度由 10.2ps 展宽至 11.3ps,并未发生因增益饱和效应引起的脉冲时间形状畸变,如图 4.69(a) 所示。图 4.69(b) 中的插

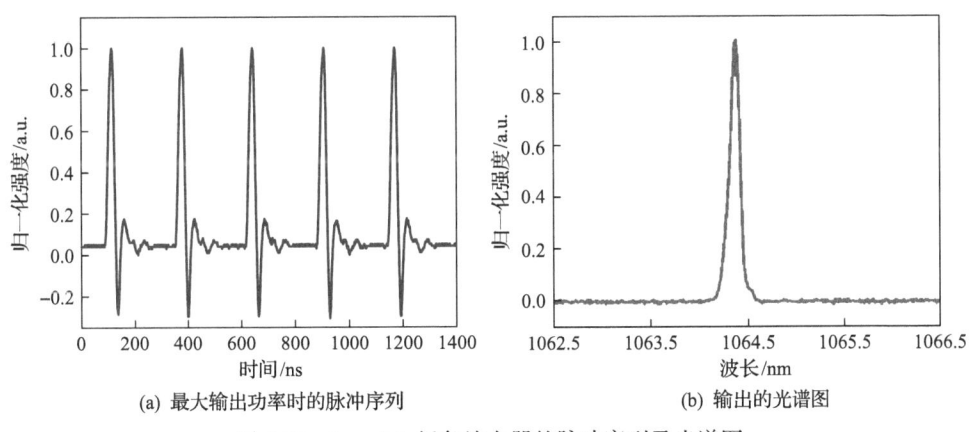

(a) 最大输出功率时的脉冲序列

(b) 输出的光谱图

图 4.68 Innoslab 板条放大器的脉冲序列及光谱图

(a) 脉冲宽度

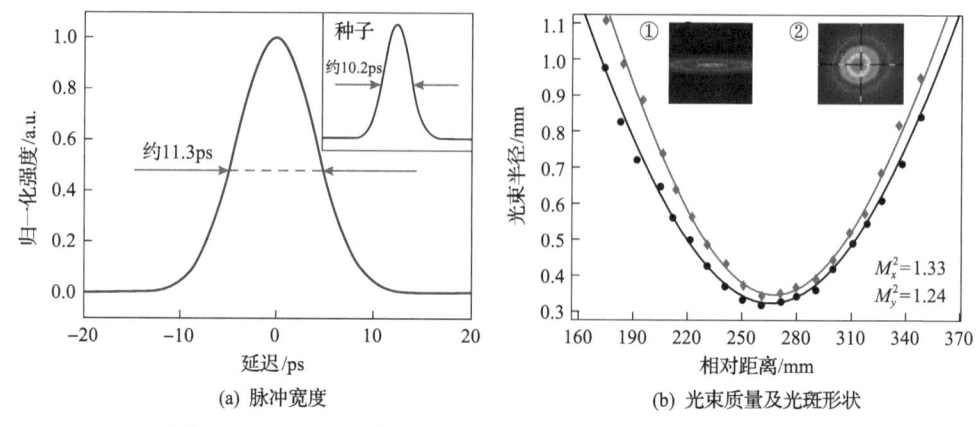

(b) 光束质量及光斑形状

图 4.69 Innoslab 板条放大器的脉冲宽度、光束质量及光斑形状

图①为 Innoslab 板条放大器输出光斑形状，经过整形系统-2 后变为圆形光斑，其 x 方向和 y 方向光束质量分别为 $M_x^2=1.33$、$M_y^2=1.24$。插图①和②分别为 CCD 观察到的放大器输出的条形光斑和整形后的圆光斑，通过测量光斑最大外径与最小外径之差可得光斑椭圆度为 0.92。结果表明，板条放大器中厚度方向的热透镜效应会不断叠加，劣化光束质量，在不引入非球面透镜或相位共轭镜的前提下，利用球差自补偿技术可以有效消除系统球差，提高光束质量。

综上所述，在光纤-固体混合皮秒放大技术中，以光纤激光器作为种子源，结合固体再生放大技术和行波放大技术可以实现大能量皮秒脉冲激光输出。光纤激光器作为再生放大的前端可以充分发挥其光束质量好、体积小、成本低的优势，全纤化结构使得光在光纤中传输不受外界环境的影响，失锁后能快速恢复，易于获得长期稳定的锁模脉冲输出。固体增益介质具有较大的模体积和弱的非线性效应，该技术使光纤-固体激光放大器优势互补，可以规避光纤激光放大过程中过强的非线性效应，使皮秒脉冲激光放大输出能量达到百毫焦甚至焦耳量级，满足了皮秒脉冲激光在高能量、高峰值功率和高光束质量方面的应用需求。

参 考 文 献

[1] 栗岩锋, 胡明列, 王清月. 光子晶体光纤的超连续谱及其应用[J]. 光电子·激光, 2003, (11): 1240-1243.

[2] Svelto O. Principles of Laser[M]. New York: Plenum, 1986.

[3] Siegman A E. Lasers[M]. Mill Valley: University Science Books, 1986.

[4] Agrawal G P. Nonlinear Fiber Optics[M]. 4th ed. New York: Acadamic Press, 2007.

[5] Agrawal G P. Applications of Nonlinear Fiber Optics[M]. 2nd ed. New York: Acadamic Press, 2008.

[6] 王旌, 张洪明, 张鋆, 等. 基于饱和吸收镜的被动锁模光纤激光器[J]. 中国激光, 2007, 34(2): 163-165.

[7] Moloney J V, Newell A C. Nonlinear optics[J]. Physica D: Nonlinear Phenomena, 1990, 44(1-2): 1-37.

[8] 郭玉彬, 霍佳雨. 光纤激光器及其应用[M]. 北京: 科学出版社, 2008.

[9] Davey S T, Williams D L, Ainslie B J, et al. Optical gain spectrum of GeO_2-SiO_2 Raman fibre amplifiers[J]. IEEE Proceedings J. Optoelectronics, 1989, 136(6): 301.

[10] Malinowski A, Vu K T, Chen K K, et al. High power pulsed fiber MOPA system incorporating electro-optic modulator based adaptive pulse shaping[J]. Optics Express, 2009, 17(23): 20927-20937.

[11] Schimpf D N, Ruchert C, Nodop D, et al. Compensation of pulse-distortion in saturated laser amplifiers[J]. Optics Express, 2008, 16(22): 17637-17646.

[12] Sobon G, Kaczmarek P, Antonczak A, et al. Pulsed dual-stage fiber MOPA source operating at 1550nm with arbitrarily shaped output pulses[J]. Applied Physics B, 2011, 105(4): 721-727.

[13] 康志龙. 光纤耦合声光调制器的理论和实验研究[D]. 天津: 河北工业大学, 2014.

[14] Liu B, Liu C, Wang Y, et al. 100 MW peak power picosecond laser based on hybrid end-pumped Nd:YVO$_4$ and side-pumped Nd:YAG amplifiers[J]. IEEE Journal of Selected Topics in Quantum Electronics, 2018, 24(5): 1601907.

[15] 李港, 常亮, 张丙元, 等. LD泵浦皮秒光纤激光脉冲再生放大器[J]. 红外与激光工程, 2007, 36(S1): 122-124.

[16] 伍圆军, 高妍琦, 华怡林, 等. 大能量全固态再生放大器研究进展[J]. 强激光与粒子束, 2020, 32(11): 76-86.

[17] Verluise F, Laude V, Cheng Z, et al. Amplitude and phase control of ultrashort pulses by use of an acousto-optic programmable dispersive filter: Pulse compression and shaping[J]. Optics Letters, 2000, 25(8): 575-577.

第5章　皮秒光纤激光脉冲的展宽与压缩

5.1　脉冲展宽器与压缩器

脉冲展宽和压缩是相对的过程，如果展宽器提供正色散，那么压缩器提供的就是负色散。脉冲展宽与压缩器件主要有单模光纤(SMF)、啁啾光纤布拉格光栅(CFBG)、空心光子晶体光纤、啁啾镜、棱镜对、光栅对和啁啾体布拉格光栅(CVBG)等。

其中，衍射光栅和 CVBG 脉冲展宽器可以提供比较大的色散量，与压缩器进行色散匹配也相对容易，但是严格的空间光路的搭建和校准为系统的搭建带来了很大的不便，且大量空间元器件的使用不仅体积庞大，也不利于实现光纤激光器系统的全纤化和集成化。SMF 和 CFBG 不需要使用空间的元器件，只需要进行光纤熔接就可以实现脉冲的展宽，能够实现激光器系统的全纤化和集成化。本章主要介绍 CFBG 和 SMF 脉冲展宽器件、CFBG 和 CVBG 压缩器的原理及在激光器中的具体应用实例。

5.1.1　CFBG 展宽器的设计与制作

带有线性啁啾的 CFBG，既符合全光纤系统的要求，又具有较大的色散量，厘米量级长度的 CFBG 所提供的色散积累即可与千米量级长度的单模光纤相当[1]，且体积小、插入损耗低，是光纤激光器中进行色散管理的一种全新选择。由于相位掩模板刻写法的局限性，所获得的 CFBG 参数完全依赖于所用相位掩模板，包括其长度和啁啾率等参数。

CFBG 级联展宽器结构如图 5.1(a)所示，由多个 CFBG 通过多个光纤环形器构成，其中每个 CFBG 均连接本级环形器的 2 口，3 口连接后一级环形器的 1 口，依此类推。光从展宽器的第一个环形器 1 口输入，经第一级 CFBG 反射后，通过环形器 3 口进入下一级环形器 1 口，再耦合进该级 CFBG 中反射，最后从展宽器的最后一级环形器的 3 口输出。假设多个 CFBG 的中心布拉格反射谐振波长、光栅长度和啁啾率均相同，即经每一个 CFBG 反射后的脉冲光光谱均完全相同，则这部分脉冲光经过该展宽器后被多次展宽，总色散成倍于单个 CFBG 的色散，而反射带宽不变，则展宽器可提供的色散积累成倍于单个 CFBG 可提供的色散积累。即在单一参数相位掩模板基础上获得了光栅色散量成倍增加的展宽器。但由于每级联一个 CFBG 必须通过一个光纤环形器，损耗会成倍增加，所以级联展宽器对

第 5 章　皮秒光纤激光脉冲的展宽与压缩

光脉冲的色散积累与其自身损耗为正比例关系。

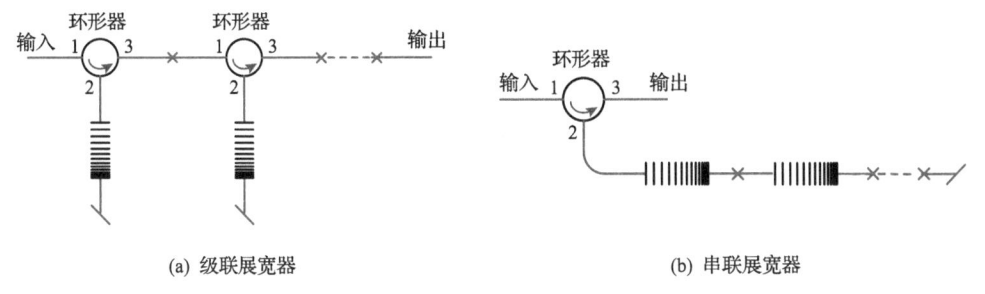

(a) 级联展宽器　　　　　　　　　(b) 串联展宽器

图 5.1　CFBG 展宽器示意图

为克服级联展宽器损耗成倍增加的缺陷，设计了 CFBG 串联展宽器，结构如图 5.1(b)所示。不同于级联展宽器，CFBG 串联展宽器由多个 CFBG 和一个光纤环形器构成。多个 CFBG 按照同一方向串联，即前一个 CFBG 的短周期端与后一个 CFBG 的长周期端相连，依此类推。最终统一连接光纤环形器 2 口，环形器 1 口和 3 口分别为展宽器的输入端与输出端。串联展宽器中每个 CFBG 的反射光谱不能相同，否则光经第一个 CFBG 后即被全部反射并从环形器 3 口输出，不会再有光耦合进其他 CFBG 中。因此，串联展宽器中 CFBG 的反射光谱应首尾相连，即第一个 CFBG 反射光谱的最大波长对应第二个 CFBG 反射光谱的最短波长，在光栅色散不变的情况下通过增加反射带宽来提高展宽器的总色散积累。在光纤上刻写 CFBG，虽只有一块相位掩模板，但可通过给光纤施加预紧力的方法对布拉格反射谐振波长进行调谐[2]。串联三级 CFBG 反射光谱如图 5.2 所示。其中点线和实线反射谱分别对应的光纤预紧力为 0N 和 5N，二者中心波长相距为 5nm，而虚线所对应的预紧力为 2.5N。

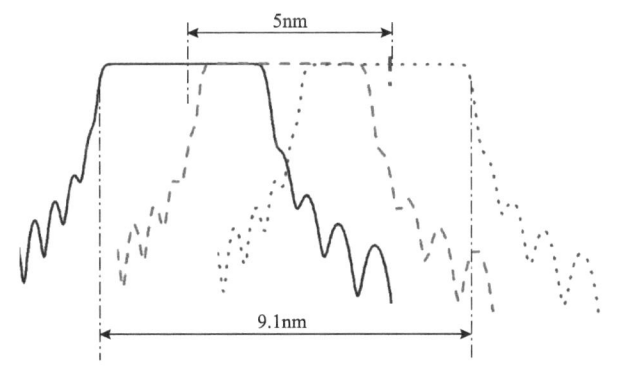

图 5.2　模拟三级串联 CFBG 展宽器的反射光谱

1. CFBG 级联展宽器

在 6/125μm 光纤上刻写两个 20mm 长 CFBG，并通过两个光纤环形器制成两级 CFBG 级联展宽器。两个 CFBG 的中心波长通过施加预紧力的方法均调谐到 1064nm，反射光谱如图 5.3(a) 所示，3dB 带宽分别为 3.4nm 和 4.4nm。为测试 CFBG 级联展宽器的性能，搭建了中心波长 1064.1nm、平均输出功率 115mW 的光纤激光器，输出光谱如图 5.3(b) 所示。自相关仪测量的脉冲宽度与所拟合的高斯曲线如图 5.3(c) 所示，脉冲宽度为 34ps。在激光器后熔接级联展宽器对脉冲进行展宽，展宽后的平均输出功率降为 22mW，测量展宽后的脉冲宽度约 379ps。

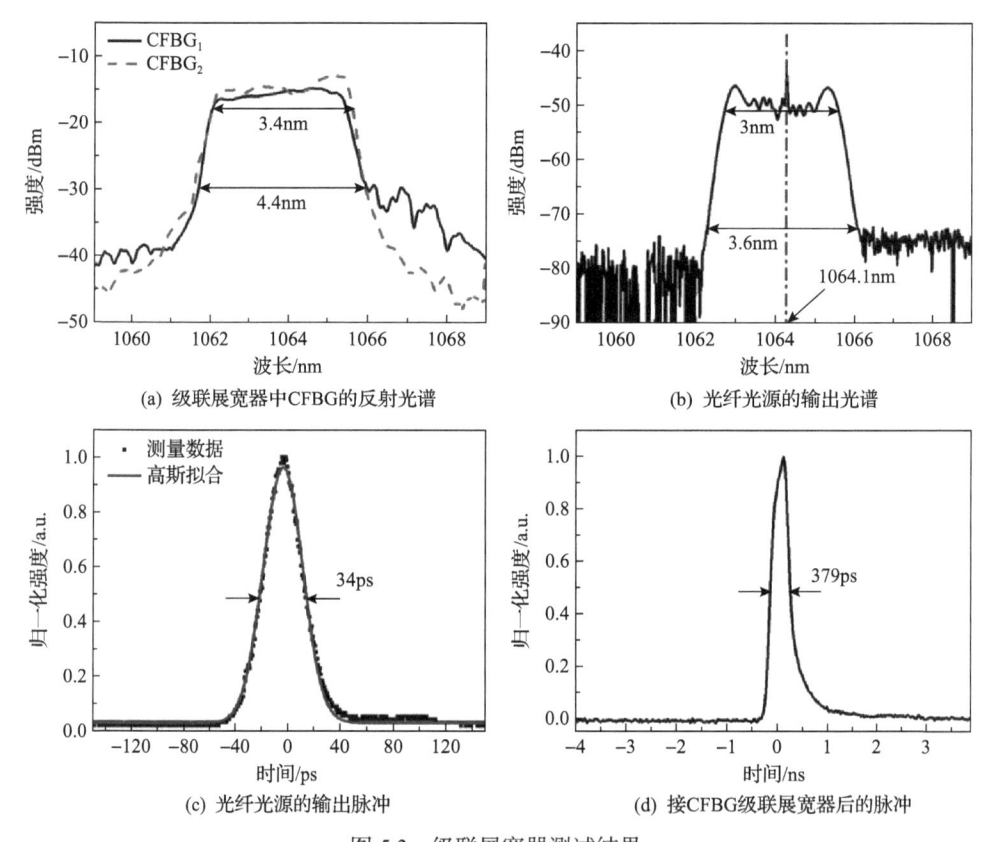

(a) 级联展宽器中CFBG的反射光谱

(b) 光纤光源的输出光谱

(c) 光纤光源的输出脉冲

(d) 接CFBG级联展宽器后的脉冲

图 5.3 级联展宽器测试结果

2. CFBG 串联展宽器

两个串联展宽器分别正、反接入光纤光源，对脉冲进行展宽，展宽后的输出光谱基本相同，如图 5.4(a) 所示。未经曝光优化的串联展宽器展宽后的脉冲宽度为 451ps，而经曝光优化的展宽器展宽后的脉冲宽度为 562ps，如图 5.4(b)

所示。

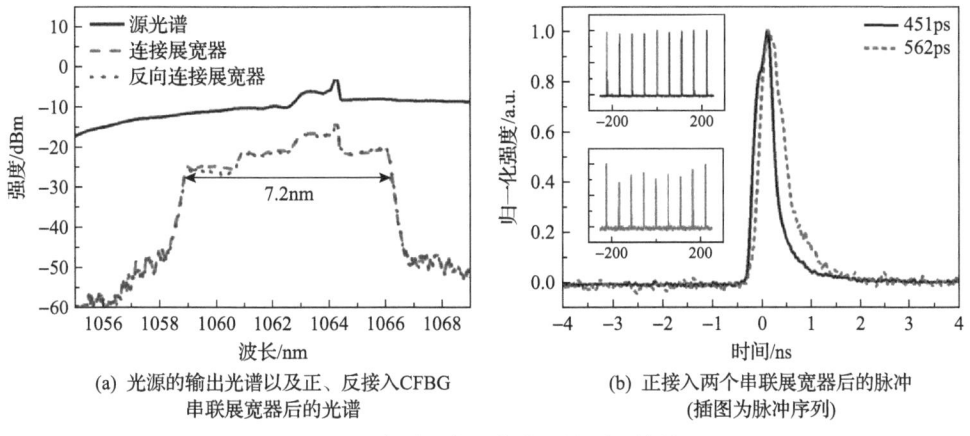

(a) 光源的输出光谱以及正、反接入CFBG串联展宽器后的光谱

(b) 正接入两个串联展宽器后的脉冲（插图为脉冲序列）

图 5.4　串联展宽器优化后的测量结果

串联展宽器的工作效率需要有与其工作光谱匹配的光源。若光源光谱较宽，则会由于有光在测量范围之外被滤除而影响测试结果的准确性；若光源光谱较窄，则会由于展宽器反射光谱的顶端非绝对平坦而无法准确表征展宽器的工作效率。采用输出功率为 15mW、3dB 带宽为 0.07nm 的光纤光源进行测试，其中心波长为 1063.9nm。将光源接入曝光优化后的串联展宽器，输出功率为 6.4mW，损耗为 3.7dB。忽略光纤环形器的损耗 0.8dB 与熔接损耗 0.2dB，串联 CFBG 的实际损耗约为 2.7dB。

5.1.2　CVBG 压缩器原理

CVBG 是啁啾脉冲放大（CPA）系统中常用的压缩器件。CVBG 刻写在光热敏折射玻璃上，通光孔径大，具有极高的损伤阈值。图 5.5(a) 为不带啁啾的体光栅栅区示意图，图 5.5(b) 为带啁啾的 CVBG 栅区示意图。当使用两束平行的准直光束进行刻写时，可以得到栅区均匀的体光栅；当使用一束发散光和一束聚焦光进行刻写时，可以得到沿光轴（z 轴）周期性变化的明暗条纹，于是得到了带啁啾的 CVBG。

CVBG 的展宽和压缩原理如图 5.6 所示。当一束宽光谱的激光注入 CVBG 时，假设入射激光本身不带有啁啾，不同的波长成分会在 CVBG 内的不同位置处发生反射。当激光从 CVBG 展宽方向入射时，传播速度较快的长波长激光会在 CVBG 中传输较短的距离然后发生反射；而传播速度较慢的短波长激光会在 CVBG 中传输较长的距离然后才发生反射。造成的结果就是传播速度快的光谱成分走较短的路程，传播速度慢的光谱成分走较长的路程，于是脉冲激光的宽度就被展宽。反之，激光从 CVBG 压缩方向进入时会出现相反的结果，于是脉冲激光的脉冲宽度就被压缩了。

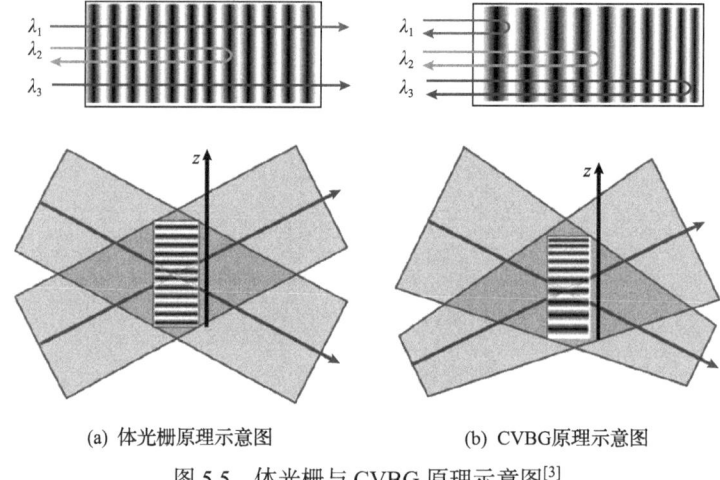

(a) 体光栅原理示意图　　(b) CVBG原理示意图

图 5.5　体光栅与 CVBG 原理示意图[3]

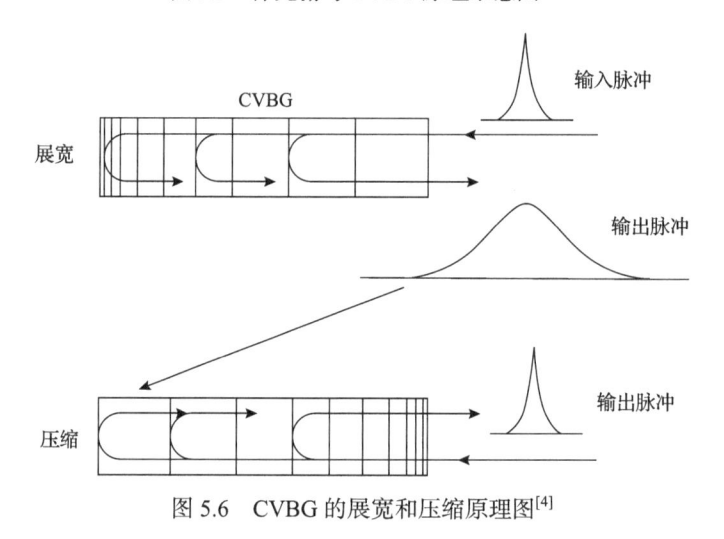

图 5.6　CVBG 的展宽和压缩原理图[4]

5.2　CFBG 展宽器与 CVBG 压缩器在放大系统中的应用

5.2.1　级联 CFBG 展宽与 CVBG 压缩的啁啾脉冲放大系统

由于啁啾脉冲放大系统的脉冲展宽部分更需要展宽器提供较大的色散积累，以获得足够的脉冲展宽，从而降低峰值功率，抑制光纤非线性效应，即使展宽器损耗略大，也可在功率放大时进行弥补。因此，选择 CFBG 级联展宽器搭配光纤放大器，同时结合空间器件 CVBG 作为压缩器搭建 FCPA 系统，在前级部分实现全光纤结构。

1. 啁啾脉冲放大系统的色散分析

在制作级联展宽器构建激光器之前，需合理配置种子源、展宽器、光纤放大器与 CVBG 压缩器之间的色散。采用的种子源脉冲宽度为 34ps，CVBG 反射光谱范围为 1060~1068nm，色散为 63ps/nm，则 CVBG 可提供的色散积累最大为 504ps。由于激光光谱一般为高斯型，当光谱底部宽度刚好为 8nm 时，其 3dB 带宽应小于 8nm。在保证压缩效率的基础上，激光光谱应全部位于 CVBG 反射光谱范围内，则补偿带宽小于 8nm，CVBG 所能提供的色散积累小于 504ps。光纤放大器中脉冲宽度变化曲线如图 5.7 所示，随着放大器功率的提升，脉冲宽度有百飞秒量级展宽，CFBG 级联展宽器所需提供的色散积累应小于 470ps。

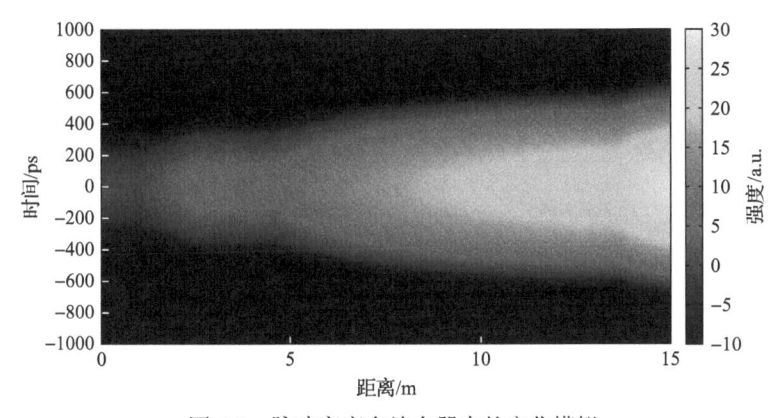

图 5.7 脉冲宽度在放大器中的变化模拟

2. 啁啾脉冲放大系统实验研究

FCPA 主要包括种子源、预放大级 1、展宽器、预放大级 2、主放大级和压缩器，如图 5.8 所示。种子源重复频率为 18.1MHz，脉冲宽度为 34ps，中心波长为 1063.9nm，平均输出功率为 15mW。展宽器包括 CFBG 级联展宽器和光子晶体光纤。主放大级所用增益光纤为 30/250μm 的 Yb-DCF，对 976nm 光的吸收系数为 9dB/m。30/250μm 增益光纤长度为 0.9m。放大后的激光经准直透镜后斜入射进 CVBG 中进行脉冲压缩。CVBG 通光截面为 5mm×5mm，厚度为 50mm，工作波长范围在 1060~1068nm，色散量为 63ps/nm，损伤阈值大于 5J/cm^2。

经过预放大级 1 后，种子源平均功率被放大至 296mW，同时光谱 3dB 带宽为 0.34nm[5]，如图 5.9(a) 中虚线所示。将经过预放大级 1 的激光脉冲注入 12m 长光子晶体光纤后，功率降低至 118mW。输出光谱如图 5.9(a) 所示，3dB 带宽展至 2.46nm。将光谱展宽后的激光脉冲耦合进级联 CFBG 展宽器中，输出功率下降为

26mW。经级联 CFBG 展宽器后的脉冲宽度为 386ps，如图 5.9(b)所示。

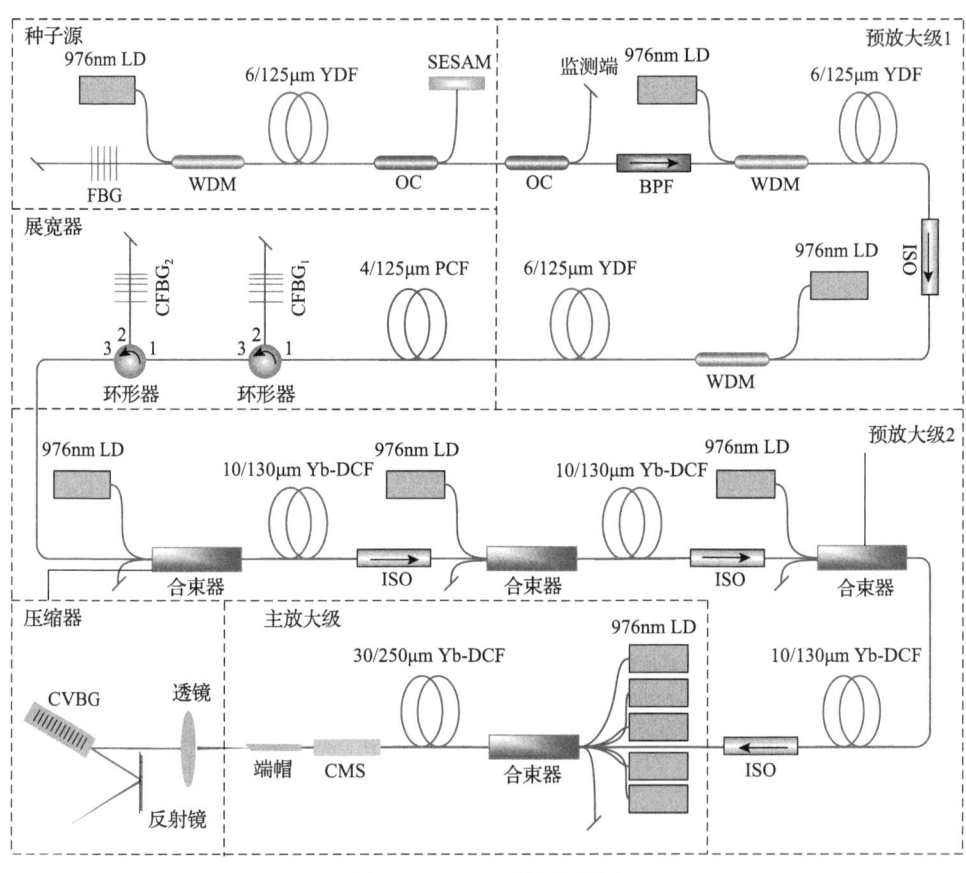

图 5.8 FCPA 系统示意图
DCF 指双包层光纤

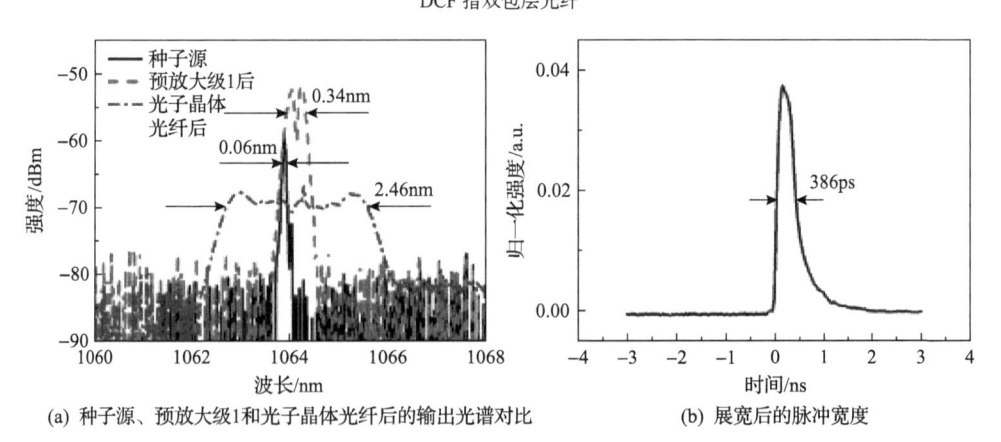

(a) 种子源、预放大级1和光子晶体光纤后的输出光谱对比
(b) 展宽后的脉冲宽度

图 5.9 输出情况

脉冲被展宽后的激光注入预放大级 2 中，其包含三级放大器。预放大级 2 中第一级放大器将激光脉冲 26mW 平均功率放大至 40mW，再经过第二级放大器放大至 1.0W，最后注入第三级放大器。当第三级放大器的泵浦功率为 1.0W 时，输出功率为 1.2W，继续增加泵浦功率，会在光谱中看到较强的自发辐射放大（1064nm 光所激发的 ASE 波段为 1030nm）和受激拉曼散射（石英光纤中拉曼频移为 13THz，在 1064nm 附近对应 51nm，为 1115nm）[5,6]成分。激光脉冲频谱宽度由于第三级放大器光纤自身自相位调制的影响，在输出功率为 1.2W 时，刚好展至与 CVBG 工作带宽（1064～1068nm）相同宽度，如图 5.10 所示。为保证最佳 CVBG 压缩效果的同时又能获得较高的输出功率，仅设置该级放大器泵浦功率为 1.0W。最后得到平均功率 1.2W、光谱 1060～1068nm 的脉冲光耦合进主放大级。

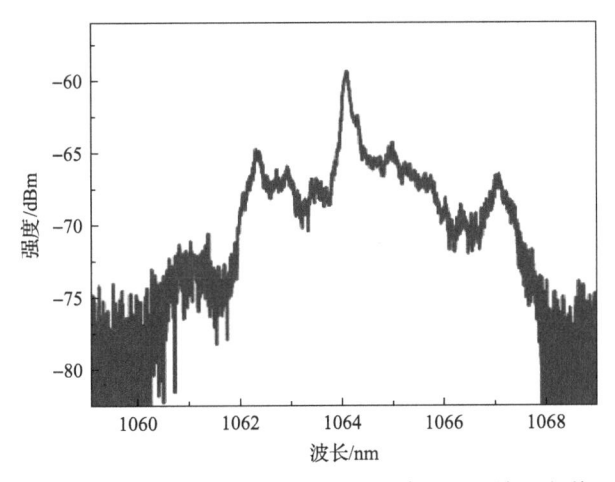

图 5.10　预放大级 2 后 1.2W 平均功率对应的输出光谱

主放大级光纤为 30/250μm，当泵浦光功率为 345W 时，在经泵浦剥除后的输出端测得平均输出功率为 182.8W，放大斜效率约 53%。泵浦光与输出光之间的功率变化如图 5.11(a)所示，光谱如图 5.11(b)所示。可见，信号光峰值与泵浦光峰值间差值约 15dB，且在 1030nm 和 1115nm 处[5,6]未看到有光谱成分存在，说明输出的 182.8W 平均功率为较纯净的信号光。每隔相同泵浦功率间隔测量一次输出光谱，进行光谱随功率演化的对比分析如图 5.11(c)所示。可见，随泵浦功率增加，输出光谱的高度和宽度均有所增加。

放大后激光脉冲经过焦距 100mm 准直透镜后斜入射进 CVBG 进行脉冲压缩，从 CVBG 出射的光即压缩后的脉冲激光。当主放大级泵浦功率较小时，压缩效率约为 81%，当泵浦功率升高至 345W，耦合进 CVBG 的激光约 182.8W 时，测得压缩后平均功率为 111.4W，压缩效率仅为 61%，压缩效率的变化如图 5.11(a)所示。压缩效率的逐步降低与放大级光谱随功率演化的分析结果一致。在与图 5.11(c)

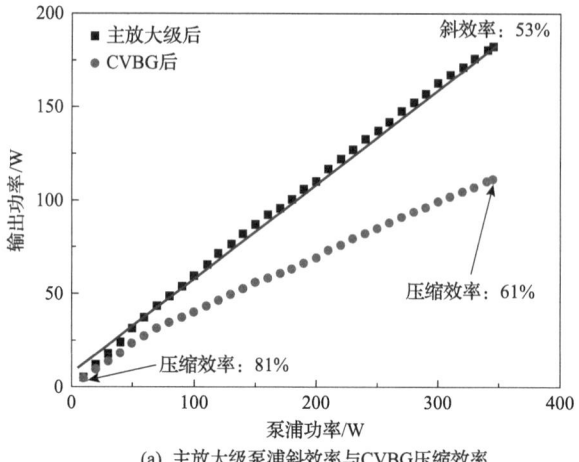

(a) 主放大级泵浦斜效率与CVBG压缩效率

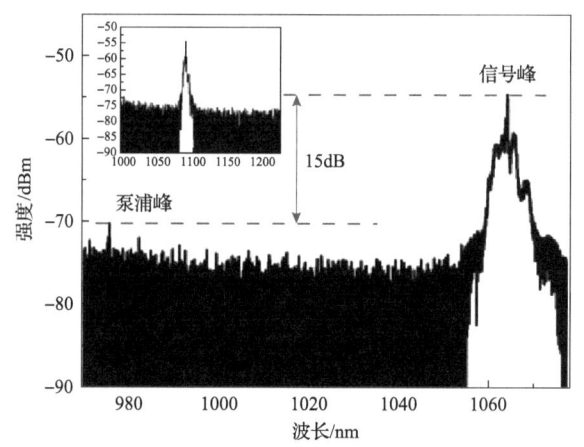

(b) 最高功率时输出的全光谱(插图：横坐标范围从970nm到1200nm)

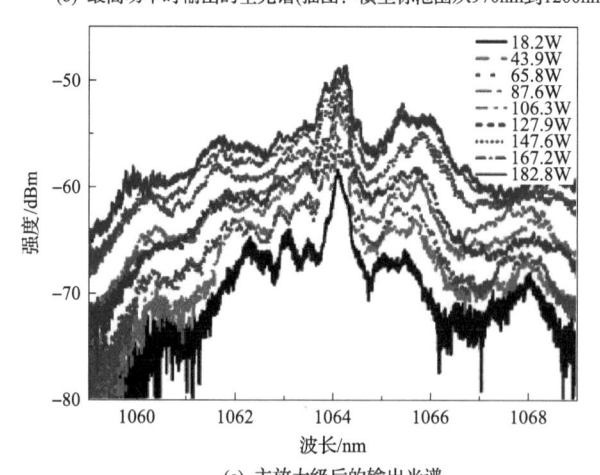

(c) 主放大级后的输出光谱

图 5.11　系统主放大级后的测量结果

相同泵浦功率下测量压缩后的输出光谱,如图 5.12 所示。压缩前后光谱形状变化并不明显。在最大功率 111.4W 时,输出光谱 3dB 带宽约为 3.66nm,根据傅里叶变换极限时间带宽积(TBP) $\Delta t \cdot \Delta v \geqslant 0.441$ 格式,可计算此时脉冲的压缩极限理论上为 455fs。如图 5.12(b) 所示,实际测量的脉冲宽度为 1.5ps,表明激光脉冲中含有少量啁啾。

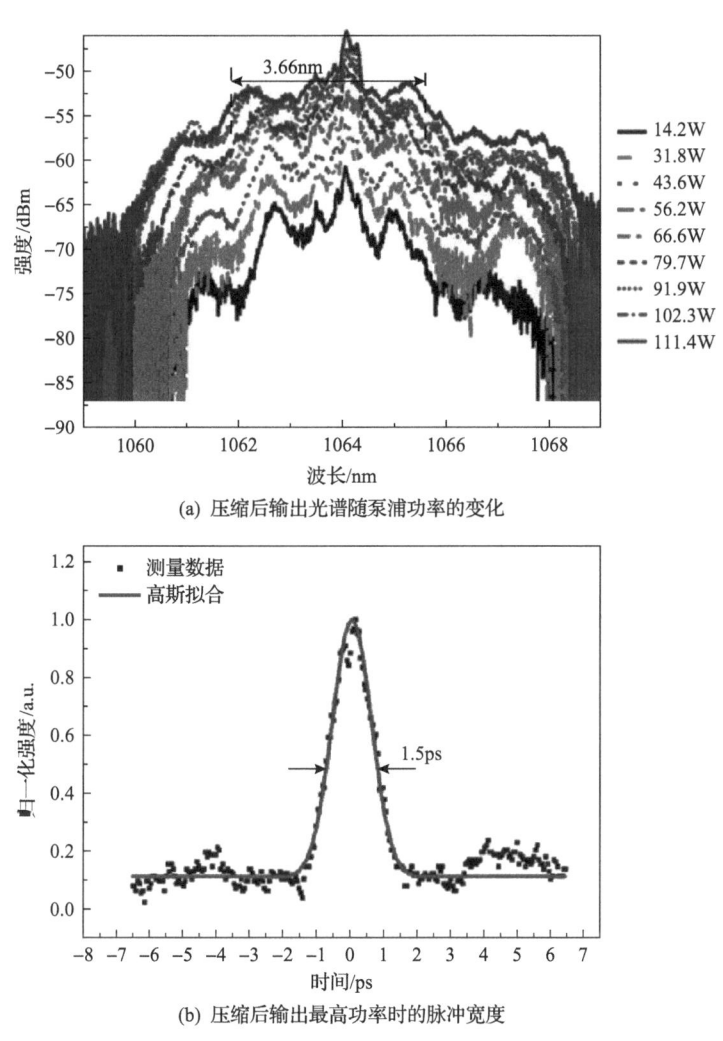

(a) 压缩后输出光谱随泵浦功率的变化

(b) 压缩后输出最高功率时的脉冲宽度

图 5.12 压缩后的测量结果

5.2.2 全光纤 CFBG 展宽与压缩系统

采用 CFBG 作为展宽器和 CVBG 作为压缩器所构建的 FCPA 系统获得了优异的测试结果,说明 CFBG 非常适用于在光纤激光器中进行脉冲展宽,具有良好的色散管理能力。因此，也可以将 CFBG 作为压缩器实现全光纤 FCPA 系统[7-10]。

1. 全光纤啁啾脉冲放大系统的色散模拟与计算

展宽器和压缩器中的 CFBG 均采用同一相位掩模板进行刻写，能提供的色散积累应由展宽和压缩时的补偿带宽来决定。激光脉冲光谱与脉冲宽度在光纤中的演化如图 5.13 所示，光谱宽度和脉冲宽度均会随功率增加而增加。展宽器所提供的色散积累应等于压缩器所提供的色散积累减去种子光的脉冲宽度，展宽器和压缩器中 CFBG 的光栅色散均为 53.3ps/nm。考虑到放大器功率提升对脉冲也有展宽作用，即压缩器与展宽器色散积累差值应略大于 34ps。CFBG 作为压缩器时需要引入光纤环形器，由于其损耗较大，因此环形器的使用数量不宜过多。

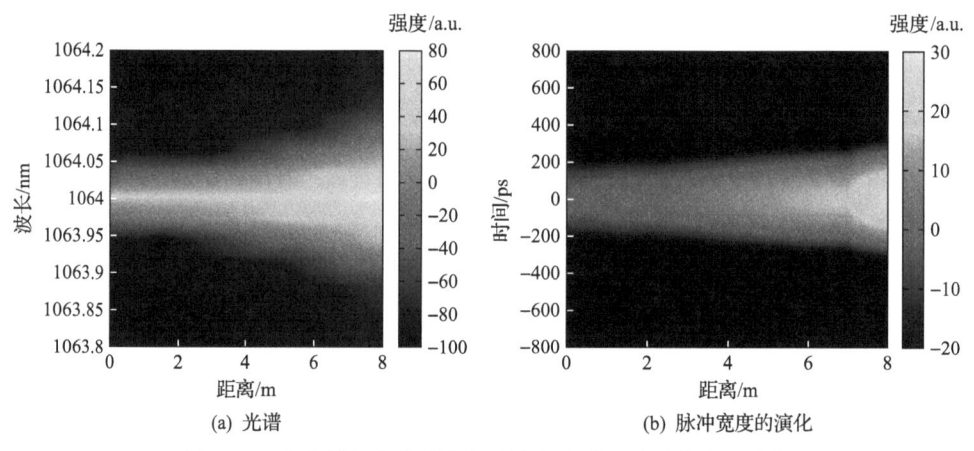

图 5.13 全光纤啁啾脉冲放大系统中光谱和脉冲宽度的演化

2. 全光纤啁啾脉冲放大器

FCPA 系统如图 5.14 所示，采用了 5.2.1 节所述装置的种子源和预放大级 1 部分作为前级。其后连接 12m 长光子晶体光纤用以展宽频谱。光子晶体光纤后连接 SMF-CFBG 展宽器，该展宽器通过一个 6/125μm 光纤环形器(AFR)实现对激光脉冲的展宽。其后连接 30/250μm 主放大级，所用增益光纤为 1m 长、30/250μm 的 Yb-DCF 光纤，其在泵浦光波段 976nm 的吸收系数为 9dB/m。最后连接搭配了 30/250μm 光纤环形器的 LMA-30/250-CFBG 压缩器。

前级部分输出的脉冲宽度和光谱如图 5.15(a)和(b)所示，脉冲宽度为 34ps，3dB 带宽为 0.34nm。若直接将该光束注入 SMF-CFBG 展宽器中，展宽器所能提供的色散积累仅约 18ps。原本 34ps 种子脉冲仅能被展宽至 52ps，如此窄的脉冲不能有效降低激光峰值功率，不利于后续的功率放大。因此，将种子部分平均功率提升至 150mW，并连接 12m 长 4/125μm 光子晶体光纤，通过激发其非线性对

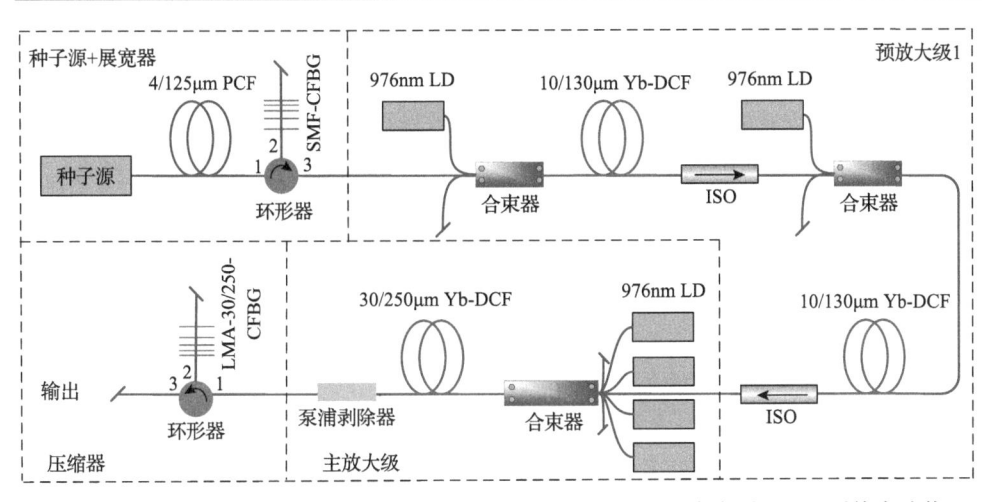

图 5.14 基于 SMF-CFBG 展宽器和 LMA-30/250-CFBG 压缩器的全光纤 FCPA 系统实验装置

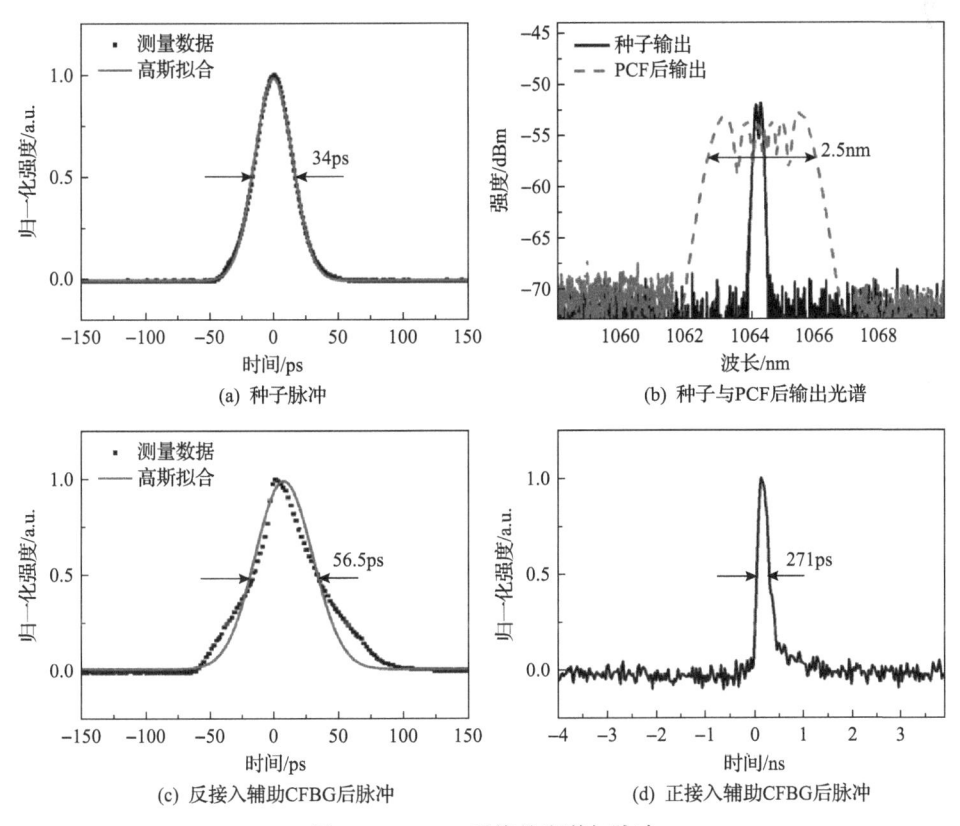

(a) 种子脉冲

(b) 种子与PCF后输出光谱

(c) 反接入辅助CFBG后脉冲

(d) 正接入辅助CFBG后脉冲

图 5.15 FCPA 系统的光谱与脉冲

频谱进行展宽，展宽后光谱如图 5.15(b) 中虚线所示，3dB 带宽约为 2.5nm。光子晶体光纤后连接 SMF-CFBG 展宽器，包含与 CFBG 相同尺寸 6/125μm 光纤环形器。经展宽器后输出功率由 47mW 下降到 29mW，损耗 2dB。由于光谱 3dB 带宽小于展宽器反射带宽，因此补偿带宽应取光谱宽度 2.5nm，色散积累为 133.3ps，脉冲宽度应展宽至 167.3ps。辅助 CFBG 反射光谱如图 5.15(c)所示，将辅助 CFBG 两端分别通过辅助光纤环形器连接展宽器输出端，对展宽后的脉冲进行压缩和二次展宽。采用数字示波器(采样频率 13GHz)和自相关仪进行测量，结果如图 5.15(c)和(d)所示。

为研究大模场光纤上刻写的 CFBG 对激光脉冲的压缩效果，在系统预放大级后直接连接 LMA-10/130-CFBG 搭配 10/130μm 光纤环形器进行脉冲压缩。展宽至 163.8ps 的激光脉冲经预放大级 1 将平均功率放大至 60mW，再经预放大级 2 放大至 5.25W，放大斜效率约为 26%，如图 5.16(a)所示。图 5.16(b)为未进行泵浦剥除的全光谱。进行泵浦剥除后，信号峰与泵浦峰差值增大至 12dB，如图 5.16(c)所示。同时，随着泵浦功率的提升，当脉冲光峰值功率达到 10/130μm 光纤的拉曼阈值时，会由于光纤非线性效应而被激发出拉曼散射效应(SRS)。根据拉曼散射效应基本理论[5,6]，图 5.16(c)中 1115nm(石英光纤中拉曼频移为 13THz，1064nm

(a) 放大级后输出功率随泵浦功率的变化

(b) 未进行泵浦剥除的全光谱

(c) 泵浦剥除后的全光谱

(d) 主放大级后输出光谱强度随泵浦功率的变化

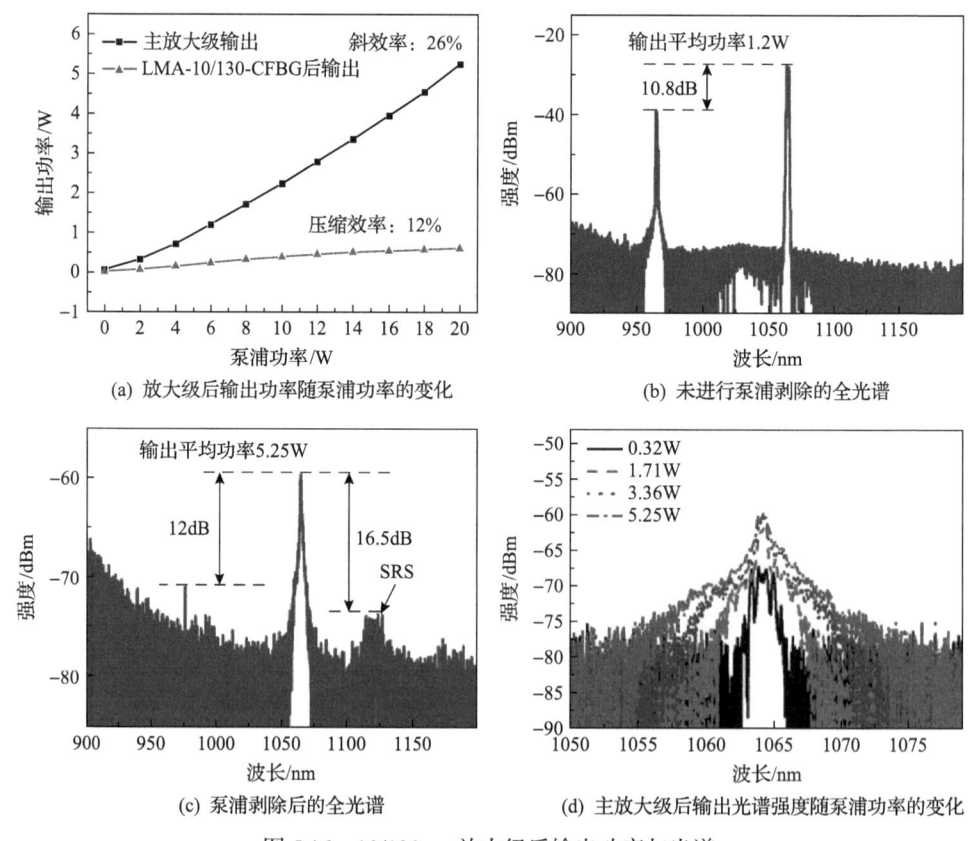

图 5.16　10/130μm 放大级后输出功率与光谱

第 5 章 皮秒光纤激光脉冲的展宽与压缩

附近对应 51nm，故为 1064+51=1115nm)附近的小包络即拉曼散射效应。图 5.16(d) 为主放大级后输出光谱强度随泵浦功率的变化曲线。在放大过程开始阶段，光谱峰值会随功率增加而升高。但在放大过程后期，光谱峰值高度基本不再变化。当泵浦功率提升至 20W 时，输出平均功率为 5.25W。

将平均功率 5.25W、脉冲宽度 163.8ps 的激光脉冲耦合进 LMA-10/130-CFBG 压缩器中，逐渐增加主放大级泵浦功率，初始阶段压缩效率约为 17%，随泵浦功率提升，效率逐步降低。当压缩后最大输出功率为 602mW 时，压缩效率为 12%，如图 5.16(a)所示。图 5.17(a)为压缩后光谱随泵浦功率变化曲线功率最高时光谱宽度约为 3.02nm。压缩后的输出光谱由于 CFBG 的滤除作用，在宽度达到 LMA-10/130-CFBG 的反射带宽后即不再增加。压缩后脉冲宽度为 43ps，如图 5.17(b)所示。

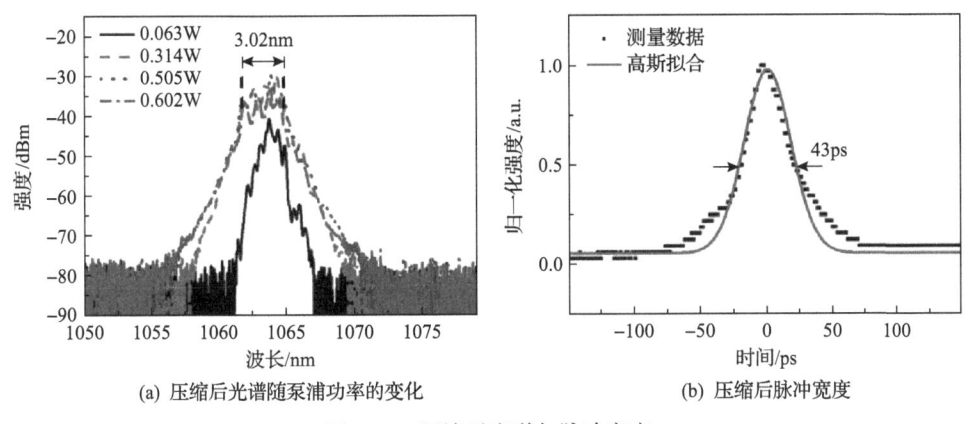

(a) 压缩后光谱随泵浦功率的变化

(b) 压缩后脉冲宽度

图 5.17 压缩后光谱与脉冲宽度

最后，测量了输出激光的光束质量，测量结果如图 5.18 所示。x 和 y 方向的

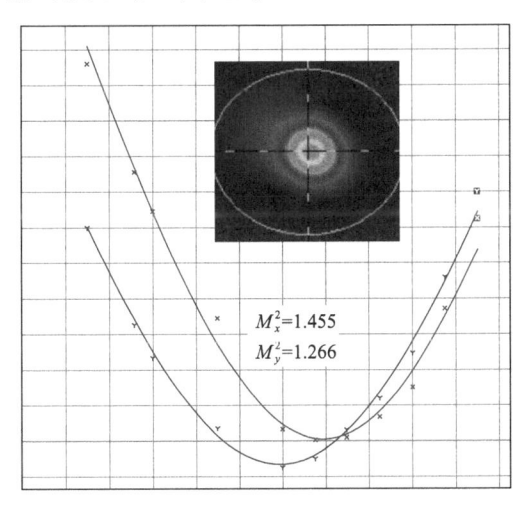

$M_x^2 = 1.455$
$M_y^2 = 1.266$

图 5.18 压缩后的光束质量因子 M^2

光束质量因子分别为 1.455 和 1.266，光束质量较好。

5.2.3 基于 SMF 和 CVBG 的啁啾脉冲放大器

基于 SMF 展宽和 CVBG 压缩器的啁啾脉冲放大系统主要包括 SESAM 被动锁模激光振荡器、全光纤展宽器、级联全光纤激光放大器和基于空间结构的 CVBG 脉冲压缩器。

1. 基于 CVBG 压缩器的啁啾脉冲放大系统理论模拟

为了设计基于 CVBG 压缩的高功率啁啾脉冲放大系统，需要对系统展宽和压缩过程中引入的色散进行精确的计算。图 5.19 为根据 CVBG 参数建立的波长与群速度延迟数据点。

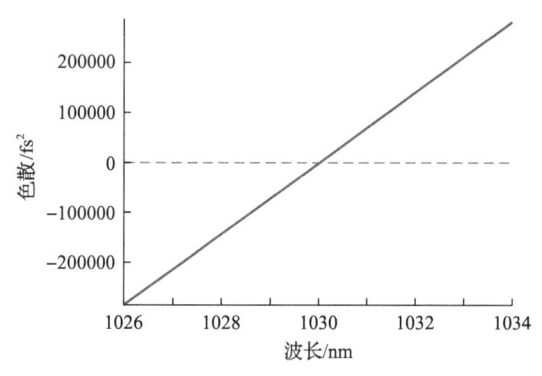

图 5.19 CVBG 的仿真模型

种子源是由全正色散光纤构成的锁模振荡器，中心波长 1030nm，光谱宽度小于 0.2nm。首先，使用高斯光谱进行模拟并先假设脉冲不带啁啾，锁模种子激光的光谱和脉冲如图 5.20 所示。随后，种子激光的功率被两级光纤放大器提升至 120mW，然后被注入进 2000m 单模色散光纤（HI 1060-XP），目的是增强 SPM 效

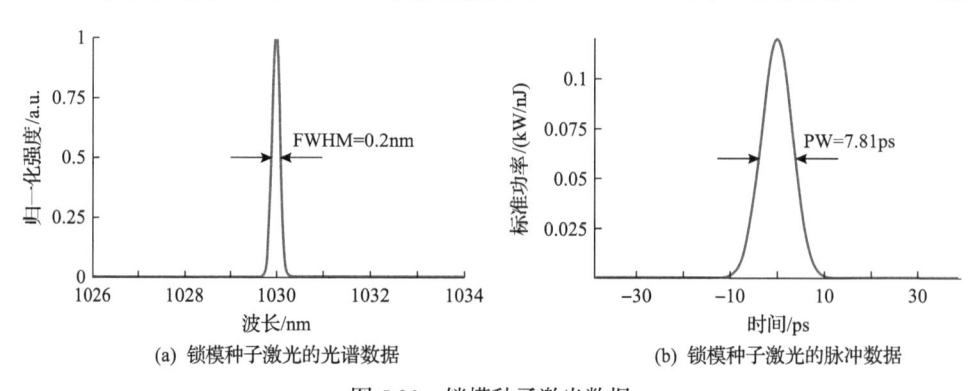

(a) 锁模种子激光的光谱数据 (b) 锁模种子激光的脉冲数据

图 5.20 锁模种子激光数据

应，从而增加脉冲激光的光谱宽度。单模色散光纤(0.02ps^2/m@1030nm)能够引入大量的色散，2000m 展宽光纤可提供约 $2000\text{m}\times0.02\text{ps}^2/\text{m}=40\text{ps}^2$ 的正色散。

图 5.21(a) 为激光脉冲经过 2000m 展宽光纤后的光谱曲线，中心波长在 1030nm，3dB 带宽为 11.2nm。图 5.21(b) 为激光脉冲经过 2000m 展宽光纤后的脉冲宽度曲线，脉冲宽度为 795ps。2000m 展宽光纤共引入正色散的值为 40ps^2，结果如图 5.21(c) 所示。

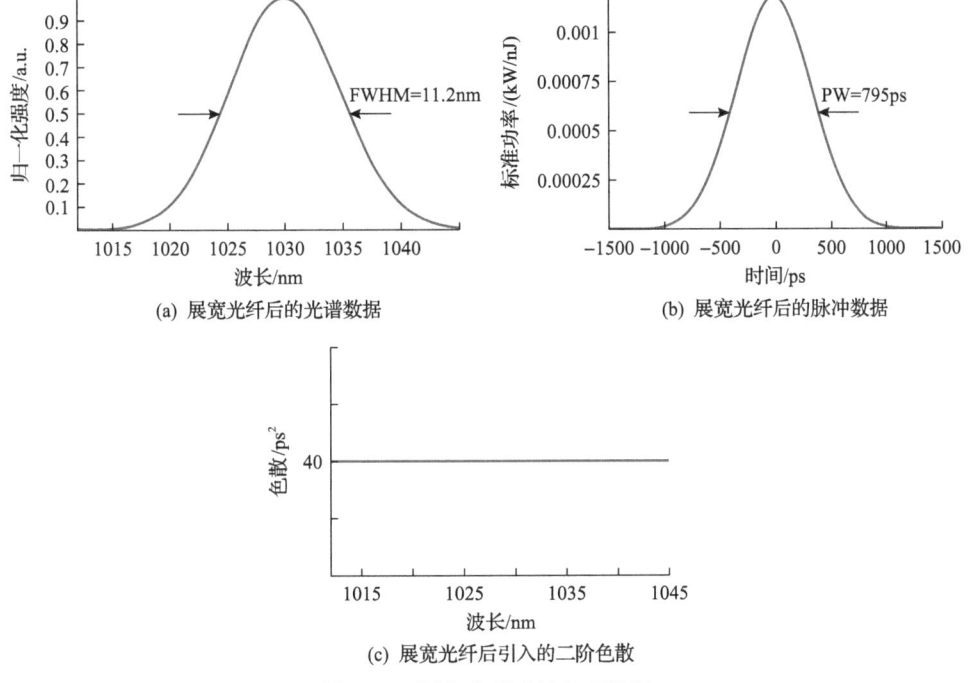

(a) 展宽光纤后的光谱数据

(b) 展宽光纤后的脉冲数据

(c) 展宽光纤后引入的二阶色散

图 5.21 展宽光纤后的各项数据

当脉冲激光的光谱带宽超过 CVBG 的工作带宽时，超出带宽的光谱成分会直接透过 CVBG 从而造成压缩效率下降。只有当激光光谱宽度完全落在 CVBG 的工作带宽内，才能实现高效率的脉冲压缩。然而，引入带通滤波器时，必须要考虑到它对系统色散量产生的影响。带通滤波器在选取激光光谱成分时，损耗掉了超出工作带宽的光谱成分，这一过程同时会缩短激光的脉冲宽度。如图 5.22 所示，脉冲激光经过带通滤波器后光谱宽度变为 5.62nm，脉冲宽度减小至 399ps。

将放大后的激光脉冲导入建立好的 CVBG 仿真模型，经过 CVBG 脉冲压缩后，系统内的正色散得到了补偿，此时压缩系统中剩余色散量为 31210fs^2，如图 5.23(a) 所示。对于啁啾脉冲放大系统中剩余的正色散，利用 SPM 效应略微展宽注入 CVBG 压缩器前的光谱宽度，使得更多的光谱成分参与脉冲压缩过程，以此来弥补啁啾脉冲放大系统中负色散量的不足。当光谱宽度由 5.62nm 调整至 5.9nm 时，获得了最窄脉冲宽度为 515fs，如图 5.23(b) 所示。

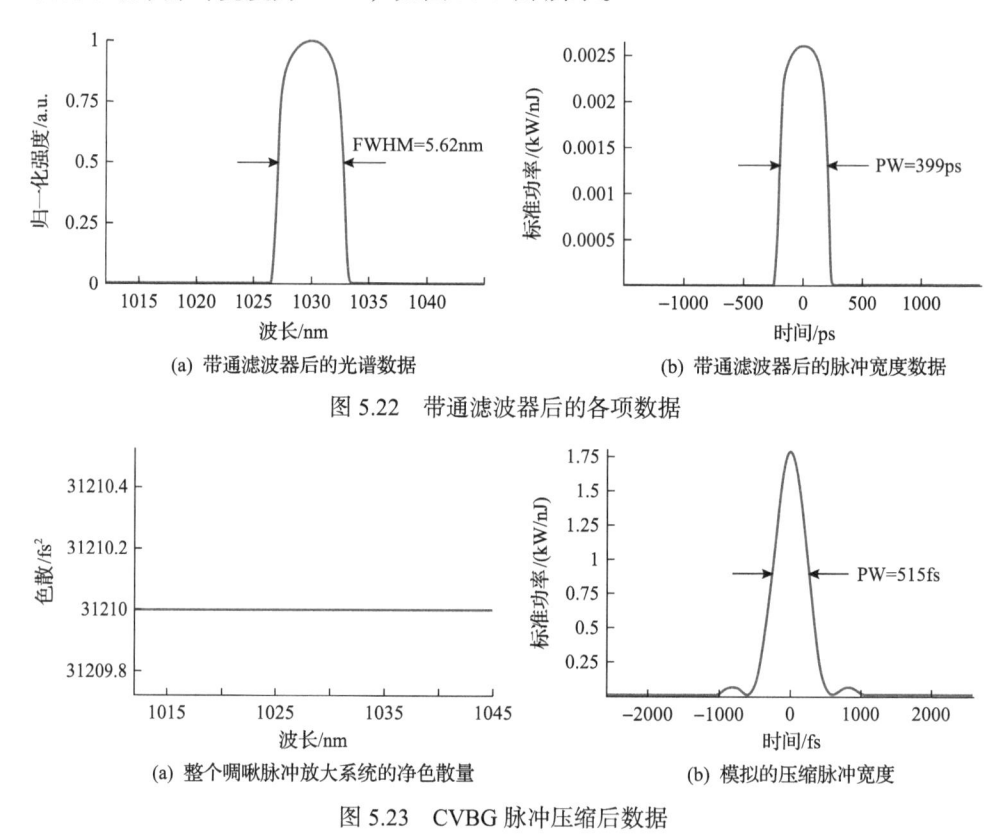

(a) 带通滤波器后的光谱数据

(b) 带通滤波器后的脉冲宽度数据

图 5.22　带通滤波器后的各项数据

(a) 整个啁啾脉冲放大系统的净色散量

(b) 模拟的压缩脉冲宽度

图 5.23　CVBG 脉冲压缩后数据

2. 基于 SMF 和 CVBG 的啁啾脉冲放大器研究

基于 CVBG 压缩的全光纤亚皮秒啁啾脉冲放大系统如图 5.24 所示。锁模光纤激光振荡器部分，采用的是线形腔 SESAM 锁模激光振荡器，随后使用了 0.6m 长的 6/125μm 掺镱光纤放大器和 4m 长的 10/130μm 掺镱增益光纤进行功率放大。2000m 单模光纤用于脉冲展宽，其在中心波长 1030nm 处的群速度色散约为 −42ps/(nm·km)。光子晶体光纤的作用主要是利用 SPM 效应展宽光谱。光子晶体光纤的截面如图 5.25 所示，其空气孔按照六边形双包层结构排布，空气孔间距为 3.26μm，内层纤芯空气孔直径为 1.2μm，外圈纤芯空气孔直径为 1.47μm，等效模场面积约为 18μm^2，具有较高的非线性系数和较低的色散系数[11]。使用的光子晶体光纤长度为 12m，且在光子晶体光纤前后两端都熔接有无源单模过渡光纤来减小模场失配造成的功率损耗。使用 0.5dB 带宽 3nm 的带通滤波器用于选择脉冲激光中心波长和光谱宽度，这是实现高效率脉冲压缩的保证。利用 (6+1)×1 合束器将泵浦光耦合进入主放大器中，主放大器使用的是 0.7m 双包层 30/250μm 掺镱增益光纤，在 976nm 处的泵浦光吸收系数为 9dB/m。采用 CVBG 压缩器对放大激光进行脉冲压缩。CVBG 的长度为 50mm，通光孔径为 5mm×5mm，工作带宽为 1026～1034nm，衍射效率为 90%，群速度色散为 62ps/nm，展宽时间为 500ps，损伤阈值为 5J/cm^2。

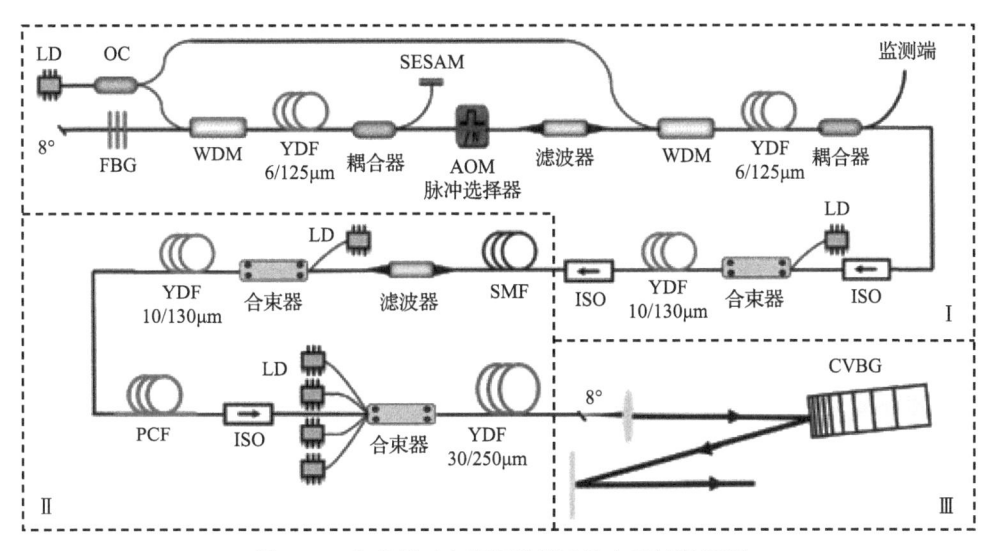

图 5.24　全光纤亚皮秒啁啾脉冲放大系统装置图

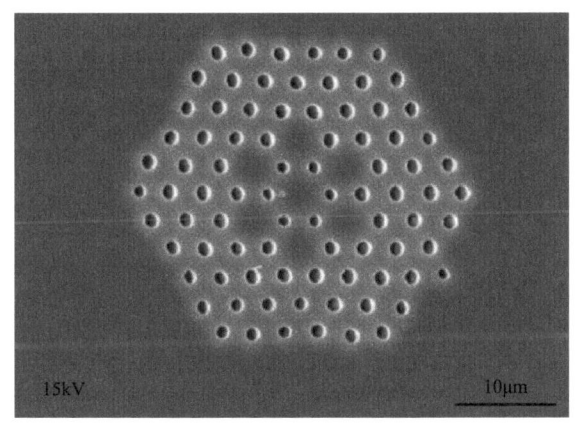

图 5.25　光子晶体光纤截面[11]

锁模脉冲激光种子源的中心波长为 1031.5nm，脉冲宽度为 12ps，光谱带宽为 0.2nm，重复频率为 20MHz，平均输出功率为 10mW。随后，采用两级掺镱光纤放大器将激光平均功率提升至 120mW。然而，在功率提升过程中，脉冲激光的中心波长漂移到了 1032.7nm。这种光谱红移效应会使得脉冲激光光谱宽度明显超出

CVBG 压缩器的反射带宽，大量的光谱成分没有进行脉冲压缩就直接透过 CVBG 造成能量损失，导致压缩效率显著降低。

根据理论模拟计算，利用 SPM 效应展宽光谱，同时使用带通滤波器将脉冲激光偏移的光谱修正，实现高效率的脉冲压缩。因此，使用 2000m 单模色散光纤为激光脉冲提供足够的 SPM 效应积累，同时由于光纤带有大量正色散，激光的脉冲宽度也明显变宽。经过 2000m 单模色散光纤后，脉冲激光的光谱如图 5.26(a)所示，显示其中心波长为 1032.1nm，光谱宽度为 19nm。激光的脉冲宽度为 752ps，如图 5.26(b)所示。

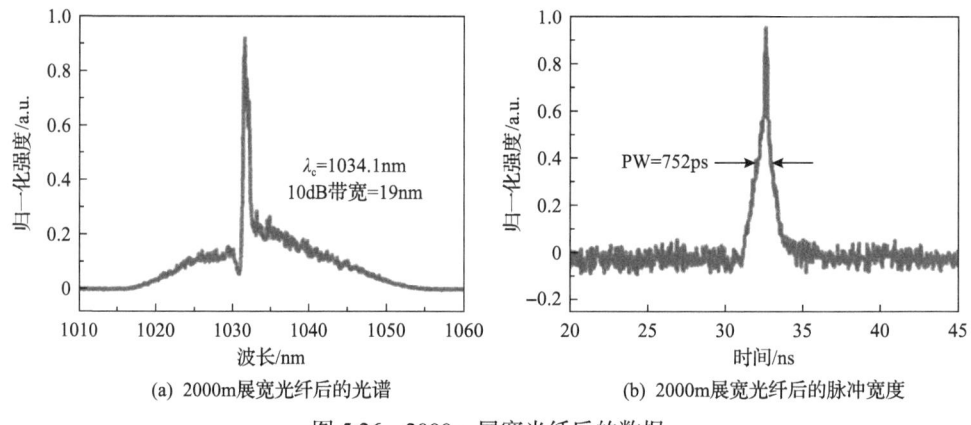

(a) 2000m 展宽光纤后的光谱

(b) 2000m 展宽光纤后的脉冲宽度

图 5.26 2000m 展宽光纤后的数据

通过使用带通滤波器，脉冲激光的光谱得到修正，其中心波长被校正到 1030.3nm，光谱宽度为 4.6nm，如图 5.27(a)所示，这与 CVBG 的工作带宽相匹配。此时测量得到的脉冲宽度为 330ps，重复频率为 20MHz，如图 5.27(b)所示。采用 12m 长的低色散、高非线性单模光子晶体光纤，利用 SPM 效应展宽光谱。当最后

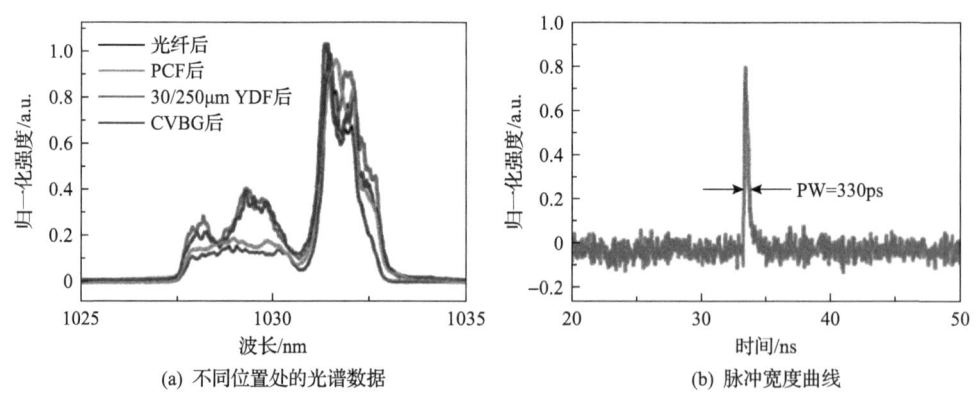

(a) 不同位置处的光谱数据

(b) 脉冲宽度曲线

图 5.27 通过带通滤波器后数据

第 5 章 皮秒光纤激光脉冲的展宽与压缩

一级放大器的输出功率为 210mW 时,激光的光谱宽度从 4.6nm 展宽至 5.1nm,其光谱曲线如图 5.27(a)所示。此时,压缩脉冲宽度由 2.4ps 减小至 1.1ps。

将平均功率 210mW 的脉冲激光注入 0.7m 长的 30/250μm 双包层掺镱光纤后,利用 4 个 25W 多模 LD 为放大器注入 100W 泵浦功率,放大后激光输出功率为 38.7W,斜效率为 38.7%,脉冲宽度为 330ps,重复频率为 20MHz。图 5.28(a)为测量的自相关曲线,形状近似高斯分布,压缩脉冲宽度为 1.1ps。

对于 CVBG 压缩过程,光纤放大器采用的是非保偏光纤结构,输出的激光为椭圆偏振光,CVBG 压缩器对偏振不敏感,可以将脉冲激光以小角度斜入射进 CVBG 压缩器,再利用反射镜将入射激光与反射激光分开。放大器的输出功率为 38.7W,光斑直径为 2.8mm,注入 CVBG 进行脉冲压缩。如图 5.27(a)所示,CVBG 进行脉冲压缩过程中几乎不会对光谱成分产生影响。经过 CVBG 压缩后,激光中心波长为 1030.3nm,10dB 带宽为 5.1nm,平均输出功率为 24.8W,对应的压缩效率为 64%,如图 5.28(b)所示。当 30/250μm 放大器的输出功率大于 25W 时,继续增加放大器输出功率,CVBG 的压缩效率会显著下降。

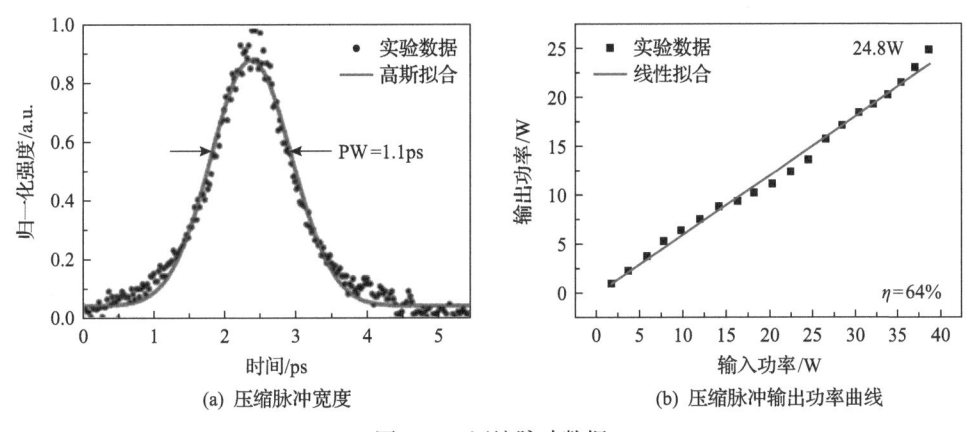

(a) 压缩脉冲宽度

(b) 压缩脉冲输出功率曲线

图 5.28 压缩脉冲数据

本章介绍了皮秒脉冲展宽器及压缩器,展宽器采用了单级 CFBG、级联 CFBG 及单模光纤展宽,对基本原理和具体应用进行了分析和介绍,展示了单模光纤和 CFBG 的优异性能,起到了很好的展宽效果。脉冲压缩器采用了 CFBG 和 CVBG,在低功率时,使用 CFBG 进行压缩,实现了全光纤化的激光输出;而在高功率输出时,使用了 CVBG 进行压缩,最后实现了皮秒光纤激光脉冲输出。随着 CFBG 展宽器参数设计的日益灵活,CFBG 可以充分发挥全光纤激光器体积小巧、结构紧凑的优势,且在脉冲展宽过程中几乎不会引入非线性效应,有利于实现高质量的脉冲展宽。CVBG 作为一种新型压缩器件,具有体积小巧、结构稳定、衍射效率高和损伤阈值高等优势,在实现高功率或大能量的皮秒量级激光输出方面优势明显。利用 CFBG 进行脉冲激光展宽并使用色散匹配的 CVBG 进行脉冲压缩，有利于实现高功率大能量的皮秒脉冲激光输出。

参 考 文 献

[1] 饶云江, 王义平, 朱涛. 光纤光栅原理及应用[M]. 北京: 科学出版社, 2006.

[2] 宋志强, 祁海峰, 李淑娟. 光纤光栅制作中波长拉力控制技术的研究[J]. 光学学报, 2013, 33(7): 55-59.

[3] Glebov L, Smirnov V, Rotari E, et al. Volume-chirped Bragg gratings: Monolithic components for stretching and compression of ultrashort laser pulses[J]. Optical Engineering, 2014, 53(5): 051514.

[4] 陈立元. 千赫兹高能量皮秒光纤激光放大技术的研究[D]. 北京: 北京工业大学, 2014.

[5] Agrawal G P, 葛春风, 王肇颖, 等. 非线性光纤光学[M]. 北京: 电子工业出版社, 2014.

[6] 于海龙, 王小林, 粟荣涛, 等. 高功率飞秒光纤激光系统的研究进展[J]. 激光与光电子学进展, 2016, 53(5): 73-91.

[7] Galvanauskas A, Fermann M E, Harter D, et al. All-fiber femtosecond pulse amplification circuit using chirped Bragg gratings[J]. Applied Physics Letter, 1995, 66(9): 1053-1055.

[8] Taverner D, Richardson D J, Zervas M N, et al. Investigation of fiber grating-based performance limits in pulse stretching and recompression schemes using bidirectional reflection from a linearly chirped fiber grating[J]. IEEE Photonics Technology Letters, 1995, 7(12): 1436-1438.

[9] Galvanauskas A, Harter D, Radic S, et al. High-energy femtosecond pulse compression in chirped fiber gratings[C]. Lasers & Electro-optics, San Jose, 1996: 499-500.

[10] Boskovic A, Guy M J, Chernikov S V, et al. All-fiber diode pumped femtosecond chirped pulse amplification system[J]. Electronics Letters, 1995, 31(11): 877-879.

[11] Chen H W, Chen S P, Liu T, et al. High power supercontinuum source based on multi-core photonic crystal fiber[J]. High Power Laser and Particle Beams, 2013, 25(5): 1073-1074.

第6章　皮秒光纤激光泵浦的超连续谱产生

光脉冲在光纤中传输时，光纤中的色散与各种非线性效应之间会相互作用从而引起输出光谱的展宽，这样就导致了超连续谱的产生[1]。对于不同的泵浦激光参数如工作波长、脉冲宽度和峰值功率等，以及非线性介质材料的特性如色散特性和非线性响应等，在引起超连续谱展宽的过程中，都会对非线性效应和超连续谱的产生机制产生明显的影响[2]。本章从超连续谱产生理论出发，介绍超连续谱产生的过程与相关的非线性效应，并对皮秒脉冲激光泵浦的近红外与中红外超连续谱产生的实验案例进行详细的分析与讨论。

6.1　超连续谱产生理论

从麦克斯韦方程组入手，可以推导光在介质中传播的波动方程，进一步得到介质中光脉冲的传输方程，即广义非线性薛定谔方程(generalized nonlinear Schrodinger equation，GNLSE)[3]：

$$\frac{\partial A}{\partial z}+\frac{1}{2}\left(\alpha(\omega_0)+\mathrm{i}\alpha_1\frac{\partial}{\partial t}\right)A-\mathrm{i}\sum_{n=1}^{\infty}\frac{\mathrm{i}^n\beta_n}{n!}\frac{\partial^n A}{\partial t^n} \\ =\mathrm{i}\left(\gamma(\omega_0)+\mathrm{i}\gamma_1\frac{\partial}{\partial t}\right)\left(A(z,t)\int_0^{\infty}R(t')|A(z,t-t')|^2\,\mathrm{d}t'\right) \tag{6.1}$$

式中，$A(z,t)$ 为光场慢变复振幅；γ 为非线性系数，$\gamma=2\pi n_2/(\lambda A_{\mathrm{eff}})$，$n_2$ 为非线性折射率，A_{eff} 为光纤的有效截面积；β_n 表征色散效应；$\frac{1}{2}\alpha(\omega_0)A$ 代表光纤损耗，α 为光纤损耗系数；$R(t)$ 为拉曼响应函数。对于脉冲宽度大于 100fs 的脉冲，可以令 $\alpha_1=0$，$\gamma_1=\gamma/\omega_0$，并对 $|A(z,t-t')|^2$ 项进行泰勒级数展开，即

$$|A(z,t-t')|^2\approx |A(z,t)|^2-t'\frac{\partial}{\partial t}|A(z,t)|^2 \tag{6.2}$$

且定义非线性响应函数的一阶矩为

$$T_{\mathrm{R}}\equiv\int_0^{\infty}tR(t')\mathrm{d}t\approx f_{\mathrm{R}}\int_0^{\infty}th_{\mathrm{R}}(t)\mathrm{d}t=f_{\mathrm{R}}\left.\frac{\mathrm{d}(\mathrm{Im}\tilde{h}_{\mathrm{R}})}{\mathrm{d}(\Delta\omega)}\right|_{\Delta\omega=0} \tag{6.3}$$

同时定义

$$T = t - \frac{z}{v_g} \equiv t - \beta_1 z \tag{6.4}$$

则非线性薛定谔方程(6.1)可以简化为

$$\frac{\partial A}{\partial z} + \frac{\alpha}{2} A - i\sum_{n=1}^{\infty} \frac{i^n \beta_n}{n!} \frac{\partial^n A}{\partial t^n} = i\gamma(\omega_0)\left(|A|^2 + \frac{i}{\omega_0}\frac{\partial}{\partial T}\left(|A|^2 A\right) + T_R A \frac{\partial |A|^2}{\partial T}\right) \tag{6.5}$$

由于光纤色散的存在，在光纤中不同的脉冲频谱分量传输速度 $c/n(\omega)$ 也不同，从而对光纤中脉冲的传输产生重要的影响。光纤的色散主要包括模间色散、偏振模色散、材料色散以及波导色散[3]。模间色散是在多模光纤中存在的由各传导模式的传播路径不同产生的光纤色散。而偏振模色散是指脉冲在沿单模光纤传播过程中，光纤应力变化导致两个相互垂直的偏振模发生耦合并且传播速度不同而产生的色散。波导色散和材料色散是发生在单模光纤中的光纤色散，它们又可以称为波长色散。对于光纤，波导色散来源于纤芯与包层之间光分布的变化，它是一种与波导结构相关的色散，对不同频率的光有不同的限制能力。下面主要来探讨一下单模光纤中的材料色散。

材料色散源于材料的折射率，与光波长有关。对于石英玻璃，折射率随光波长的关系可由塞尔迈耶(Sellmeier)公式表示：

$$n(\lambda) = 1 + \sum_{j=1}^{3} \frac{B_j \lambda_j^2}{\lambda^2 - \lambda_j^2} \tag{6.6}$$

式中，λ 为光波长；λ_j 为第 j 个谐振波长；B_j 为第 j 个谐振强度。从数学上来讲，色散对光脉冲传输的影响可以通过将传输常数 β 在中心角频率 ω_0 处展开为泰勒级数来体现，即

$$\beta(\omega) = n(\omega)\frac{\omega}{c} = \beta_0 + \beta_1(\omega - \omega_0) + \frac{1}{2}\beta_2(\omega - \omega_0)^2 + \cdots \tag{6.7}$$

式中，$\beta_m = \left(\frac{d^m \beta}{d\omega^m}\right)_{\omega=\omega_0}$ $(m=0,1,2,\cdots)$ 为 m 阶色散值；β_2 又称群速度色散，它表示光纤在 ω_0 处的二阶色散。通过对 β 二阶求导可以获得 β_2，或者 β_2 可以由折射率直接计算得到：

$$\beta_2 = \frac{1}{c}\left(2\frac{dn}{d\omega} + \omega \frac{d^2 n}{d\omega^2}\right) \tag{6.8}$$

在频域上，$\beta_2 > 0$ 与 $\beta_2 < 0$ 的区域分别称为光纤的正常色散区与反常色散区，

特别地，当 $\beta_2 = 0$ 时所对应的波长称为光纤的零色散波长。对 β 一阶求导可得到光纤的群速度曲线：

$$\beta_1 = \frac{1}{v_g} = \frac{n_g}{c} = \frac{1}{c}\left(\omega \frac{dn}{d\omega}\right) \tag{6.9}$$

式中，β_1 为群延迟；v_g 为群速度；n_g 为群折射率。β_1 为光脉冲在光纤中传输单位距离的时间，β_2 表征光脉冲中不同光频率传输的速度不同的现象。由式(6.8)和式(6.9)可知，β_1 不会导致脉冲宽度的变化，而 β_2 将导致脉冲宽度展宽或压缩[4]。

非线性效应是指光在介质中传播时，介质对光的响应呈非线性关系的光学现象[3]。超连续谱的产生过程是多种非线性效应共同作用的结果，如自相位调制、受激拉曼散射、四波混频、高阶孤子劈裂、孤子自频移和色散波等。因此，如何设计和增强光纤中的非线性效应对于超连续谱产生过程至关重要。结合本章的研究内容，本节将介绍光纤中几种重要的非线性效应。

自相位调制是指在光传播过程中由于光场自身的作用引起相位变化的现象，光束在非线性介质中传播时，克尔效应导致介质的折射率发生变化，这是最常见的非线性现象。在距离光纤 L 处光场自身的相位变化量为

$$\phi = (n + n_2 I) k_0 L \tag{6.10}$$

式中，$k_0 = \omega/c = 2\pi/\lambda$，$\lambda$ 为波长。由式(6.10)可知，自相位调制引起的非线性相移为 $\phi_{NL} = n_2 k_0 L I$。若入射光为脉冲信号(即有强度调制)，则由式(6.10)可知入射光脉冲的相位与光强有关，光强又是时间的函数，则光脉冲的相位会随时间而改变，这种时间上的频率分布就称为频率啁啾[5]。脉冲在光纤传输过程中，由于频率啁啾效应，新的频率分量会持续产生并随着光纤的传输不断增强，进而使得光谱展宽。如果入射的脉冲对称，那么由自相位调制引起的频率啁啾将导致频率分量在脉冲中心波长两侧产生，频谱也会表现为对称展宽并在谱峰处出现振荡结构。值得注意的是，由自相位调制与色散效应所引起的啁啾是不同的，自相位调制引起的啁啾与光强密切相关，是一种非线性效应，会产生新的频率分量；色散引起的啁啾与光强无关，是一种线性效应，它只改变原有频率分量的时间排列，并不产生新的光谱成分。

受激拉曼散射最早于1928年由拉曼首次发现，指的是当一束泵浦光打到介质上时，很小一部分光功率会通过散射转移到新的频率上，新产生的谱线对称分布在入射泵浦光的两侧。频率比泵浦光低的成分称为斯托克斯(Stokes)波，频率比泵浦光高的成分称为反斯托克斯(anti-Stokes)波。一般地，高频光的产生要远少于低频光，因此常忽略反斯托克斯波的作用。当有较强泵浦光入射时会激发出相干性很强的斯托克斯光，这种现象称为受激拉曼散射。在泵浦光功率达到一定阈值时，斯托克斯波吸收泵浦能量迅速激发，当斯托克斯波强度再次达到阈值，它又

会作为新的泵浦源激发更高阶的斯托克斯波,这种现象称为级联拉曼散射。拉曼响应函数 $h_R(t)$ 可用式 (6.11) 描述:

$$h_R(t) = \left(\tau_1^{-2} + \tau_2^{-2}\right)\tau_1 \exp(-t/\tau_2)\sin(t/\tau_1) \tag{6.11}$$

式中,参数 τ_1、τ_2 与非线性介质组分相关。拉曼响应函数 $h_R(t)$ 可通过测试拉曼增益谱的方式获得,二者的关系如下:

$$g_R(\omega) = \frac{\omega_0}{cn_0} f_R \chi^{(3)} \text{Im}\left[\tilde{h}_R(\omega)\right] \tag{6.12}$$

式中,ω_0 为泵浦光频率;n_0 为在 ω_0 处的折射率;f_R 为拉曼响应对 p_{NL} 贡献的比例;Im 表示取虚部;$\tilde{h}_R(\omega)$ 为拉曼响应函数的傅里叶变换,将其代入式 (6.12),可得拉曼增益谱如下:

$$g_R(\omega) \propto \frac{2\omega\gamma}{(\omega^2 - \omega_v^2)^2 + (2\omega\gamma)^2} \tag{6.13}$$

式中,$\omega_v = 1/\tau_1$,$\gamma = 1/\tau_2$。将实验中测得的拉曼增益谱通过式 (6.13) 进行拟合,便能够计算出拉曼响应函数的具体形式。

孤子自频移又称脉冲内拉曼散射,对于脉冲宽度小于 0.1ps 的孤子,有足够宽的光谱与拉曼增益谱叠加,光孤子中的高频分量会作为拉曼增益的泵浦光源不断地转移到低频分量,使光孤子在光纤中传输时波长不断向长波移动[6]。在峰值功率足够高时,就可以在标准或特殊设计的反常群速度色散的光纤中发生这种孤子自频移效应。通过孤子自频移效应,能够获得宽调谐范围的飞秒脉冲激光,覆盖掺杂光纤增益线宽以外的波长区域。影响孤子自频移效应强度的主要参数是脉冲的脉冲宽度和峰值功率,另外光纤的色散、长度和非线性也会影响孤子自频移效应。一般来说,激光的脉冲宽度越窄,峰值功率越高,孤子自频移效应就越强。孤子自频移的带宽随传输距离近似线性增长,可以用 Ω 表示为

$$\Omega = -\frac{8T_R\gamma P_0}{15T_0^2}z = -\frac{8T_R|\beta_2|}{15T_0^4}z \tag{6.14}$$

式中,T_R 与拉曼增益谱斜率有关;T_0 为泵浦脉冲的脉冲宽度;负号表明孤子向长波移动。当光纤长度与入射脉冲宽度一定时,理想情况下的波长频移量只取决于入射的泵浦功率。然而,由于光纤的色散特性,增加的光纤损耗或自陡峭效应,在某特定波长处拉曼频移便终止。由于这些非线性效应的影响,一阶孤子的能量开始减小,泵浦功率的增加只会造成级联的高阶孤子的进一步频移。当继续增加

泵浦功率时，不同的波长间隔逐渐被填充，就会导致超连续谱的产生。

调制不稳定性指的是在非线性系统中由非线性和色散相互作用引起的对稳态的调制。光纤中的调制不稳定性需要反常色散条件(即$\beta_2<0$)，它是系统形成孤子之前的一种非稳态，这种不稳定性会将连续或准连续的辐射分裂成一系列短脉冲激光，可以急剧提高脉冲的峰值功率，使光谱发生显著增宽[3]。因此，调制不稳定性作为一种非线性效应，对于脉冲放大它是不利的，应尽量避免调制不稳定性的产生，而对于超连续谱的产生它又是有利的，可以利用这种效应来获得宽光谱的激光输出。

对于脉冲宽度较长如皮秒、纳秒量级甚至连续波的泵浦脉冲，在不同的光纤色散区域进行泵浦，超连续谱的产生机理也不同，下面主要对脉冲作用于正常色散区和反常色散区这两种情形进行介绍。

当脉冲作用于光纤反常色散区时，在超连续谱的初始产生过程中，调制不稳定性会发挥主要的作用。调制不稳定性与噪声和传输不稳定性有关系，在时域上表现为对脉冲包络的周期性调制。入射的光脉冲在调制不稳定性的作用下，在传输足够的距离后就会分裂并演化为一系列的飞秒孤子脉冲[7]。高阶孤子在传输过程中受到高阶色散和拉曼效应等因素的影响就会分解成一系列基态孤子，孤子带宽与拉曼增益谱交叠引起了强烈的拉曼散射效应使孤子中心频率不断发生红移，即孤子自频移。孤子在高阶色散等因素的作用下会产生蓝移的色散波，每一个子脉冲在超连续谱形成的过程中都会经历孤子分解、孤子自频移、色散波产生等过程。此外，当产生的色散波与对应的拉曼孤子群速度一致时，色散波将会被孤子捕获，并在交叉相位调制(XPM)效应及四波混频(FWM)的作用下进行进一步的光谱展宽，获得光谱范围更宽、更平坦的超连续谱[8]。

当长脉冲作用于光纤正常色散区时，在超连续谱的初始产生过程中，考虑到高阶色散的影响，在光纤正常色散区 FWM 的相位匹配条件可以得到满足，所以 FWM 和 SRS 效应起主导作用。而且在满足相位匹配和群速度匹配条件的情况下，由于相位匹配 FWM 的增益比 SRS 增益大，所以 FWM 会发挥主要作用，反之 SRS 会发挥主要作用。而且如果泵浦波长与非线性光纤的零色散波长距离较远时，级联 SRS 也会发挥主要作用，因为相位匹配的 FWM 的参数边带与泵浦频率的失谐过大会导致 FWM 效率的降低。然后，泵浦脉冲在光纤中继续传输的过程中，各级拉曼光谱会在 SPM 效应与 XPM 效应的共同作用下产生光谱展宽与光谱合并，从而形成连续的超连续谱[9]。若在泵浦波长与光纤的零色散波长比较接近的情况下，那么相位匹配的 FWM 会在超连续谱的初始产生过程中发挥主要作用，FWM 的参数边带也会作为新的泵浦源引发进一步的光谱展宽。然后当初始光谱展宽到反常色散区时，孤子机制也会开始发挥作用促使进一步的光谱展宽。

6.2 近红外超连续谱的产生

近红外超连续光源的光谱宽度可覆盖整个近红外波段,可以应用于荧光成像、荧光寿命成像、单分子成像、宽频光谱学、光学同调断层扫描术、流式细胞仪等领域。本节主要以皮秒脉冲泵浦单芯光子晶体光纤、多芯光子晶体光纤产生超连续谱以及皮秒光纤放大器直接产生超连续谱为例进行介绍。

6.2.1 单芯光子晶体光纤产生超连续谱

在非线性光纤光学领域中,光子晶体光纤是一种里程碑式的关键器件,尤其是它的问世极大地促进了超连续谱技术的发展,原因主要在于光子晶体光纤独特的结构使其具有色散和非线性系数设计灵活的特性。本节主要介绍基于两种单芯光子晶体光纤产生超连续谱的工作[10]。

30W 超连续谱激光实验装置如图 6.1 所示,主要包括三部分:皮秒脉冲激光源、过渡光纤和非线性光子晶体光纤。皮秒脉冲激光源为自行研制的全光纤脉冲激光主振荡功率放大器,其最高输出功率为 100W,中心波长为 1042nm,重复频率为 22.7MHz,脉冲宽度为 430ps,输出端光纤类型为 10/125μm 的无源光纤。过渡光纤由一段 6/125μm 的无源单模光纤组成,实验中对 6/125μm 的无源单模光纤一端进行了膨胀扩束处理,然后与 10/130μm 的无源光纤进行了低损耗熔接,接着将 6/125μm 的无源单模光纤与非线性光子晶体光纤进行了低损耗熔接,熔接点如图 6.1 中点 B 所示,熔接损耗小于 0.5dB。最后在整个装置的输出端熔接了一个 8°角的端帽,来保证整个超连续谱激光源的稳定工作,避免输出激光反馈光的影响。实验中分别采用了圆形排列气孔的非线性光子晶体光纤和六边形排列气孔的非线性光子结晶体光纤,其所用长度分别为 7.5m 和 6m。

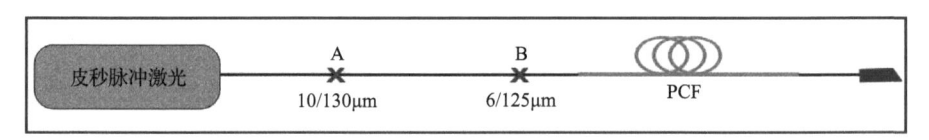

图 6.1 30W 超连续谱激光实验装置

第一种非线性光子晶体光纤有圆形排列的气孔,其端面结构如图 6.2(a)所示,它的结构主要包括一个实心的纤芯和五圈成圆形排列的气孔,这五排气孔是光子晶体光纤独有的特点,用来减小包层密度,确保纤芯内激光的无截止单模传输的特性。光子晶体光纤中两个相邻空气孔的间距为 $(3.9\pm0.1)\mu m$,它纤芯的模场直径为 $(4.5\pm0.1)\mu m$,零色散波长为 $(1030\pm20)nm$,对应 1060nm 波长处的非线性系数为 $11(W\cdot km)^{-1}$。

第二种非线性光子晶体光纤有六边形排列的气孔，其端面结构如图 6.2(b) 所示，它的结构主要包括一个实心的纤芯和五圈成六边形排列的气孔。光子晶体光纤中两个相邻空气孔的间距为 $(5.9\pm0.1)\mu m$，它纤芯的模场直径为 $(6.4\pm0.1)\mu m$，零色散波长为 $(1040\pm20)nm$，对应 1060nm 波长处的非线性系数为 $9(W\cdot km)^{-1}$。

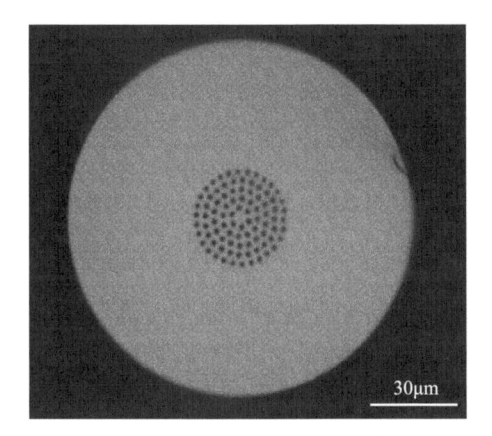

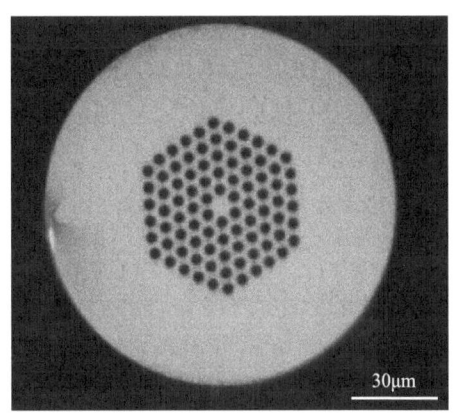

(a) 圆形排列气孔的光子晶体光纤截面　　(b) 六边形排列气孔的光子晶体光纤截面

图 6.2　光子晶体光纤截面图

首先，实验中采用的是圆形排列气孔的非线性光子晶体光纤，当脉冲激光源的输出功率为 76W 时，得到了输出功率为 30W 的超连续谱激光，光谱如图 6.3(a)、(b) 中的数据曲线所示。当其输出功率为 30W 时，输出超连续谱激光的光谱范围覆盖了 550~1650nm 波段。接着实验中采用了六边形排列气孔的光子晶体光纤作为非线性介质，当脉冲激光源的输出功率为 85W 时，得到了输出功率为 36W 的超连续谱激光，不同输出功率时的光谱对比数据如图 6.3(c)、(d) 所示。当其输出功率为 36W 时，输出超连续谱激光的光谱范围是 500~1700nm 波段，光谱的平坦度较好。实验中由于光谱展宽范围比较大，采用了两台光谱仪对输出的超连续

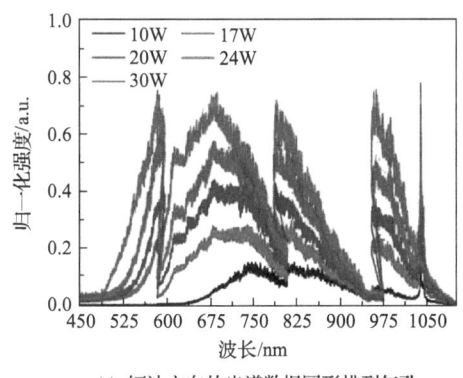

(a) 短波方向的光谱数据圆形排列气孔　　(b) 长波方向的光谱数据圆形排列气孔

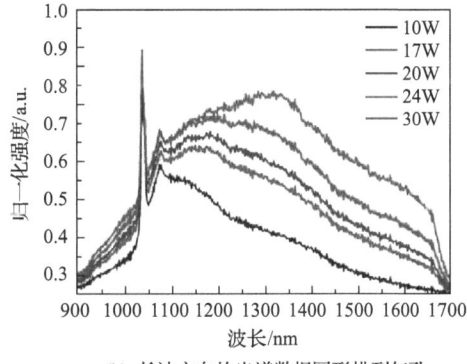

(c) 短波方向的光谱数据六边形排列气孔　　(d) 长波方向的光谱数据六边形排列气孔

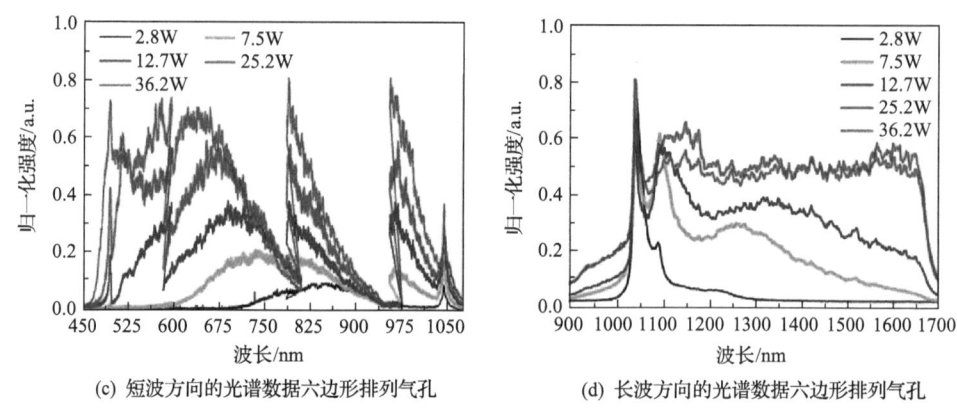

图 6.3　圆形及六边形排列气孔的非线性光子晶体光纤产生的超连续谱激光的光谱数据

谱激光进行了测试，其中一台为 AvaSpec-NIR256 的光谱仪，其光谱测试范围是 350～1075nm，光谱分辨率为 0.05nm，另一台为海洋光学 NIRQ512 的光谱仪，其光谱测试范围是 900～1700nm，光谱分辨率为 3nm。图 6.4 为全光纤超连续谱激光器的输入输出曲线数据，可以发现其增长趋势呈线性状态。

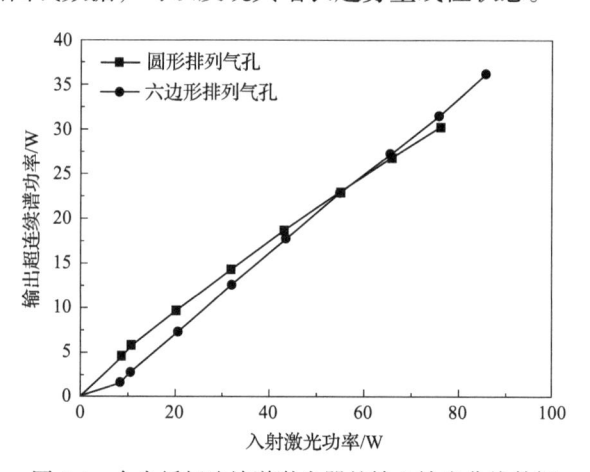

图 6.4　全光纤超连续谱激光器的输入输出曲线数据

为了更好地研究非线性光子晶体光纤中产生超连续谱激光的特性，这里对所采用非线性光子晶体光纤的长度与产生超连续谱激光的影响进行了分析研究。实验中采用的是六边形排列气孔的非线性光子晶体光纤，使用的长度分别为 5m、7m 和 9m，所采用的实验装置与图 6.1 中一样，脉冲激光泵浦源仍然为团队自行研制的全光纤脉冲激光主振荡功率放大器，其最高输出功率为 100W，中心波长为 1042nm，重复频率为 22.7MHz，脉冲宽度为 430ps，输出端光纤类型为 10/125μm 的无源光纤。

三组实验中，泵浦激光最高注入功率相同，均为 76.3W，不同长度下的超连续谱激光的功率输出曲线如图 6.5 所示，可以发现当泵浦注入功率相同时，输出的超连续谱激光的功率随着所使用的非线性光子晶体光纤的长度减小而增大,也就是说使用的非线性光子晶体光纤的长度与其产生的超连续谱激光的功率大小成反比,光纤越短输出功率越大,所以三组实验中超连续谱激光的输出曲线随着所用非线性光子晶体光纤的长度的增加,斜效率依次减小。实验中当泵浦注入功率为76.3W时,长度分别为5m、7m和9m的非线性光子晶体光纤中输出的超连续谱激光的功率分别为33.5W、27.8W和22.7W。

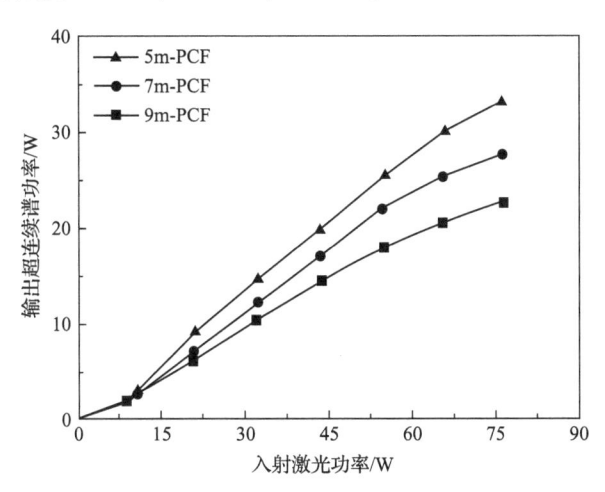

图 6.5 采用不同长度的非线性光子晶体光纤产生超连续谱激光的功率输出曲线

同时,测试了在76.3W泵浦功率下,三种不同长度的非线性光子晶体光纤所产生的超连续谱,其三组光谱数据如图6.6~图6.8所示,依次为5m非线性光子晶体光纤输出超连续谱激光33W时的光谱数据、7m非线性光子晶体光纤输出超连续谱激光27W时的光谱数据、9m非线性光子晶体光纤输出超连续谱激光22W时的光谱数据。首先,从5m非线性光子晶体光纤输出的光谱数据图中,可以发现虽然其输出的超连续谱激光功率最大,但其光谱的展宽程度最小,这是由于非线性光子晶体光纤的长度比较短,所以就需要更高能量的注入,才能引入足够的非线性效应,来产生光谱的足够展宽,因为非线性光子晶体光纤产生超连续谱激光的本质就是要利用光子晶体光纤中极强的非线性效应,如SPM效应、SRS效应和脉冲分裂等,来达到光谱展宽的目的。另外,从7m非线性光子晶体光纤输出的光谱数据图中可以发现,此时输出的超连续谱激光功率为27W,明显低于5m时输出的33W,但其光谱展宽度比较大,而且光谱展宽的平坦度比较好,此时输出功率降低的原因为:那部分能量在非线性光子晶体光纤中,部分能量由于参与转化了新的光谱成分而被消耗。第三组实验中从9m非线性光子晶体光纤中输出的光谱数据图,此时的光谱展宽效果是最好的,相对于7m时的光谱展宽得更加充分,平坦度更大,但其输出功率只有22W,相对比较低,这是由于此时所用的非线性光子晶体光纤是三组实验中长度最长的，所以它产生非线性效应的阈值也是最低的，即在注入泵浦激光功率相对较低的情况下，就可以产生比较大的非线性效应，光谱展宽效果非常显明，但相应的就需要更高的能量来产生其他新光谱成分，最终输出的超连续谱激光功率就会下降。

图 6.6　5m 非线性光子晶体光纤输出超连续谱激光 33W 时的光谱数据

图 6.7　7m 非线性光子晶体光纤输出超连续谱激光 27W 时的光谱数据

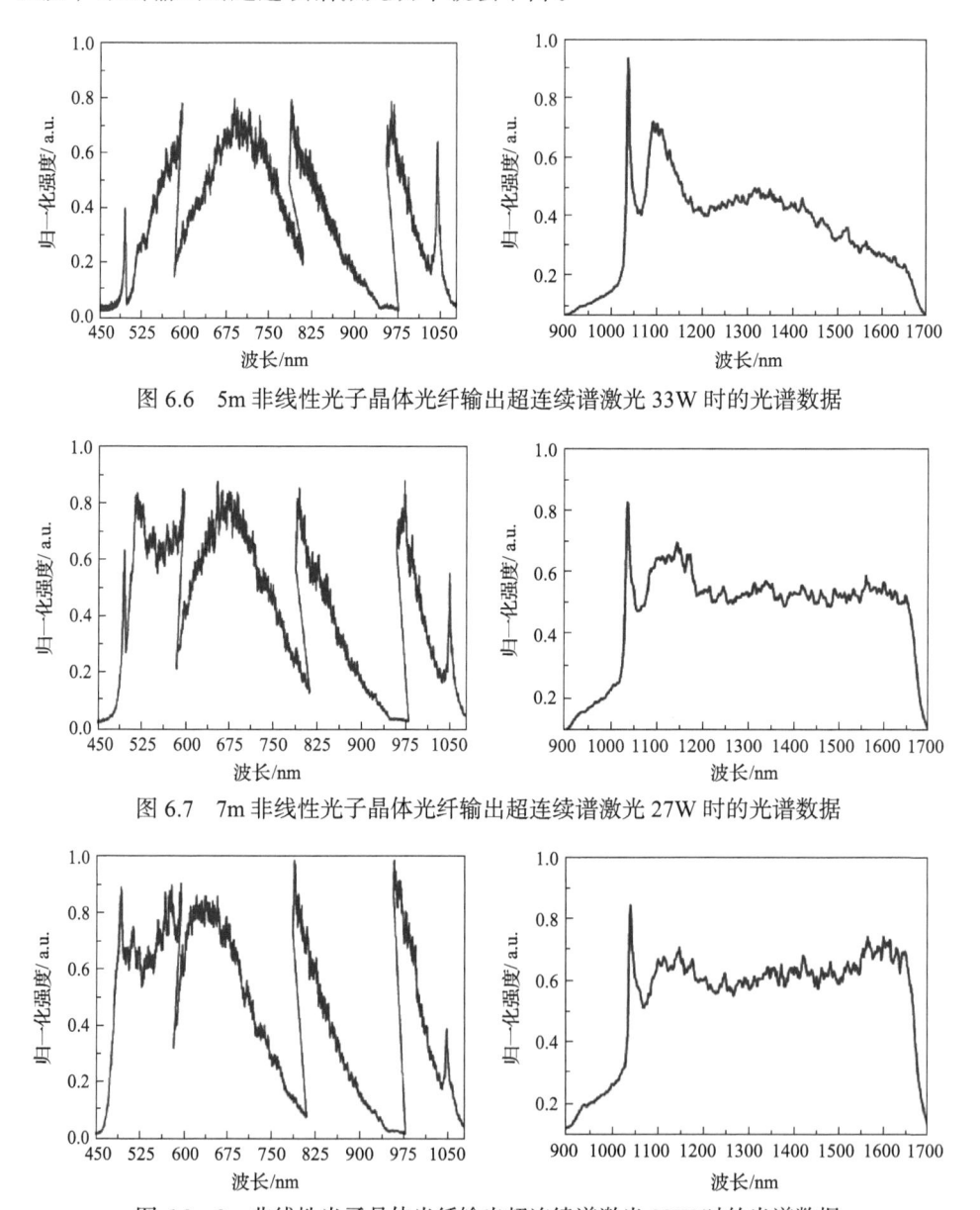

图 6.8　9m 非线性光子晶体光纤输出超连续谱激光 22W 时的光谱数据

通过三组实验，表明当注入泵浦激光的功率一定时，产生超连续谱激光的光谱展宽度是由非线性光子晶体光纤的长度来决定的，而且输出功率大小与非线性光子晶体光纤长度有一定关系，当光纤长度过长时会影响超连续谱激光的输出功率大小。因此，在超连续谱产生工作中，要合理设计非线性光纤的长度，以平衡输出的超连续谱激光的功率大小和其光谱展宽度的大小，实现高功率宽带超连续谱激光源产生。

6.2.2 七芯光子晶体光纤产生超连续谱

与单芯光子晶体光纤相比，多芯光子晶体光纤同样可以通过设计气孔孔径、气孔间距等，对其色散和非线性系数进行灵活设计，更为关键的是，其通过增加纤芯数量的方式，可以成倍提升光纤的模场面积，进而实现超连续光源的功率提升，是用于高功率、宽光谱范围的超连续谱产生的理想非线性光纤。本节以七芯光子晶体光纤为例，介绍该类光纤在超连续谱产生方面的应用。

七芯光子晶体光纤产生超连续谱的实验装置如图 6.9 所示，主要包括皮秒脉冲泵浦源和七芯光子晶体光纤两部分[11]。皮秒脉冲泵浦源为自行搭建的全光纤皮秒脉冲主振荡功率放大器，该放大器最高可以输出 100W 的平均功率，中心波长为 1150nm，光谱宽度为 260nm，脉冲宽度为 221ps，输出末端的光纤类型为 10/130μm 的无源光纤。随后将该输出末端的 10/130μm 的无源光纤与七芯光子晶体光纤进行低损耗熔接，其熔接损耗约为 3dB。七芯光子晶体光纤的截面如图 6.9 所示，空气孔间距为 3.26μm，最内层的一圈空气孔直径为 1.2μm，纤芯外的几圈空气孔的直径为 1.47μm。该七芯光子晶体光纤的零色散波长为 1117nm，其等效纤芯可看成七芯之和，约为 18μm，光纤模场面积较大，承受功率较高。本团队在实验中分别使用了 10m 和 2m 两段不同长度的七芯光子晶体光纤进行对比实验。

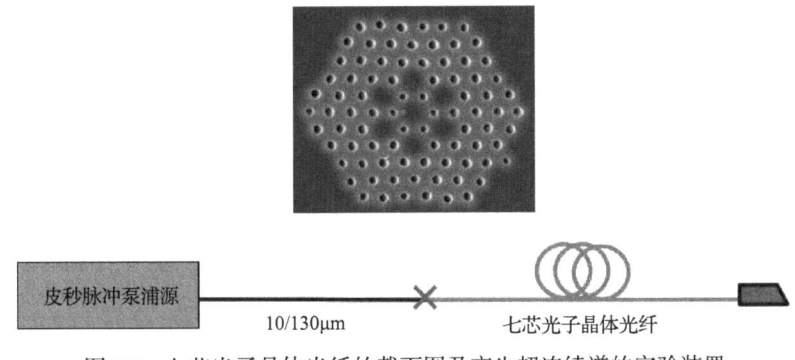

图 6.9 七芯光子晶体光纤的截面图及产生超连续谱的实验装置

非线性光子晶体光纤可以产生极其强烈的非线性效应，如 SPM 效应、SRS 效应等，可以利用这些非线性效应实现光谱的展宽，这也是产生超连续谱激光的本质。实验中使用的皮秒脉冲主振荡功率放大器的中心波长为 1150nm，正好与七芯光子晶体光纤的零色散波长(1117nm)相对应，这就可以更好地激发光子晶体光纤的非线性效应使其产生更宽的光谱范围。

实验中采用了长度为 10m 的七芯光子晶体光纤作为非线性介质，当注入泵浦功率为 44.3W 时，输出的超连续谱功率为 11.7W，输出功率增长曲线如图 6.10(a) 所示。从图中可以看出，当功率增加到一定程度时，增加注入功率，输出功率的增长变得缓慢，这是因为在非线性光子晶体光纤中，利用其非线性来展宽光谱，持续增加注入功率时，光谱展宽便会消耗更多的能量转化成光谱成分，从而导致功率增长缓慢，甚至饱和。此时其光谱范围为 620~1700nm，如图 6.10(b) 所示，其长波长处的范围受仪器测量范围的限制，实际上的光谱范围应该会更宽。

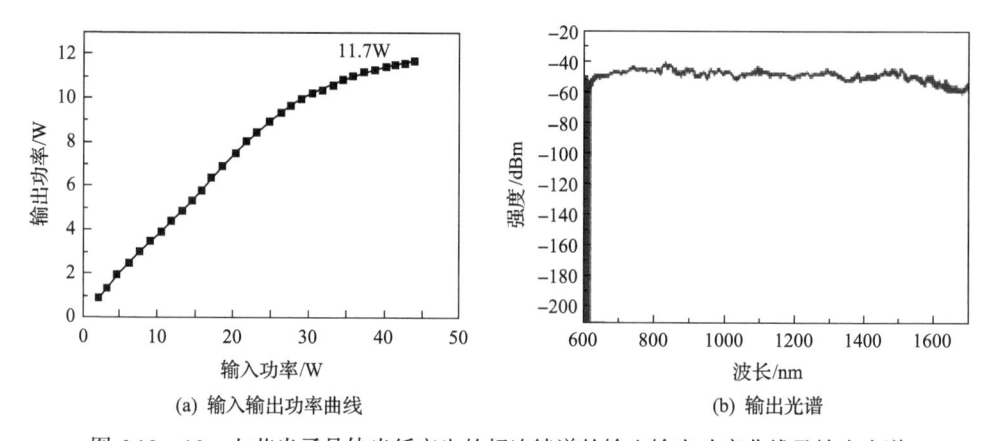

(a) 输入输出功率曲线　　(b) 输出光谱

图 6.10　10m 七芯光子晶体光纤产生的超连续谱的输入输出功率曲线及输出光谱

在保证宽光谱范围的同时，为了进一步提高输出的平均功率，进一步将七芯光子晶体光纤的长度缩短至 2m。当注入功率同样为 44.3W 时，其输出功率有了明显的增加，为 20.4W，如图 6.11(a) 所示。同时其输出光谱为 680~1700nm，同样受仪器测量范围的限制，长波处截止波长应该更长，如图 6.11(b) 所示。输出的

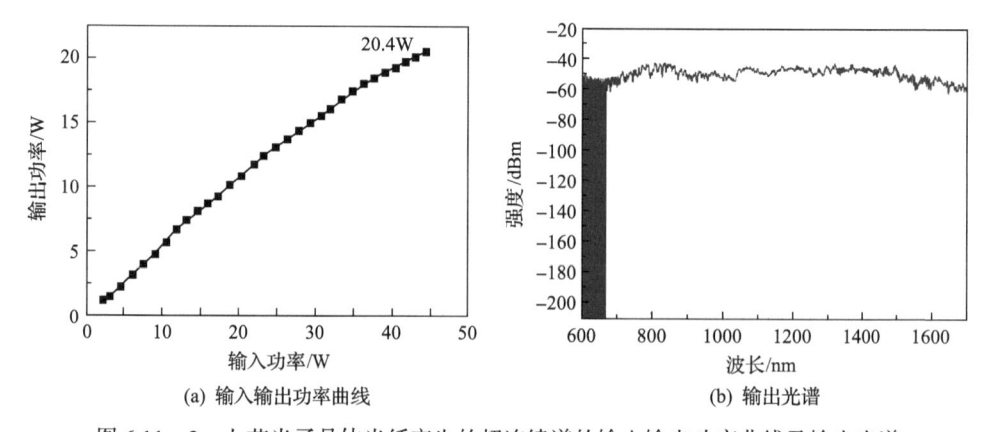

(a) 输入输出功率曲线　　(b) 输出光谱

图 6.11　2m 七芯光子晶体光纤产生的超连续谱的输入输出功率曲线及输出光谱

脉冲包络宽度为 255ps。与使用 10m 的七芯光子晶体光纤相比，虽然使用 2m 的七芯光子晶体光纤输出的功率较大，但是其光谱展宽程度相对较小，这是由于长度短的非线性光子晶体光纤产生非线性效应的阈值相对较高，需要较高的能量注入才能引起足够的非线性效应来展宽光谱。

6.2.3 皮秒光纤放大器中直接产生超连续谱

在皮秒光纤放大器中，超短脉冲激光也会受到非线性和色散的作用发生光谱展宽，同时增益光纤会对产生的超连续谱实现增益调制，促进超连续激光的光谱展宽和功率提升。因此，放大器中直接产生超连续谱技术被认为是一种获得高平均功率、宽带宽超连续光源的一种有效手段。

本节搭建了全光纤保偏主振荡功率放大器实验装置，如图 6.12 所示，包括保偏皮秒脉冲锁模激光振荡器和保偏掺镱光纤放大器两部分。激光振荡器采用的是直线腔结构的保偏 SESAM 锁模激光振荡器，它的输出平均功率为 2mW，重复频率为 15.93MHz，中心波长为 1031nm，脉冲宽度为 5.8ps。振荡器输出的脉冲光首先经过一级单模掺镱光纤的预放大级将脉冲光初步放大到 60mW，作为放大级的种子光。输出的种子光通过保偏的滤波器、起偏器和保偏光纤隔离器，在保证线偏振光传输的同时，还可以防止放大激光的后向反馈光对振荡器产生影响，然后将信号光注入典型的两级级联结构的放大器中，第一级放大器由一个(2+1)×1 的保偏光纤合束器和一段大模场保偏双包层掺镱光纤构成，其中合束器的输入输出信号光纤都为 10/130μm 的保偏无源光纤，泵浦光纤都为 105/125μm 的无源光纤。采用的保偏掺镱光纤的长度约为 5m 长，纤芯直径为 10μm，纤芯 NA 为 0.075，包层直径为 130μm，包层 NA 为 0.46，其在 980nm 波段的吸收系数为 4.8dB/m。使用的激光泵浦源多模 LD 的工作波长为 976nm，最高输出功率为 25W，输出尾纤为 105/125μm 的无源光纤。第二级放大器与第一级放大器的结构类似，由保偏的(6+1)×1 光纤合束器和一段 4m 长的大模场保偏双包层掺镱光纤构成，其中，合束器的信号光注入端和输出端都为 25/250μm 的保偏无源光纤，泵浦光纤都为 105/125μm 的无源光纤。采用的掺镱光纤的纤芯直径为 30μm，掺镱光纤的 NA 为 0.06，包层直径为 250μm，包层的 NA 为 0.46，其在 980nm 波段的吸收系数为 6.3dB/m。与保偏合束器泵浦光纤相连的是 6 个多模泵浦 LD，其最高输出功率为 25W，工作波长为 976nm。第二级放大器中的增益光纤采用了纤芯较大的 30μm 的大模场保偏掺镱光纤，具有更高的吸收系数及更高的损伤阈值，同时使用大芯径的光纤还可以降低系统中的非线性效应。最后，在整个系统的输出端熔接上一个 8°角的输出端帽，有效地防止输出的高功率激光的反馈光对整个系统造成影响。

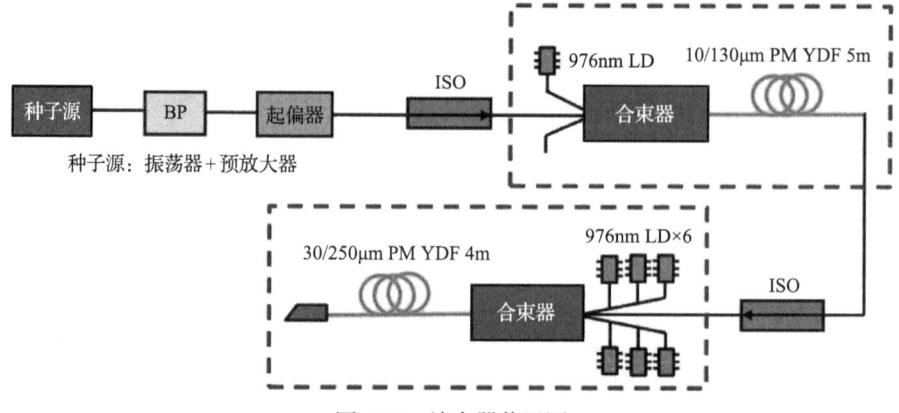

图 6.12 放大器装置图

最后，在主放大级的注入泵浦功率为 60W 时，放大级的功率输出达到了 35.45W，如图 6.13(a)所示，可以看到整个输入输出曲线是呈线性增长的。如果

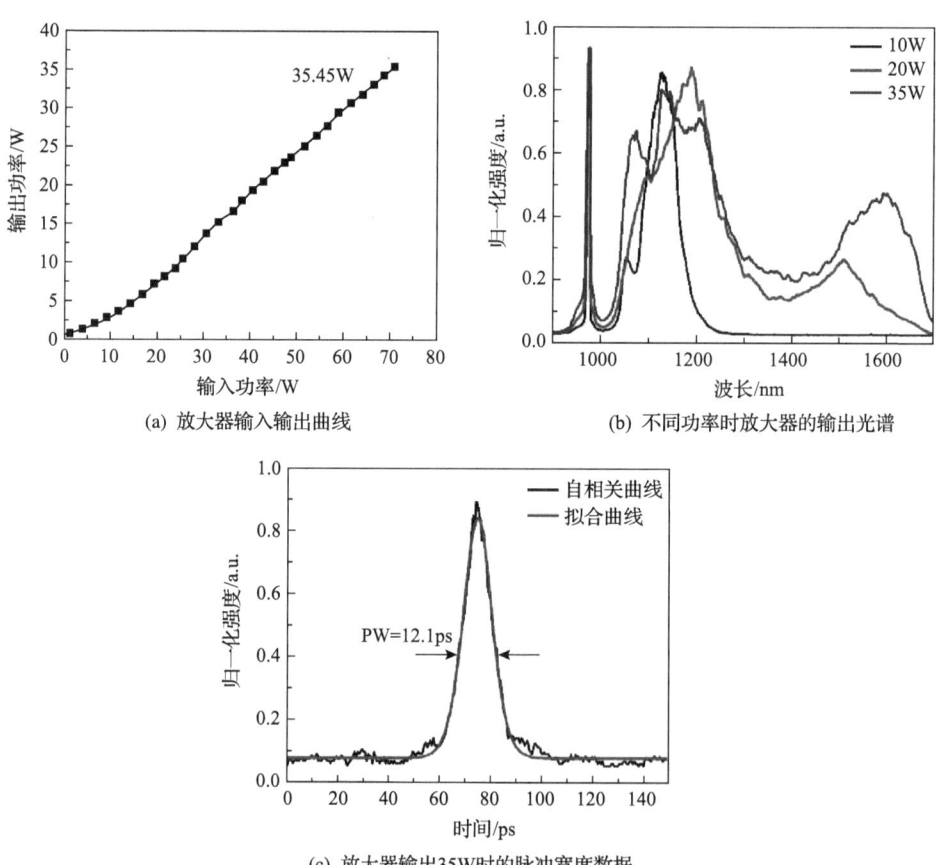

(a) 放大器输入输出曲线

(b) 不同功率时放大器的输出光谱

(c) 放大器输出35W时的脉冲宽度数据

图 6.13 放大器输出数据

继续增加泵浦激光的注入，会得到更高功率的脉冲激光输出。此时，监测输出的光谱数据，可以发现放大后的激光产生了一个宽光谱的输出，中心波长约为1180nm，光谱范围为1020~1700nm，如图6.13(b)所示。这主要是由于信号光的峰值功率很高，在放大过程中会激起强烈的非线性效应如SPM和SRS等，这就会导致光谱产生大幅度的展宽。用自相关仪(APE)测量输出的激光脉冲宽度为12.1ps，如图6.13(c)所示。光纤激光器在产生了宽光谱激光输出之后，时域脉冲是无法保持单脉冲特性的，而实验中脉冲宽度测量装置能检测到的脉冲宽度的最低极限也是有限制的，而脉冲宽度劈裂甚至发生走离，很难在时域上表现出很大的差距，所以检测到的是这些劈裂脉冲的包络。

6.3 中红外超连续谱的产生

中红外超连续光源通常采用近红外波段的光纤激光器作为泵浦源，以及传输窗口较宽的中红外玻璃光纤作为非线性介质，其中泵浦源波长大多为1.5μm或2μm波段，与1μm波段的掺镱光纤激光器相比，该类激光器的波长更长，意味着向长波方向拓展更具有潜力。中红外光纤主要有锗酸盐光纤、碲酸盐光纤、氟化物光纤、硫系光纤等。目前，尽管中红外超连续光源的主要技术参数相对近红外波段超连续光源存在较大差距，且面临诸多技术难题，但国内外研究人员在本技术领域开展了大量的研究工作，极大地促进了中红外超连续光源的发展。本节主要以本团队所研究的几个典型实例介绍中红外超连续谱的产生过程及相关机理。

6.3.1 基于锗酸盐光纤的超连续谱产生

锗酸盐玻璃是指以锗酸盐为主要成分的氧化物玻璃[12]，相对于石英玻璃，其具有更低的声子能量，这也决定了其红外透过窗口更宽，且其非线性折射率更高。因此，锗酸盐光纤可以作为非线性介质，用于中红外超连续谱的产生。此外，锗酸盐光纤玻璃化转变温度较高，与石英光纤接近，二者可以实现高质量熔接，这是其他中红外玻璃光纤所不具备的一项关键优势。由于锗酸盐玻璃的透光窗口和非线性折射率等关键参数与其 GeO_2 的浓度占比具有较强的依赖关系，基于不同 GeO_2 浓度的锗酸盐光纤所实现的超连续谱具有不同的特性[13,14]。下面对不同 GeO_2 浓度的锗酸盐光纤作为非线性介质的超连续谱产生工作进行介绍。

1. GeO_2 摩尔分数为94%的锗酸盐光纤作为非线性介质

在实验中搭建了全光纤超连续激光源的产生装置[15]，如图6.14所示，包括2μm皮秒锁模种子源、一级放大器($TDFA_1$)、展宽器、二级放大器($TDFA_2$)、7/125μm单模光纤(SMF)和锗酸盐光纤。种子源是由SESAM锁模的掺铥激光振荡器，

TDFA₁用来对种子脉冲进行预放大,它由纤芯/包层直径为 10/130μm 的单模双包层掺铥光纤(TDF)和 793/2000nm 合束器以及 793nm LD 组成。为了减小放大过程中的非线性效应,利用 190m 长的色散补偿光纤(DCF)展宽放大脉冲宽度,DCF 的数值孔径 NA 为 0.35,在 2μm 处的群速度色散(GVD)系数约为 90ps²/km。经过展宽光纤的激光脉冲进入 TDFA₂ 进行功率放大,TDFA₂ 包括两级放大器,以确保脉冲的平均功率和峰值功率达到一定的非线性展宽水平。使用(2+1)×1 泵浦合束器从 793nm LD 的光纤尾纤向掺铥光纤传输泵浦光,最大泵浦功率为 60W。各级之间使用光隔离器以防止有害的反馈光。在锗酸盐光纤展宽之前,将一段短的 NA 为 0.2 的 7/125μm SMF(SM1950)与 10/130μm 无源光纤(SM-GDF-10/130-15FA)进行熔接,以使 SMF 更好地匹配锗酸盐光纤的参数。这样就构成了一个从 10/130μm 到 7/125μm 的自制光纤模式匹配器(MFA),保证了激光的高效率传输。此外,还采用了一种自制的包层泵浦剥除器(CPS)来剥除残余的包层泵浦光。锗酸盐光纤的输出端被切割成 8°角,以避免任何后向反射。采用 2μm 激光测得锗酸盐光纤和 7/125μm SMF 之间的熔接损耗仅为 0.3dB,熔接效果如图 6.14 中的插图所示。整个光纤激光系统采用直接熔接方式,保证了紧凑的全光纤结构。此外,增益光纤、SMF 和锗酸盐光纤放置在水冷铝板上,以消散热量并提高光光转换效率。

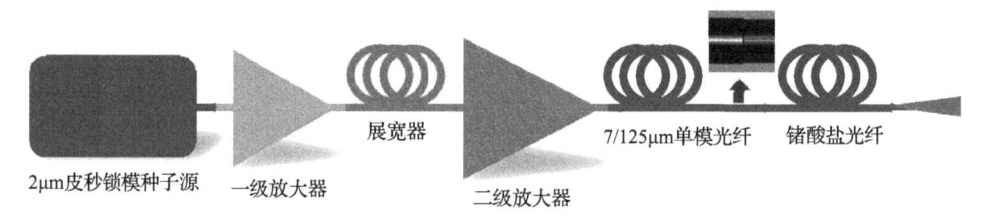

图 6.14 基于锗酸盐光纤的中红外超连续谱激光源的实验装置图

实验中所使用的锗酸盐光纤的芯层材料为 GeO_2 摩尔分数 94% 的锗酸盐玻璃,包层材料为石英玻璃,纤芯和包层直径分别为 6μm 和 125μm,如此小的芯径和如此高的 GeO_2 掺杂浓度确保了锗酸盐光纤的非线性系数达到 $3.74(W·km)^{-1}$。光纤横截面如图 6.15(a)的插图所示。图 6.15(a)为锗酸盐光纤基模 LP_{01} 的群速度色散系数,锗酸盐光纤的零色散波长(ZDW)约为 1410nm,2μm 激光泵浦波长位于锗酸盐光纤的反常色散区。锗酸盐光纤的受限损耗谱如图 6.15(b)所示,在 3.5μm 和 4μm 处的受限损耗分别约为 0.5dB/m 和 1.5dB/m。

首先在不同展宽光纤长度情况下对三级放大后的功率进行测试,DCF 分别采用长度为 31.4m、90m、100m、131.4m、190m、240m、271.4m、330m,主放大级后的输出功率随泵浦功率的变化情况如图 6.16 所示。斜效率随着展宽光纤长度的增长而提高,在展宽光纤长度 190m 后功率未见饱和,这是由于随着展宽光纤

第 6 章 皮秒光纤激光泵浦的超连续谱产生

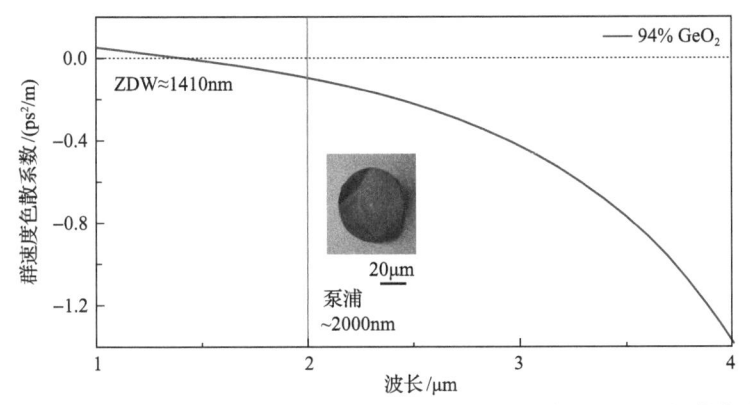

(a) GeO$_2$摩尔分数为94%的锗酸盐光纤计算的GVD曲线(插图：锗酸盐光纤的光学显微镜图像)

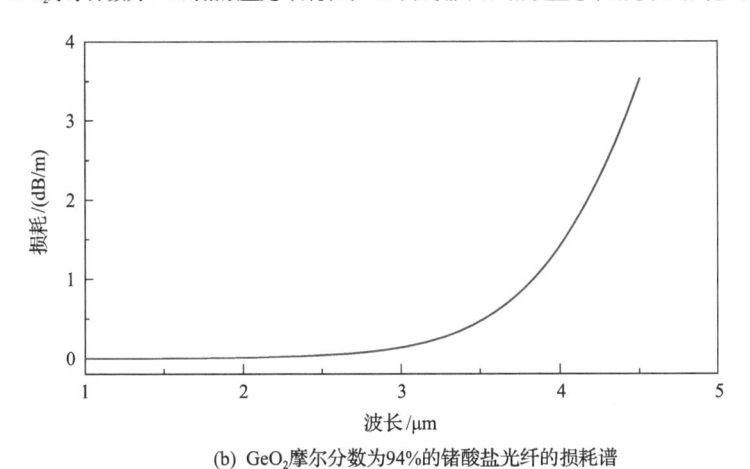

(b) GeO$_2$摩尔分数为94%的锗酸盐光纤的损耗谱

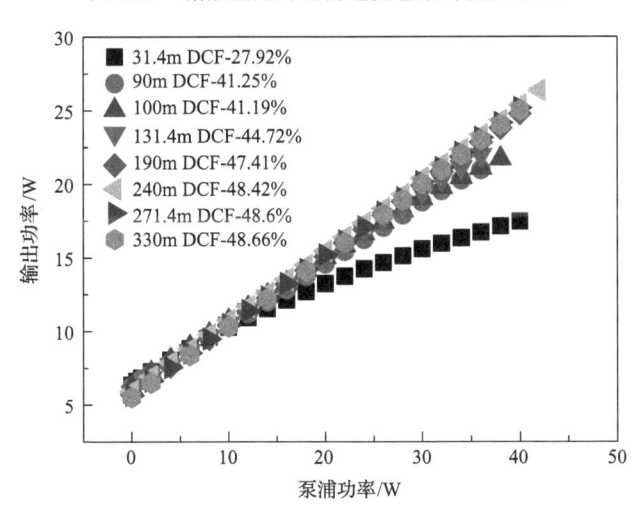

图 6.15　锗酸盐光纤的群速度色散与损耗特性

图 6.16　在不同展宽光纤长度下三级放大输出功率随泵浦功率的变化

长度的增长，脉冲宽度逐渐增大，峰值功率降低，有效降低了放大级的非线性效应。当 DCF 长度为 330m 时，斜效率最大为 48.66%；当 DCF 长度为 240m 时，获得最大输出功率为 26.36W，此时斜效率为 48.42%；而当 DCF 长度为 190m 时，综上考虑此时的脉冲峰值功率相对较高且输出功率较高，因此主要采用 DCF 的长度为 190m 进行光谱展宽实验。

为了保证超连续光源为全光纤结构，本实验将锗酸盐光纤与普通单模光纤进行了熔接，锗酸盐光纤与单模石英光纤熔接效果如图 6.17 所示。通过 1570nm LD 测得锗酸盐光纤熔接效率为 92.88%，将锗酸盐光纤继续接入放大级后在高功率 2μm 激光下测得锗酸盐光纤的熔接效率为 99.13%，考虑是高功率下两种光纤的热膨胀系数较为匹配导致高的熔接效率。

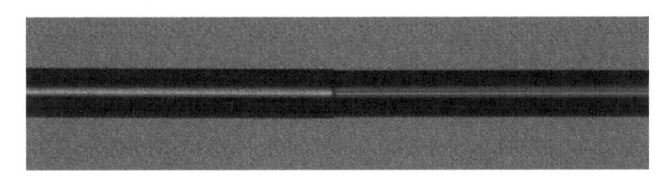

图 6.17 锗酸盐光纤与单模石英光纤的熔接效果图

由于锗酸盐光纤非线性系数较高，用于超连续谱产生实验的锗酸盐光纤长度设置为 9cm，这有利于获得高功率的超连续谱激光输出。图 6.18(a)为超连续谱激光的输出功率曲线，可以看出，输出功率随泵浦功率开始时线性增加，当泵浦功率大于 30W 时，斜效率略微饱和。随着泵浦功率增加到 60W，锗酸盐光纤后的最大平均输出功率为 21.34W，对应的斜效率为 32.5%。图 6.18(b)为不同输出功率所对应的输出光谱。最终在锗酸盐光纤中获得了 1742～3512nm 的宽带超连续

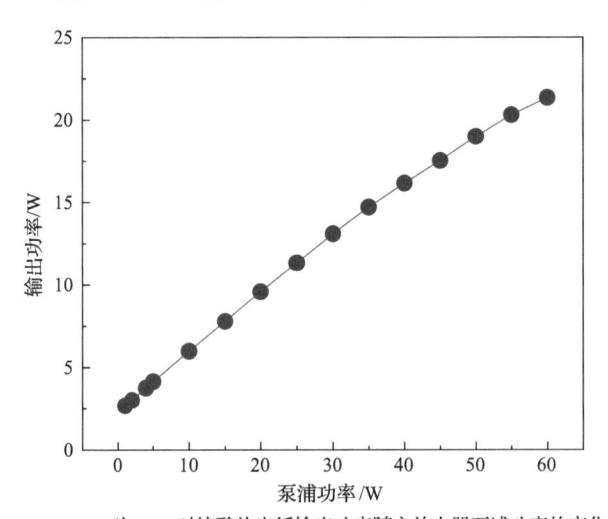

(a) DCF为190m时锗酸盐光纤输出功率随主放大器泵浦功率的变化

(b) 不同输出功率的光谱

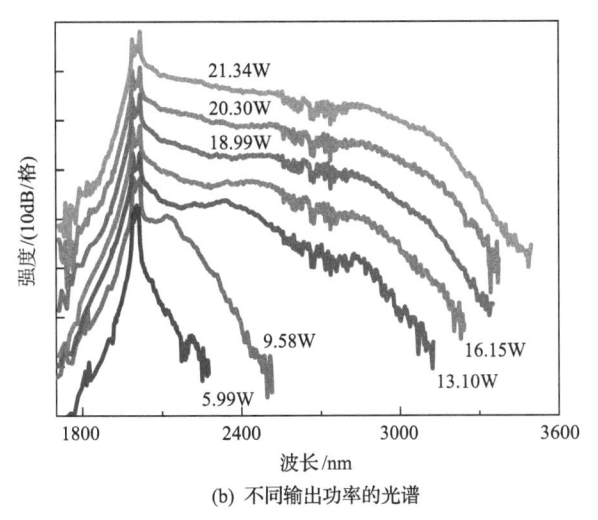

图 6.18 超连续激光输出功率及光谱

谱激光输出，产生的超连续谱激光的 10dB 带宽>1000nm，范围为 1970～3040nm，同时可以看到由单色仪中水蒸气导致的光谱位于 2.7μm 左右的光谱凹陷。这种宽带超连续谱激光的产生主要与脉冲在锗酸盐光纤中传输产生的非线性效应有关，包括在长波长处展宽的调制不稳定性、孤子劈裂和孤子自频移效应。

为了验证上述超连续谱激光器的光谱展宽机制，通过求解广义非线性薛定谔方程，泵浦源参数设置为波长 2μm、脉冲宽度 80ps、重复频率 44.3MHz，光纤参数设置与实验中所使用的光纤参数一致。图 6.19(a) 为在放大器泵浦功率为 26.5W 时锗酸盐光纤输出的模拟（黑线）和测量（灰线）的输出光谱对比，模拟结果与仅考虑 LP_{01} 模式下的实验光谱几乎完全匹配。此外，单模光纤和锗酸盐光纤中超连续谱产生光谱的频域和时域演化过程如图 6.19(b) 和 (c) 所示，随着脉冲在单模光纤中的初始传播，脉冲形状几乎保持不变。值得注意的是，脉冲在 0.8m 左右的单模

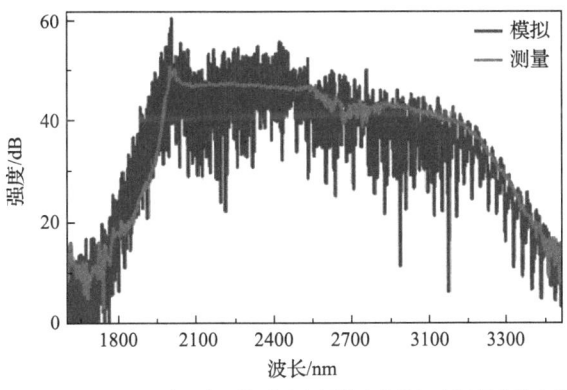

(a) 相同注入泵浦功率下锗酸盐光纤输出的模拟和测量光谱比较

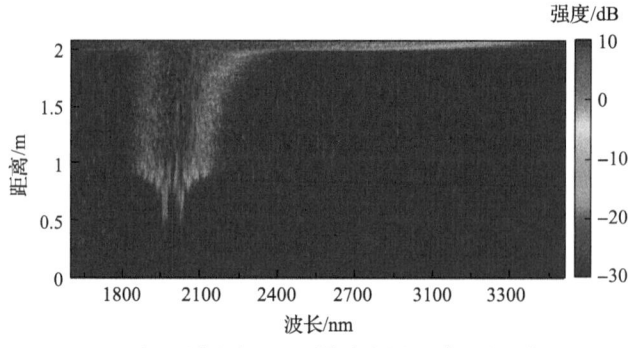

(b) 注入泵浦功率26.5W时锗酸盐光纤中产生的光谱

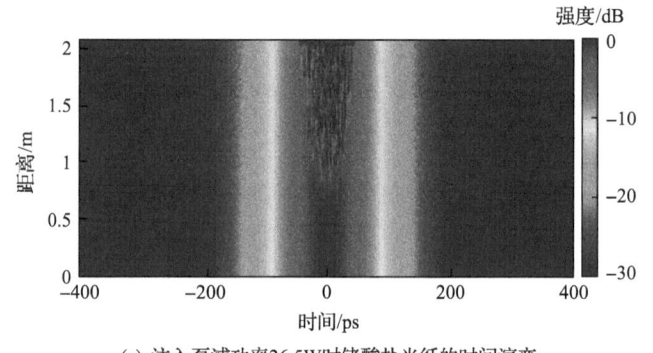

(c) 注入泵浦功率26.5W时锗酸盐光纤的时间演变

图 6.19 光谱展宽机制模拟结果

光纤中传输时，强烈的边带对称分布在泵浦波长的两侧，这是由调制不稳定性引起的，它可以将脉冲劈裂为大量的具有高峰值功率的飞秒孤子脉冲，然后通过孤子自频移效应持续地向长波移动，如单模光纤末端所示。当脉冲传播到锗酸盐光纤时，由于锗酸盐光纤的高非线性系数，出现强烈的光谱展宽。图 6.19(c) 中相应的时间演变也证实了上述解释。在数值模拟中，高功率超连续谱激光的红移带宽受到材料损耗的限制。

2. GeO_2 摩尔分数为 64%的锗酸盐光纤作为非线性介质

进一步采用 GeO_2 摩尔分数为 64%的锗酸盐光纤作为非线性介质搭建了超连续谱产生装置[16]，如图 6.20 所示，装置中除非线性光纤不同，其他均与上述实例一致。其中，锗酸盐光纤的长度为 16cm，纤芯直径为 12μm，图 6.21(a) 和 (b) 为其基模 LP_{01} 的色散分布和受限损耗谱，图 6.21(a) 中插图为光纤横截面。锗酸盐光纤的零色散波长位于 1.46μm 处，表明泵浦波长位于锗酸盐光纤的反常色散区。此外，锗酸盐光纤在 2~3μm 区域的损耗相对较低，在 3μm 以上的波长区域损耗急剧增加。整个激光源由直接熔接构成，保证了紧凑的全光纤结构。

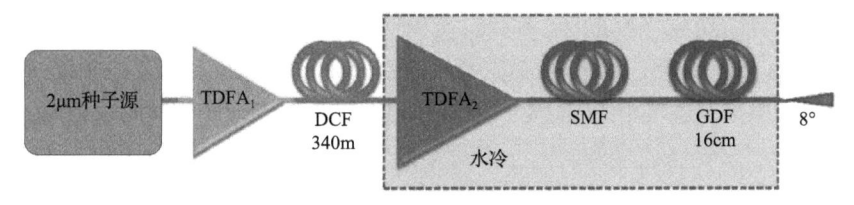

图 6.20 超连续谱激光器的实验装置
GDF 指锗酸盐光纤

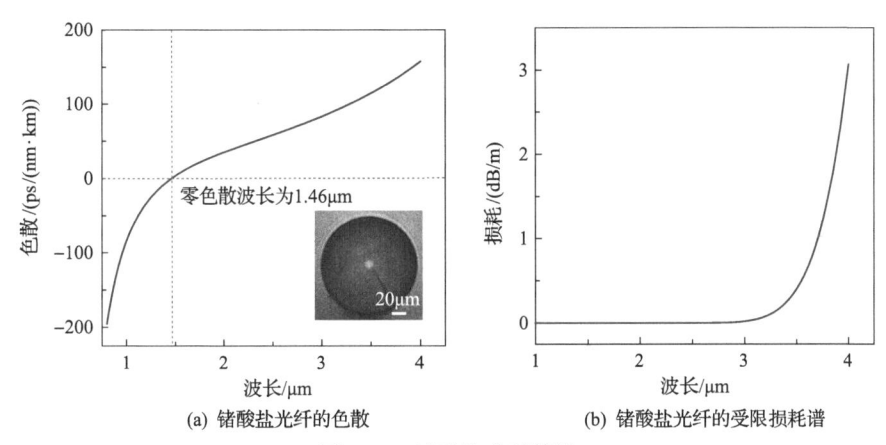

(a) 锗酸盐光纤的色散

(b) 锗酸盐光纤的受限损耗谱

图 6.21 锗酸盐光纤特性

实验中,由锁模振荡器输出的皮秒脉冲激光首先由 TDFA$_1$ 进行预放大,输出功率被放大至 1W,此时没有出现明显的光谱展宽。为了降低脉冲的峰值功率,以抑制后续光纤放大器中严重的非线性效应,实验中采用 340m 具有正色散的色散补偿光纤,脉冲宽度被展宽至数百皮秒,此时,由于自相位调制效应,光谱略有展宽。展宽后的脉冲进一步注入 TDFA$_2$ 中实现功率的提升,如图 6.22(a)所示,

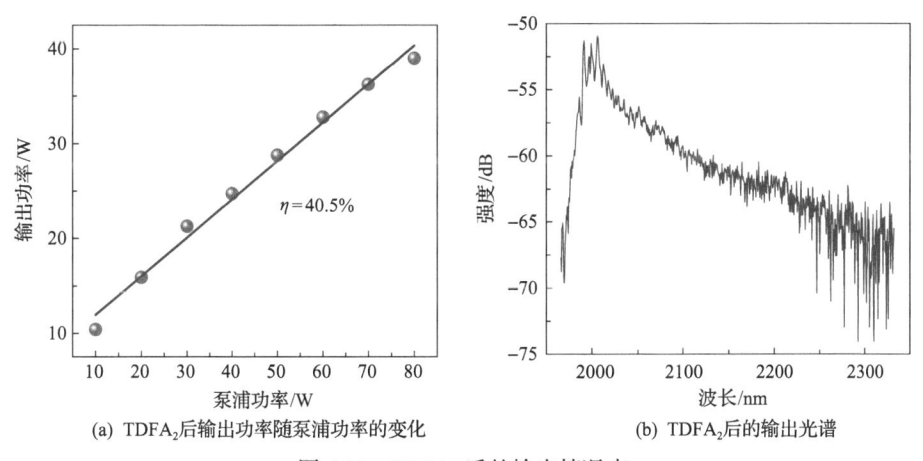

(a) TDFA$_2$ 后输出功率随泵浦功率的变化

(b) TDFA$_2$ 后的输出光谱

图 6.22 TDFA$_2$ 后的输出情况表

输出功率随泵浦功率线性增加,当泵浦功率增加到 80W 时,输出功率增加到 39W,斜效率为 40.5%。此时,光谱明显展宽,光谱范围为 1970~2330nm,如图 6.22(b)所示。展宽原因是在自相位调制和调制不稳定性的作用下,脉冲被分解为多个孤子脉冲,并在孤子自频移作用下光谱逐渐向长波方向展宽。

然后将宽带激光脉冲直接耦合到 16cm、64%(摩尔分数)的锗酸盐光纤中,以产生中红外超连续谱激光。所产生的超连续激光的输出功率曲线和频谱演化如图 6.23 所示,在 793nm LD 泵浦功率为 80W 的情况下,获得了 33.55W 的输出功率,而斜效率随着泵浦功率增加从最初的 55.5%降低到 20.6%,主要是由于光谱显著变宽。由图 6.23(b)可以看出,随着 SC(超连续谱)激光输出功率的增加,光谱逐渐展宽,超连续谱激光输出功率在 9.88W 之前,没有观察到明显的光谱展宽。当输出功率增加到 15.44W 时,产生的超连续谱的长波边缘超过 2700nm。随着泵浦功率的进一步增加,超连续谱变得平坦,并逐渐向长波长和短波长的两侧延伸。当 $TDFA_2$ 输出功率增加到 39.0W 时,获得了 33.55W 的高功率超连续谱输出,光谱覆盖范围为 1.8~3.0μm,相应的 10dB 和 20dB 光谱覆盖范围分别为 1.97~2.70μm 和 1.95~2.84μm。光谱没有继续延伸到更长波长的原因可能是锗酸盐光纤在大于 3μm 波段有较高的材料损耗。

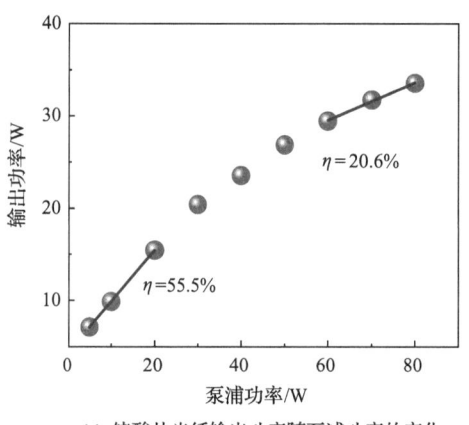

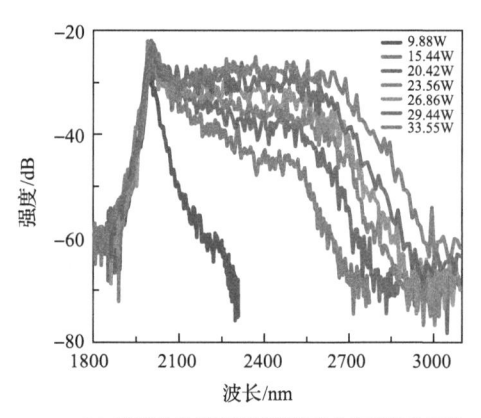

(a) 锗酸盐光纤输出功率随泵浦功率的变化
(b) 锗酸盐光纤光谱随着输出功率增加的演化

图 6.23 锗酸盐光纤输出情况

为了研究超连续谱激光器的展宽机理,本书建立了超连续谱激光器的理论模型,包括 3m 增益光纤、0.5m 单模光纤和 16cm 的锗酸盐光纤。并通过求解广义非线性薛定谔方程进行了数值模拟。在数值模拟中使用的参数包括泵浦激光波长(2μm)、重复频率(44.31MHz)、脉冲宽度(约 120ps);光纤参数设置与实验中所使用的光纤参数一致。在相同的注入泵浦功率 39.0W 下,模拟结果(灰线)与锗酸盐光纤测得的(黑线)超连续谱光谱输出一致,如图 6.24 所示。脉冲在构成调制不稳定性的增益光纤 1.5m 处的中心波长两侧产生对称且显著的边带，同时脉冲被放大。经过一定的传输长度后，脉冲在增益光纤的 2.7m 处被分裂为一系列孤子脉冲。随着脉冲在石英光纤中的继续传播，调制不稳定性逐渐增强。随后，具有高峰值功率的孤子脉冲在 16cm 锗酸盐光纤中进一步高阶孤子劈裂和孤子自频移，这使得光谱展宽到更长的波长。

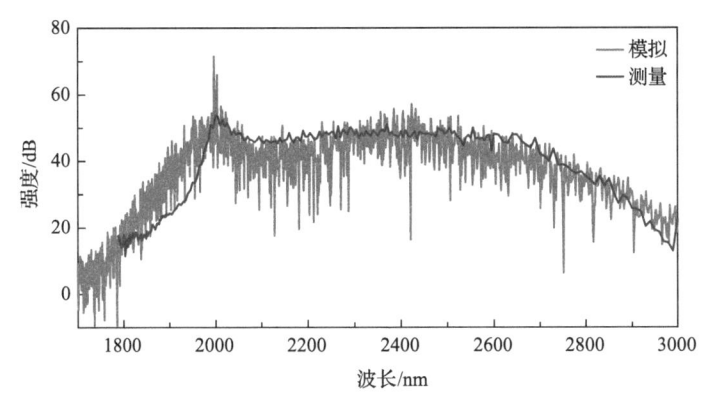

图 6.24 锗酸盐光纤后模拟和测量的超连续谱的比较

6.3.2 碲酸盐光纤中的超连续光源产生

碲酸盐光纤相较于锗酸盐光纤具有更宽的红外透射窗口、更高的非线性系数，将碲酸盐光纤级联在锗酸盐光纤后端，可以实现超连续谱的进一步拓展[17]。本节对 2μm 皮秒光纤激光器级联泵浦锗酸盐和碲酸盐光纤产生中红外超连续谱进行介绍。

图 6.25 为中红外宽光谱激光产生实验装置图，主要由皮秒光纤激光器、18cm GeO_2 摩尔分数 64%的锗酸盐光纤和 35cm 长的碲酸盐光纤组成。其中，皮秒光纤激光器系统的实验装置由六部分组成，第一部分是 SESAM 被动锁模的掺铥光纤种子源，然后通过 90:10 输出耦合器(OC)将锁模脉冲激光的 90%功率注入后续放大器进行功率提升，10%的功率输出通过示波器实时监测锁模脉冲的稳定性。为了抑制峰值功率过高带来的非线性效应问题，本实验采用 100m 高数值孔径光纤 (UHNA4) 对一级放大器后输出的激光脉冲进行时域展宽，实验中所有元器件都直接通过光纤进行熔接，保证了该皮秒光纤激光器具有全光纤化、结构紧凑的特点。锗酸盐光纤与碲酸盐光纤通过机械对接的方式实现脉冲激光的耦合。

实验中，当泵浦功率为 36W 时，三级光纤放大器输出功率为 20.9W，放大器输出功率随泵浦功率呈线性增长趋势，斜效率为 44.75%。将放大器输出的皮秒脉冲耦合进锗酸盐光纤，锗酸盐光纤后的输出功率随泵浦功率的变化如图 6.26(a)所示，当泵浦功率为 30W 时，放大器的输出功率为 16.48W，斜效率为

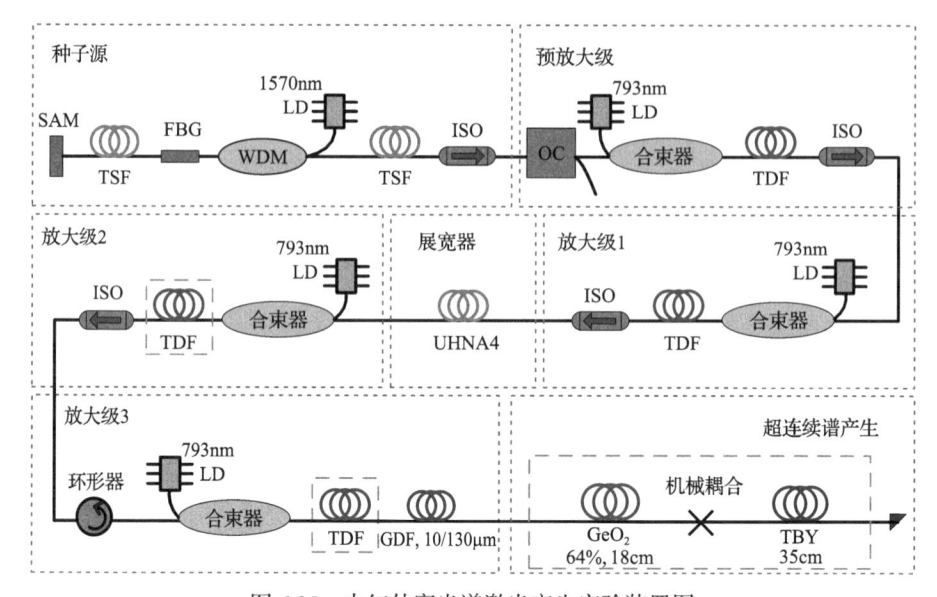

图 6.25 中红外宽光谱激光产生实验装置图

TSF 指单模掺铥光纤，SAM 指可饱和吸收体，TBY 指氟碲酸盐光纤

(a) 锗酸盐光纤输出功率随泵浦功率的变化　　(b) 锗酸盐光纤输出光谱随输出功率的变化

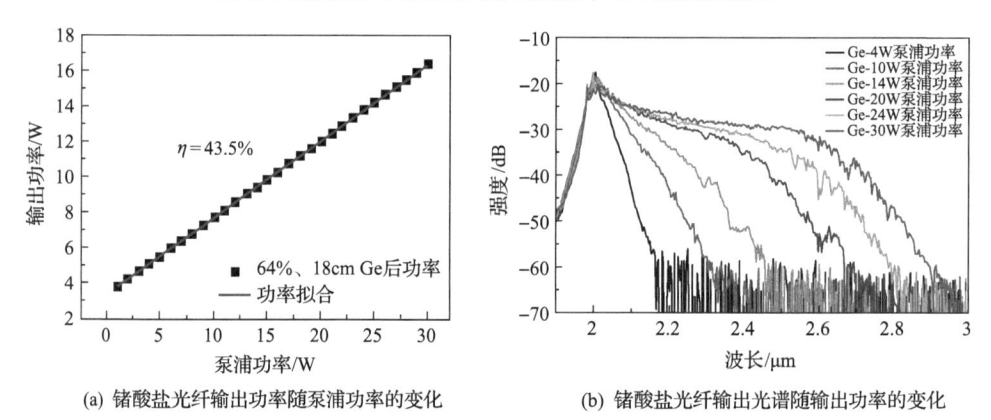

图 6.26 锗酸盐光纤输出情况

43.5%。锗酸盐光纤后输出光谱随输出功率的变化如图 6.26(b) 所示，在 793nm LD 泵浦功率为 30W 时，输出光谱的长波长已展宽至约 3μm，当 LD 泵浦功率为 24W 时，输出光谱的长波长已展宽至 2.8μm，此时光谱展宽机制为自相位调制、调制不稳定性、孤子自频移等。

进一步将锗酸盐光纤与 35cm 长、芯径为 7μm 的碲酸盐光纤进行对接耦合，碲酸盐光纤后输出功率随泵浦功率的变化如图 6.27(a) 所示。当 793nm LD 泵浦功率为 22W 时，碲酸盐光纤的最大输出功率为 7.2W，最大光谱范围为 1.1～3.97μm，如图 6.27(b) 所示。

(a) 碲酸盐光纤输出功率随泵浦功率的变化　　(b) 碲酸盐光纤输出7.2W对应的光谱

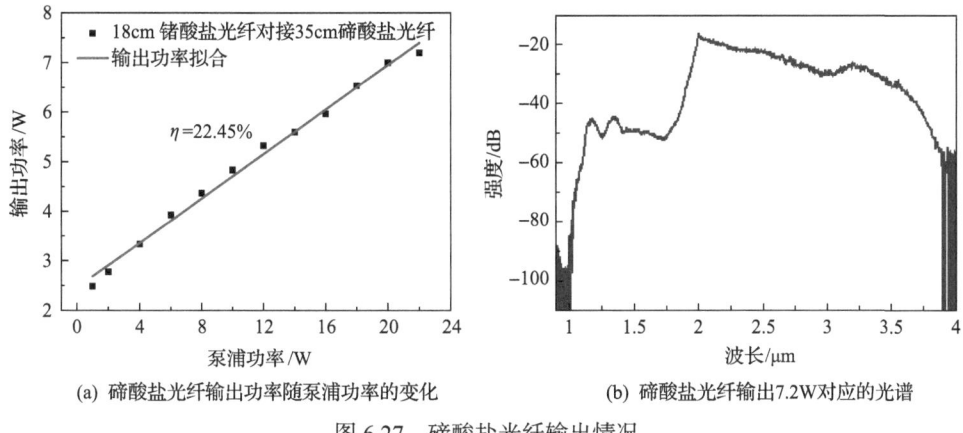

图 6.27　碲酸盐光纤输出情况

6.3.3　ZBLAN 光纤中的超连续光源产生

ZBLAN 光纤作为一种中红外光纤，由于其声子能量与杂质损耗低、具有较低的折射色散值、制备工艺成熟，目前也被广泛应用于中红外超连续谱的产生。

为了研究 ZBLAN 光纤在高功率中红外超连续光源方面的应用，本节进行了 2μm 激光源泵浦 ZBLAN 光纤来产生超连续谱的实验，搭建的实验装置如图 6.28 所示，整个装置由四部分组成，包括种子振荡器、放大级 1、放大级 2 和 ZBLAN 光纤展宽级。采用碳纳米管锁模的 2μm 皮秒掺铥光纤激光振荡器作为种子源，紧接着采用 22m 长的色散补偿光纤 UHNA4 对其进行时域展宽，进而由 793nm LD 泵浦的放大级 1 和放大级 2 两级放大，被放大的 2μm 皮秒脉冲激光进入 16m ZBLAN 光纤中进行光谱展宽，模场适配器 (MFA) 与 ZBALN 采用机械对接，低功率下对接效率约为 60%。

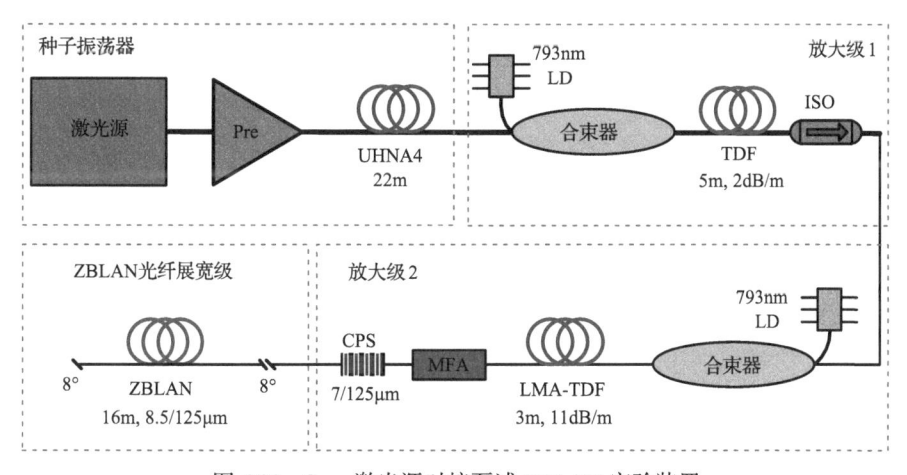

图 6.28　2μm 激光源对接泵浦 ZBLAN 实验装置

当放大器 793nm LD 泵浦功率为 55W 时，ZBLAN 光纤输出功率为 4.37W，光谱长波边缘展宽至 3620nm，光谱在 3100nm 附近降落。16m ZBLAN 对应不同输出功率的输出光谱如图 6.29 所示。

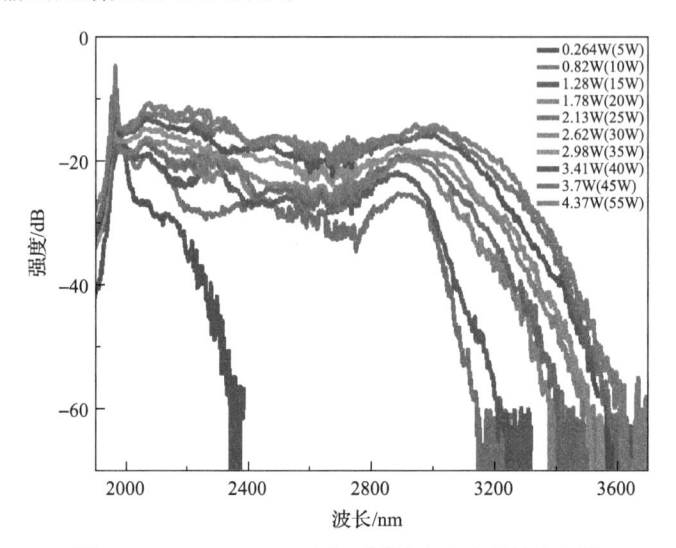

图 6.29　16m ZBLAN 对应不同输出功率的输出光谱

参 考 文 献

[1] Dudley J M A T. Supercontinuum Generation in Optical Fibers[M]. Cambridge: Cambridge University Press, 2010.

[2] Khan K R, Wu T X, Christodoulides D N, et al. Soliton switching and multi-frequency generation in a nonlinear photonic crystal fiber coupler[J]. Optics Express, 2008, 16(13): 9417-9428.

[3] Agrawal G P. Nonlinear Fiber Optics[M]. New York: Academic Press, 2013.

[4] Zhou S A, Kuznetsova L, Chong A, et al. Compensation of nonlinear phase shifts with third-order dispersion in short-pulse fiber amplifiers[J]. Optics Express, 2005, 13(13): 4869-4877.

[5] 张志刚. 飞秒激光技术[M]. 北京: 科学出版社, 2011.

[6] Gordon J P. Theory of the soliton self-frequency shift[J]. Optics Letters, 1986, 11(10): 662.

[7] Khan K R, Mahmood M F, Biswas A. Coherent super-continuum generation in photonic crystal fibers at visible and near infrared wavelengths[J]. IEEE Journal of Selected Topics in Quantum Electronics, 2014, 20(5): 573-581.

[8] Genty G, Coen S, Dudley J M. Fiber supercontinuum sources[J]. JOSA B, 2007, 24(8): 1771-1785.

[9] Hooper L E, Mosley P J, Muir A C, et al. Coherent supercontinuum generation in photonic crystal fiber with all-normal group velocity dispersion[J]. Optics Express, 2011, 19(6): 4902-4907.

[10] 池俊杰. 全纤化超短脉冲掺镱光纤激光器及产生超连续谱的研究[D]. 北京: 北京工业大学,

2015.

[11] 苏宁. 百瓦级超短脉冲掺铥光纤放大器及超连续谱产生的研究[D]. 北京: 北京工业大学, 2020.

[12] Fleming J. Dispersion in GeO$_2$-SiO$_2$ glasses[J]. Applied Optics, 1985, 23(24): 4486-4493.

[13] Sakaguchi S, Todoroki S. Optical properties of GeO$_2$ glass and optical fibers[J]. Applied Optics, 1997, 36(27): 6809-6814.

[14] Lemaitre P. Fracture toughness of germanium determined with the Vickers indentation technique[J]. Journal of Materials Science Letters, 1988, 7(8): 895-896.

[15] Wang X, Yao C, Li P, et al. All-fiber high-power supercontinuum laser source over 3.5μm based on a germania-core fiber[J]. Optics Letters, 2021, 46(13): 3103-3106.

[16] Wang X, Yao C F, Li P X, et al. High-power all-fiber supercontinuum laser based on germania-doped fiber, 2021, 33(23): 1301-1304.

[17] Yao C, Jia Z, Li Z, Jia S, et al. High-power mid-infrared supercontinuum laser source using fluorotellurite fiber[J]. Optica, 2018, 5(10): 1264.

第 7 章 超短脉冲光纤激光相干合成

本章以超短脉冲光纤激光相干合成中的相位控制理论及关键技术为主题，结合团队的研究工作，介绍几种相干合成相位控制技术，为高合成效率的超短脉冲光纤激光相干合成系统的构建提供解决方案，以期为超短脉冲光纤激光性能的进一步提升提供有益借鉴。

7.1 超短脉冲光纤激光相干合成概述

7.1.1 相干合成的研究背景及意义

高平均功率、高脉冲能量和高峰值功率超短脉冲光纤激光在材料处理、机械加工、光电对抗、阿秒科学、强场物理及激光粒子加速等领域有着重要应用和发展潜力，因此高性能的超短脉冲光纤激光一直是科研工作者的追求。目前，单路超短脉冲光纤激光系统的平均功率已达千瓦量级[1,2]、脉冲能量已达毫焦量级、峰值功率已达吉瓦量级[3]，但是受限于模式不稳定性、非线性效应、增益窄化效应、热损伤及光纤端面损伤等因素，进一步实现高性能的超短脉冲光纤激光输出仍存在一定的困难，其中，模式不稳定性已成为当前限制光纤激光平均功率提升的主导因素，非线性效应和增益窄化效应更是限制着光纤激光系统的峰值功率提升，此外，各种形式的光纤损伤机制也在不断地考验着光纤激光系统。尽管，啁啾脉冲放大技术[4]、大模场面积光纤技术[5]、螺旋耦合芯光纤(chirally coupled core fiber，CCC)技术[6]等技术手段的运用已经使得光纤激光系统的性能得到显著提高，但更大尺寸光栅和更大芯径光纤的制作工艺复杂、难度大等因素仍制约着这一技术路径向更高水平的发展。总之，单路光纤激光链路的输出性能不可能无限提高[7]，一般认为，单路光纤啁啾脉冲放大(FCPA)系统的峰值功率水平限制在 10GW 左右[8]，进一步实现更高的平均功率、脉冲能量和峰值功率面临着困境，因此寻求新的技术方案来提升超短脉冲光纤激光的性能水平是十分必要的。在这一背景的驱动下，超短脉冲光纤激光相干合成(coherent beam combination，CBC)技术应运而生，这一技术可以直接有效地进一步提升超短脉冲光纤激光系统的输出性能，成为当前提高单路超短脉冲光纤激光平均功率、能量、峰值功率等性能指标的最新、最有效的技术路径，具有重大的科研价值与应用前景。基于这一技术路径，已经实现了平均功率达 10.4kW[9]、脉冲能量达 23mJ(压缩前)[10]、峰值功率达 200GW[11]的超短脉冲光纤激光输出，明显优于常规的单路 FCPA 系统。特别是，受到广泛关注的国际相干放大网络工程（International Coherent Amplification Network，ICAN）项目[12-14]，计划对数以千计的光纤激光进行相干合成，将超短脉冲光纤激光的峰值功率从目前的吉瓦量级提升至十太瓦或百太瓦量级，为下一代粒子加速器提供驱动源。

超短脉冲光纤激光相干合成，顾名思义，就是以彼此相干的方式对多路子光束进行叠加组束，以获得较单路子光束具有更高输出性能的新合成光束。这里所述"彼此相干"即待合成的子光束之间相互具有确定的关联性、一致性，更简单地说，就是指它们在相互叠加时应具有完全相同的振幅和相位等光场特征。但需要注意的是，对于实际的超短脉冲光纤激光，光场的振幅和相位并不容易描述和控制，这是因为从时域上来讲，超短脉冲光纤激光具有特定的时域脉冲包络形状及其相位分布；从空域上来讲，超短脉冲光纤激光也具有特定的空域光斑分布及其波前分布；从频域上来讲，超短脉冲光纤激光同样具有特定的频域光谱强度分布及其光谱相位分布。这就是说，高效的超短脉冲光纤激光相干合成过程要求子光束在时空频域上都具有一致性，当这种一致性受到损害时，其实就是它们彼此之间的相干性受到了损害，最终将导致相干合成效率（合成效率定义为合成光束功率与子光束功率之和的比值，是描述相干合成过程是否有效的核心指标）下降。简而言之，可相干的激光单元子光束之间的相干程度决定着相干合成的合成效率，因此在所有的相干合成系统中，都必须对光束的相干叠加过程进行精细的控制，以保证各路待合成子光束的光场参数之间具有良好的匹配性，这就是本章所述的相干控制问题。

实际上，相干控制虽然仍属于激光束控制的范畴，但却比一般意义上的光束控制更加繁杂，这主要是因为相干控制并非只是对某一种或某几种光束参数的控制，而是要求对几乎各个维度、各个方面的光束特征都要进行细致管控，具有一定的综合性。也正因如此，相干合成尤其是超短脉冲光纤激光的相干合成，在技术实现上具有一定难度。在相干合成系统中，各路子光束由同一种子源振荡器的输出光束分束而来，彼此之间具有本征的相干性，然而在经过并行、独立的传输与放大等阶段后，各路子光束之间逐渐累积了一定的差异性，换句话说，子光束的束间关联性（相干性）发生了退化，进而导致它们在叠加组束时发生合成效率下降，甚至严重损害相干合成过程。在超短脉冲光纤激光的相干控制与合成研究方面，研究人员已经对某些影响系统合成效率的子光束间失配因素进行了理论与技术方面的深入研究，并且已经在实验上取得了重要的合成结果。不过，目前对相干控制技术的研究尚未达到系统化、体系化的认识程度，超短脉冲光纤激光相干合成过程的物理本质和控制依据仍待进一步揭示量化，部分关键的控制技术手段仍待进一步改善优化。

7.1.2 相干合成技术的分类及特点

目前,从系统结构差异的角度划分,超短脉冲光纤激光相干合成主要可以分为时域相干合成、空域相干合成及时空域相干合成三种类型。

空域相干合成技术不仅用于脉冲激光的相干合成中,也用于连续激光的相干合成中。在超短脉冲光纤激光相干合成中,相干合成系统一般采用主控振荡器的功率放大器结构。空域相干合成技术首先将种子光利用分束装置分束成几束子光束,然后分别对每一路子光束进行放大,最后利用合束装置将分束后的激光进行合束输出,如图 7.1 所示。空域相干合成技术为保证合束时各路子光束有着良好的相干性,必须对各路子光束进行相位锁定。

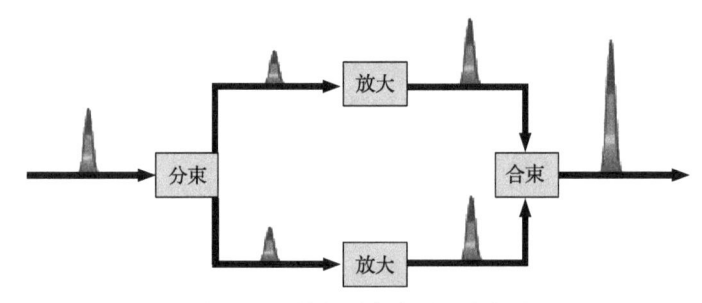

图 7.1 空域相干合成原理示意图

时域相干合成技术一般可以分为分割脉冲放大(divided-pulse amplification, DPA)技术和脉冲堆叠技术,这里主要介绍分割脉冲放大技术,这里的时域相干合成技术也是特指分割脉冲放大技术。该技术主要是依靠控制偏振的方式将脉冲分离[15,16],首先利用偏振分束器将一个时域脉冲分为两个子脉冲;然后对一个子脉冲进行延迟,延迟后的脉冲合束成含有两个子脉冲的脉冲串;脉冲串通过光纤放大器进行放大;放大后的脉冲串被重新合束成一个脉冲,见图 7.2。在时域上,脉冲每经过一次偏振分束器将被分割成两个子脉冲;如果经过 N 个偏振分束器,那么脉冲被分为 2N 个子脉冲。所以该技术将一个脉冲在时域上分割成几个脉冲,大大降低了单个脉冲的峰值功率。而且脉冲分割放大技术、空域相干合成技术和 CPA 技术能够联合使用,得到更高的单脉冲能量输出。

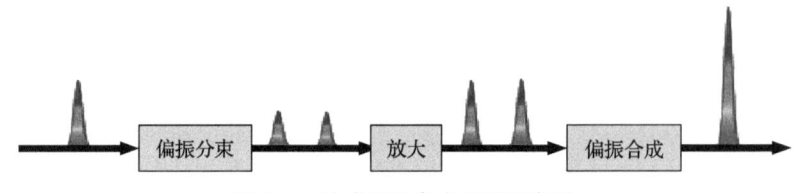

图 7.2 时域相干合成原理示意图

可以看出，空域相干合成是指彼此相干的子光束脉冲，按空间分离的方式通过不同放大器之后再相干组束合成输出的方案，侧重于整合多路放大器的输出能力，对提高脉冲的平均功率与峰值功率均有效；时域相干合成是指彼此相干的子光束脉冲按时间分离的方式通过同一放大器之后再相干组束合成输出的方案，侧重于进一步发挥单路放大器的能量提取能力，对提高脉冲的峰值功率效果显著。因此，时空域相干合成则是对时域相干合成与空域相干合成技术的综合应用，有利于获得兼具高峰值功率与高平均功率的超短脉冲光纤激光输出。在相干合成中，受到增益光纤的热效应和外界环境振动等因素的影响，分束后的子光束之间出现相位差，从而导致相干合成的合成效率降低。为了消除各路子光束之间的相位差，使得各子光束能够进行相干，需要对各子光束进行相位控制。一般将相位控制分为被动相位控制和主动相位控制。而在脉冲激光的相干合成中，主要的被动相位控制方法有全光纤自组织、倏逝波耦合和单模光纤滤波环形腔被动锁相等。虽然被动相位控制有着结构简单、稳定性好、不需要额外的探测器进行相位检测等优点，但是被动相位控制所得的激光输出功率相对较小，难以获得高能量和高平均功率的脉冲激光输出，所以如今超短脉冲光纤激光相干合成中大多使用主动相干合成算法。主动相位控制技术是用一个或几个探测器来获取合束后的光场信息，然后从光场信息中间接或直接得到相位信息或者光程信息，然后以此对每个子光束进行相位补偿，使得各路子光束相位锁定。

主动相位控制技术按照获取相位误差的手段不同，分为直接控制和间接控制。直接控制是指通过数学模型，处理探测信号，得到相位误差，然后反馈给各个子光束，实现各路的相位锁定。直接控制有精度高、控制速度快的优点，但是为了实现直接控制，往往需要使用多个探测器或者需要对子光束进行一定处理，这样导致直接控制算法在多路相干合成中实现难度大。比较有代表性的直接控制算法有外差法、条纹提取法、Hänsch-Couillaud(H-C)偏振探测法、多抖动(LOCSET)算法等。间接控制不直接获得相位误差，一般是通过优化迭代的方式逐渐逼近相位误差，最后得到最优的激光输出。该类算法有着很好的稳定性，且控制系统的结构简单，一般用于几十路的相干合成中，主要的算法有随机并行梯度下降(stochastic parallel gradient descent, SPGD)算法、模拟退火(simulated annealing, SA)算法和 Q-learning 算法等。

1) 外差法

在相位控制阶段，从参与相干合成的 $N+1$ 路光束中选取其中一路光束作为参考光束，参考光束经过频移器，利用声光相互作用获得光的移频。经准直后的 N 路光与参考光干涉，并通过分光镜获得用于解调相位差的光强信号。运用电学方法解算出各路光束与参考光之间的相位差，反向施加到相位调制器上，即可完成 N 路光束与参考光的相位同步[17]。在相干合成阶段，除参考光束，其他每一路光束都需要一套配置相同的相位控制装置(包含光电探测器、解调装置和控制使能器件)，光束间的相位检测与解调完全独立，互不影响。因此，当系统运行时，外差法具有较高的控制带宽、控制精度和稳定性。然而，当参与相干合成的路数不断增加时，为提高信噪比，便对参考光的功率提出了更高的要求。同时庞大的系统造成了调节困难、成本高、难以实现良好的波前匹配，降低了合成的效率。因此近年来，外差法主要应用在单路或者少路数高功率激光相干合成的相位锁定及相位噪声特性测量中。

2) 条纹提取法

条纹提取法是从图像处理角度出发提出的一种相位控制算法，与外差法类似，其也需要参与合成的光束与参考光干涉，再利用高速图像采集器件采集光束干涉条纹，经解算器件处理提取出光束与参考光间的相位差，反馈到相位控制器件完成相位调制[18-20]，控制带宽和相位控制效果受限于图像采集器件的采样率和成像精度。

3) H-C 偏振探测法

H-C 偏振探测法是以谐振腔的频率为参考对象，不断修正合成光束的频率偏差以达到相干输出的目的。该方法是通过腔内偏振控制器件获取所需激光偏振态，利用偏振分析仪检测反射光的偏振态，解调出用于频率稳定的误差信号[21]。H-C 偏振探测法的优点在于不需要对光束进行调制，避免了调制信号引入的相位残差。

4) LOCSET 算法

经过调制的子光束合束到光电探测器上，光电探测器的光电流与调制子光束的射频信号相乘，解调出相应的相位信号，后通过积分得到对应的相位误差信号，接着将相位误差信号和射频信号一起反馈给相位调制器，完成相位的控制。该算法使用单一探测器，而且可以对多个相干合成的子光束进行相位锁定。

5) 优化算法

优化算法是以相位为控制对象，通过迭代使评价函数趋于极值，完成相位误差的动态调控。目前，用于相干合成相位控制的优化算法主要有爬山法、SA 算法、SPGD 算法。三种算法均是利用光电探测器检测光强变化，用寻优的算法调节控制电压，抵消环境噪声对光束相位的影响，使输出光强趋于动态稳定，完成相位的补偿[22]。但区别在于，爬山法的评价函数容易陷入局部极值，SA 算法不易陷于局部极值，是克服优化算法固有缺陷的一种有效控制方法[23]；SPGD 算法[24]在收敛速率、参数设定难度和拓展性方面更具优势。

超短脉冲光纤激光的相干合成技术正朝着多路数发展，而相干合成路数越多对相位控制技术的要求就越严格，目前主流的主动相位控制技术都难以满足需求，而在本领域采用如 *Q*-learning 算法等人工智能算法有望解决相干合成时路数上限与更精密相位控制的问题。

如今，在超短脉冲光纤激光相干合成中，H-C 偏振探测法、LOCSET 算法和

SPGD 算法等主动相位控制技术已广泛应用，其中 LOCSET 算法和 SPGD 算法随着合成路数提高仍具有巨大应用潜力。另外，科研人员也已将学习算法引入相干合成领域，开启了智能化锁相的新方向。因此，下面主要介绍 LOCSET 算法、SPGD 算法和 Q-learning 算法这三种相干合成中的主动相位控制技术。

7.2 多抖动算法锁相

抖动算法是一种从自适应光学发展而来的相位自动控制方法[25]。这种方法具体实施时，首先在每一路被控光束前端，采用相位调制器对光束施加频率不同的小幅高频扰动，完成单链光束噪声的标定。然后通过带通滤波器保留各路光束的噪声信号，如果参与相干合成的激光是脉冲激光，那么带通滤波器还起到滤除其他频段脉冲的作用。最后在运算单元中利用相关函数解调各路光束的相位差，并反馈到相位控制单元，完成相位的补偿。依据施加高频振荡信号的种类不同，抖动算法可分为多抖动(LOCSET)算法、单抖动算法和单频正交抖动算法三种。相较于其他主动相位控制方法，LOCSET 算法执行效率更高，对信号处理电路运算速度要求较低，同时近年来得益于并行处理器件现场可编程门阵列(field programmable gate array, FPGA)的发展，LOCSET 算法在多路数拓展中更具优势。

本节主要介绍 LOCSET 算法的基本数学原理与其中一些重要参数的选取，最后延伸拓展，介绍一种自适应选参 LOCSET 算法。

7.2.1 多抖动算法的基本原理

采用 LOCSET 算法进行相位补偿时，需要对各路参与相干合成的光束进行不同的频率标定，通过带通滤波器提取含有相位噪声的信号，在解调单元中通过相干检测的方法解调出误差信号，并反馈到相位调制器件中，完成相位的补偿。

相干合成系统中，有 N 路光束参与相干偏振合成，为了简化模型，N 路光束全部假设为平面光束，则第 j 路光束经准直后的光场可表示为

$$E_j(x,y) = A_j \exp\left(-\frac{x^2+y^2}{\omega_0^2}\right) \exp(i\varphi_j) \tag{7.1}$$

式中，A_j、ω_0 和 φ_j 分别为第 j 路光束的振幅、束腰半径和相位。

(1) 调制阶段，正弦波调制信号通过相位调制器施加到第 j 路光束，则第 j 路光束的光场可表示为

$$E_j(x,y) = A_j \exp\left(-\frac{x^2+y^2}{\omega_0^2}\right) \exp(i(\varphi_i + \alpha \sin(\omega t))) \tag{7.2}$$

式中，α 和 ω 分别为相位调制信号的振幅和频率。

考虑到算法未实施时，系统处于开环状态，各路光束未进行相位锁定，此时前级合成的光束为非线偏振光，存在无法参与下一级合成的无效偏振光，忽略这部分光场，因此光电探测器接收到的总光场可表示为

$$E(x,y,t) = \sum_{\substack{k=1\\k\neq j}}^{N} \sqrt{K\beta_k} A_k \exp\left(-\frac{x^2+y^2}{\omega_0^2}\right)\exp(i\phi_k') \\ + \sqrt{K\beta_j} A_j \exp\left(-\frac{x^2+y^2}{\omega_0^2}\right)\exp\left(i\left(\phi_j' + \alpha\sin(\omega t)\right)\right) \tag{7.3}$$

$$\phi_k' = \phi_k + \varphi_k, \quad \phi_j' = \phi_j + \varphi_j \tag{7.4}$$

式中，K 为输出镜的反射率；β_k 和 β_j 分别为第 k 路和第 j 路光束通过偏振片后的光强透过率；ϕ_k' 和 ϕ_j' 分别为第 k 路和第 j 路光束到达光电探测器时的相位；φ_k 和 φ_j 分别为第 k 路和第 j 路光束从准直器到达光电探测器的附加相位。

合成光束在光电探测器上的光功率可表示为

$$P(t) = \sqrt{\frac{\varepsilon_0}{\mu_0}} \iint_S |E(x,y,t)|^2 \mathrm{d}x\mathrm{d}y \tag{7.5}$$

式中，ε_0 和 μ_0 分别为真空中的介电常数和磁导率。

将式(7.3)代入式(7.5)，可得

$$P(t) = \sum_{\substack{k=1\\k\neq j}}^{N} \Gamma_{kk} + \sum_{\substack{k=1\\k\neq j}}^{N} 2\Gamma_{jk} \cos\left(\varphi_j' - \varphi_k' + \alpha\sin(\omega t)\right) + \sum_{\substack{k=1\\k\neq j}}^{N}\sum_{\substack{l=1\\l\neq k}}^{N} \Gamma_{lk}\cos\left(\varphi_k' - \varphi_l'\right) \tag{7.6}$$

$$\Gamma_{\xi k} = \sqrt{\frac{\varepsilon_0}{\mu_0}}\sqrt{\beta_\xi \beta_k} k A_\xi A_k \iint_S \exp\left(-\frac{2(x^2+y^2)}{\omega_0^2}\right)\mathrm{d}x\mathrm{d}y \tag{7.7}$$

设 R_D 和 S 分别为光电探测器的灵敏度和光敏面积，则光电探测器上的光电流可表示为

$$i_D(t) = R_D S P(t) \tag{7.8}$$

(2) 解调阶段，利用相关函数运算解调误差信号，即采用与调制信号相同频率的正弦信号 $\sin(\omega t)$ 对光电探测器输出信号进行相乘并积分的运算，运算结果可表示为

$$S_{Nj} = \frac{1}{\tau}\int_0^\tau i_D(t)\sin(\omega t)\mathrm{d}t \tag{7.9}$$

式中，τ 为积分时间。

相关运算在实际操作时需要注意两点：第一是积分上限的问题，式(7.9)的积分时间 τ 为无穷大，在实际运算时是不可执行的，通常是用有限积分时间来代替无限积分时间，这就不可避免地带来偏差，因此需要讨论积分达到多大时，这种偏差能控制在可以允许的范围内。将式(7.6)～式(7.8)代入式(7.9)，通过进行三角函数变形和 $\cos(\alpha\sin(\omega t))$、$\sin(\alpha\sin(\omega t))$ 的贝塞尔级数展开的运算，当 τ 取 5 倍以上调制周期时，相应的贝塞尔级数展开式中只有含 $\sin(\omega t)$（且不含 ωt 的其他三角函数）的项才能被保留下来，而其余各项则趋于零，此时积分上限问题得以解决。第二为积分的可操作性问题，积分在数字电路中首先对被检测信号进行模数转换，然后通过乘积并累加的方法完成积分运算。于是可得

$$S_{Nj} = 2R_D J_1(\alpha)\sum_{\substack{k=1\\k\neq j}}^N \Gamma_{jk}\sin(\varphi'_k - \varphi'_j) \tag{7.10}$$

由式(7.10)可以看出，S_{Nj} 是反映目标光束与其他所有光束之间相位差均值的量，可以用来作为第 j 路光束的相位控制信号。需要注意的是，该计算量与精确值存在误差，误差在可接受范围内，此时可以通过与系数 F（称为增益系数）相乘，并多次迭代，完成第 j 路光束的相位差的实时补偿，即

$$S_{Nj} = FR_D J_1(\alpha)\sum_{\substack{k=1\\k\neq j}}^N \Gamma_{jk}\sin(\varphi'_k - \varphi'_j) \tag{7.11}$$

7.2.2 多抖动算法中重要参数的选取

上面从数学原理上推导出 LOCSET 算法的相位控制信号，下面将分析影响 LOCSET 算法稳定锁相的几个重要参数，为了方便以后讨论，先将用到的参数进行定义。

增益系数 F：解调过程中，误差信号所乘的系数，且初始值为 1。

调制幅度 α：对参与合成的光束所施加的正弦波的幅值。

延迟时间 T_d：对光束施加正弦波扰动开始到相关运算的时间，相关运算指检测信号与调制频率相同的正弦波积分。

为了对上述参数直接明确地研究，这里仅以两路光的相干合成为例，其中一路不施加调制信号的光束作为参考，另一路施加正弦波调制的光束作为相位控制

对象。参与合成的两路光束均为平面光束，且忽略相位差以外的其他影响因素(光程失配度、空间重合度误差等)对稳定锁相的影响。此外根据相关检测原理，积分周期大于 5 倍调制信号周期时，偏差在允许范围内，这里选择 10 倍。

在建模前，需要建立噪声模型用来完成动态相位差分析。因为考虑到没有统一的相位噪声模型，所以以往很多文献只分析静态相位差的情况。这种情况下，分析的是算法执行后到算法将初始相位差补偿到零附近的过程，整个过程没有再引入相位噪声。由式(7.11)可以看出，即使调制幅度 α 选取很小，仍旧可以通过增大增益系数 F，来得到大小相同的控制信号，以完成相位控制。事实上，调制信号在光路和电路中会产生损耗，调制信号幅值过小时，会淹没在噪声中，无法起到调制作用。因此，动态相位分析能够分析调制信号幅值对相干合成的影响。在这里介绍一种相位噪声模拟的方法。由傅里叶变换原理可知，任何一段有限长时间的信号都可以展开成不同频率的正弦波叠加，根据这一思想通过不同的幅值、初始相位和频率的正弦波的叠加来模拟噪声中的低频段。对于高频噪声，可以再次叠加一个随机白噪声模型。噪声模型可以表示为

$$N_{\text{noise}} = \sum_{i=1}^{n} A_i \sin(\omega_i t + \phi_i) + n_{\text{w}} \tag{7.12}$$

式中，A_i、ω_i 和 ϕ_i 分别为第 i 组正弦波的幅值、频率和初始相位。实验环境中的正弦波的幅值和初始相位是随机的，所以为了与实际环境噪声更吻合，A_i 和 ϕ_i 为随机函数产生，ω_i 取值时应使正弦波的频率主要分布在 1kHz 以下。n_{w} 为随机白噪声，由 MATLAB 直接调用产生，主要用于模拟高频噪声。因此，根据函数(7.12)可以产生模拟使用的环境噪声，图 7.3 为噪声的时域与频域分布。

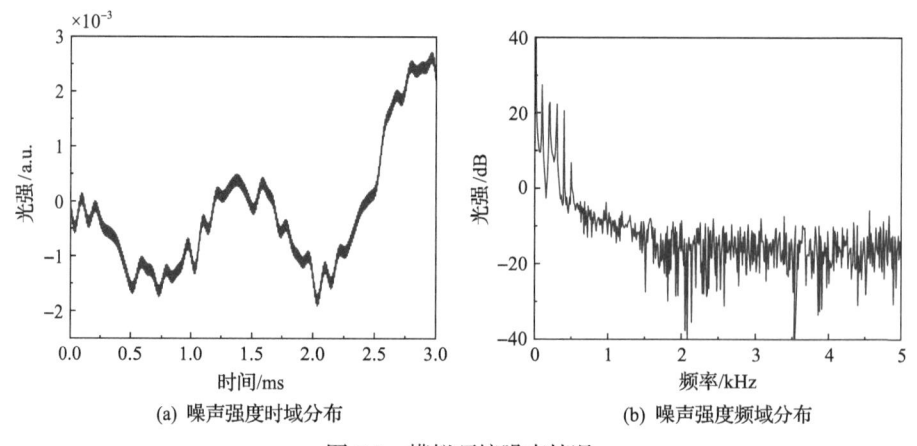

(a) 噪声强度时域分布

(b) 噪声强度频域分布

图 7.3 模拟环境噪声情况

1. 增益系数 F 对相干合成的影响

增益系数可直接导致控制信号的线性增长,影响相位校正次数。假设其他控制参数(如调制幅度、积分周期等)选取合理,并以目标函数 J 最大值(小孔处光强)的 90%(虚线)作为评价条件。图 7.4 给出了增益系数的四种选取情况,分别是增益系数过小($F=500$)、增益系数较小($F=1000$)、增益系数适中($F=2300$)和增益系数过大($F=4300$)。

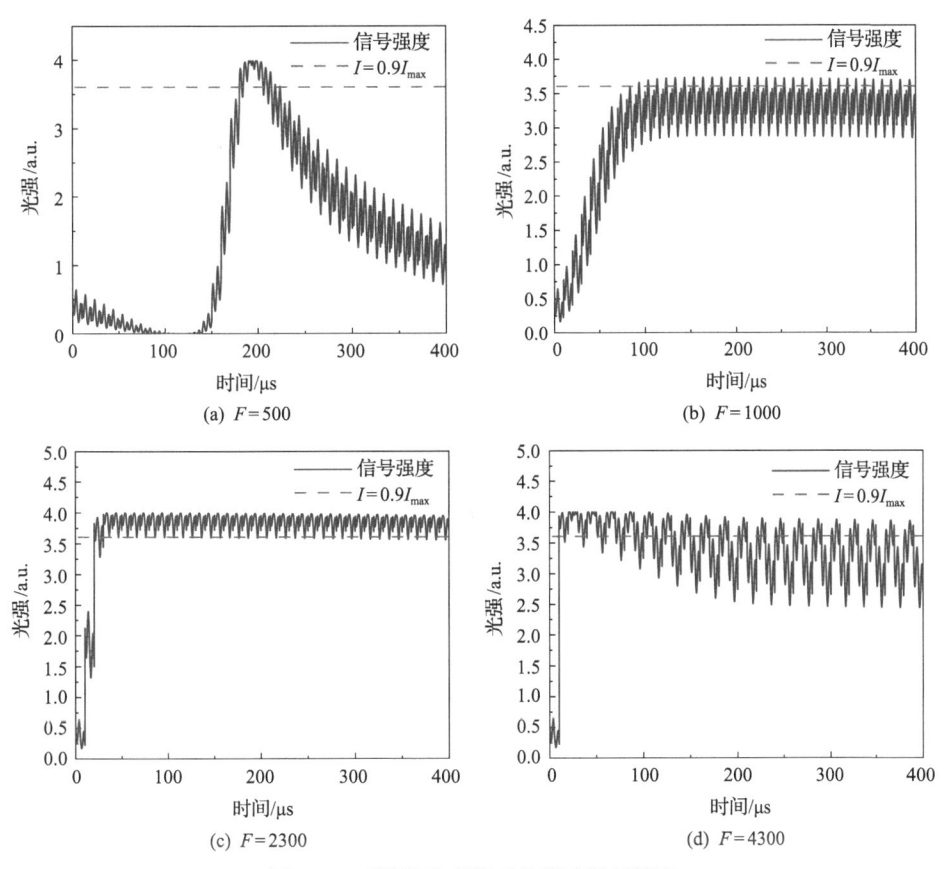

图 7.4　不同增益系数下的算法锁相情况

从图 7.4(a)中可以看出,增益系数过小时,误差控制信号远小于相位噪声,无法起到相位补偿作用,此时信号强度依旧随着相位噪声而变化。从图 7.4(b)中可以看出,误差控制信号比相位噪声稍大,相位校正次数较多,达到稳定锁相时,信号强度平均值较低,低于理想强度的 90%。从图 7.4(c)中可以看出所需相位校正次数较少,便能快速将相位差补偿至零附近状态,此时信号强度平均值较高,超过理想强度的 90%,相位残差也较小。从图 7.4(d)中可以看出所需相位校正次数很少，能快速将相位差补偿至零附近状态，但是紧接着光强信号的平均值又降下来，这是由于增益系数过大，相位控制信号调节过大，虽然最终达到动态平衡，但是这种平衡是不太稳定的，此时光强的平均值较低，相位残差较大。如果继续增大增益系数，将出现相位振荡无法锁相的状态。

上面给出的是增益系数取个别典型值时光强的变化情况，侧重于分析增益系数与稳定锁相、相位残差的关系。图 7.5 给出了增益系数对小孔处光强平均值的影响情况。

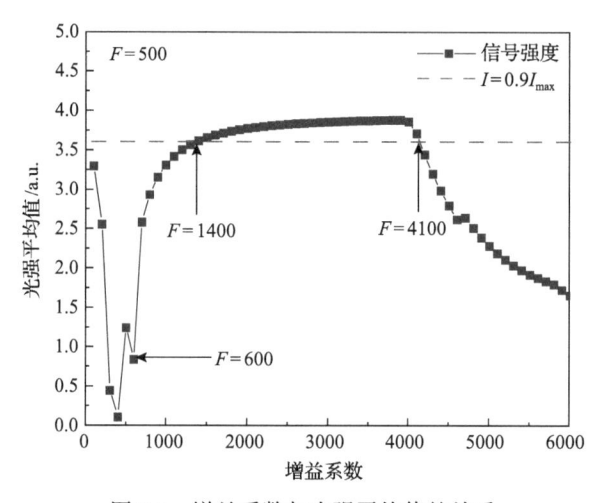

图 7.5 增益系数与光强平均值的关系

在整个增益系数范围内，存在一个区间（当前系统是 1400～4100）能够使光强高于目标函数 J 最大值的 90%，这个区间称为增益系数的最优区间。在最优区间外，增益系数与光强平均值存在三种关系：增益系数过小（$F=1$～600）时，相位控制信号过小，无法补偿相位噪声，光强平均值随着噪声变化；增益系数较小（$F=601$～1400）时，随着增益系数的增大，光强的平均值也缓慢增大。增益系数过大（$F>4100$）时，相位控制信号也过大，此时随着增益系数的增大，光强平均值会因为相位的振荡而急剧下降。因此，只有合理地选取增益系数，才能使系统的相位得到快速的补偿，同时光强的平均值较高。

2. 调制幅度对相干合成的影响

式(7.11)中 α 作为调制幅度，与增益系数的作用过程略有不同。增益系数直接作用于解调出来的相位控制信号，而调制幅度是将调制信号施加到光路中，进而在解调过程中影响相位控制信号。在分析对相干合成的影响时，不仅要考虑幅度大小，还要考虑系统对幅度产生的损耗。根据上面增益系数的分析，取增益系数最优区间 1400～4100 的中间值 2250 作为 LOCSET 算法的增益系数，分析调制幅度对相干合

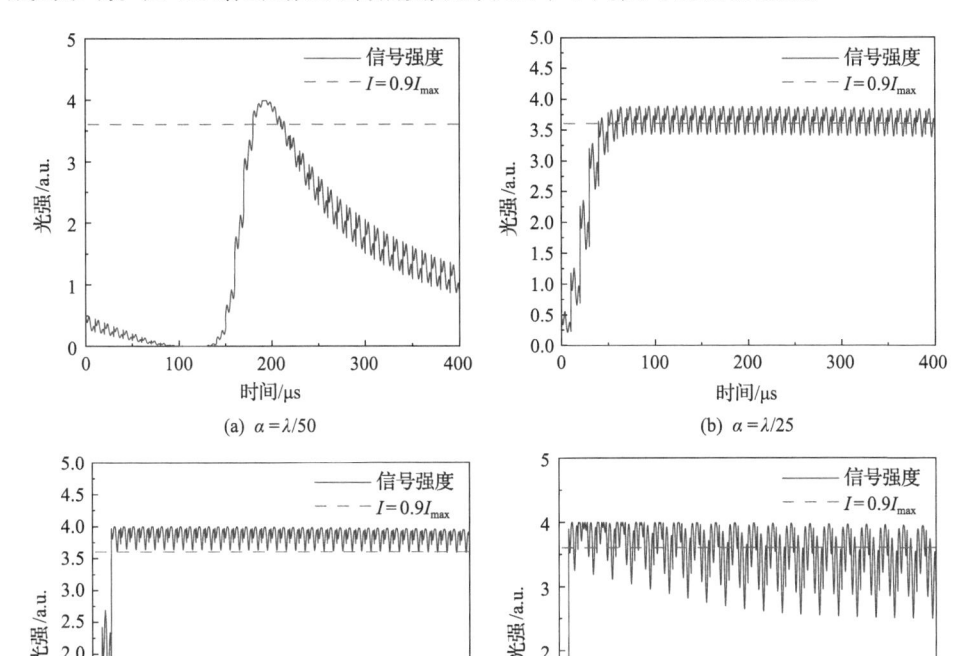

成的影响。图 7.6 给出的是调制幅度分别取四个不同值时的锁相情况。

图 7.6 不同调制幅度下算法锁相情况

当调制幅度取值过小($\alpha=\lambda/50$)时,控制信号无法起到相位噪声补偿的作用;当调制幅度取值较小($\alpha=\lambda/25$)时,相位校正次数较多,光强平均值较低,锁相效果不好;当调制幅度取值过大($\alpha=\lambda/12$)时,虽然相位校正次数很少,光强能够从一个较低的值迅速上升到一个较高的值,但是相位残差较大,光强平均值较低,锁相不稳定。

图 7.7 给出的是调制幅度与光强平均值和光强方差的关系,其中光强方差能够反映出锁相时残余相差的大小。

从图 7.7 中可以看出,在调制幅度的变化过程中,光强平均值和光强方差基本上呈反比关系。单从调制幅度与光强方差的关系来看,方差处于较小值对应的调制幅度范围($\alpha=0.07\sim0.29$)大于光强平均值达到目标函数理想值的 90% 对应的调制幅度范围($\alpha=0.13\sim0.29$),这是因为在调制幅度选取较小值时,相位噪声补偿作用较小,光强平均值处于一个缓慢上升的状态,并最终停留在较低值,同时调

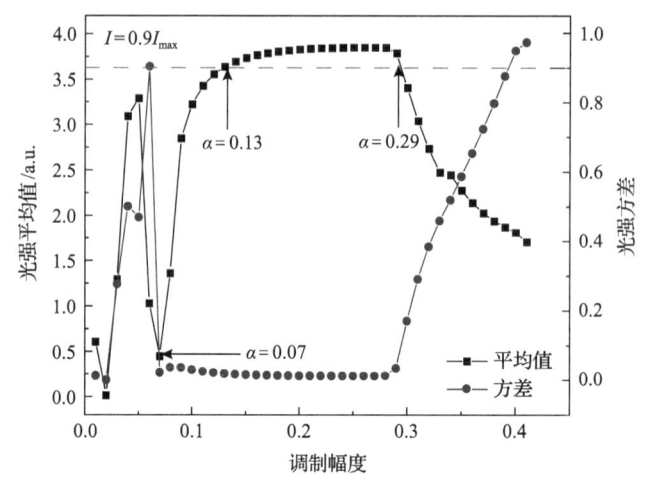

图 7.7 调制幅度与光强平均值和光强方差的关系

制信号作为一个扰动项，当幅值较小时，引入的相位残差也较小。综上，光强平均值和光强方差可以作为锁相效果的评价参数。只有选取合理的调制幅度，才能得到一个光强平均值较大、方差较小的结果。

3. 延迟时间 T_d 对相干合成的影响

虽然延迟时间 T_d 不直接作用于相位控制信号，但是 LOCSET 算法是基于相干检测解调出相位差的方法，光路和电路的延迟时间引入一个附加相位，即实际上解调时所乘的正弦波变为 $\sin(\omega t + \phi_{\text{delay}})$，图 7.8 给出的是延迟时间对相干合成时光强平均值的影响。

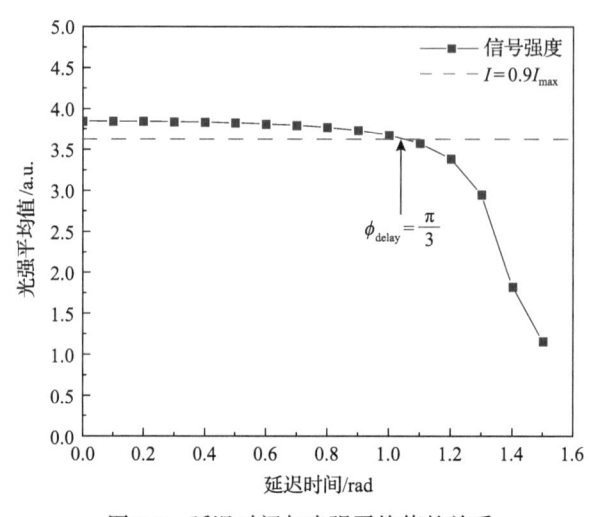

图 7.8 延迟时间与光强平均值的关系

由图 7.8 可以看出，延迟时间对光强平均值的影响不大，只要延迟时间不超过 $\pi/3$，光强平均值均能达到目标函数 J 理想值的 90%。设调制频率为 F_m，光路中光速为 c_n。则延迟 $\pi/3$ 相位对应的时间为 $1/(6F_m)$，这个延迟时间包括光路的延迟和电路的延迟，电路器件的响应时间在皮秒量级，可以忽略不计，则 $1/(6F_m)$ 对应光程 L 为

$$L = \frac{c_n}{6F_m} \tag{7.13}$$

取 F_m 为 1MHz，c_n 为 3×10^8m/s，则 L=50m，因此在相干合成时，相位调制器与光电探测器之间的光程超过 50m 时，就应该考虑对延时时间的补偿，以减少附加相位对相干合成效果的影响。

7.2.3 自适应选参多抖动算法

通过分析增益系数 F、调制幅度 α 和延迟时间 T_d 对相干合成的影响，可以知道在三个参数中，除了延迟时间 T_d 可以通过简单测量来修正，其他两个参数（F 和 α）的选取较为严格，需要反复实验才能使锁相效果达到一个较理想的值（目标函数 J 理想值的 90%）。反过来，如果以目标函数 J 理想值的 90% 作为阈值，通过一定的措施，便能找到合理的调制幅度和增益系数，完成在不同系统和环境下参数的自适应筛选，实现自适应选参 LOCSET 算法。下面先介绍一种参数筛选的算法——阈值检测算法。

阈值检测算法在筛选增益系数和调制幅度的评价条件是

$$J_{th} = \eta J_{max} \tag{7.14}$$

式中，η 为阈值系数；J_{max} 为目标函数的理想值（小孔处光强的理想值）。阈值检测算法在实施时，首先要获取 J_{max}。当 n 束平面波参与干涉时，根据干涉原理，总光强可以表示为

$$I = \sum_{i=1}^{n} I_i^2 + 2\sum_{\substack{i=1 \\ j\neq i}}^{n} I_i I_j \cos(\Delta\phi_{ij}) \tag{7.15}$$

式中，I_i、I_j 分别为第 i、j 路光束光强；$\Delta\phi_{ij}$ 为第 i、j 路光束之间的相位差。当 $\Delta\phi_{ij}$ 等于零时，总光强达到最大值，通过模数转换（analog-to-digital converse，ADC）模块进行光电转换，并多次提取最大值，最后求取平均值作为 J_{max}。在检测最大值时，系统不可避免地存在误差，此时通过乘以阈值系数 η 将误差包含在容差范围内，ηJ_{max} 便能作为评价条件。为了使总光强达到最大值，可以通过相位调制器对 n–1 路光束施加不同频率的大幅正弦波（$\alpha > \pi/2$），使单路光束的相位快速

地在$-\pi\sim\pi$变化，光束间的相位在正弦波的扫描下达到相同。在实验环境下，一般需要补偿的相位噪声频率主要分布在1kHz以下，因此为了避免或者减少相位噪声对最值出现的影响，光束间施加的大幅正弦波的频率间隔应该大于1kHz。

1. 自适应选参多抖动算法理论

首先给出的自适应选参LOCSET算法的流程图，如图7.9所示。

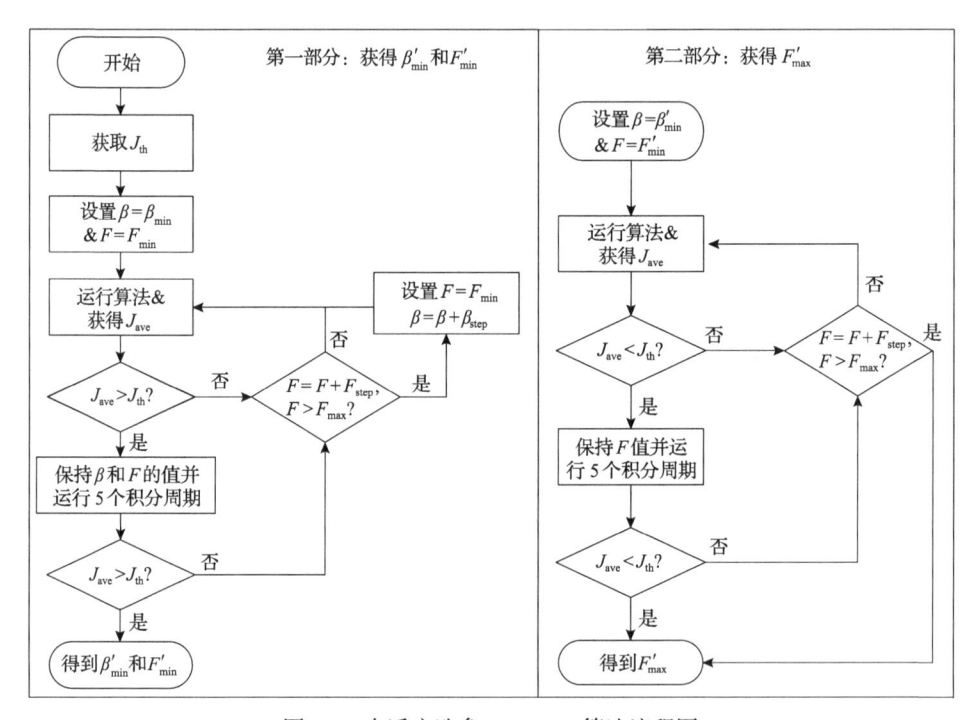

图7.9 自适应选参LOCSET算法流程图

为了更清楚地阐明自适应选参LOCSET算法的执行过程，现对算法中用到的参数及变量进行说明。

J_{th}：阈值，即筛选调制幅度和增益系数的评判条件。

J_{max}：当前系统在一段时间内，多次检测的最大输出光强信号值所求取的平均值。

J_{ave}：当前系统在一段时间内，输出光强信号的平均值。

F：当前算法运行时所用的增益系数。

F_{min}：增益系数初始范围的最小值。

F_{max}：增益系数初始范围的最大值。

F'_{min}：满足阈值条件下的最小增益系数。

F'_{max}：满足阈值条件下的最大增益系数。

F_{step}：增益系数的步进值。

β：当前算法运行时所用的调制幅度。

$\beta_{\min}$：调制幅度初始范围的最小值。

$\beta_{\max}$：调制幅度初始范围的最大值。

$\beta'_{\min}$：满足阈值条件下的最小调制幅度。

β_{step}：调制幅度的步进值。

自适应选参 LOCSET 算法整体上可以划分为三个步骤：

(1) 获取 J_{ave}，通过对参与相干合成的 N 路光中的 $N-1$ 路光束施加不同频率，且幅值超过 $\pi/2$ 的大幅正弦波实现。光束间所施加的正弦波的频率差大于需要修正的相位噪声频率。获取 J_{ave} 后，便能获取阈值条件 J_{th}。

(2) 获取 $\beta'_{\min}$ 和 $F'_{\min}$，即根据阈值条件，不断步进并更新 β 和 F，直到筛选出满足阈值条件的 $\beta'_{\min}$ 和 $F'_{\min}$。

(3) 获取 $F'_{\max}$，不断步进并更新 F，直到筛选出满足阈值条件的 $F'_{\max}$。需要说明的是，β 和 F 的步进和更新都是在事先选定的范围内 $(F_{\min}, F_{\max})$、$(\beta_{\min}, \beta_{\max})$ 进行的，$\beta_{\max}$ 可以直接选取 $\lambda/10$。而 $F_{\max}$ 应该选取较大的值，使得直接设定 $F_{\max}$ 和 $\beta_{\max}$ 时出现锁相振荡。$F_{\min}$ 可以直接选取 1，即无增益。$\beta_{\min}$ 选取最大值的 1/10。

自适应选参 LOCSET 算法的具体执行如下。

1) 第一部分

(1) 获取阈值 J_{th}。先检测光强信号的最大值 $J_{\max}$，并设置阈值系数 η，通常阈值系数 η 可以选取 0.9。通过相位调制器对 $N-1$ 路光束施加频率不同的大幅正弦波 ($\alpha > \pi/2$)。在实际操作时，可以对正弦波进行数学离散并存于存储器中，通过控制器 (如 FPGA) 分时读出，完成正弦波产生。正弦波分多个时间段对光束进行扰动，记录每个时间段内检测到的光强信号最大值，最后求取平均值，计算出 J_{th}。

(2) 设置 β 和 F 的初始范围 $(\beta_{\min}, \beta_{\max})$ 和 $(F_{\min}, F_{\max})$，其中 $\beta_{\min}=\lambda/100$、$\beta_{\max}=\lambda/10$ 和 $F_{\min}=1$、$F_{\max}=3000$，当直接使用 $\beta=\lambda/10$、$F=3000$ 进行锁相时，会发生相位振荡。同时设置 $\beta=\lambda/100$ 和 $F=1$ 作为自适应选参 LOCSET 算法的初始参数。

(3) 运行自适应选参 LOCSET 算法并检测 J_{ave}。选取稳定锁相参数并运行，光强从一个较小的值达到一个较高的值，需要一定的时间，这段时间是过渡期，光强不稳定且平均值较低，不能采用这段时间的光强平均值来评价是否达到阈值条件。因此，每次载入 β 和 F 后，应先等待自适应选参 LOCSET 算法执行一段时间，等待时长在 10~20 个积分周期即可。随后连续检测 10~20 个积分周期内光强值，并求取平均值 J_{ave}。

(4) 将 J_{ave} 与 J_{th} 进行对比。

(4.1) 如果光强信号平均值 J_{ave} 小于等于 J_{th}，那么当前参数 β 和 F 不合适，程序设置 $F=F+F_{\text{step}}$，并判断步进后的增益系数是否超过 $F_{\max}$，如果超过，那么 F 重新回到初始值 $F_{\min}$，β 也进行步进 β_{step}。程序转到 (3)。

(4.2) 如果光强信号平均值 J_{ave} 大于 J_{th}，那么保持当前的 β 和 F 继续运行自适应选参 LOCSET 算法 5 个积分周期，并检测其间的光强信号平均值 J_{ave}。如果仍能够满足 J_{ave} 大于 J_{th}，说明当前参数确实达到阈值条件。此时的参数定义为 β'_{min} 和 F'_{min}，程序转到第二部分。反之，程序转到步骤(4.1)。

2) 第二部分

(1) 设置 $\beta=\beta'_{min}$ 和 $F=F'_{min}$ 作为初始参数。

(2) 运行自适应选参 LOCSET 算法并检测 J_{ave}。该步骤与第一部分中的(3)一致。

(3) 将 J_{ave} 与 J_{th} 进行对比。

(3.1) 如果光强信号平均值 J_{ave} 大于等于 J_{th}，那么说明当前参数能够满足阈值条件，则更新参数 F 至 $F+F_{step}$，并判断更新后的 F 是否超过 F_{max}。如果超过 F_{max}，则 F_{max} 作为 F'_{max}，并退出程序。反之程序转到(2)。

(3.2) 如果光强信号平均值 J_{ave} 小于 J_{th}，那么保持当前的 β 和 F 继续运行自适应选参 LOCSET 算法 5 个积分周期，并检测其间的光强信号平均值 J_{ave}。如果仍能够满足 J_{ave} 小于 J_{th}，说明当前参数确实不再满足阈值条件。保留上一个 F 作为 F'_{max}，并退出程序。

程序退出后，最后的参数可以取值 $\beta=\beta'_{min}$、$F=(F'_{min}+F'_{max})/2$。

2. 自适应选参多抖动算法的模拟仿真

自适应选参 LOCSET 算法中最重要的两个步骤是提取 J_{max} 和选取 β、F。这里分别对这两个过程进行分析。在提取 J_{max} 时，以两路、四路光束相干合成为例。在两路光束合成时，一路光束不施加调制作为参考光，另一路光束施加频率为 5kHz、幅度为 λ 的正弦波。图 7.10 给出的是输出光强信号在正弦波扰动下随着时间的变化情况。

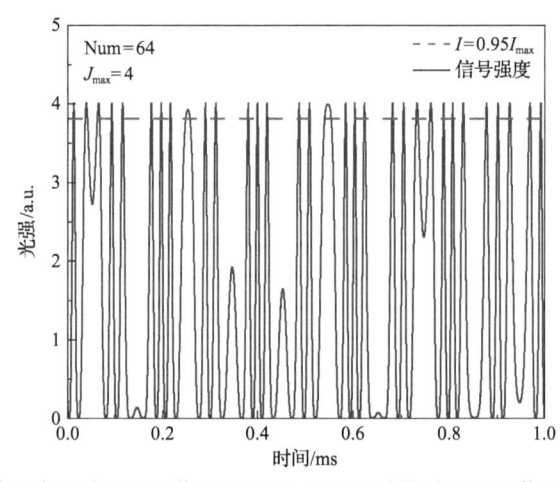

图 7.10 两路光束的输出光强信号在 5kHz 的正弦波扰动下光强信号最值检测结果

由图 7.10 可以看出，光强值在 1ms 时间内达到理想光强值 95%的次数高达 64 次，同时检测的 J_{max}=4。这是因为未施加扰动的光束相位随着噪声缓慢变化，而调制光束的相位在 $-\pi \sim \pi$ 快速扫描，因此两束光束能在很短时间内多次实现相位相等。

同样，在四路光束参与合成时，正弦波的幅度不变，三路光束施加的频率分别为 10kHz、20kHz 和 30kHz。图 7.11 给出的是光强信号在正弦波的扰动下随时间的变化情况。

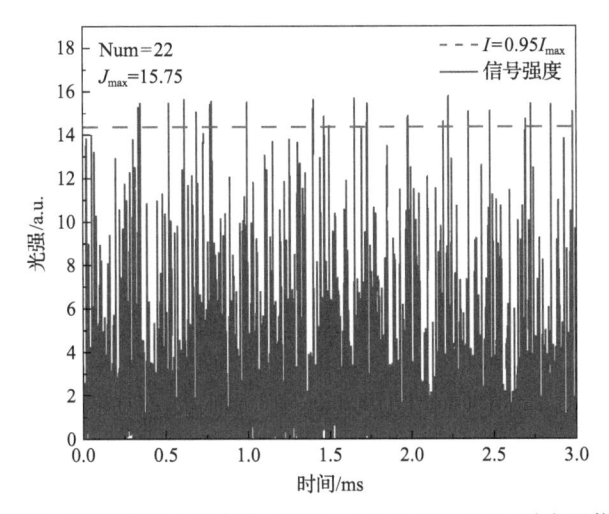

图 7.11 三路光束施加调制信号的频率为 10kHz、20kHz 和 30kHz 时光强信号最值检测结果

由结果可以看出，随着相干合成子光束路数的增加，光强信号出现最大值的概率会减小，检测出来的光强最大值与理论的光强最大值也会有微小的偏差。紧接着，将频率间隔调整为 50kHz 和 100kHz，再进行两次模拟，图 7.12 给出的是光强信号最值的检测结果。

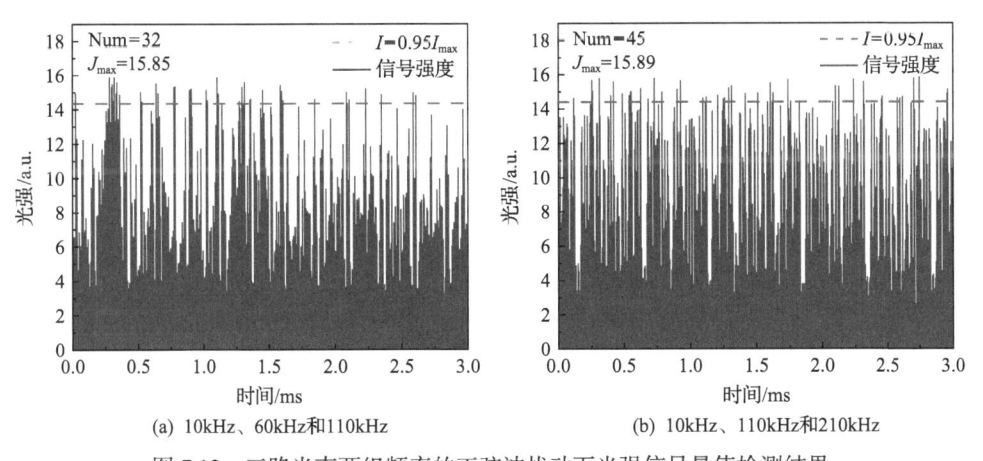

(a) 10kHz、60kHz和110kHz

(b) 10kHz、110kHz和210kHz

图 7.12 三路光束两组频率的正弦波扰动下光强信号最值检测结果

在 3ms 内，光强信号达到理想值的 95% 的次数分别为 32 和 45 次，对应检测到的光强信号最值分别为 15.85 和 15.89。因此，在参与光束数目相同的情况下，在相同的时间内，增大频率间隔，光强信号最值达到理想值 95% 的次数也会增加，获得的检测结果更准确。

成功提取 J_{max} 后，便能计算出阈值条件 J_{th}。在根据阈值条件筛选调制幅度和增益系数时，阈值系数 η 取 0.9。调制幅度先设定一个值，然后增益系数会在给定的范围内连续步进，每个步进计算对应的光强平均值为 J_{ave}，将其与阈值条件做对比，以选出满足阈值条件的参数。图 7.13(a) 给出的是调制幅度过小时调节增益系数时光强信号的变化情况，可以看出控制信号无法补偿相位噪声，使得光强信号的平均值无法达到阈值条件。图 7.13(b) 给出的是首次筛选到满足阈值条件的调制幅度时，调节增益系数的过程中，光强信号随时间变化的情况。

(a) 调制幅度过小时　　(b) 调制幅度和增益系数处于最优区间时

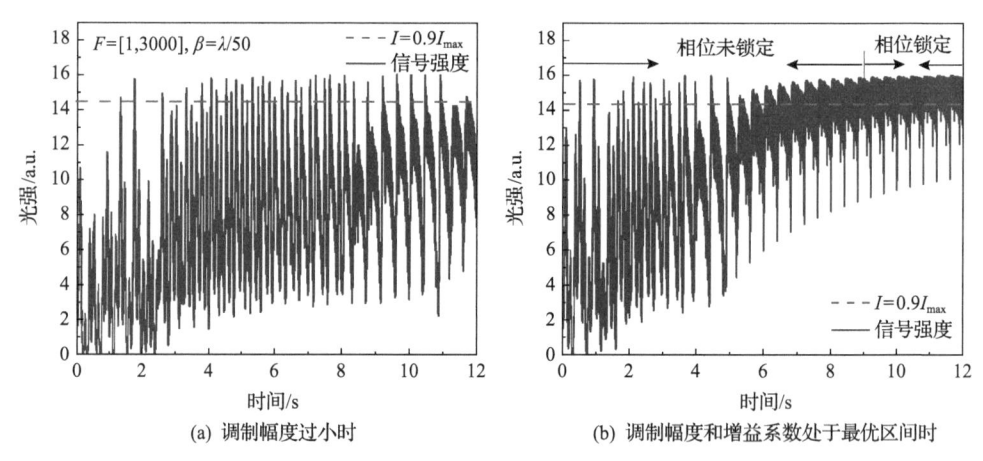

图 7.13　选取调制幅度和增益系数过程中光强信号随时间变化的情况

可以看出即使调制幅度处于最优区间，当增益系数较小时，光强平均值也无法满足阈值条件。随着增益系数的增大，调制幅度达到最优区间，光强平均值满足阈值条件(图中"相位锁定"标识的区间)。综上，通过光强平均值与锁相参数的关系，可实现特定阈值条件下的参数选择。

7.2.4　多抖动算法应用实例

基于上述自适应选参 LOCSET 算法，本节介绍一种超短脉冲光纤激光相干合成系统应用实例，通过方案设计确定参数，完成两路锁模脉冲的激光相干合成，实现高功率的超短脉冲光纤激光。

1. 系统方案与组成

基于自适应选参 LOCSET 算法的超短脉冲光纤激光相干合成系统主要由时域

第 7 章 超短脉冲光纤激光相干合成

相干合成光学系统和相位控制系统构成，如图 7.14 所示。

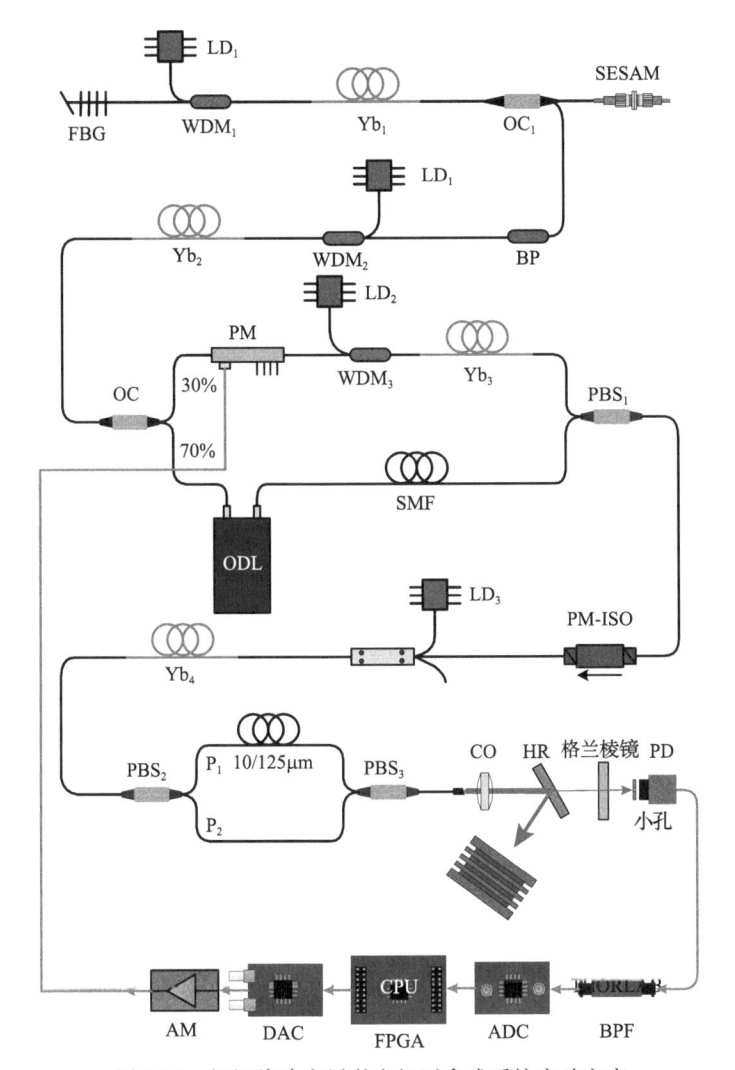

图 7.14 超短脉冲光纤激光相干合成系统实验方案

1)时域相干合成光学系统

时域相干合成光学系统作为相位控制系统的应用载体，主要包括锁模激光振荡器、保偏预放大级、脉冲分束级、保偏主放大级和脉冲合束级五部分。SESAM 被动锁模器用于产生稳定的皮秒量级的脉冲序列，由保偏光纤布拉格光栅(FBG)、半导体泵浦源(LD_1)、保偏波分复用器(WDM_1)、6/125μm 保偏掺镱光纤(Yb_1)、保偏分束器(OC_1)和半导体可饱和吸收镜(SESAM)组成。由于锁模振荡器输出的脉冲激光平均功率较低，采用保偏预放大器进行功率预放大。为了降低峰值功率，预放大器输出的脉冲首先经过保偏分束器(OC)分成两个子脉冲，子脉冲序列按照时序上延迟的先后顺序进入同一放大器进行功率放大。其中光纤延迟线(ODL)的作用是调节光程，保证合成光束的光程差在相干长度之内；无源单模光纤(SMF)充当延时光纤，使相邻脉冲之间在时域上分开；相位调制器(PM)的作用是补偿环境噪声。然后信号光通过保偏主放大器进行功率放大，合束阶段首先将功率放大的两子光束分开，然后采用无源保偏光纤对 PM 这一路子光束进行延迟补偿。补偿光程后的两路子光束再次经过光纤偏振分束棱镜(PBS_3)合束，为了能够进行有效的闭环相位控制，采用高反镜(HR)将输出的小部分光经格兰棱镜耦合到光电探测器(PD)中进行光电转换，光电探测器的输出电信号可以用于后续的相位补偿处理。

2) 相位控制系统

通过闭环反馈控制实时补偿环境引入的相位差，提高时域相干合成光学系统输出光功率的稳定性。反馈控制部分由相位控制硬件和执行在硬件上的算法构成。相位控制硬件主要由带通滤波器(BPF)、模数转换模块(ADC)、算法执行单元(CPU)、数模转换模块(DAC)、信号放大模块(AM)构成。超短脉冲光纤激光相干合成时，脉冲激光重复频率本身是一种扰动，需要使用带通滤波器滤除激光重复频率带来的噪声，提取携带环境噪声的信号。如果仅有两路光束进行相干合成，可以只对其中一路光束进行调制，此时若调制频率低于激光脉冲重复频率，可以使用低通滤波器(low pass filter, LPF)代替带通滤波器；ADC 模块可以将输入的模拟信号转换为数字信号；算法执行单元主要用于执行相位补偿算法，即算法的调制与解调。DAC 模块用于将解算的补偿环境相位差信号转换为对应的模拟电压信号，通过信号放大模块，可以将相位补偿的范围扩大，并驱动相位调制器，完成相位噪声的补偿。

2. 自适应选参 LOCSET 算法参数选取

这里以前面搭建的两路时域相干合成光学系统为平台，选取出当前实验环境下适合的增益系数和调制幅度。整个选参算法是一个连续运行的过程，通过观察示波器采集小孔处光强信号对应的电压信息，可以知道参数的选取情况。两路光束相干合成系统中，通过相位调制器向其中一路光束施加幅值为 λ、调制频率为 2.5kHz 的正弦波，施加时间为 10s，每 1ms 取一次光强信号最值，调制结束后求取检测到的光强最值，并乘上阈值因子 0.9 获得阈值条件。图 7.15 给出了光强信号在正弦波的扰动下，随着时间的变化情况，其中正弦波幅值和信号强度都做了归一化处理。

由结果可以看出，时间环境下大幅噪声的频率分布远低于 2.5kHz，此时，被调制光束的相位在 $-\pi \sim \pi$ 快速变化，相当于来回扫描未调制光束的相位，两路光束的相位在较短的时间内多次达到相等，光强出现最大值。

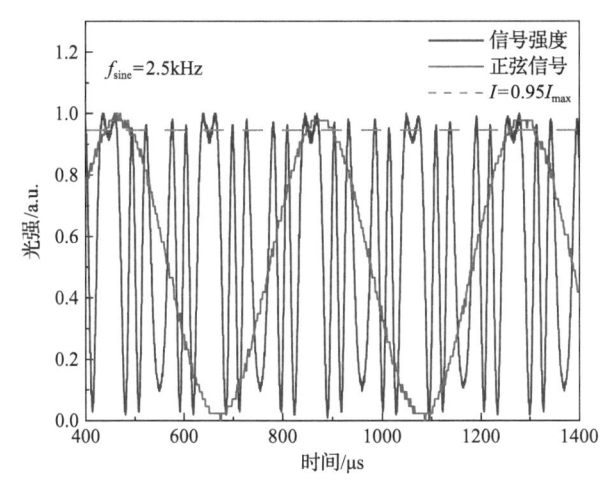

图 7.15 当正弦波的调制频率为 2.5kHz 时提取光强信号最大值的过程

阈值条件 J_{th} 获取后，算法开始调节增益系数和调制幅度，其中调制幅度的初始范围为 ($\lambda/100$，$\lambda/10$)，增益系数的初始范围为 (1,300)，调制幅度的步进值为 $\lambda/100$，调制幅度每步进一次，增益系数就会在给定的初始范围变换一次，在这个过程中设定每一组调制幅度和增益系数后，程序都将运行一段时间，并求取对应的信号平均值 J_{ave}，通过 J_{ave} 与 J_{th} 做比较，选取出满足 $J_{ave}>J_{th}$ 的参数。在选取参数的初始阶段，调制幅度较小，相位噪声没有得到充分补偿，光强信号虽有缓慢上升的迹象，但是在整个增益系数范围内都没有筛选符合条件的参数值。光强信号随时间变化的情况如图 7.16 所示。

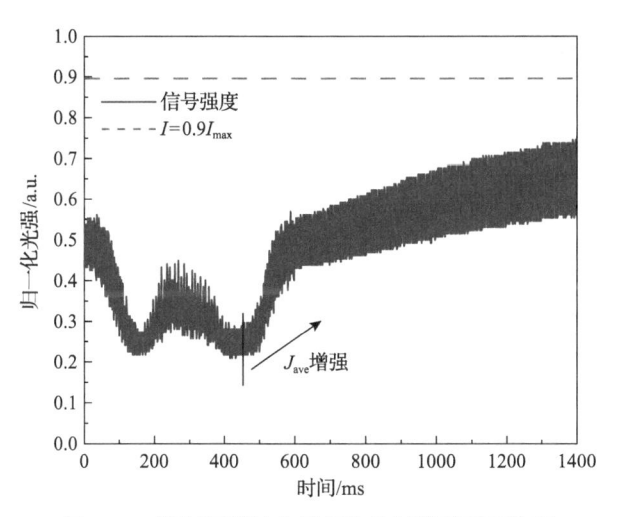

图 7.16 调制幅度过小时相位控制信号不起作用

随着调制幅度和增益系数的逐渐增大，相位控制信号作用逐渐增强，光强信号平均值进一步提升，在没有满足阈值条件时，相位补偿作用不足以长时间维持光强平均值大于阈值条件，因此光强信号会在较高的电平范围内出现上升又下降的过程。进一步增加增益系数，相位控制信号的补偿作用进一步增强，光强平均值达到阈值条件，并能够稳定维持。当增益系数再进一步增大，此时相位补偿作用过大，相位出现振荡，强度信号也出现振荡。根据算法运行的结果(图 7.17)，满足阈值条件的参数为 $\beta=\lambda/25$，$F=(45,220)$，如图 7.17 所示。

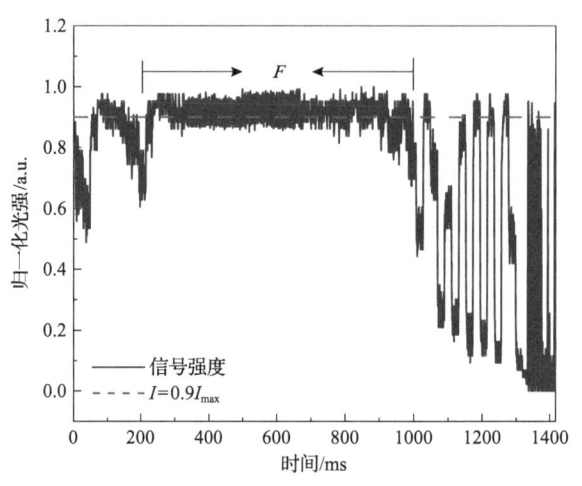

图 7.17　自适应选参 LOCSET 算法最终选参结果

最后自适应选参 LOCSET 算法运行参数为 $\beta=\lambda/25$，$F=132$，采用该组参数可以实现稳定锁相，锁相状态如 7.18 所示。

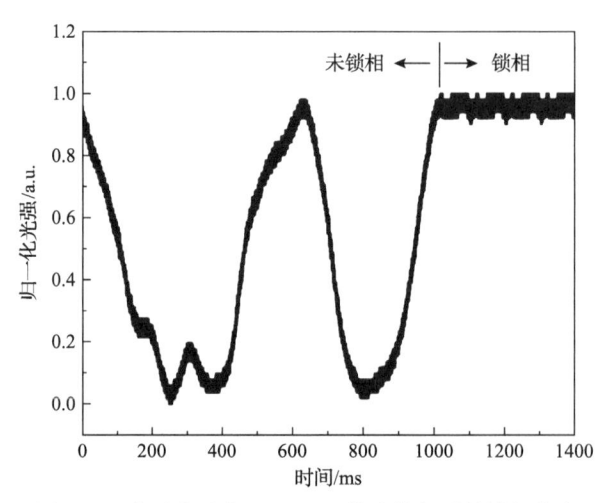

图 7.18　自适应选参 LOCSET 算法执行时的锁相状态

将自适应选参 LOCSET 算法选取的参数应用于超短脉冲光纤激光相干合成系

统中，实现稳定锁相。在合成输出功率为 260mW 时，系统的合成效率为 85.2%。此时对应的光谱如图 7.19 所示，3dB 带宽为 0.25nm。

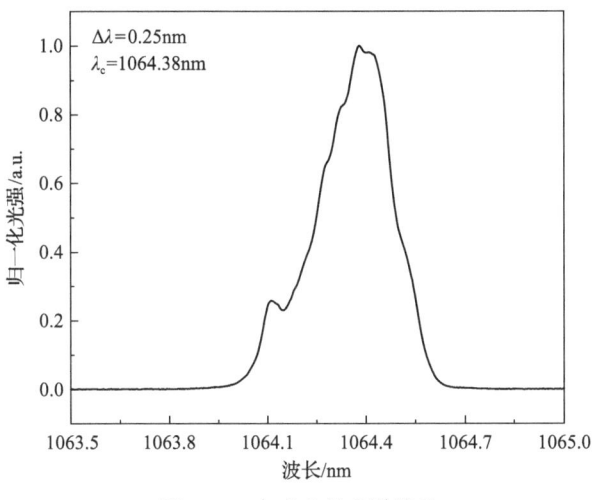

图 7.19 合成光的光谱特性

7.3 SPGD 算法锁相

在多路相干合成中，随机并行梯度下降(SPGD)算法并行地将随机相位扰动应用于每个需要相位控制的光束；然后以扰动后的光强作为评价函数；最后通过时序差分的方式估计评价函数的梯度，以此梯度作为迭代步长进行迭代；最终使得评价函数梯度不断减小，评价函数趋于最优值。由于 SPGD 算法是并行控制，能够一次对多个控制器施加随机扰动，所以适用于控制变量较多的优化控制过程。另外，该算法使用一个探测器，结构简单，可以在结构复杂、无法建立数学模型的系统中使用。SPGD 算法与 LOCSET 算法的区别是该算法无法得到具体的相位误差模型，而是通过迭代的方式逼近相位误差，最终得到目标值。

7.3.1 基本型 SPGD 算法

1. SPGD 基本数学原理

SPGD 算法的基本原理是通过引入扰动并进行反馈控制使性能评价函数 J 达到唯一极值，消除系统中的相位噪声，最终实现各光束的相干合成。双向扰动 SPGD 算法的执行过程(第 k 次迭代时)如下：第一步，随机生成扰动量 $\delta_k = \{\delta_1, \delta_2, \cdots, \delta_n\}_k$，其中 δ_i 满足均值为零、方差相等且概率密度关于均值对称；第二步，依次将正向(δ_k)和负向($-\delta_k$)的扰动施加到相位调制器，并由性能评价函数

传感器获得扰动所引起的性能评价函数变化量 d_k，且

$$d_k = \left(J(u_k+\delta_k)-J(u_k-\delta_k)\right)/2 \tag{7.16}$$

第三步，依据性能评价函数变化量 $\delta J^{(k)}$ 更新控制参数 u，进行第 $k+1$ 次迭代，直至算法结束，其中控制参数的更新按照式(7.17)进行，即

$$u_{k+1}=u_k+\gamma\delta_k d_k \tag{7.17}$$

式中，γ 为增益系数。

2. 数值模拟

通过数值模拟手段可以直观地论证 SPGD 算法用于激光束间相位控制问题时的收敛情况。为了对 SPGD 算法进行直接明确的研究，同时降低数值模拟的复杂度，在对 SPGD 算法进行数值模拟时进行了一些简化。基于两路光束的相干偏振合成进行研究，并且将其中一路光束作为参考光束，而只对另一路的自由光束进行控制。同时将单元光束的光强值取为 1，忽略实际光束的高斯型光场分布，并假定两路子光束之间不存在静态相位差外的其他误差因素。在进行数值模拟时，选取双向扰动方式的 SPGD 算法，扰动幅值服从伯努利分布。数值模拟中涉及的相关参数设置如表 7.1 所示。

表 7.1 SPGD 算法的数值模拟参数

参数	取值
子光束数目	2
子光束光强	1cd
初始相位差	3rad
相位调制器半波电压	1.6V
扰动幅度	0.15V
增益系数	5

在上述参数设置下，SPGD 算法在 40 次扰动迭代(对应 20 次算法循环迭代)之内即可完成相位锁定，系统的评价函数 J 值(可视为系统的反馈光强值，当两子光束发生相干相长叠加时，反馈光束的光强趋于最大值，反之，当两子光束发生相干相消叠加时，反馈光束的光强趋于最小值)从接近于 0 的位置上升至目标值 2 位置附近，在这一过程中两路光束的相位差从初始值 3rad 下降至 0rad 附近，这反映出 SPGD 算法用于相位控制的有效性。数值模拟结果如图 7.20 所示。

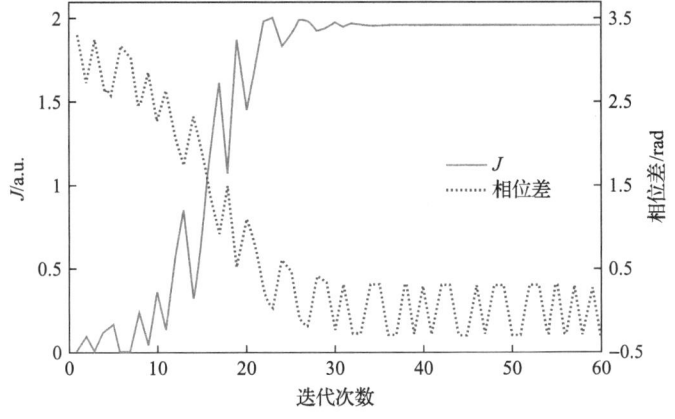

图 7.20　基于 SPGD 算法的相位控制过程

在利用 SPGD 算法进行主动相位锁定时，需要细致、反复地对 SPGD 算法的两大关键参数即扰动幅度和增益系数进行调试选取，最终才能获得比较理想的结果。事实上，若设计一种具有参数自适应选取功能的智能型 SPGD 算法，将进一步提升该算法的实用性。

7.3.2　自适应选参 SPGD 算法

1. 自适应选参 SPGD 算法基本原理

基本型 SPGD 算法的控制电压迭代公式为

$$u_{k+1} = u_k + \gamma \delta d_k \tag{7.18}$$

式中，u_k 和 u_{k+1} 分别为算法第 k 次迭代中的基准电压及该次迭代后的更新电压；γ 为增益系数；δ 为扰动幅度；d_k 为该次迭代过程中由扰动幅度 δ 带来的系统评价函数的改变量。式(7.18)清晰地表明，该算法的关键参数有两个，即增益系数 γ 和扰动幅度 δ，而 SPGD 算法的执行效果在相当大的程度上取决于这两个关键参数的取值。简单来讲，两个参数的选取对控制效果具有重要影响。当 δ 一定时，过小的 γ 会导致算法收敛速度太慢，以致不能满足实时控制的要求，而过大的 γ 会导致控制过程发生振荡；当 γ 一定时，过小的 δ 会导致算法扰动被环境噪声淹没，以致算法失效，而过大的 δ 也会引发控制振荡。在不同的控制系统中，SPGD 算法对这两个参数的选取都会有不同的要求，这就是说，很难给出一个通用于各种情形下的算法参数选取规则。在进行算法控制之前，一般需要依据具体的系统特性，结合经验取值与多次试验调参取值的方法选取出较为合适的算法参数，但这样的方法烦琐、耗时，具有一定的偶然性，且不一定能选取到最为合适的取值。

针对上述 SPGD 算法参数选取问题，研究人员提出并验证了一系列变增益型

SPGD 算法[26-31]，其基本思路是在算法运行起始阶段采用较大的增益系数，使得算法具有良好的锁相速度，而在算法运行稳定阶段采用较小的增益系数，使得算法具有良好的锁相稳定度。实际上，系统实现稳定锁相后的锁相误差影响着相干合成效率这一关键指标，而 SPGD 算法的扰动幅度与增益系数对锁相精度的影响又是交叉共存的，因此有必要发展一种自适应选参 SPGD 算法，以锁相误差为评判标准，按照一定的控制逻辑同时对扰动幅度与增益系数进行自适应自动优化，从而实现较常规 SPGD 算法更小的锁相误差与更高的锁相精度，提高系统合成效率。

本小节展示一种自适应选参 SPGD 算法，该算法具有自适应调节关键参数的功能，其基本思路是在给定一个经验参数取值的基础上，使用自动优化调节的策略不断对这一取值进行更新优化，以改善控制效果。这种方法与常规的算法调试过程中依据系统评价函数来不断修正参数取值的思路一致，但这整个过程由手动变为自动，由定性观察变为定量测算。该算法在实现 SPGD 算法的基础控制功能的同时，还可以自适应地依据系统环境的改变而对算法关键参数进行实时调节，可以有效改善相干控制效果，实现智能相干控制。

自适应选参 SPGD 算法的执行流程如图 7.21 所示，图中的参数 C 代表算法中的待优化参数即增益系数 γ 或扰动幅度 δ。

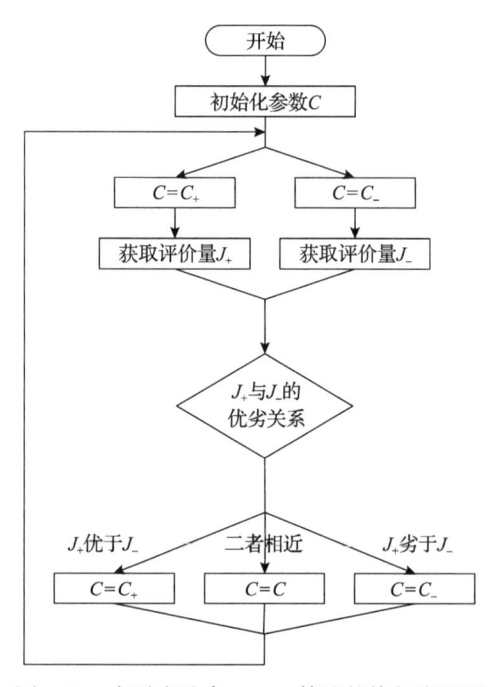

图 7.21 自适应选参 SPGD 算法的执行流程图

自适应选参 SPGD 算法的控制逻辑如下：

(1) 按照粗略的经验取值方法对 SPGD 算法中的关键参数（增益系数 γ 和扰动幅度 δ）进行初始化。

(2) 按照正向试探的方法对 SPGD 算法中的某一待优化关键参数（γ 或 δ）进行微小的正向变化，并以变化后的新参数（γ_+ 或 δ_+）为基准执行算法，选择合适的数学评价量（如系统评价函数的均值、标准差、方差等）来量化此时的控制效果，记此时的控制效果数学评价量为 J_+。

(3) 与(2)相反，按照负向试探的方法对 SPGD 算法中的上述待优化关键参数进行微小的负向变化，并以变化后的新参数（γ_- 或 δ_-）为基准执行算法，即此时的控制效果评价量为 J_-。

(4) 比较 J_+ 和 J_-，若判定 J_+ 优于 J_-，则将与 J_+ 相对应的 γ_+ 或 δ_+ 赋值为新的 γ 或 δ，实现本轮的参数更新，并返回(2)；若判定 J_+ 劣于 J_-，则将与 J_- 相对应的 γ_- 或 δ_- 赋值为新的 γ 或 δ，实现本轮的参数更新，并返回(2)；若判定 J_+ 与 J_- 相差微弱（在预先设定的容许范围内），则本轮不进行参数更新，并返回(2)。

基于上述算法控制逻辑，该自适应选参 SPGD 算法在开始运行后，就会在实现其基础的控制功能的同时，通过(2)~(4)的不断循环迭代，来自适应地更新算法的关键参数，直到人为地发出停止指令时，该算法才结束。当然，上述控制逻辑表述只是给出了该算法的基本框架，它内部的具体细节，如待更新参数在正向及负向变化时的幅度、J_+ 与 J_- 比较判定时的容许范围、获取控制效果数学评价量的观察周期等都可以根据情况进行灵活设定。但应当注意，这些设定均没有严苛要求，并不需要烦琐细致的调试才可实现目标效果，与不进行自适应功能添加之前的基本型 SPGD 算法相比，该算法只增加了少量的前期调试任务，但却保证了相对明显的性能提升。利用自适应选参 SPGD 算法，可以单独对 γ 或 δ 进行自适应更新，也可以通过简单的逻辑设置，轮流对 γ 或 δ 进行自适应更新。

2. 自适应选参 SPGD 算法的数值模拟

首先，对基于自适应选参 SPGD 算法的相位控制过程进行静态模拟。算法模拟的物理背景设置与 7.3.1 节中关于基本型 SPGD 算法模拟的相应处理一致，假定所研究的相干合成系统为两路光束的相干偏振合成，且两路子光束之间不存在除静态相位差以外的其他误差因素。在数值模拟中，采用自适应选参 SPGD 算法重复对系统中的静态相位差进行多次校正，算法中的两大关键参数即扰动幅度 δ 与增益系数 γ，在这些重复性的校正过程中逐渐得到训练并进行自适应优化，记录每一次校正过程中系统评价函数（反馈光强）表现出的平均值（自适应过程的评价量），这样就可以得到评价量随着自适应过程推进而表现出的演变趋势，进而判断该算法的有效性。具体地，表 7.2 列出了模拟中涉及的相关参数设置。

表 7.2　自适应选参 SPGD 算法的静态数值模拟参数

参数	取值
初始相位差	3rad
相位调制器半波电压	1.6V
初始扰动幅度	0.32V
初始增益系数	5
参数正向变化倍率因子	0.95
参数负向变化倍率因子	1.05
评价量判别触发边界	±0.005（差值比较）

数值模拟的结果如图 7.22 所示。

(a) 自适应过程评价量迭代次数的演变

(b) 自适应过程中算法两大关键参数的演变

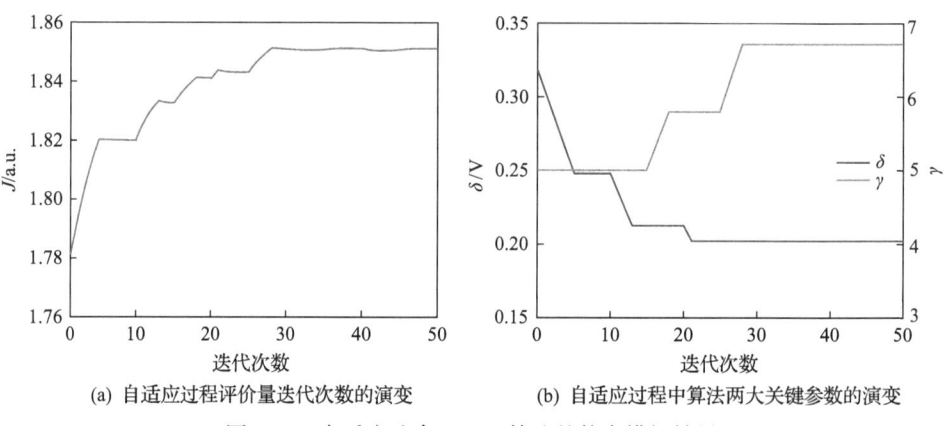

图 7.22　自适应选参 SPGD 算法的静态模拟结果

其中，图 7.22(a)展示出了自适应过程评价量随算法自适应优化迭代次数的演变，随着自适应过程的逐步推进，评价量呈现出上升趋势，这意味着自适应优化逻辑有效地改善了相位差校正过程的性能（反馈光强曲线整体上不断向其极大值逼近）；图 7.22(b)展示出了与图 7.22(a)中自适应过程相对应的算法两大关键参数的演变，图中结果显示，扰动幅度 δ 与增益系数 γ 两关键参数以每轮 5 次、轮流交替的方式进行了自适应更新，随着自适应过程的逐步推进，扰动幅度 δ 整体上呈现出下降趋势，而增益系数 γ 则与之相反，整体上呈现出上升趋势。总之，正是两关键参数自适应地进行了如图 7.22(b)所示的更新，才使得评价量呈现出如图 7.22(a)所示的改善。

接下来，对基于自适应选参 SPGD 算法的相位控制过程进行动态模拟。这里，两子光束之间的相位差设置由静态初始相位差转变为随机改变的动态噪声相位差，其余的算法模拟背景设置与上述静态模拟的相应处理一致。在数值模拟中，采用自适应选参 SPGD 算法对系统在一段较长时间窗口内的动态相位差进行校正，算法中的两大关键参数即扰动幅度 δ 与增益系数 γ 在这一校正过程中逐渐得到训练并进行自适应优化。值得指出的是，当某一算法参数向正向或负向进行微小试探变化后，均应等待一小段时间微元(以保证算法完成多次 SPGD 算法内核循环迭代，这一小段时间微元称为观测时间)来获取这段微元时间内的评价量(反馈光强的均值或标准差)，也就是说，在本自适应选参 SPGD 算法中，自适应更新逻辑带宽应明显小于 SPGD 算法内核控制带宽，通过这种时间统计过程得到的评价量可以有效消除动态相位噪声对合成光强的随机性影响，使得评价量指标更加可信。将评价量随着自适应过程推进而发生的演变记录下来，就可以判断该算法的稳定性。具体地，表 7.3 列出了模拟中涉及的相关参数设置。

表 7.3　自适应选参 SPGD 算法的动态数值模拟参数

参数	取值
初始相位差	3rad
相位调制器半波电压	1.6V
初始扰动幅度	0.32V
初始增益系数	5
参数正向变化倍率因子	0.95
参数负向变化倍率因子	1.05
评判量判别触发边界	±0.001(差值比较)或 1±0.001(比值比较)
SPGD 算法内核控制带宽	50kHz
自适应更新逻辑带宽	50Hz

数值模拟中发现，无论将评价量设置为合成光强在观测时间内的均值或标准差，还是在比较 J_+ 和 J_- 的优劣关系时采用差值比较或比值比较，均不影响该算法的可靠执行，在这些不同设置情形下，算法参数都表现出相似的自适应优化演变结果，这反映出所述自适应选参 SPGD 算法无须严苛的算法调试过程就可以实现有效、稳定的自适应优化。

在这里，本节中选择的评价量为反馈光强在观测时间内的均值、J_+ 和 J_- 的优劣关系采用比值比较方式，对于其他设置情形则不再赘述。数值模拟结果如图 7.23 所示。

图 7.23(a) 显示出了执行算法之前，反馈光强受动态相位噪声影响在极小值 0 与极大值 2 之间不断随机波动的情况，证实了本动态模拟物理背景设置的合理性；图 7.23(b) 显示出了在执行算法之后，因动态相位噪声被实时校正而反馈光强收敛

(a) 执行算法之前反馈光强受动态相位噪声影响而不断随机波动的情况

(b) 执行算法之后因动态相位噪声被实时校正而反馈光强收敛至极大值附近的情况

(c) 自适应过程评价量随算法自适应优化迭代次数的演变

(d) 自适应过程中算法两大关键参数的演变

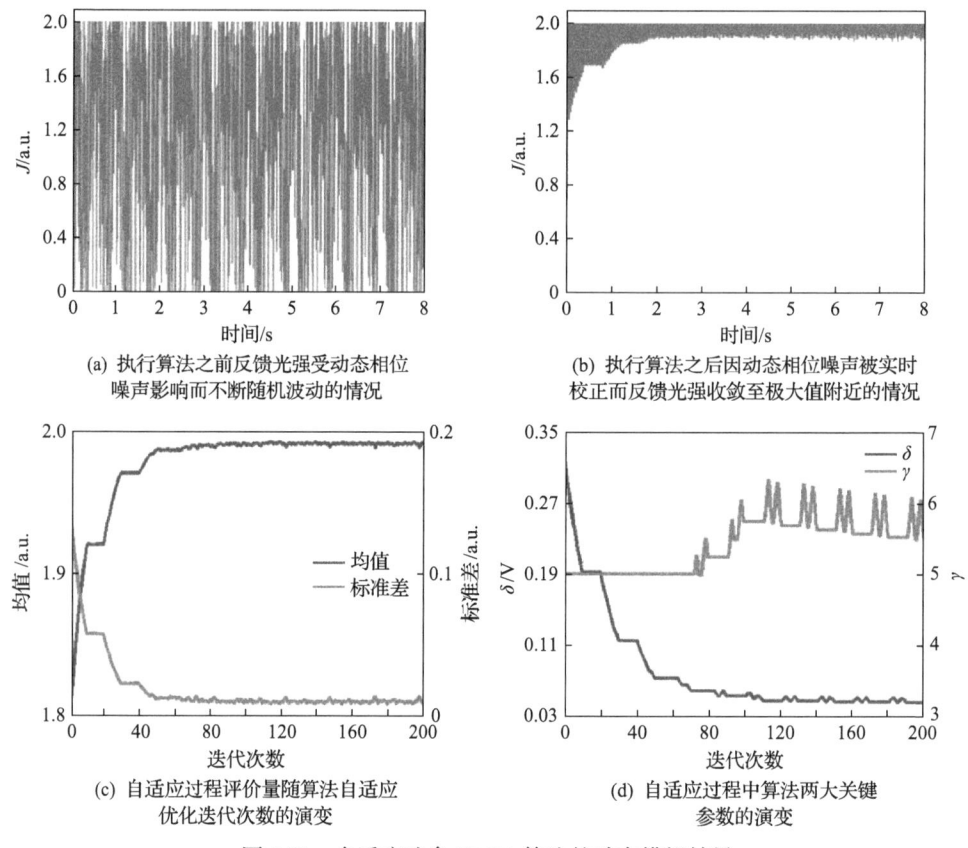

图 7.23　自适应选参 SPGD 算法的动态模拟结果

至极大值附近的情况，值得特别指出的是，与常规基本型 SPGD 算法不同，在执行本自适应选参 SPGD 算法之后，反馈光强不但可以稳定收敛至极大值附近，更重要的是，随着时间推进，这种收敛过程还可以自适应地变得更加平稳，与该算法的预期效果一致；图 7.23(c)显示出了自适应过程评价量随算法自适应优化迭代次数的演变，图中结果显示，随着自适应过程的逐步推进，均值评价量呈现出上升趋势(合成效率得到提高)，标准差评价量呈现出下降趋势(相位控制残余误差得到减弱)，这意味着自适应优化逻辑有效地改善了相位差校正过程的性能；图 7.23(d)显示出了与图 7.23(b)、(c)中自适应过程相对应的算法两大关键参数的演变，图中结果与预期设定结果一致，扰动幅度 δ 与增益系数 γ 两关键参数以每轮 5 次、轮流交替的方式进行了自适应更新，随着自适应过程的逐步推进，扰动幅度 δ 整体上呈现出下降趋势，而增益系数 γ 则与之相反，整体上呈现出上升趋势。总之，正是两关键参数自适应地进行了如图 7.23(d)所示的更新，才使得自适应过程呈现出如图 7.23(b)、(c)所示的改善。

7.3.3 SPGD 算法应用实例

1. 基本型 SPGD 算法验证

7.3.2 节从算法逻辑与数值模拟两个方面说明了 SPGD 算法用于相干合成相位控制的基本原理。接下来，通过使用 DSP（数字信号处理）编程开发软件 CCS 将上述 SPGD 算法逻辑以简洁、高效的 C 语言格式进行了程序编制。接下来，将基于 SPGD 算法的主动相位控制系统应用于超短脉冲光纤激光相干合成，采用实验手段验证该系统的可靠性。实验验证实例的系统方案如图 7.24 所示。

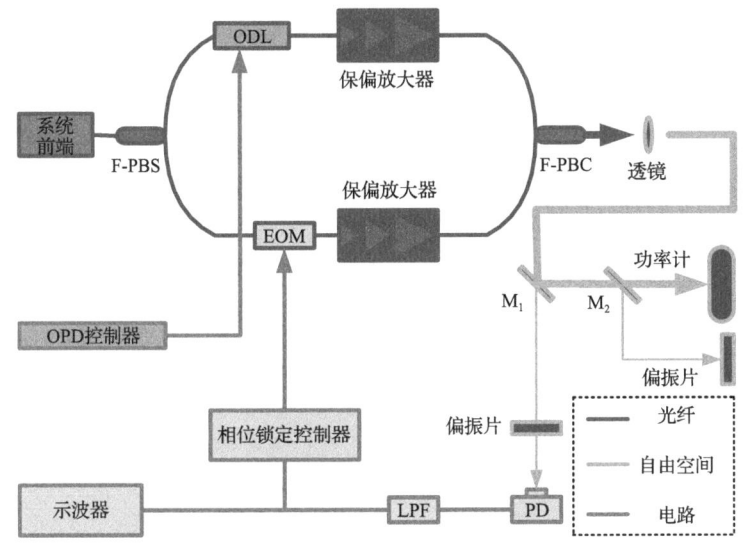

图 7.24 基于 DSP 的 SPGD 主动相位控制算法实验验证系统方案
EOM 指电光调制器，OPD 指光程差，PD 指光电二极管探头

种子脉冲经分束、并行放大传输、重新合束后形成相干合成系统的基本结构，在此基础上，经过光程差匹配之后，两路子光束在合成端产生相干叠加效应。图 7.25(a)～

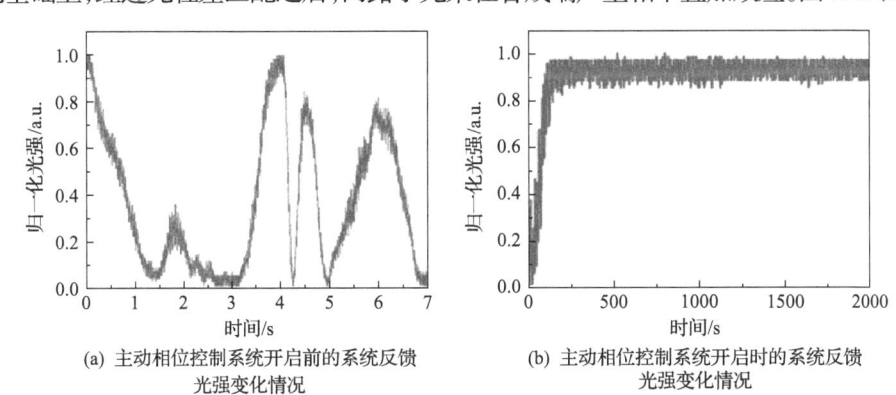

(a) 主动相位控制系统开启前的系统反馈
光强变化情况

(b) 主动相位控制系统开启时的系统反馈
光强变化情况

(c) 主动相位控制系统开启后的系统反馈
光强变化情况

(d) 主动相位控制系统开启前后系统反馈光
强的频域功率谱密度分布情况对比

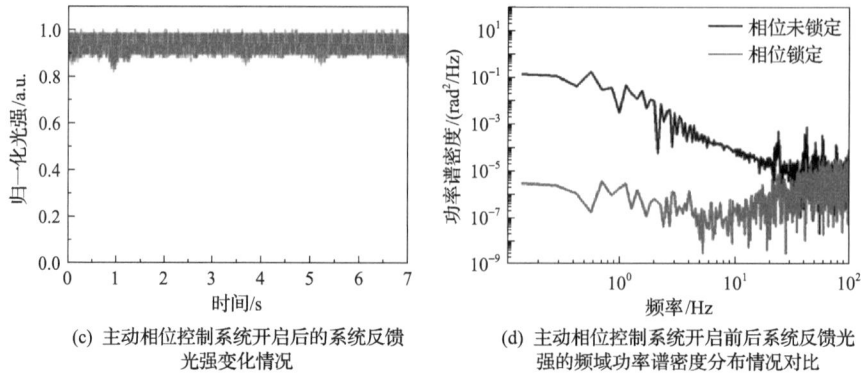

图 7.25 基于 DSP 的主动相位控制系统实验结果

(c) 分别给出了主动相位控制系统开启前、开启时、开启后的系统反馈光强变化情况。可以看出,在开启主动相位控制系统之前,两路子光束之间的相位差随时间不断随机改变,由此导致反馈信号光强在极大值与极小值之间随机起伏(图 7.25(a));在开启主动相位控制系统之后,两路子光束之间的相位差被实时补偿锁定至 0 附近,由此导致反馈光强迅速上升(图 7.25(b));之后始终维持在极大值附近(图 7.25(c)),这表明此主动相位控制软硬件系统均是有效可靠的;进一步,图 7.25(d)展示出了主动相位控制系统开启前后系统反馈光强的频域功率谱密度分布情况对比,可以看出,与主动相位控制系统开启之前相比,该系统开启之后反馈信号光强的功率谱密度的低频成分显著降低,这就从频谱角度证实该系统可以有效抑制相位噪声,以保证稳定的相干合成输出。

2. 自适应选参 SPGD 算法验证

本部分的自适应选参 SPGD 算法验证实例仍采用如图 7.24 所示的超短脉冲光纤激光相干合成系统来进行。在自适应选参 SPGD 算法中,系统评价量设置为反馈光强在一定区间内的均值、J_+ 和 J_- 的优劣关系,比较时采用比值比较方式。此外需要指出的是,与基本型 SPGD 算法实验不同的是,自适应选参 SPGD 算法初始参数调试阶段,并未对算法的扰动幅度和增益系数这两大关键参数进行反复实验选取,而是直接采用了粗略值,验证结果如图 7.26 所示。

图 7.26(a)展示出了当自适应选参 SPGD 算法开始执行之后系统反馈光强的演化情况。可以看出,与 7.3.2 节中图 7.23(b)所示的数值模拟结果一致,随着算法的执行推进,反馈信号光强不仅始终收敛在极大值附近,而且更重要的是,图中的光强曲线还逐渐变得更加平稳。这一迹象显示,算法的初始参数取值并非适合于当前实验系统的最佳值,因此光强曲线在初始阶段表现出一定程度的振荡,但随着算法的继续执行,算法的参数取值得到自适应修正,并使得光强曲线在短

(a) 算法开始执行之后系统反馈光强的演化情况 (b) 反馈光强均值与标准差的变化曲线

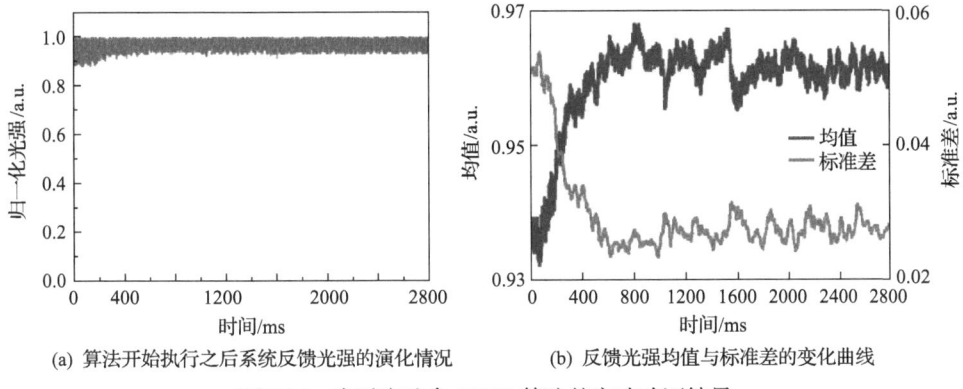

图 7.26　自适应选参 SPGD 算法的实验验证结果

时间内实现了收敛平稳优化。进一步，图 7.26(b)展示出了与图 7.26(a)所示过程相对应的反馈光强均值与标准差的变化曲线（这里的均值与标准差通过对某一光强数据点及其附近邻域内的数据点集合进行相应数学运算求得），可以看出，与图 7.23(c)中的数值模拟结果一致，随着自适应过程的逐步推进，系统的均值评价量呈现出上升趋势，标准差评价量呈现出下降趋势，这意味着自适应优化逻辑有效提升了相位差校正过程的锁相精度，实现了相位控制过程的智能优化。

综上所述，本节展示一种用于智能相干控制的自适应选参 SPGD 算法，并从控制逻辑、数值模拟及实例验证角度论证了该算法的有效性。该算法可以依据实际运行效果而自动、实时地对算法中的调制幅度与增益系数这两大关键参数进行自适应的智能更新，从而对算法的运行效果进行自优化，将该算法应用于相干合成中的智能相位控制过程，有效降低了锁相误差并提升了锁相精度。

7.4　*Q*-learning 算法锁相

超短脉冲光纤激光的相干合成技术正朝着多路数发展，而相干合成路数越多对相位控制技术的要求就越严格，目前应用较多的主动相位控制技术都难以满足需求，LOCSET 算法需要对每一路子光束进行射频调制，限制了该算法在多路相干合成上的应用。SPGD 算法需要更多次的迭代才能实现收敛，这影响着合成效率，而且 SPGD 算法有两个相互制约的参数，使得其调试复杂。为了满足多路超短脉冲光纤激光相干合成的相位控制需求，研究人员提出了强化学习算法。

强化学习算法是一种无模型的机器学习算法，它与其他机器学习算法的区别是不需要进行监督学习。在强化学习中，智能体与环境进行交互，交互产生样本和环境反馈，然后智能体根据产生的样本和环境反馈进行强化学习，最终达到目标环境状态。根据更新的方式不同，强化学习算法可以分为基于值函数的算法和基于策略的算法,基于值函数的算法包括 Q-learning 算法、SARSA 算法、Deep Q-learning 算法等。其中,Q-learning 算法通过建立一个 Q 值表来找到一个最优的策略,使得该策略能够最大化从当前状态到最后状态的累积奖励,该算法的核心在于 Q 值表的更新。作为相干合成领域的一种新的主动相位控制算法,Q-learning 算法有望突破目前相干合成的路数上限。

7.4.1 Q-learning 算法基本原理

整个 Q-learning 算法系统由智能体、状态、奖赏、动作和环境五部分组成,其关系如图 7.27 所示。

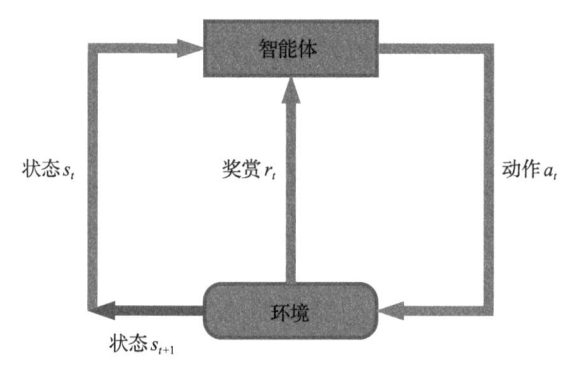

图 7.27 Q-learning 算法系统原理图

智能体某一时刻 t 在其所处的环境中有一个状态 s_t,智能体感知到环境状态 s_t 后使用某一个策略选定一个动作 a_t,智能体执行动作 a_t 后对环境产生影响,导致环境从状态 s_t 变为 s_{t+1},同时回报一个奖励 r_t 给智能体。智能体通过不断地试错,使得累积奖励值最大,这就是智能体学习的过程。

在 Q-learning 算法中,最重要的是奖励,有了奖励才能判断价值。从短期来看,智能体应该选择奖励最大的动作,但是从长远的角度,智能体需要选择价值最大的动作。这是因为强化学习训练是希望智能体在整个生命周期内获得最大的累积奖励。而在实际的学习训练中,价值函数与智能体整个生命周期所做出的动作奖励有关,所以确定价值函数是十分困难的,大多数 Q-learning 算法都是研究如何估计价值函数。

1. Q-learning 算法数学模型

Q-learning 算法的核心思想是建立一个状态和动作的价值表来储存状态动作值,该值称为 Q 值,智能体依据这个价值表进行动作选取[31]。

假定智能体符合图 7.27 的强化学习系统。在某一时刻 t,智能体根据当前

第7章 超短脉冲光纤激光相干合成

获取的环境状态 s_t 从动作空间 A 中选择一个动作 a_t 去执行。智能体执行完动作后，环境将返回智能体一个奖励 r_t，然后环境状态由 s_t 转移到新的环境状态 s_{t+1}。智能体的目的是在与环境交互的过程中找到最佳动作策略 π^*，从而可以在任何状态 s 和任何时间步长 t 上获得最大的长期累积奖励。累积奖励用 U 表示，U 表示为

$$U = \sum_{k=0}^{\infty} \gamma^k r_{t+k}, \quad 0 \leqslant \gamma \leqslant 1 \tag{7.19}$$

式中，$\gamma \in [0,1]$ 为折扣因子，γ 越接近 1，表示智能体越重视未来，越接近 0 表示智能体越重视现在；k 为时间步数；r_{t+k} 为在状态 s_{t+k} 下的奖励值。由此状态值函数定义为从某个状态 s 执行策略 π 的累积折扣奖励的期望：

$$\begin{aligned} V^{\pi}(s) &= E^{\pi}(U_t \mid s_t = s) \\ &= \sum_{a \in A} \pi(a \mid s) \left(R_s^a + \gamma \sum_{s'} P(s,a,s') V^{\pi}(s') \right) \\ &= E^{\pi}(R_s^a + \gamma V^{\pi}(s_{t+1}) \mid s_t = s) \end{aligned} \tag{7.20}$$

式中，$\pi(a \mid s)$ 为状态 s 被确定时动作 a 的概率分布；$P(s,a,s')$ 为从状态 s 过渡到 s' 的概率。同时，状态动作值函数定义为在特定状态 s 下执行动作 a 并随后执行策略 π 的累积折扣奖励的期望，即

$$\begin{aligned} Q^{\pi}(s,a) &= E^{\pi}(U_t \mid s_t = s, A_t = a) \\ &= E^{\pi}(R_s^a + \gamma Q^{\pi}(s_{t+1}, A_{t+1}) \mid s_t = s, A_t = a) \end{aligned} \tag{7.21}$$

强化学习的目的是获得最优的策略 π^*，即

$$\pi^* = \arg\max_{\pi} V^{\pi}(s,a) \tag{7.22}$$

通过蒙特卡罗（MC）抽样计算方法，得出 $V^{\pi}(s,a)$ 和 $Q^{\pi}(s,a)$ 的更新公式为

$$V(s_t) = V(s_t) + \alpha(R - V(s_t)) \tag{7.23}$$

$$Q(s_t, a_t) = Q(s_t, a_t) + \alpha(R - Q(s_t, a_t)) \tag{7.24}$$

其中，α 为学习效率，其值为 0～1；R 为累积奖励，可以用 $R \approx r_t + \gamma V(s_{t+1})$ 和 $R \approx r_t + \gamma Q(s_{t+1}, a_{t+1})$ 来近似。所以式(7.23)和式(7.24)的时间差分形式可以写为

$$V(s_t) = V(s_t) + \alpha(r_t + \gamma V(s_{t+1}) - V(s_t)) \tag{7.25}$$

$$Q(s_t,a_t) = Q(s_t,a_t) + \alpha(r_t + \gamma Q(s_{t+1},a_{t+1}) - Q(s_t,a_t)) \tag{7.26}$$

Q-learning 算法的核心是构造一个 Q 值表来存储状态动作值函数 $Q(s,a)$，并通过学习获得最优的动作值函数 $Q^*(s,a)$。根据时间差分原理，Q 值表更新如下：

$$Q(s_t,a_t) \leftarrow Q(s_t,a_t) + \alpha(r_t + \gamma \max_{a_{t+1}} Q(s_{t+1},a) - Q(s_t,a_t)) \tag{7.27}$$

Q-learning 算法基于贪婪策略选择最佳动作 a^*：

$$a_t^* = \arg\max_{a \in A} Q(s_t,a) \tag{7.28}$$

然而该策略的探索性不是很强。通常使用 ε- 贪婪策略来进行动作选择，即

$$a_t^* = \begin{cases} \arg\max\limits_{a \in A} Q(s_t,a)(1-\varepsilon) \\ \forall a \in A \mid P(a) = \dfrac{\varepsilon}{|A|} \end{cases} \tag{7.29}$$

在这种策略中，智能体保持贪婪的可能性为 $1-\varepsilon$，而有 ε 的概率从动作空间 A 中随机选择动作。ε 的值越大，表示对解空间的探索越多。Q-learning 算法的伪代码如算法 7.1 所示。

算法 7.1　Q-learning 算法

初始化 $Q(s,a)$
重复(每一循环)
　　初始化 s
　　重复(循环的每一步)
　　　　利用由 Q 导出的 ε-贪婪策略从 s 中选择 a
　　　　执行动作 a，观察 r, s_{t+1}
　　　　$Q(s,a) \leftarrow Q(s,a) + \alpha(r + \gamma \max\limits_{a_{t+1}} Q(s_{t+1},a_{t+1}) - Q(s_t,a_t))$
　　　　$s \leftarrow s_{t+1}$
　　直到 s 结束

---

2. 相干合成中的 Q-learning 算法模型

在主动相位控制的相干合成中，智能体的环境状态 s 的表达式为

$$s = \max\left\{\frac{I(x,y)}{\max\{I_0(x,y)\}}\right\}, \quad s \in [0,1] \tag{7.30}$$

式中，$I_0(x,y)$ 是各个子光束相位噪声为零时的光强，或是该相干合成系统所能获得的最大光强。显然，状态 s 与 i 路之间的相位 φ_i 存在着映射关系，即有

$$s=f(\varphi_1,\varphi_2,\cdots,\varphi_i), \quad i=1,2,\cdots,N \tag{7.31}$$

因此，相干合成的相位控制问题是一个无约束的时序优化问题。在每次进行锁相时，时间步数接近无限。所以智能体需要在运行时一直保持训练状态，即使环境状态达到了最大值，训练也不能停止。所以设置 Q-learning 算法中的折扣率为 0.1，学习效率为 1，让智能体注重当前状态同时也使得其学习速度最快。设置 ε-贪婪策略中的 ε 为 0.3，让智能体拥有一定的探索性。

在相干合成中使用 Q-learning 算法，首先需要为智能体找到合适的动作空间 A，即智能体某一时刻所能执行动作的全部情况。在 N 路子光束的相干合成相位控制中，智能体在某一时刻 t，执行一个 N 维动作矢量 a_t 接近当前的相位噪声 φ_t，即

$$\varphi_{t+1} = \varphi_t + a_t \tag{7.32}$$

所以对于第 i 路子光束，智能体对它的相位调节有两种不同的动作，即

$$a_i^j = j\Delta\varphi, \quad j = 1, -1 \tag{7.33}$$

其中，$\Delta\varphi$ 为动作值；j 为动作的正负。动作空间 A 表示智能体能够执行动作的所有情况。在时刻 t 时，智能体输出的动作矢量为

$$a_t = \left[a_1^j, a_2^j, \cdots, a_N^j\right] \tag{7.34}$$

因此，动作空间 A 由 j 的所有排列和组合组成，其表达式为

$$A = \Delta\varphi \begin{bmatrix} j_{11} & \cdots & j_{1y} & \cdots & j_{1n} \\ \vdots & & \vdots & & \vdots \\ j_{x1} & \cdots & j_{xy} & \cdots & j_{xn} \\ \vdots & & \vdots & & \vdots \\ j_{m1} & \cdots & j_{my} & \cdots & j_{mn} \end{bmatrix}, \quad j = \begin{cases} -1, & \left\lceil \dfrac{x}{2^{(y-1)}} \right\rceil \bmod 2 = 0 \\ 1, & \text{其他} \end{cases}, \quad n = 2^N, m = N \tag{7.35}$$

动作空间 A 的大小为 2^N。显然，当相干合成路数 N 较大时，动作空间 A 的维度也较大，这会导致强化学习中的维数灾难。为了解决该问题，有下面两种解决方案。一种是使用神经网络找到动作空间和状态值之间的函数关系，这样就能将动作空间用一个函数表示出来，此时的 Q-learning 算法就变成了著名的 Deep Q-learning 算法[32]。

本书中使用一种分割动作空间的方法,将 N 路子光束分成 n 部分,这样动作空间 A 由式(7.36)表示:

$$a'=\Delta\varphi \begin{bmatrix} j_{11} & \cdots & j_{1y} & \cdots & j_{1n} \\ \vdots & & \vdots & & \vdots \\ j_{x1} & \cdots & j_{xy} & \cdots & j_{xn} \\ \vdots & & \vdots & & \vdots \\ j_{m1} & \cdots & j_{my} & \cdots & j_{mn} \end{bmatrix}, \quad j = \begin{cases} -1, & \left\lceil \dfrac{x}{2^{(y-1)}} \right\rceil \bmod 2 = 0 \\ 1, & \text{其他} \end{cases}, \quad n=2^k, m=k, k=\dfrac{N}{c}$$

(7.36)

然后,智能体在时刻 t 时所执行的动作 a_t 由下面的式子表示:

$$a_t = [\underbrace{0,\cdots,0}_{d}, a'_y, \underbrace{0,\cdots,0}_{c-d}], \quad d=0,1,2,\cdots,c-1 \tag{7.37}$$

式中,a'_y 是矩阵 a' 中的第 y 列。因此,智能体的动作空间 A 可以定义为

$$A = \underbrace{\begin{bmatrix} a' \\ 0 \\ 0 \\ \vdots \\ 0 \\ 0 \end{bmatrix}, \begin{bmatrix} 0 \\ \vdots \\ a' \\ 0 \\ \vdots \\ 0 \end{bmatrix}, \cdots, \begin{bmatrix} 0 \\ 0 \\ \vdots \\ 0 \\ 0 \\ a' \end{bmatrix}}_{c} \tag{7.38}$$

这样动作空间 A 就变为了一个 $N\times(n\times 2^k)$ 大小的矩阵,其列数就是动作空间 A 的大小,为 $n\times 2^k$。式(7.35)和式(7.38)都是智能体的动作空间,需要根据相干合成中路数的多少来确定动作空间。一般来说,当路数超过 8 时,就需要对动作空间进行一定的优化。

如果在相干合成中,使用光电探测器进行相干合成光束的光强探测,那么智能体所能获得的状态就是光电探测器的电流,可以直接使用光电探测器的电流(也可以对其进行归一化处理)作为智能体所能获取的环境状态 s。又因为智能体的状态空间 S 必须是离散的,才能建立状态动作表(Q 值表),所以可以使用相邻两个时刻的环境状态差对状态空间进行离散处理,即 $\Delta s_t = s_t - s_{t-1}$,所以可以定义智能体的状态空间 S 为

$$S = \begin{cases} 1, & \Delta s_t > 0 \\ 0, & \Delta s_t = 0 \\ -1, & \Delta s_t < 0 \end{cases} \quad (7.39)$$

此时，Q值表的维数为$3 \times n \times 2^k$，此时Q值表的长度还是很大。为了减小Q值表的大小，必须对其维度进行压缩。注意到，相干合成中环境状态与时间存在映射关系，所以不妨将状态空间省去，利用奖励函数来表示每个动作执行后的Q值。即奖励函数可以写为

$$r_t = \begin{cases} s_t, & \Delta s_t \geqslant 0 \\ -10\max\{S\}, & \Delta s_t < 0 \end{cases} \quad (7.40)$$

在相干合成中，智能体获得的环境状态一般是光电探测器的电压(也可以是光场分布)，所以当智能体检测到环境状态即光电探测器的电压升高时，它会获得一个正的奖励；而如果光电探测器的电压降低，那么它得到一个负的奖励。这样会使得智能体的动作选择趋向光电探测器的电压升高，最终实现相位锁定。

7.4.2 Q-learning 算法模拟分析

1. Q-learning 算法流程图

根据7.4.1节给出的Q-learning算法在相干合成中的数学模型，得到Q-learning算法在相干合成中的程序流程如图7.28所示。

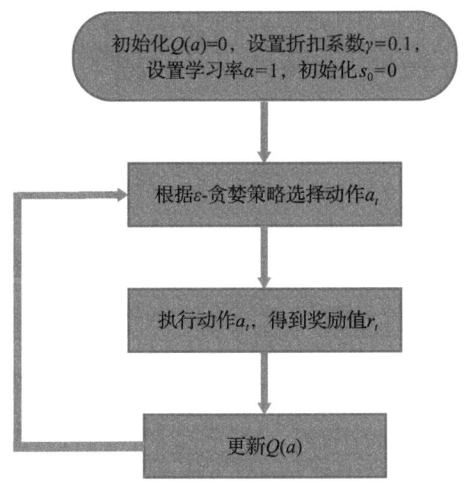

图 7.28 Q-learning 算法应用在相干合成中的程序流程图

由图 7.28 可以看出，Q-learning 算法首先需要建立一个一维的、长度为动作

空间大小的 Q 值表，Q 值表里面的每个元素的值为 $Q(a)$。然后设置折扣系数 γ 为 0.1，设置学习率 α 为 1，初始化最初的环境状态。接着根据 ε-贪婪策略从动作空间里面选择动作 a_t，之后执行动作 a_t，再得到一个奖励值 r_t。然后使用式(7.41)对 Q 值表进行更新，最后又继续选择动作，重复迭代。

$$Q(a_t) \leftarrow Q(a_t) + \alpha(r_t + \gamma \max Q(a) - Q(a_t)) \tag{7.41}$$

2. Q-learning 算法模拟分析

为了研究 Q-learning 算法在多路下是否依旧可行，建立了动态的相干合成系统。从时域相干合成原理可以看出，造成光强下降的主要原因是环境噪声导致了两个子脉冲在合成时存在相位差，所以通过给每路光束添加动态相位噪声，可以建立相干合成动态相位噪声模型。

1) 噪声模型

对于一个相干合成系统，其需要合成的子光束可以看成基模高斯光束。设合成的基模高斯光束的波长为1064nm，束腰半径为 7.5mm，目标屏与出射点的距离为 1m，目标屏大小为 300×300 像素。为了更好地模拟脉冲相位在光纤中的变化，对每一路光引入一个相位噪声。影响相干合成的噪声主要是低频噪声，所以通过白噪声滤波的方式产生一个相位噪声，保证其频率在 1kHz 以下。模拟的时钟频率为200kHz（FPGA 能够到达 100MHz 的频率），产生的相位噪声频率如图 7.29(a)所示，幅值如图 7.29(b)所示。

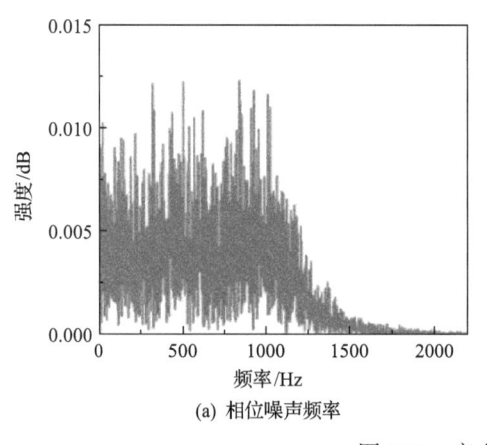

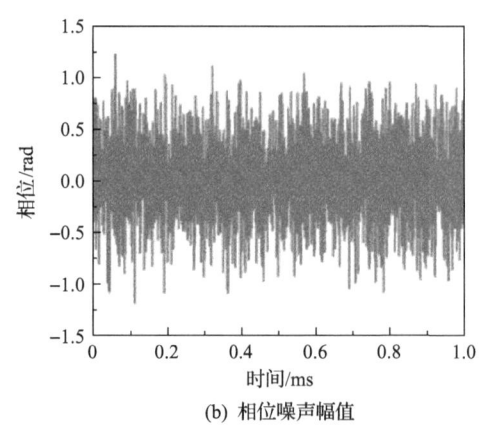

(a) 相位噪声频率

(b) 相位噪声幅值

图 7.29 产生的相位噪声

由图 7.29(a)可以看出，噪声频率在 1kHz 处开始下降，到 1.5kHz 基本消失。由图 7.29(b)可以看出，噪声的幅值在 $-1.5 \sim 1.5$rad。在 4 路光的相干合成模型中，一般选择 1 路光为参考光束，给其他 3 路光添加相位噪声。添加的相位噪声之间

第7章 超短脉冲光纤激光相干合成

彼此有 0.5π 的相位差，这样可以更好地模拟光纤相干合成时不同路数之间存在的光程差。噪声幅值与时间的关系如图 7.30(a) 所示，合成光束的斯特列尔比随时间的变化如图 7.30(b) 所示。

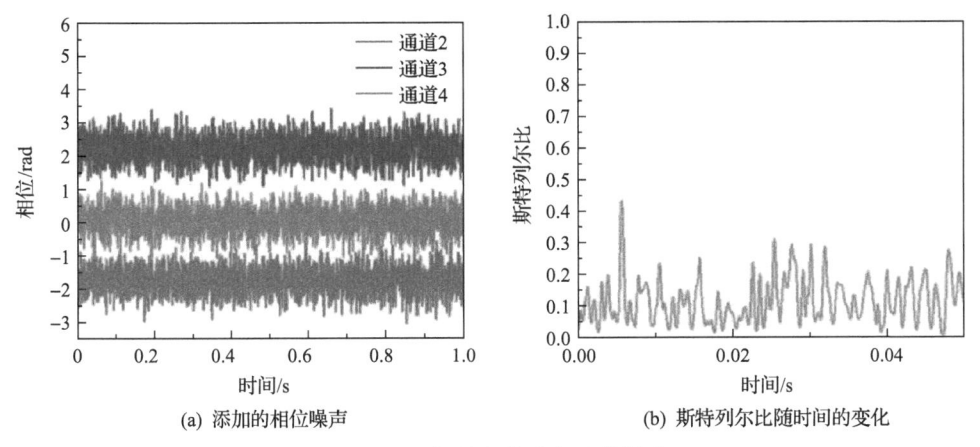

(a) 添加的相位噪声

(b) 斯特列尔比随时间的变化

图 7.30 添加的相位噪声及其影响

由图中 7.30(b) 可以看出，相位噪声和光程差对最终相干合成后的光强的影响，光程差让相干合成光强下降到一个低点，而相位噪声让相干合成光强在这个低点附近振动。

2) 两路相干合成动态模拟

首先利用上述基于白噪声滤波的相位噪声模型，对 Q-learning 算法和 SPGD 算法的两路相干合成进行了模拟，模拟结果如图 7.31 所示。

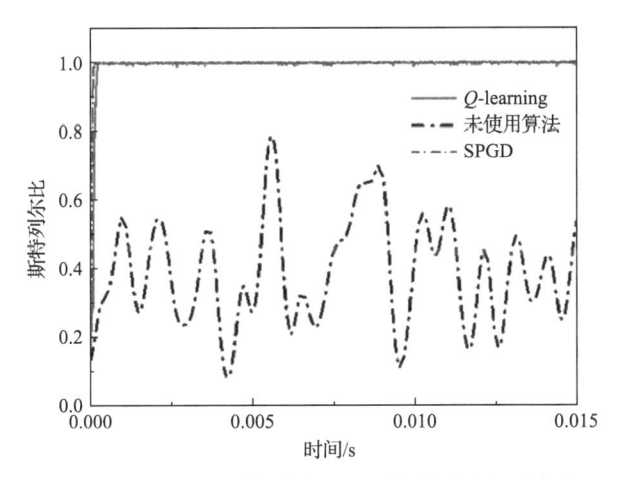

图 7.31 Q-learning 算法和 SPGD 算法两路相干合成

从图 7.31 中可以看出，SPGD 算法和 Q-learning 算法都有着很好的收敛性。

该模拟中 SPGD 算法锁相后斯特列尔比的平均值为 0.9991，而 Q-learning 算法锁相后斯特列尔比的平均值为 0.9994。在实验中，相干合成光强的降低还受诸如群延迟等其他因素的影响，而 Q-learning 的学习性使得该算法对复杂环境造成的误差有一定的容忍性，所以更加稳定。

3) 四路相干合成动态模拟

利用上述基于白噪声滤波的相位噪声模型对 Q-learning 算法和 SPGD 算法进行四路相干合成模拟。在对 SPGD 算法模拟时，对 SPGD 算法进行了参数选择，得到如图 7.32 所示的结果。

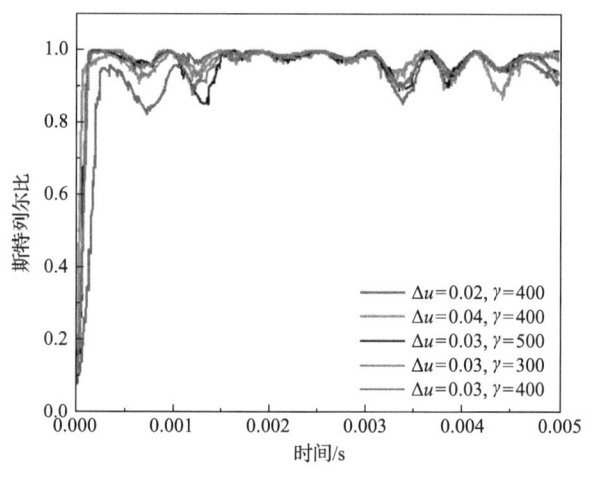

图 7.32 SPGD 算法参数选择

从图 7.32 中可以看出，先将 SPGD 算法的增益系数固定为 400，然后取随机扰动幅值为 0.02、0.03、0.04，得到合适的随机扰动幅值为 0.03；然后固定随机扰动幅值为 0.03，得到最合适的增益系数为 400。所以选择 SPGD 算法的随机扰动幅值为 Δu=0.03，增益系数为 γ=400。

对于 Q-learning 算法，设置其动作幅值为 0.03。对于四路的相干合成，可以选择其中一路为参考光束。所以实际需要进行相位控制的光路有 3 路，那么 Q-learning 算法的动作空间 A 可以用表 7.4 表示。

表 7.4 动作空间

路数	a_1	a_2	a_3	a_4	a_5	a_6	a_7	a_8
第一路	−0.03	−0.03	−0.03	−0.03	0.03	0.03	0.03	0.03
第二路	−0.03	−0.03	0.03	0.03	−0.03	−0.03	0.03	0.03
第三路	−0.03	0.03	−0.03	0.03	−0.03	0.03	−0.03	0.03

动作空间 A 的维度为 3×8，此时建立的 Q 值表的大小为 1×8 的向量，如表 7.5 所示。

表 7.5 Q 值表

a_1	a_2	a_3	a_4	a_5	a_6	a_7	a_8
$Q(a_1)$	$Q(a_2)$	$Q(a_3)$	$Q(a_4)$	$Q(a_5)$	$Q(a_6)$	$Q(a_7)$	$Q(a_8)$

在四路相干合成中运行 SPGD 算法和 Q-learning 算法，得到如图 7.33 所示的结果。

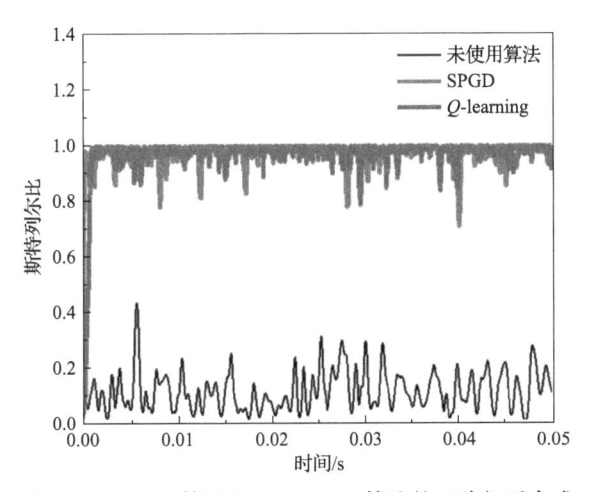

图 7.33 SPGD 算法和 Q-learning 算法的四路相干合成

由图 7.33 可以看出，Q-learning 算法在程序开始运行时收敛的速度会落后于 SPGD 算法。这是因为 Q-learning 算法刚开始运行时需要建立 Q 值表，而此时的 Q 值表中没有值，需要通过学习的方式将 Q 值表填满。随着算法的运行，Q-learning 算法的稳定性明显强于 SPGD 算法，这得益于 Q-learning 算法的学习性。同时在实际使用时，SPGD 算法需要进行两个参数的调试才能收敛，这两个参数相互相关，与环境噪声的频率和幅值都有着密切的关系，所以初始调试 SPGD 算法并不是特别容易。而 Q-learning 算法只需要调整动作幅值的大小就可以收敛，而且该值是一个与噪声幅值有关的标量，相对 SPGD 算法来说调试更加容易。

模拟结果表明 Q-learning 算法仍然可以收敛，且性能与 SPGD 算法相似。模拟结果证明了通过对 Q-learning 算法的动作空间进行分割，可以使得 Q-learning 算法应用在多路相干合成上。

7.4.3 Q-learning 算法应用实例

基于以上介绍的 Q-learning 算法，本节介绍一种时域相干合成系统实例。

1. 时域相干合成光学系统

搭建基于 FPGA 系统的两路超短脉冲时域相干合成实验装置,如图 7.34 所示。

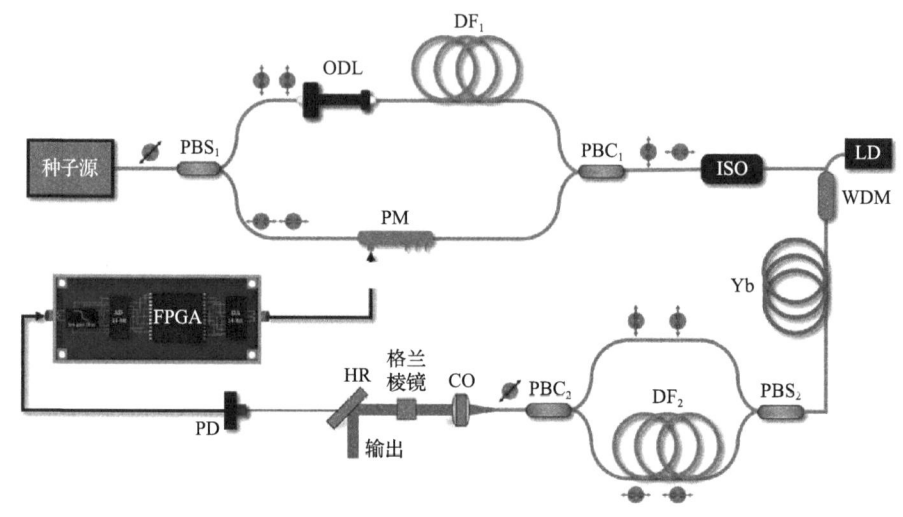

图 7.34　两路时域相干合成实验装置
DF 指延迟光纤,PM 指保偏相位调制器,CO 指准直镜

该实验装置由锁模激光振荡器、时域脉冲分割装置、保偏光纤放大器、时域合束装置和相位控制系统五大部分组成。锁模激光振荡器输出的脉冲被时域脉冲分割装置分割为包含两个子脉冲的脉冲串,为了使得两个子脉冲能够合成,需要对前一个子脉冲使用延迟光纤进行延迟。延迟后的两个子脉冲依然存在一定的光程差,需要调节延迟光纤对光程差进行精确的补偿。脉冲串被保偏光纤放大器进行放大,然后被时域合束装置合成一个脉冲进行输出,最后相位控制系统探测输出脉冲的光强信息,实现两个子脉冲的相位锁定。

2. 时域相干合成实验分析

利用上述两路超短脉冲光纤激光时域相干合成实验装置,验证 Q-learning 算法的可行性。Q-learning 模块输入的是光电探测器在时间 t 处的光电流 I_t,而智能体从环境中得到的状态 S_t 为

$$S_t = I_t / \max\{I\} \tag{7.42}$$

式中,I 为两路子脉冲相位差为 0 时,光电探测器获得的光强。

对于两路超短脉冲光纤激光时域相干合成实验装置,Q-leaning 算法的学习率 α 设置为 1,折扣率 γ 设置为 0.1。为了保证算法具有一定的探索性,设置 ε-贪婪

第 7 章 超短脉冲光纤激光相干合成

策略的概率 ε 为 0.3。智能体从动作空间 A 中选择一个动作 a 进行执行,动作 a 的大小被设置为 5 个单位,即为 2.45mV,那么动作空间 A 为[-5unit,5unit]。据此可以建立一个大小为 1×2 的 Q 值表。智能体执行一个动作 a,则 Q-learning 模块给相位调制器一个输入电压 U,该电压的大小为 $U=U+a$。智能体执行动作 a 后环境返回给智能体一个奖励函数为

$$r_t = \begin{cases} s_t, & \Delta s_t \geqslant 0 \\ -10, & \Delta s_t < 0 \end{cases}, \quad \Delta s_t = s_t - s_{t-1} \tag{7.43}$$

最后通过式(7.41)对 Q 值表中的 Q 值进行更新。将上述算法部署在 FPGA 中,得到实验运行结果如图 7.35 所示。

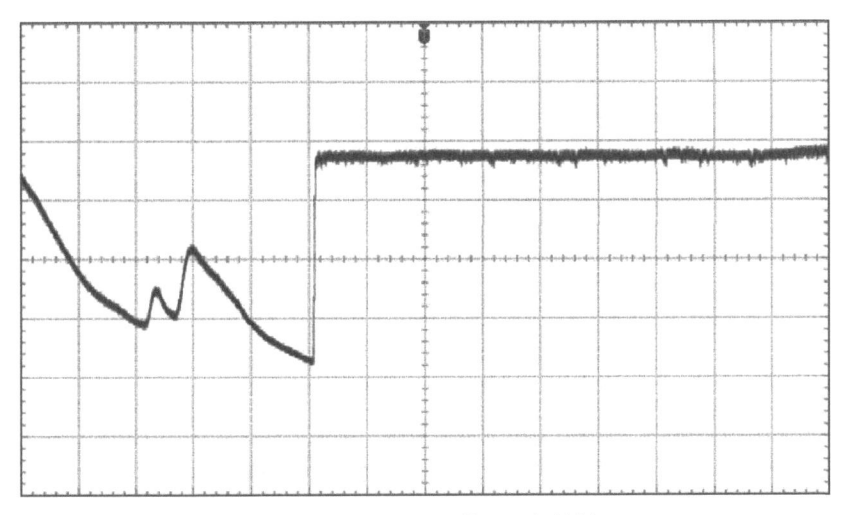

图 7.35 Q-learning 算法运行结果

从图 7.35 中可以看到,未运行 Q-learning 算法时,光电探测器电压上下浮动,这是因为环境振动导致两个子脉冲之间出现相位差,从而影响了相干合成的效率。而在运行 Q-learning 算法后,光电探测器电压迅速上升,并趋于稳定,这说明 Q-learning 算法对两个子脉冲之间的相位差进行了补偿。实验结果证明了 Q-learning 算法在相干合成中进行锁相是可行的,而且能够实现长时间的稳定锁相。

为了对比 Q-learning 算法和 SPGD 算法的性能,使用 Q-learning 算法和 SPGD 算法对两路超短脉冲光纤激光时域相干合成锁相,得到的光电探测器电压随时间变化的趋势如图 7.36 所示。

从图 7.36 中可以看到,当未进行锁相时,光电探测器电压浮动大,此时光强不稳定。而运行 SPGD 算法锁相后,光电探测器电压稳定在一个区间,此时电压的平均值为 0.85V。然后使用 Q-learning 算法进行锁相,此时光电探测器电压的平

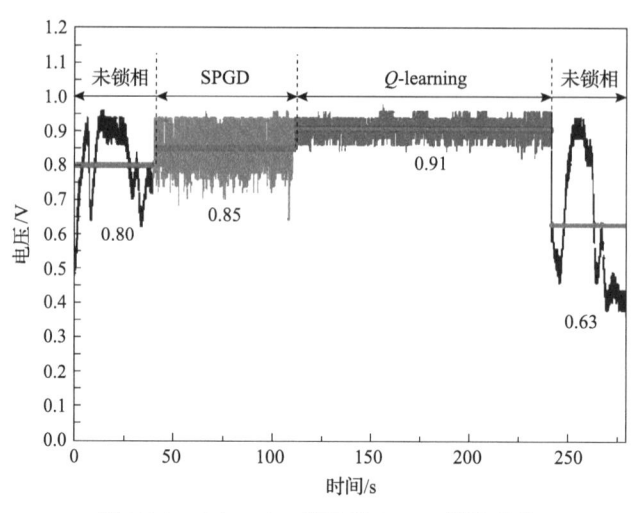

图 7.36 Q-learning 算法和 SPGD 算法对比

均值为 0.91V。从图中可以看出 SPGD 算法的电压稳定区间比 Q-learning 算法要大，该实例说明 Q-learning 算法的稳定性优于 SPGD 算法；而这得益于 Q-learning 算法具有一定的学习性，能够根据当前环境状态学习，使得其稳定性优于 SPGD 算法。从图中还可以看出，在 100s 的锁相后 Q-learning 算法依然稳定，这进一步证明了 Q-learning 算法能够进行长时间稳定的锁相。但是随着相干合成路数的增加，Q-learning 算法的 Q 值表大小呈指数上升，这会导致 Q-learning 算法的学习时间越来越长，导致在相干合成中算法不收敛。在后续应用中，将动作空间在时域上分离能够大大减小 Q-learning 算法 Q 值表的大小。

本章介绍了超短脉冲光纤激光相干合成领域中几种常用的相位控制技术，包括 LOCSET 算法、SPGD 算法、Q-learning 算法，每种算法具有不同的特点。其中，LOCSET 算法能够实现系统稳定输出，不需要参考光路，仅需要一个探测器和 N 个相位解调电路，但是合成路数的增多对系统的控制带宽的要求提高，并且系统的相位解调电路的复杂度也提高，甚至难以实现相位控制；基于 SPGD 算法的主动相位控制技术与前者相比，系统结构更简单，只需要一个简单的控制系统就能进行相位的控制，该算法能够进行大规模的相干合成，但是随着相干合成路数的增加，SPGD 算法需要更多次的迭代才能实现收敛，这影响着合成效率，并且其调试较为复杂；以人工智能技术为基础的 Q-learning 算法有望解决相干合成时路数上限的问题，但是目前该算法在多路相干合成中存在一定困难。目前在超短脉冲光纤激光相干合成领域，主动相位控制技术的目标就是提高合成效率、扩展合成路数上限，可以将几种相位控制算法联合起来，应用于相干合成系统中，如 HC 锁相技术与 LOCSET 算法结合使用、SPGD 算法与强化学习算法结合使用，使主动相位控制技术向着智能化和多样化方向发展。

近年来，超短脉冲光纤激光的时域、空域相干合成技术取得快速发展，但在拓展合成路数、提高输出功率、进行光纤化集成等方面，出现了相干调控参数多、因素相互串扰、非线性积累严重等一系列新问题。因此，国内本领域发展的重点就在于攻克理论建模、算法设计、智能调控等诸多科学和关键技术难题，实现可调可控的智能光，同时结合飞秒脉冲的非线性放大、非线性光谱展宽与压缩等技术手段，进一步提高放大效率和压窄脉冲宽度，最终实现高平均功率、高峰值功率的超短脉冲光纤激光输出，为阿秒激光、高次谐波、精密加工以及大科学装置等应用提供必不可少的强大工具，同时为打破西方国家对我国在该激光技术领域的封锁和国际垄断，发展自主知识产权的优质超短脉冲光源奠定坚实的基础。

参 考 文 献

[1] Eidam T, Hanf S, Seise E, et al. Femtosecond fiber CPA system emitting 830W average output power[J]. Optics Letters, 2010,35(2): 94-96.

[2] Wan P, Yang L M, Liu J. All fiber-based Yb-doped high energy, high power femtosecond fiber lasers[J]. Optics Express, 2013, 21(24): 29854-29859.

[3] Eidam T, Rothhardt J, Stutzki F, et al. Fiber chirped-pulse amplification system emitting 38GW peak power[J]. Optics Express, 2010, 19(1): 255-260.

[4] Strickland D, Mourou G. Compression of amplified chirped optical pulses[J]. Optics Communications, 1985, 55(6): 447-449.

[5] Stutzki F, Jansen F, Otto H J, et al. Designing advanced very-large-mode-area fibers for power scaling of fiber-laser systems[J]. Optica, 2014, 1(4): 233-242.

[6] Ma X Q, Zhu C, Hu I N, et al. Single-mode chirally-coupled-core fibers with larger than 50μm diameter cores[J]. Optics Express, 2014, 22(8): 9206.

[7] Dawson J W, Messerly M J, Beach R J, et al. Analysis of the scalability of diffraction-limited fiber lasers and amplifiers to high average power[J]. Optics Express, 2008, 16(17): 13240-13266.

[8] Schimpf D N, Limpert J, Tüennermann A. Optimization of high performance ultrafast fiber laser systems to >10GW peak power[J]. Journal of the Optical Society of America B—Optical Physics, 2010, 27(10): 2051-2060.

[9] Müller M, Aleshire C, Klenke A, et al. 10.4kW coherently combined ultrafast fiber laser[J]. Optics Letters, 2020, 45(11): 3083-3086.

[10] Stark H, Buldt J, Müeller M, et al. 23mJ high-power fiber CPA system using electro-optically controlled divided-pulse amplification[J]. Optics Letters, 2019, 44(22): 5529-5532.

[11] Nagy T, Hädrich S, Simon P, et al. Generation of three-cycle multi-millijoule laser pulses at 318W average power[J]. Optica, 2019, 6(11): 1423-1424.

[12] Mourou G, Brocklesby B, Tajima T, et al. The future is fibre accelerators[J]. Nature Photonics,

2013, 7: 258-261.

[13] Brocklesby W S, Nilsson J, Schreiber T, et al. ICAN as a new laser paradigm for high energy, high average power femtosecond pulses[J]. The European Physical Journal Special Topics, 2014, 223(6): 1189-1195.

[14] Soulard R, Quinn M N, Mourou G. Design and properties of a coherent amplifying network laser[J]. Applied Optics, 2015, 54(15): 4640-4645.

[15] 杨康文, 郝强, 曾和平. 超短脉冲偏振分割放大技术研究进展(特邀)[J]. 红外与激光工程, 2018, 47(01): 57-64.

[16] 王郁飞, 李雷, 赵鹭明. 时分复制脉冲放大技术在超快光纤激光器中的应用研究进展[J]. 红外与激光工程, 2018, 47(8): 79-88.

[17] Anderegg J, Brosnan S J, Weber M E, et al. 8-W coherently phased 4-element fiber array[J]. Proceedings of SPIE—The International Society for Optical Engineering, 2003, 4974: 1-6.

[18] Yang P, Yang R F, Shen F, et al. Coherent combination of two ytterbium fiber amplifier based on an active segmented mirror[J]. Optics Communications, 2009, 282(7): 1349-1353.

[19] Bourderionnet J, Bellanger C, Primot J, et al. Collective coherent phase combining of 64 fibers[J]. Optics Express, 2011, 19(18): 17053-17058.

[20] Antier M, Bourderionnet J, Larat C, et al. kHz closed loop interferometric technique for coherent fiber beam combining[J]. IEEE Journal of Selected Topics in Quantum Electronics, 2014, 20(5): 182-187.

[21] Hansch T W, Couillaud B. Laser frequency stabilization by polarization spectroscopy of a reflecting reference cavity[J]. Optics Communications, 1980, 35(3): 441-444.

[22] 武敬力, 刘京郊, 邢忠宝, 等. 光纤激光相干合成中的相位控制方法与实验[J]. 激光与红外, 2009, 39(6): 584-587.

[23] 周朴, 马阎星, 王小林, 等. 模拟退火算法光纤放大器相干合成[J]. 强激光与粒子束, 2010, 22(5): 973-977.

[24] Vorontsov M A, Carhart G W, Ricklin J C. Adaptive phase-distortion correction based on parallel gradient-descent optimization[J]. Optics Letters, 1997, 22(12): 907-909.

[25] Kushwaha A, Gopal M, Singh B. Q-learning based maximum power extraction for wind energy conversion system with variable wind speed[J]. IEEE Transaction on Energy Conversion, 2020, 35(3): 1160-1170.

[26] Song J K, Li Y Y, Che D B, et al. Coherent beam combining based on the SPGD algorithm with a momentum term[J]. Optik, 2020, 202: 163650.

[27] Song J K, Li Y Y, Che D B, et al. Numerical and experimental study on coherent beam combining using an improved stochastic parallel gradient descent algorithm[J]. Laser Physics, 2020, 30(8): 085102.

[28] 雷婕妤, 孙鑫鹏, 李晔, 等. 激光相干合成系统中 SPGD 算法的自适应优化[J]. 光学技术, 2019, 45(4): 486-490.

[29] 张森, 张军伟, 母杰, 等. 基于随机并行梯度下降算法的相干合成动态相差控制与带宽分析[J]. 光学学报, 2018, 38(5):163-171.

[30] 黄智蒙, 唐选, 刘仓理, 等. 变增益随机并行梯度下降算法及其在相干合成中的应用[J]. 中国激光, 2015, 42(4): 30-40.

[31] Weyrauch T, Vorontsov M A, Bifano T G, et al. Microscale adaptive optics: Wave-front control with a μ-mirror array and a VLSI stochastic gradient descent controller[J]. Applied Optics, 2001, 40(24): 4243-4253.

[32] Tünnermann H, Shirakawa A. Deep reinforcement learning for coherent beam combining applications [J]. Optics Express, 2019, 27(17): 24223-24230.

第8章 皮秒光纤激光技术的应用

大能量高重复频率皮秒光纤激光脉冲具有高峰值功率、窄脉冲宽度、高亮度等优点，是当前国际激光技术领域的一个主攻方向和战略制高点，作为国家重大战略发展的前沿技术之一，在精密探测、先进制造、空间、军事和聚变研究等领域具有重大应用。与连续激光器相比，皮秒光纤激光器脉冲宽度较窄、平均功率较高，在薄膜切割方面极具优势，同时光纤-固体混合皮秒脉冲激光器在玻璃切割标记、太阳能板划线等领域有着重要应用。另外，皮秒光纤激光在泵浦超连续谱光源、光电探测器干扰/损伤、激光测距等国防领域具有广阔的应用前景。高能量皮秒光纤器还可以作为超短脉冲激光器的泵浦源，实现激光输出波长的有效拓展。皮秒脉冲也可经非线性压缩后产生飞秒脉冲，在超快科学前沿领域有着潜在的应用价值。

8.1 皮秒光纤激光技术在工业领域的应用

8.1.1 皮秒光纤激光器的工业应用

皮秒光纤激光器具有高重复频率、高平均功率等优势，在薄膜切割效率和速度方面极具优势。同时皮秒光纤激光器造价成本低，并且在精加工脆硬材料方面有不俗的表现。

1. 薄膜切割

PI 膜又称聚酰亚胺薄膜，被广泛应用于空间技术、电器的绝缘、FPC（柔性印刷线路板）、PTC（正温度系数）电热膜、TAB（压敏胶带基材）等电子电器行业。PI 膜作为一种高分子材料，其工艺壁垒高，加工难度大，面对越来越精细化的场景应用，可以运用高精度皮秒光纤激光器来进行 PI 膜的切割。激光切割材料有两种实现方式，一种是光化学原理，利用激光单光子能量达到或超过材料化学键键能，通过打断材料某些化学键来实现切割，利用紫外激光切割 PI 膜则用的是这种原理；另一种是光物理原理，即当一定能量的激光照射在材料上时，一部分激光光子会被材料分子吸收，材料分子吸收了激光光子，其能级将发生跃迁，称为分子运动。而材料的分子运动将产生热，即将吸收的光能转化为热能，当材料分子的热能聚集达到其气化阈值时，材料分子将脱离原来的位置，使分子链断裂，最终将材料在激光吸收位置分割为两个部分，从而实现激光对材料的切割。目前，用于 PI 膜切割的激光器主要为纳秒级的全固态紫外激光器，其波长一般为 355nm，PI 膜如图 8.1 所示。

图 8.1 PI 膜

引自 https://www.china.cn/qtjueyuancailiao/5210969560.html

但 PI 膜在实际应用过程中仍存在一些问题：①紫外激光的光子能量在达到或高于材料化学键键能的同时，其能量密度也达到材料的热损伤阈值，随着热量的产生和积累，易造成材料的碳化，碳化的材料极易造成线路间的短路。②纳秒级脉冲宽度过大，激光脉冲宽度越大，激光产生的热能在材料上的扩散距离越大，也就是说对材料的热损伤越大，当在加工高密度孔时，极易导致孔与孔之间 PI 材料的热变形，甚至是熔断。③现在市面上主流的紫外激光器为全固体结构，该类激光器普遍存在长期工作不稳定、需做周期性调校的缺陷，在实际应用中不仅影响生产效能，而且维护成本较高。

皮秒光纤激光器与固体纳秒激光器相比具有以下优点：①激光脉冲宽度更窄，这将大大减小激光加工材料时的热扩散距离，降低激光对材料的热损伤。②因脉冲宽度变窄，激光单脉冲峰值功率成倍增加，提升了激光加工材料的能力。③光纤激光器以细小的光纤作为激光的传输和放大介质，与固体放大结构相比，不仅工作稳定，免除了周期性的调校工作，降低了维护成本，而且结构小巧，制造成本较低。可以看出，高重复频率高功率皮秒光纤激光器有望成为下一代 PI 膜切割的理想激光源。

2. 脆性材料加工

脆性材料具有硬度高、韧性差的特点，精密加工十分困难，典型的脆性材料如金刚石，是碳原子构成的原子晶体，硬度最高，具有良好的导热率。早期工业市场采用纳秒激光器进行加工，但是这种方式会存在切割表面崩碎、划痕、不光滑等缺陷，表面质量难以得到保证，从而影响产品的使用性能[1]，仍需金刚石砂轮磨削解决激光切割后的抛光问题。皮秒光纤激光器的出现，不仅可以有效避免切割过程中产生的重铸层、"崩边"等现象[2]，而且可以改善并替代原有的抛光工序，其抛光的质量直接决定了产品的使用性能和寿命[3]。因此，皮秒光纤激光精密加工金刚石等硬脆性材料是当前技术前沿热点与最佳工程解决方案。采用脉冲宽度200ps的低成本皮秒光纤激光器，对激光功率与切割速度等工艺参数进行优化，通过外光路整形系统对光束进行整形，以及聚焦透镜的优化设计等关键技术进行研发，可以实现切缝的最大崩边宽度≤6μm、表面粗糙度为1.6μm的加工质量，满足生产金刚石刀具精密切割需求，可解决拉丝模、刀具刃口加工的后续抛光问题。

蓝宝石具有高硬度、良好的电绝缘性、高耐磨性、优良的热导率以及化学性能稳定等特点[4,5]，因此GaN基LED芯片大都使用蓝宝石基板做衬底。LED芯片中GaN层厚度通常只有5μm左右，蓝宝石衬底厚度一般为400～500μm，经过打磨工艺后基底厚度为100μm左右。故对LED芯片的切割实际上就是对蓝宝石的切割。由于蓝宝石的硬度仅次于金刚石且脆性高，传统的机械加工容易产生废屑、崩边、裂纹等不良影响，机械接触式的加工方法使得刀具损耗增加了大量的加工成本[6]。此外，机械接触式的切割方法需要较宽的切割道且效率低下，逐渐被市场淘汰。化学刻蚀法也常用来制备蓝宝石基LED芯片[7]，其加工工艺复杂、效率低，环境污染严重。为了克服上述加工方法的缺点，采用1064nm皮秒光纤激光器对蓝宝石晶圆进行切片加工，如图8.2所示。在激光器研制方面，可以获得的芯片外观及良品率满足工业现场(良品率衰减小于1%)的要求。

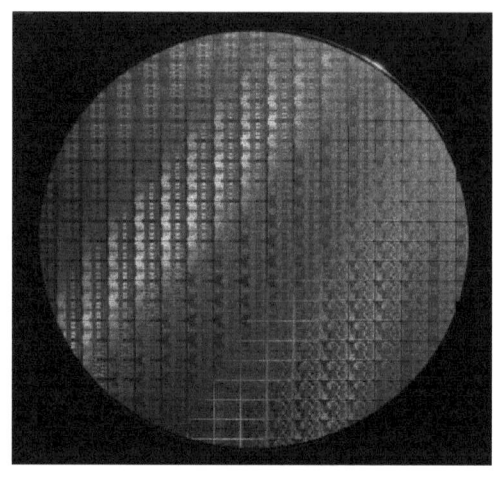

图 8.2　晶圆激光划片
引自 https://www.qhlaser.cn

8.1.2 光纤-固体混合皮秒脉冲激光器的工业应用

在皮秒光纤激光器的众多应用中,高精度冷加工是皮秒光纤激光技术发展和应用的重要方向,具体应用涵盖集成电路产品制造、医疗美容和显微成像等若干领域。激光器是激光制造装备的核心部分,其性能决定了制造应用水平与效果。应用领域的不断拓展,对光纤激光器的输出功率提出了更高的要求;而固体激光器的特点是同时能够兼顾高功率和大能量,采用半导体泵浦的固体激光器具有寿命长、结构紧凑和可维护性高等特点。对于尺寸较厚并且相对坚硬的材料精细加工,需进一步提高皮秒光纤激光器的单脉冲能量,同时还需兼顾加工效率,即具有千赫兹以上的重复频率。光纤-固体混合皮秒脉冲激光器具有高重复频率、高单脉冲能量、集成度高、易维护等特点,是激光加工制造领域的理想光源。目前利用光纤-固体混合皮秒脉冲激光器可以实现百毫焦甚至焦耳量级的脉冲输出,在激光划线、激光打微孔等高精密加工领域具有广泛应用。

传统的连续光纤激光器与纳秒光纤激光器与材料的相互作用过程中,由于作用时间较长,所产生的热量让材料从固态开始到气态蒸发,使得加工的精度较低;而对于皮秒脉冲激光,与材料相互作用后使其从固体直接到气体转化,极大地提高了加工精度。

工业加工领域在长脉冲激光(连续光、纳秒激光)与物质的相互作用过程中,起主要贡献的为热作用,这种加工方式难以避免地在相互作用区内产生重铸、碎屑及冲击波等破坏,导致工件边缘及整体质量不高。对于皮秒脉冲激光,能量在超短时间尺度内作用于相应区域,很好地避免了长脉冲加工的弊端,是一种"冷加工"方式,加工质量和精密度都非常高,皮秒脉冲激光由其"冷"加工特性,几乎可以对所有材料进行微米尺度的加工,而不影响材料本身,这些材料包括金属、陶瓷、聚合物、复合材料、半导体、钻石、蓝宝石、树脂材料、光阻材料、薄膜、ITO(氧化铟锡)膜、玻璃等,用于加工的皮秒脉冲激光的单脉冲能量通常要求在几百微焦及以上。

皮秒脉冲激光精细加工手机玻璃面板如图 8.3 所示,主要有摄像头、机身后盖玻璃、屏幕盖板、Home 键等。传统数字化控制精密机械(CNC)加工,普遍存在加工效率低下、频繁更换导轮工具、加工消耗环境影响、加工成本偏高问题,尤其是加工效果及良品率在精益求精的大环境下已无法满足现代制造要求。皮秒脉冲激光加工可以逐步取代 CNC 工艺,具有高精度、高效率、较高的良品率等优势,最终为企业达到降本增效的目的。皮秒脉冲激光作用在玻璃材料上时,光束中心光强度比边缘低,使得材料中心折射率比边缘变化大,光束中心传播速度比边缘慢，光束出现非线性光学克尔效应来产生自聚焦，继续提升功率密度。直到达到某个能量阈值，材料产生低密度等离子体，降低材料中心折射率，实现光束散焦。在实际切割玻璃中，优化聚焦系统及焦距，可实现重复性聚焦/散焦过程，形成稳定穿孔。

图 8.3　手机玻璃面板激光切割
引自 http://tetelaser.com/Case/detail_59.html

随着光伏产业的发展和技术的进步，基于非晶硅的薄膜太阳能电池日益受到重视。皮秒光纤激光精细加工技术在薄膜太阳能电池的生产中的应用有表面绒化、微结构成型及激光打孔、边缘去除等工艺加工。其中最主要的应用就是激光微刻划加工"行"结构，如图 8.4 所示。薄膜太阳能电池在常规加工时极易破碎，激光精细加工以其非接触能量注入、灵活的光束引导、精密的能量输出等特性，与传统技术相比具有加工速度快、对材料的损伤小、报废率低等优点，非常适合薄膜太阳能电池加工。

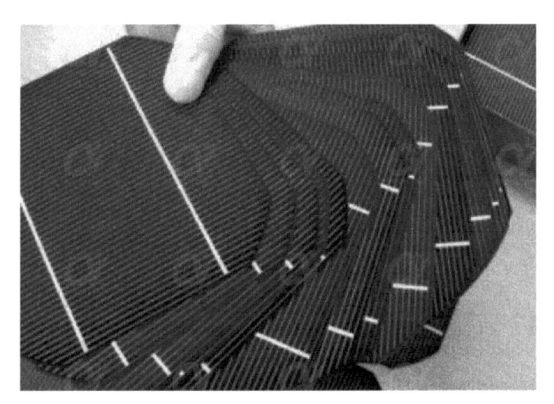

图 8.4　激光切割技术在太阳能电池制造中的应用
引自 https://www.beyondlaser.com

8.2 皮秒光纤激光技术在国防领域的应用

8.2.1 皮秒脉冲产生宽光谱及其应用领域

皮秒光纤激光的一个重要应用方面是制备超连续谱光源。由于皮秒光纤激光器输出的皮秒脉冲激光具有很高的平均功率和峰值功率,且输出光谱覆盖了较宽的光谱范围,因此可以将其应用于超连续谱光源的产生。采用超短脉冲光纤激光器作为泵浦源,泵浦非线性光子晶体光纤,利用非线性光子晶体光纤中被激发的 SPM 效应及 SRS 效应等强烈的非线性效应获得频谱上的快速展宽,从而产生超连续谱。

作为超短脉冲光纤激光器的一项重要应用,超连续谱光源由于输出光谱较宽,亮度较高,并且具有良好的相干性等优势,在计量学、通信技术以及成像学等领域有着广泛的应用,尤其是高功率超连续谱光源可以为生物医学前沿研究、远程遥感测量等领域提供重要技术支撑。而光子晶体光纤具有很高的非线性系数和灵活的色散特性,是用来产生超连续谱的最佳选择。所以,利用超短脉冲光纤激光器作为泵浦激光源泵浦非线性光子晶体光纤是获得超连续谱光源的重要手段。

1. 超连续谱对大气传输的影响

自由空间光通信,由于其速率高、保密性好、易于安装、无需频谱许可等优点,在星间通信网络、"最后一公里"接入都具有巨大的应用潜力。但是,当激光载波在空间大气中传输时,大气湍流会导致光载波光束漂移、光束扩展和光强闪烁等现象,进而影响传输质量[8]。

针对自由空间光通信中大气湍流的影响,先后提出过采用自适应光学、孔径平均和部分相干光载波等抑制方法。其中部分相干光源具有技术成熟且兼容性好的特点,成为抑制大气湍流影响最重要和热门的研究之一。传统产生部分相干光的方法诸如旋转相位屏和采用空间光调制器存在光载波调制速率低的问题,不适用于激光的高速调制解调。皮秒脉冲激光激发的超连续谱是一种部分相干光源,其重复频率是由泵浦激光的重复频率决定的。因此,利用高重复频率皮秒脉冲激光获得适用于自由空间光通信的高速部分相干光载波是可行的。

随着超连续谱激光技术水平的发展,超连续谱激光在大气传输中的应用越来越广泛。实际应用中,大气与超连续谱光波相互作用,导致光强衰减、光传播方向偏折及光斑特征变化等,这些大气传输效应对超连续谱激光应用的影响是两方面的,一方面既影响了超连续谱激光的能量传输和成像效果,另一方面可以利用大气对超连续谱的吸收特性进行大气多成分的同时测量。因此,只有在充分研究超连续谱激光的大气传输特性基础上才可能更好地开展超连续谱激光的应用研究。连续谱大气传输实验结构如图 8.5 所示。

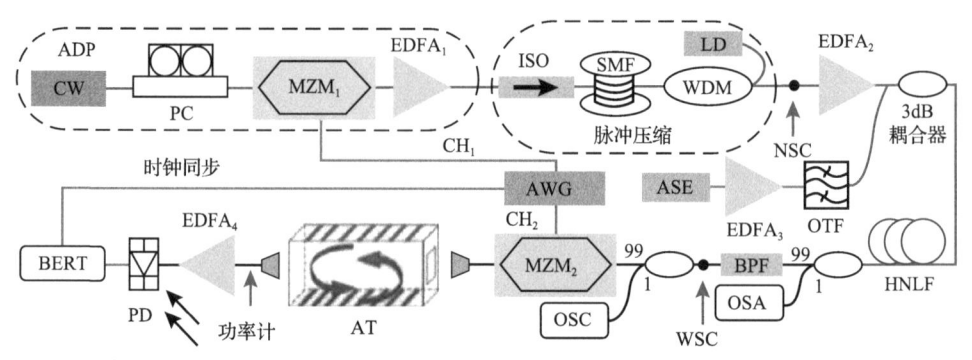

图 8.5 连续谱大气传输实验结构图[8]

MZM 指马赫-曾德尔干涉仪，EDFA 指掺铒光纤放大器，AWG 指任意波形发生器，ADP 指 ASE 噪声抑制器，NSC 指窄带光谱滤波器，BERT 指误码率测试仪，HNLF 指高非线性光纤，OSC 指光监控信道，WSC 指波长选择器

2. 超连续谱用于气体组分检测

近年来，利用光谱吸收原理，即原子能够吸收特定波长的光，科学家提出了多种类型的光学装置，通过吸收近红外范围的辐射来感知和监测不同的气体，如 H_2O、H_2S、CO_2、C_2H_2、CH_4 和 He 等。超连续谱光源具有较宽的带宽和输出功率，因此可以作为一种优质光源被很好地利用在检测气体组分的光学装置中。最近，一种近红外超连续激光吸收光谱源被用于测量燃料和能源应用中发现的轻烃种类的浓度，如甲烷、乙炔、乙烯及其混合物。近红外超连续激光吸收光谱是一种宽带吸收诊断技术，比现有的吸收诊断技术具有显著的优势。结合快速光谱分析策略，可以同时精确测量多种碳氢化合物的浓度。

实验装置如图 8.6 所示，锁模光纤激光器重复频率为 40MHz，脉冲宽度为 5ps，中心波长位于 1064nm。为了减少反向反射，使用了一个固定的窄带宽隔离器(中心波长周围±5nm)。然后光束穿过半波板和偏振器，然后聚焦到定制的光子晶体光纤上，该光纤设计为高度非线性(1060nm 处的非线性系数为 11$(W·km)^{-1}$)，在 1040nm 附近的色散波长为零。高辐照度泵浦激光束在光子晶体光纤内转换为超连续谱发射。产生的超连续谱发射是一个类似于黑体发射的连续光谱，但具有明显更高的辐照度。因此，吸收光谱测量的光谱分辨率受到检测系统的限制，在本书研究中，检测系统的光谱分辨率最高可达 20pm。高通滤波器用于拒绝 950nm 以下的波长。分光器用于采样大约 5%的光束，以确保正确的激光操作。其余的光束通过单模光纤发送，该光纤将光束定向到气体电池中进行吸收测量。CH_4、C_2H_2 和/或 C_2H_4 气体在与 N_2 混合和稀释之前通过独立的质量流量控制器进行测量。气体混合物在一个光学可及的静态气体电池中被探测。图 8.7 给出了 0.75% C_2H_4、1.1% CH_4 的测量光谱和模拟光谱以及它们在100nm范围内的剩余吸光度。用SCLAS(超连续激光吸收光谱)法测得C_2H_4和CH_4的浓度分别为0.725%和1.13%[9]。

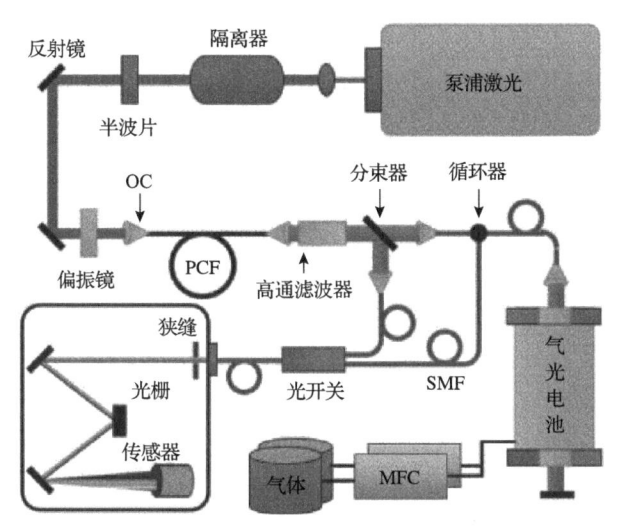

图8.6 实验装置示意图[9]
MFC指质量流量控制器

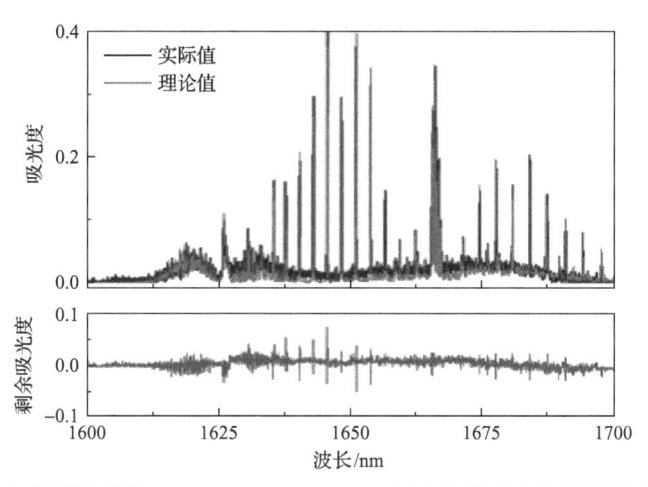

图8.7 超连续谱检测0.75% C_2H_4、1.1% CH_4混合气体的光谱和剩余吸光度[9]

8.2.2 光电对抗——硅基光电探测器的信号干扰及损伤

硅基光电探测器被广泛应用于可见光至近红外波段的激光探测领域。由于其长时间工作在激光聚焦位置，硅基光电探测器比光电系统其他器件更容易遭到激光破坏[10,11]。因此，研究激光器对硅基光电探测器的干扰和损伤机理具有重要意义。当激光辐照硅基光电探测器时，其表面和体内会吸收激光能量，少部分会转化为信号，大部分会转换为热能，使得温度升高。当激光能量不高时，会使得探测器的局部结构发生微小的结构性变化，导致探测器探测性能下降；当激光能量进一步升高时，会使得探测器表面发生熔化，甚至强激光下会产生等离子体，导致探测器永久性失效。

利用全光纤皮秒光纤激光器作为激光光源，辐照硅基光电探测器，图 8.8 为实验装置，实验在重复频率为 2.4MHz、光斑直径 0.3mm 的条件下，全光纤皮秒光纤激光器对硅基光电探测器进行辐照，在皮秒光纤激光器准直器输出端的后面搭建分光棱镜分光，一部分光由功率计接收实时监测入射光功率，通过控制皮秒光纤激光器的输出功率，逐渐增大激光器的输出光功率，进而准确测得硅基光电探测器的损伤阈值。另一部分光经由聚焦镜得到准直后的类平行光聚焦到硅基光电探测器的光敏面上。通过在示波器上监测波形，来检测探测器经过激光辐照后是否受到干扰及损伤。

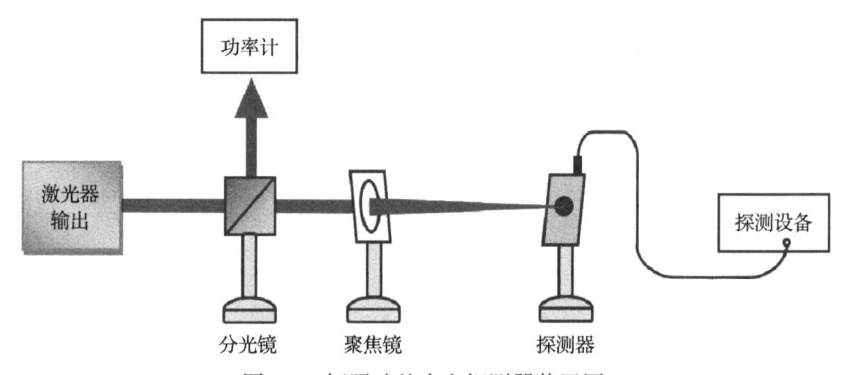

图 8.8　辐照硅基光电探测器装置图

逐步提高光纤激光器的输出功率，当输出功率在 300mW 以下时，激光对探测器没有造成软损伤，示波器探测到如图 8.9(a)所示的脉冲波形，探测器探测到的信号光的重复频率和激光器的重复频率是一致的。当入射激光作用于探测器材

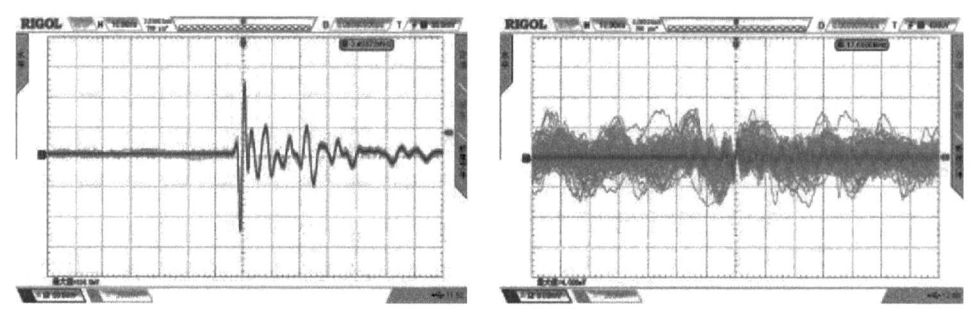

(a) 激光辐照后探测到的波形　　　　(b) 探测器出现软破坏的波形

图 8.9　示波器探测到的波形

料表面时，材料吸收入射光的光子能量，有一部分脉冲能量转换为热能，致使探测器表面温度升高，使得探测器本身的工作状态发生不同程度的改变。继续增加光纤激光器的输出功率，当输出功率为 336mW 时，探测器对于恒定的激光光源的响应在短时间内无明显变化规律，经 10s 辐照后，探测到信号失真，此时出现软损伤，示波器监测的波形如图 8.9(b)所示。激光辐照完探测器发生信号失真后，探测器需要先恢复一定时间才能再次进行实验。继续增加输出功率，探测器需要恢复到原来工作状态的时间更长，这说明随着激光器输出功率的增加，饱和时间随入射能量增大而减小，波形出现失真，这表明内部已有损伤发生，但探测器恢复后依然可以检测到信号光的重复频率。

取下探测器用显微镜观察其表面，如图 8.10 所示，发现玻璃表面产生裂纹，中间有凸起，主要是由于玻璃熔化热胀冷缩而产生应力损伤。且玻璃内表面有黑色附着物，这是探测器材料表面的熔融喷溅物。皮秒光纤激光作用于材料表面时，因硅材料表面的化学和热动力学性质，只有小部分脉冲能量传递给硅材料的晶格，大部分能量储存在载流子系统中，激光器与探测器相互作用结束后，这部分能量才通过弛豫过程继续传递给晶格[12]。当材料表面吸收足够多的能量时，探测器材料表面熔化后产生喷溅并附着在玻璃内表面[13]。

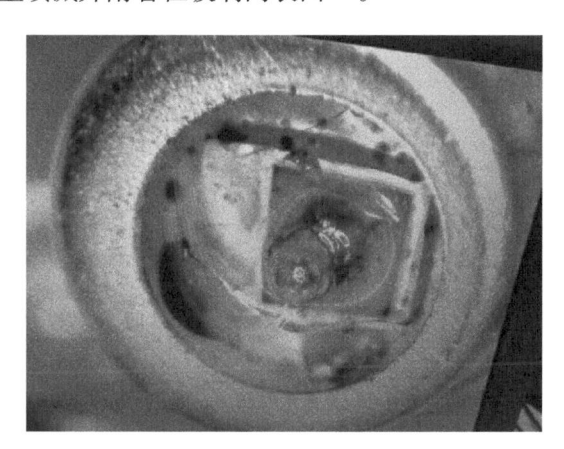

图 8.10 探测器损伤图

8.2.3 皮秒光纤激光测距

皮秒光纤激光技术在激光测距领域占据重要地位，其具有测程远、测速快、精度高等优点，主要用于大地测量、天体测量、靶场实验。随着激光测距技术的不断发展成熟，其广泛应用于地形和战场的测量、坦克和飞机对目标的测距，以及对导弹、飞机和人造卫星的测量等领域。皮秒脉冲激光峰值功率高、脉冲宽度窄，可同时满足输出高激光功率和低系统能耗的要求，是当前中远程测距的主要光源，一直是国内外研究的热点。

在现有的地物目标激光测距系统中，一般采用纳秒脉冲激光输出的半导体激光器和调 Q 固体激光器分别作为近程和中远程激光测距光源，然而其测程和精度受激光脉冲宽度和探测器精度的限制。皮秒光纤激光技术的快速发展以及半导体光电探测器材料的进步，使得皮秒脉冲激光器在地面远距离目标测距系统中的应用成为可能。皮秒光纤激光具有高峰值功率和窄脉冲宽度，使得测距系统的测程和测量精度得到数个量级的提升。这将给地物目标远程测距技术带来革命性的改进，使得超短脉冲激光测距在民用和军事领域具有更加广泛的应用价值和重要意义[14]。

作为我国自行研制的全球卫星定位与通信系统，北斗卫星导航系统(BDS)是继美全球定位系统(GPS)和俄罗斯全球导航卫星系统(GLONASS)之后第三个成熟的卫星导航系统[15]。目前，北斗卫星导航系统已经正式进入国际激光测距服务(ILRS)联测中。北斗二号 I5 卫星距地高度达 3.6 万 km，运行于地球同步卫星轨道，采用单脉冲能量 3mJ 的皮秒光纤激光进行卫星激光测距，测距精度达 17mm，实现了厘米级高精度同步卫星测量。3mJ 的皮秒光纤激光，脉冲强度大，传播远，测距精度高，回波率高，接收测量数据多，有效提高了高精度卫星测距能力。

8.3 皮秒光纤激光脉冲压缩技术在超快科学前沿领域的应用

8.3.1 泵浦-探测技术

超快激光泵浦-探测干涉测量系统是以超快激光脉冲作为光源的干涉测量系统，该测量技术建立在超快激光泵浦-探测技术与光学干涉测量技术的基础上，并通过光学延迟线在泵浦光与探测光之间引入附加光程差，随着光程差的变化，探测泵浦光和探测光发生干涉情况，得到随时间变化的干涉信息。也就是说，超快激光泵浦-探测干涉测量技术是通过测量干涉场随时间的变化来得到泵浦光与探测光之间的相位差，从而进一步检测与泵浦光发生相互作用的待测物理量的技术[16]。

8.3.2 双光子显微成像

近年来，随着光学生物成像技术的发展，双光子显微成像技术备受人们关注。双光子显微成像是将双光子激发荧光与激光扫描共聚焦显微镜相结合的一种新技术。双光子激发显微镜如图 8.11 所示，其优势在于成像深度较大，穿透性强，对生物活体组织的损伤较小，空间分辨率和对比度高，同时荧光收集率高。可调谐的飞秒激光器作为双光子显微成像系统的重要组成部分，其激光性能直接影响到后续的生物显微成像效果。大尺度的三维超高分辨率成像技术可以在获取大尺度脑联结信息的同时解析突触的精细结构,而具有穿透深度大、背景激发低、光毒性小等优势的高功率宽带可调谐飞秒激光光源是这一影像技术成功开发的关键之一。

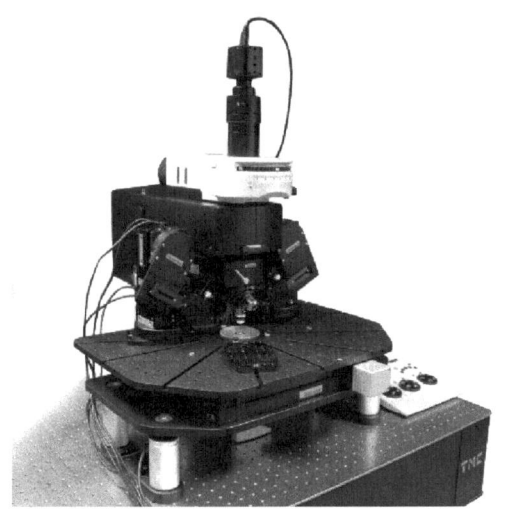

图 8.11 双光子激发显微镜(复旦大学类脑智能科学与技术研究院)

8.3.3 飞秒激光频率梳

激光频率梳是一种由众多分立且频率间隔严格相等的频率齿组成的宽带光源,它类似于一把计量频率的尺子,因此也被称为光学频率尺,如图 8.12 所示。产生激光频率梳的主要途径是基于被动锁模飞秒激光器,通过控制超短脉冲的载波包络相位偏移频率和重复频率,实现光脉冲时域与频域的精密控制[17]。

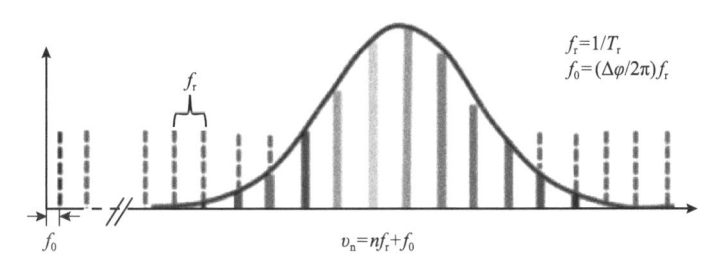

图 8.12 飞秒光学频率尺[17]

激光频率梳技术的发展赋予科学家超高时间分辨能力和超精准的频率计量能力,被广泛应用于超快物理规律探索、原子和分子特征信息获取、物质内部能量传递的认识等领域,激光频率梳已然成为精密测量等科学研究的重要工具之一,例如,将激光频率梳作为天文光谱仪的定标光源,可精确测量类地行星运动所引起的恒星多普勒频移,提高天文望远镜系统的径向速度探测精度。又如,光学频率梳的出现为微波频率向光波频率传递提供了可靠的技术手段,目前已经成为光学原子钟系统(光钟)的重要组成部分,将时间精度提高到 10^{-18} 量级。精确的原子光钟不仅可以提供更加准确的时间信息,还可以应用于物理常数、质子直径等基本物理常数的测量。此外,它在高精度全球定位系统、激光雷达等领域也有着重要的应用。未来,激光频率梳技术甚至有可能成为家庭或企业中不可缺少的应用工具,如在家庭医疗器械、矿石鉴定、化学材料合成、国防及太空计划中都将有重要的应用。

本章介绍了皮秒光纤激光技术在众多领域的实际应用,皮秒光纤激光技术在工业加工方面具有独特的优势,尤其是在精密加工领域,如 PI 膜、金刚石和太阳能电池等。在国防领域,探索皮秒光纤激光对硅基探测器产生损伤的特点,对激光雷达、光电对抗领域光学系统的进一步发展具有重要参考价值,同时皮秒光纤激光在激光测距中也有举足轻重的作用。另外,皮秒光纤激光可以分别经脉冲展宽和压缩产生宽光谱和飞秒脉冲激光,两者在超快科学前沿领域具有广泛的应用前景。

参 考 文 献

[1] 袁巨龙, 张飞虎, 戴一帆, 等. 超精密加工领域科学技术发展研究[J]. 机械工程学报, 2010, 46(15): 161-177.

[2] 孙慧超. 硬质合金及铜箔的激光加工问题研究[D]. 长春: 吉林大学, 2007.

[3] 胡扬轩, 邓朝晖, 万林林, 等. 用于蓝宝石材料加工的新型超精密抛光技术及复合抛光技术研究进展[J]. 材料导报, 2018, 32(9): 1452-1458.

[4] 高慧莹. 国内 LED 衬底材料的应用现状及发展趋势[J]. 电子工业专用设备, 2011, 40(7): 1-6.

[5] Akselrod M S, Bruni F J. Modern trends in crystal growth and new applications of sapphire[J]. Journal of Crystal Growth, 2012, 360: 134-145.

[6] Matsumaru K, Takata A, Ishizaki K. Advanced thin dicing blade for sapphire substrate[J]. Science and Technology of Advanced Materials, 2005, 6(2): 120-122.

[7] Kawan A, Yu S J, Park H J, et al. Fabrication of geometric sapphire shaped InGaN/Al$_2$O$_3$(S) LED scribed by using wet chemical etching[J]. Journal of the Korean Physical Society, 2014, 64(4): 591-595.

[8] 姜子祺. 超连续谱光源的产生及其大气传输特性研究[D]. 长春: 长春理工大学, 2020.

[9] Halloran M, Traina N, Choi J, et al. Simultaneous measurements of light hydrocarbons using supercontinuum laser absorption spectroscopy[J]. Energy & Fuels, 2020, 34: 3671-3678.

[10] 王智勇, 赵小涵, 葛延武, 等. 一种基于三包层光纤的(N+1)×1 型侧面泵浦光纤耦合器[P]. CN201610914942.X. 2024-12-14.

[11] 龙润泽, 张鹏, 黄榜才, 等. 大模场高功率泵浦耦合器研究[J]. 光通信技术, 2017, 41(5): 42-44.

[12] 王子薇, 王兆坤, 邹峰, 等. 高峰值功率皮秒脉冲棒状光子晶体光纤放大器[J]. 中国激光, 2016, (10): 17-23.

[13] 杨珍, 柴路, 胡明列, 等. 大模场面积光子晶体光纤全正色散自相似锁模激光器[J]. 中国激光, 2016, 43(3): 30-35.

[14] 龙明亮. 全固态高功率脉冲串皮秒光纤激光系统的研究[D]. 北京: 北京工业大学, 2017.

[15] 张忠萍, 程志恩, 张海峰, 等. 北斗卫星全球激光测距观测及数据应用[J]. 中国激光, 2017, 44(4): 164-172.

[16] 姜玺阳, 王飞飞, 周伟, 等. 飞秒激光与材料相互作用中的超快动力学[J]. 中国激光, 2022, 49(22): 7-27.

[17] 谢戈辉, 刘洋, 罗大平, 等. 光纤光学频率梳[J]. 自然杂志, 2019, 41(1): 15-23.